"十三五"职业教育国家规划教材

高等职业教育电类基础课新形态一体化教材

PLC YUANLI JI YINGYONG JISHU

PLC 原理及应用技术

(三菱机型)

(第4版)

主编 汤自春

副主编 倪志莲 汤皎平 许建平 刘耀元

高等教育出版社·北京

内容提要

本书是“十三五”职业教育国家规划教材，也是高等职业教育电类基础课新形态一体化教材。本书以三菱FX_{3U}系列PLC为样机，突出应用和实践，结合可编程控制器的新发展和实用技术编写而成。在编写中遵循由浅到深、循序渐进的原则。

本书内容分为5部分共9章，第1部分（1、2、3章）为PLC基础知识、编程器、PLC的计算机编程（GX Works2）软件的使用介绍。第2部分（4、5、6章）在第1部分的基础上扩展加深，叙述梯形图程序设计方法、顺序控制指令及常用的应用指令（中断、PID等）与程序分析设计方法。第3部分（7、8章）介绍有关PLC在工程应用中的问题，故障诊断的编程与显示，控制程序的模块化设计，并在网络与通信方面做简要介绍、举例。第4部分（9章）讲述课程设计举例与课题。第5部分为附录，附上三菱FX_{3U}的元件编号、名称、应用指令总表，以便学习者查阅。本书每一章分为两部分，前部分是系统地学习理论知识；后部分主要是以PLC的应用及实际工程运用做技能训练及实验；同时适当地讲解在工程实践中遇到的实际问题，如传感器的安装、浮球液位开关的接线、变频器的使用与接线等。

本书采用彩色印刷，版面鲜艳，层次分明，既突出了重点又提高了教材的可读性。本书配有教学课件、微课/微视频、动画、软件仿真、学习指导、习题答案、试卷等教学资源，为教与学提供便利。

本书适用于自动控制类专业使用，也适用于非控制类但需要可编程控制器知识的一些其他方向的专业，如机电一体化、数控、电子、通信等专业选用，也可作为电气技术人员的培训教材和参考用书。

图书在版编目（CIP）数据

PLC 原理及应用技术 / 汤自春主编 . -- 4 版 . -- 北京 : 高等教育出版社，2019.11（2022.8 重印）

ISBN 978-7-04-053012-4

Ⅰ. ① P… Ⅱ. ①汤… Ⅲ. ① PLC 技术－高等职业教育－教材 Ⅳ. ① TM571.61

中国版本图书馆 CIP 数据核字（2019）第 251847 号

策划编辑 孙 薇　责任编辑 孙 薇　封面设计 李树龙　版式设计 徐艳妮
插图绘制 于 博　责任校对 刘 莉　责任印制 赵义民

出版发行 高等教育出版社
社　　址 北京市西城区德外大街4号
邮政编码 100120
印　　刷 北京中科印刷有限公司
开　　本 889mm×1194mm 1/16
印　　张 17.75
字　　数 520千字
购书热线 010-58581118
咨询电话 400-810-0598

网　　址 http://www.hep.edu.cn
　　　　 http://www.hep.com.cn
网上订购 http://www.hepmall.com.cn
　　　　 http://www.hepmall.com
　　　　 http://www.hepmall.cn
版　　次 2015 年 9 月第 1 版
　　　　 2019 年 11 月第 4 版
印　　次 2022 年 8 月第 3 次印刷
定　　价 45.00元

物料号 53012-00

前言

PLC 作为一种智能化、可靠性好的工业控制设备，在国民经济的各个行业中应用得越来越广泛。近年来 PLC 又与视场总线技术结合起来，在各个控制领域显示了较强的应用潜力和前景。目前，可编程控制器技术已成为高职高专电气自动化、机电一体化等专业的核心课程。

为了适应高职教育改革的需要，培养出符合社会经济发展、面向生产、建设、管理、服务第一线的高技能技术应用型人才，适用型教材的建设不可或缺。本教材通过多次的教学实践、修改、精简，力争把增强学生的职业适应能力和应变能力作为课程目标的基本要素，形成“基本素质—职业能力—岗位技能”三位一体的课程目标模式，使学生既有迅速上岗能力，又有可持续发展能力、创新和创业能力。

本教材编写遵循：“精选内容、模块化结构、有机整合、合理排序、突出应用”的方针，力求做到以基本知识为基础，以专业目标培养为主线，体现针对性、实用性、先进性、浅显性、适用性。同时以“理论与项目相结合的形式”（每一章的技能训练以工程项目为例）为主线贯穿始终，按由浅入深、循序渐进的方式进行编写。

本书是“十三五”职业教育国家规划教材，也是高等职业教育电类基础课新形态一体化教材。本书 3 版为“十二五”职业教育国家规划教材，本书 2 版为“十一五”国家规划教材（高职高专教育）。本书是在 3 版的基础上，经过总结提高，删增修改而成。本书完全保留原教材的基本特色，内容结构清晰，同时在图片、图标、版式方面做了全新突破，全书采用彩色印刷，图文并茂，有利于激发学生学习兴趣。本书配有教学课件、微课 / 微视频、动画、软件仿真、学习指导习题答案、试卷等教学资源，为教师教学、学生学习提供便利。

本次修订将原有配套的Abook数字课程全新升级为“智慧职教”（www.icve.com.cn）在线课程，依托“智慧职教教学平台”可方便教师采用“线上线下”翻转课堂教学模式，提升教师信息化教学水平。学习者可登录网站进行在线学习，也可通过扫描书中的二维码观看微课视频，书中配套的教学资源可在智慧职教课程页面进行在线浏览或下载。

本书自19年11月出版以来，基于自动化技术的发展、PLC的更新换代，将书中三菱PLC由FX_{2N}系列升级为FX_{3U}系列，并将相应编程软件更新为GX Works2，使得教材内容更“新”、更“实”，进一步提升了教材的教学适用性。

本书由九江职业技术学院副教授许建平编写第 7 章；九江职业技术学院倪志莲教授编写第 1(1.4）、3 章、8 章；南昌理工学院刘耀元讲师编写第 1、2 章；浙江机电职业技术学院汤皎平高级工程师编写第 6 、9（部分）章；浙江机电职业技术学院汤自春教授编写第 4 、5 、9(部分）章及附录 1 、2 、3 、4。全书由汤自春担任主编，并负责统稿。

但由于编者水平有限，时间仓促，书中错误和不妥之处在所难免，敬请老师、学生、同行及广大读者批评指正，编者不胜感激。作者电子邮箱地址：tzc1954@sina.com.

编 者

2021 年 11 月

目录

［重点难点］

可编程控制器（Programmable Logic Controller，PLC）是20世纪70年代以来，在集成电路、计算机技术基础上发展起来的一种新型工业控制设备。由于它具有功能强、可靠性高、配置灵活、使用方便以及体积小、重量轻等优点，国内外已广泛应用于自动化控制的各个领域，并已成为实现工业生产自动化的支柱产品。因此，作为一名电气工程技术人员，必须掌握PLC及其控制系统的基本原理与应用技术，以适应当前电气技术的发展需要。

本章主要介绍可编程控制器的历史和发展、特点与应用、结构与工作原理。掌握PLC的入门知识，能够为今后的应用打下基础。

第1章 概 述

第1章 学习指导

1.1 可编程控制器的历史和发展

教学课件：可编程控制器的历史和发展

1.1.1 可编程控制器的历史

20世纪60年代中期，美国通用汽车公司为了适应生产工艺不断更新的需要，提出了一种设想：把计算机的功能完善、通用灵活等优点和继电-接触器控制系统的简单易懂、操作方便、价格低廉等优点结合起来，制造出一种新型的工业控制装置，并提出了新型电气控制装置的10条招标要求，其中包括：工作特性比继电-接触器控制系统可靠；占位空间比继电-接触器控制系统小；其价格上能与继电-接触器控制系统竞争；必须易于编程；易于在现场变更程序；便于使用、维护、维修；能直接推动电磁阀、接触器或与此相当的执行机构；能向中央数据处理系统直接传输数据等。美国数字设备公司（DEC）根据这一招标要求，于1969年研制成功了第一台可编程控制器PDP-14，并在汽车自动装配线上试用成功。

这项技术的使用，在工业界产生了巨大的影响，从此，可编程控制器在世界各地迅速发展起来。1971年日本从美国引进了这项新技术，并很快研制成功了日本第一台可编程控制器。1973—1974年，德国、法国也相继研制成功了本国的可编程控制器。我国从1974年开始研制，1977年研制成功了以微处理器MC14500为核心的可编程控制器，并开始应用于工业生产控制。

从第一台PLC诞生至今，PLC大致经历了4次更新换代：第一代PLC，多数为1位机开发，采用磁芯存储器存储，仅具有逻辑控制、定时、计数功能。第二代PLC，使用8位处理器及半导体存储器，其产品逐步系列化，功能也有所增强，已能实现数字运算、传送、比较等功能。第三代PLC，采用高性能微处理器及位片式CPU（Central Processing Unit），工作速度大幅度提高，促使其向多功能和联网方向发展，并具有较强的自诊断能力。第四代PLC，不仅全面使用16位、32位微处理器作为CPU，内存容量也更大，可以直接用于一些较大规模的复杂控制系统；程序

笔 记

语言除了使用传统的梯形图、流程图等外，还可使用高级语言。外部设备也更多样化。

现在PLC广泛应用于工业控制的各个领域，PLC技术、机器人技术、CAD／CAM技术共同构成了工业自动化的三大支柱。本书将以应用较广泛的日本三菱公司FX系列为背景机，介绍PLC的原理及应用。

1.1.2 可编程控制器的发展方向

随着应用领域日益扩大，PLC技术及其产品仍在继续发展，其结构不断改进，功能日益增强，性价比越来越高。

1. PLC 在功能和技术指标方面的发展

（1）向高速、大容量方向发展

随着复杂系统控制要求越来越高和微处理器与微型计算机技术的发展，可编程控制器的信息处理与响应速度要求越来越高，用户存储容量也越来越大，例如有的PLC产品扫描速度已达0.1 μs/步，用户程序存储容量最大达几十兆字节。

（2）加强联网和通信能力

PLC网络控制是当前控制系统和PLC技术发展的潮流。PLC与PLC之间的联网通信和PLC与上位机之间的联网通信已得到广泛应用。各种PLC制造厂家都在发展自身专用的通信模块和通信软件以加强PLC的联网能力。厂商之间也在协议制订通用的通信标准，以构成更大的网络系统。目前几乎所有的PLC制造厂家都宣布自己的PLC产品能与通用局域网制造自动化协议（Manufacturing Automation Protocol，MAP，美国通用汽车公司于1983年提出的通信标准）相连，PLC已成为集散控制系统（DCS）不可缺少的重要组成部分。

（3）致力于开发新型智能I/O功能模块

智能I/O功能模块是以微处理器为核心的功能部件，是一种多CPU系统，它与主机CPU并行工作，占用主机CPU的时间很少，有利于提高PLC系统的运行速度、信息处理速度和控制功能。专用的I/O功能模块还能满足某些特定控制对象的特殊控制需求。

（4）增强外部故障的检测与处理能力

根据统计分析，在PLC控制系统的故障中，CPU占5%，I/O通道占15%，传感器占45%，执行器件占30%，电路占5%。前两项共20%的故障属于PLC本身原因，它可以通过CPU本身的硬、软件检测、处理，而其余80%的故障属于PLC外部故障，无法通过自诊断检测处理。因此，各厂家都在发展专用于检测外部故障的专用智能模块，以进一步提高系统的可靠性。

机械手演示

（5）编程语言的多样化

多种编程语言的并存、互补与发展是PLC软件进步的一种趋势。梯形图语言虽然方便、直观、易学易懂，但主要适用于逻辑控制领域。为适应各种控制需要，目前已出现许多编程语言，如面向顺序控制的步进顺控语句、面向过程控制的流程图语言、与计算机兼容的高级语言（汇编、BASIC、C等），还有布尔逻辑语言等。

2. 在经济指标与产品类型方面的发展

① 研制大型PLC。其特点是系统庞大、技术完善、功能强、价格昂贵、需求量小。

② 大力发展简易、经济的小型、微型PLC，以适应单机及小型自动控制的需要，其特点是品种规格多、应用面广、需求量大、价格便宜。

③ 致力于提高性价比，以提高竞争力。

1.2 可编程控制器的特点和应用

1.2.1 可编程控制器的特点

PLC之所以高速发展，除了工业自动化的客观需要外，还有许多适合工业控制的独特优点，它较好地解决了工业控制领域中普遍关心的可靠、安全、灵活、方便、经济等问题，以下是其主要特点。

1. 可靠性高、抗干扰能力强

PLC是专为工业控制而设计的，可靠性高、抗干扰能力强是其最重要的特点之一。PLC的平均故障间隔时间可达几十万小时。

笔记

一般由程序控制的数字电子设备产生的故障有两种：一种是由于外界恶劣环境，如电磁干扰、超高温、过电压、欠电压等引起的未损坏系统硬件的暂时性故障，称为软故障；一种是由于多种因素导致硬件损坏而引起的故障，称为硬故障。

PLC的循环扫描工作方式能在很大程度上减少软故障的发生。一些高档PLC采用双CPU模板并行工作，即使有一个模板出现故障，系统也能正常工作，同时可修复或更换故障CPU模板。例如：OMRON的C2000H PLC机的双机系统在环境极为苛刻而又非常重要的控制中，提供了完全的热备冗余。双机系统中的第二个CPU与一个可靠的切换单元连在一起，而这个切换单元能完成真正的无扰动切换，使控制可平缓地转到第二个CPU上。除此以外，PLC采用了如下一系列的硬件和软件的抗干扰措施：

（1）硬件方面

隔离是抗干扰的主要手段之一。在微处理器与I/O电路之间，采用光电隔离措施，有效地抑制了外部干扰源对PLC的影响，同时还可以防止外部高电压进入模板。滤波是抗干扰的又一主要措施。对供电系统及输入电路采用多种形式的滤波，可消除或抑制高频干扰。用良好的导电、导磁材料屏蔽CPU等主要部件可减弱空间电磁干扰。此外，对有些模板还设置了联锁保护、自诊断电路等。

（2）软件方面

设置故障检测与诊断程序。PLC在每一次循环扫描过程的内部处理期间，检测系统硬件是否正常，锂电池电压是否过低，外部环境是否正常，如掉电、欠电压等。设置状态信息保

笔 记

存功能。当软故障条件出现时，立即把现状态重要信息存入指定存储器，软、硬件配合封闭存储器，禁止对存储器进行任何不稳定的读／写操作，以防冲掉存储信息。这样，一旦外界环境正常后，便可恢复到故障发生前的状态，继续原来的程序工作。

由于采取了以上抗干扰措施，PLC的可靠性、抗干扰能力大大提高，可以承受幅值为1 000 V、时间为1 ns、脉冲宽度为1 μs的干扰脉冲。

2. 编程简单、易于掌握

这是PLC的又一重要特点。考虑到企业中一般电气技术人员和技术工人的读图习惯和应用微型计算机的实际水平，目前大多数的PLC采用继电-接触器控制系统的梯形图编程方式，这是一种面向生产、面向用户的编程方式，与常用的计算机语言相比更容易被操作人员所接受并掌握。通过阅读PLC的使用手册或短期培训，电气技术人员可以很快熟悉梯形图语言，并用来编制一般的用户程序。配套的简易编程器的操作和使用也很简单，这也是PLC获得迅速普及和推广的原因之一。

3. 设计、安装容易，维护工作量少

由于PLC已实现了产品的系列化、标准化和通用化，因此用PLC组成的控制系统，在设计、安装、调试和维护等方面，表现出了明显的优越性。设计部门可在规格繁多、品种齐全的系列PLC产品中，选出高性价比的产品。PLC用软件功能取代了继电-接触器控制系统中大量的中间继电器、时间继电器、计数器等器件，使控制柜的设计、安装接线工作量大大减少。PLC的用户程序大部分可以在实验室进行模拟调试，用模拟试验开关代替输入信号，可以通过PLC上的发光二极管指示得知其输出状态。模拟调试好后再将PLC控制系统安装到生产现场，进行联机调试，既安全又快捷方便。这大大缩短了应用设计和调试周期，特别是在老厂控制系统的技术改造中更能发挥其优势。在用户维修方面，由于PLC本身的故障率极低，因此维修工作量很小；并且PLC有完善的诊断和显示功能，当PLC或外部的输入装置和执行机构发生故障时，可以根据PLC上的发光二极管或在线编程器上提供的信息，迅速地查明原因，如果是PLC本身的故障，可以用更换模板的方法迅速排除，因此维修极为方便。

4. 功能强、通用性好

现代PLC运用了计算机、电子技术和集成工艺的最新技术，在硬件和软件两方面不断发展，使其具备很强的信息处理能力和输出控制能力。适应各种控制需要的智能I/O功能模块，如温度模块、高速计数模块、高速模拟量转换模块、远程I/O功能模块及各种通信模块等不断涌现。PLC与PLC、PLC与上位机的通信与联网功能不断提高，使现代PLC不仅具有逻辑运算、定时、计数、步进等功能，而且还能完成A/D、D/A转换、数字运算和数据处理以及通信联网、生产过程监控等。因此，它既可对开关量进行控制，又可对模拟量进行控制；既可控制一台单机、一条生产线，又可控制一个机群、多条生产线；既可现场控制，又可远距离控制；既可控制简单系统，又可控制复杂系统，其控制规模和应用领域不断扩大。

编程语言的多样化，以软件取代硬件控制的可编程序使PLC成为工业控制中应用最广泛的一种通用标准化系列控制器。同一台PLC可适用于不同控制对象的不同控制要求。同一档次不同机型的功能也能方便地相互转换。

笔 记

5. 开发周期短、成功率高

大多数工业控制装置的开发研制包括机械、液压、气动、电气控制等部分，需要一定的研制时间，也包含着各种困难与风险。大量实践证明采用以PLC为核心的控制方式具有开发周期短、风险小和成功率高的优点。其主要原因之一是只需正确、合理地选用各种模块组成系统而无需大量硬件配置和管理软件的二次开发；二是PLC采用软件控制方式，控制系统一旦构成便可在机械装置研制之前根据技术要求独立进行应用程序开发，并可以方便地通过模拟调试反复修改直至达到系统要求，保证最终配套联试的一次成功。

6. 体积小、重量轻、结构紧凑、功耗低

由于PLC采用了半导体集成电路，其体积小、重量轻、结构紧凑、功耗低，因此是机电一体化的理想控制器。例如：日本三菱公司生产的FX_{3U}-16MR系列小型PLC内有供编程使用的辅助继电器7 680点、状态元件4 096点、定时器512点、计数器235点、数据寄存器8 000点、扩展寄存器32 768点。其外形尺寸仅为130 mm × 90 mm × 86 mm，重量仅为0.6 kg，消耗电量仅25 W。常规的继电器控制柜是根本无法与之相比的。

1.2.2 可编程控制器的应用

目前，PLC在国内外已广泛应用于钢铁、石油、化工、电力、建材、机械制造、汽车、轻纺、交通运输、环保以及文化娱乐等各行各业。随着PLC性价比的不断提高，其应用范围不断扩大，大致可归结为如下几类。

1. 开关量的逻辑控制

这是PLC最基本、最广泛的应用领域，它取代传统的继电-接触器控制系统，实现逻辑控制、顺序控制，可用于单机控制、多机群控制、自动化生产线的控制等，例如注塑机、印刷机械、订书机械、切纸机械、组合机床、磨床、包括生产线、电镀流水线等。

2. 位置控制

大多数的PLC制造商，目前都提供拖动步进电机或伺服电机的单轴或多轴位置控制模板。这一功能可广泛用于各种机械，如金属切削机床、金属成型机床、装配机械、机器人和电梯等。

立体仓库演示

3. 过程控制

过程控制是指对温度、压力、流量等连续变化的模拟量的闭环控制。PLC通过模拟量I/O模板，实现模拟量与数字量之间的A/D、D/A转换，并对模拟量进行闭环PID（Proportional-Integral-Derivative）控制。现代的大、中型PLC一般都有闭环PID控制模型。这一功能可用PID子程序来实现，也可用专用的智能PID模板来实现。

4. 数据处理

现代的PLC具有数学运算（包括矩阵运算、函数运算、逻辑运算）、数据传递、转换、排序和查表、位操作等功能，也能完成数据的采集、分析和处理。这些数据可通过通信接口

笔 记

传送到其他智能装置，如计算机数值控制（CNC）设备，进行处理。

5. 通信联网

PLC的通信包括PLC相互之间、PLC与上位机、PLC与其他智能设备间的通信。PLC系统与通用计算机可以直接通过通信处理单元、通信转接器相连构成网络，以实现信息的交换，并可构成“集中管理、分散控制”的分布式控制系统，满足工厂自动化（FA）系统发展的需要。各PLC系统过程I/O模板按功能各自放置在生产现场分散控制，然后采用网络连接构成集中管理信息的分布式网络系统。

6. 在计算机集成制造系统（CIMS）中的应用

近年来，计算机集成制造系统广泛应用于生产过程中。一般的CIMS系统可划分为6级子系统：

第一级为现场级，包括各种设备，如传感器和各种电力、电子、液压和气动执行机构生产工艺参数的检测。

第二级为设备控制级，它接收各种参数的检测信号，按照要求的控制规律实现各种操作控制。

第三级为过程控制级，完成各种数学模型的建立、过程数据的采集处理。

以上三级属于生产控制级，也称为EIC综合控制系统。EIC综合控制系统是一种先进的工业过程自动化系统，它包括三个方面的内容：电气控制（Electric），以电动机控制为主，包括各种工业过程参数的检测和处理；仪表控制（Instrumentation），实现以PID为代表的各种回路控制功能，包括各种工业过程参数的检测和处理；计算机系统（Computer），实现各种模型的计算、参数的设定、过程的显示和各种操作运行管理。PLC就是实现EIC综合控制系统的整机设备，由此可见，PLC在现代工业中的地位是十分重要的。

1.3 可编程控制器的结构和工作原理

1.3.1 I/O结构和系统配置

PLC种类繁多，功能虽然多种多样，但其组成结构和工作原理基本相同。用可编程控制器实施控制，其实质是按一定算法进行输入/输出（I/O）变换，并将这个变换予以物理实现，应用于工业现场。PLC专为工业场合设计，采用了典型的计算机结构，由硬件和软件两部分组成。硬件配置主要由CPU、电源、存储器、专门设计的I/O接口电路、外部设备和I/O扩展模块等组成，如图1-1所示。

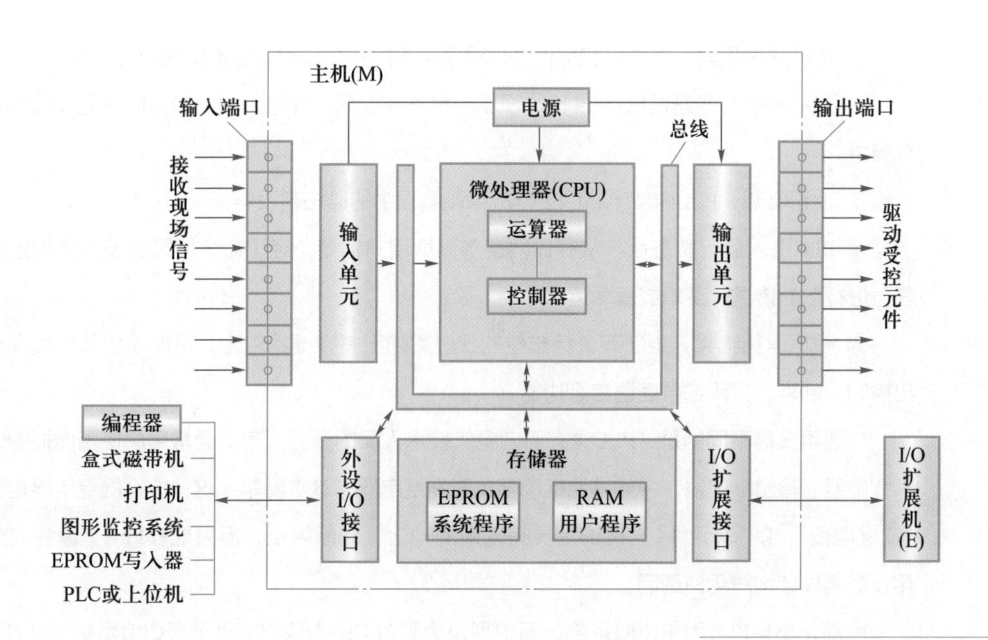

图1-1
可编程控制器的结构简化框图

笔 记

1. CPU、存储器、I/O 接口及电源

CPU、存储器、I/O接口及电源称为基本单元，将在后续两节介绍。

2. 编程器等外部设备

编程器是人机对话的重要工具，它的主要作用是供用户进行程序的编制、编辑、调试和监视，还可以通过其键盘去调用和显示PLC内部器件的状态和系统参数。由于笔记本计算机的普及，使得编程更加便捷，因此编程器已被淘汰。根据系统控制需要，PLC还可以通过自身的专用通信接口连接其他外部设备，如打印机、图形监控系统、EPROM写入器等。

3. I/O 扩展接口

每种PLC都有与主机相配的扩展模块，用来扩展输入 / 输出点数，以便根据控制要求灵活组合系统，以构成符合要求的系统配置。例如FX_{3U}系列PLC由基本单元与扩展单元可以构成I/O点数为16～384点的PLC控制系统。PLC扩展模块内不配置CPU，仅对I/O通道进行扩展，其输入信息通过扩展端口进入主机总线，由主机CPU进行处理。程序执行后，相关输出也是经总线、扩展端口和扩展模块的输出通道实现对外部设备的控制。主机用户存储器留有一定数量的存储空间，以满足该种PLC最大I/O扩展点数的需要。因此，虽然扩展模块在外表上看起来与主机类似，但其内部结构与主机差异很大，尽管它也有输入 / 输出端口和相应显示，但它不能脱离主机而独立实现系统的控制要求。

1.3.2 中央处理器（CPU）

PLC的中央处理器与一般的计算机控制系统一样，是整个系统的核心，起着类似人体的大脑和神经中枢的作用，它按PLC中系统程序赋予的功能，指挥PLC有条不紊地进行工作。其主要任务有：

笔 记

① 控制从编程器、上位机和其他外部设备输入的用户程序和数据的接收与存储。

② 用扫描的方式通过I/O部件接收现场的状态或数据，并存入指定的存储单元或数据寄存器中。

③ 诊断电源、PLC内部电路的工作故障和编程中的语法错误等。

④ PLC进入运行状态后，从存储器逐条读取用户指令，经过命令解释后按指令规定的任务进行数据传送、逻辑或算术运算等。

⑤ 根据运算结果，更新有关标志位的状态和输出寄存器的内容，再经输出部件实现输出控制、制表、打印或数据通信等功能。

与通用微机不同的是，PLC具有面向电气技术人员的开发语言。通常用户使用虚拟的输入继电器、输出继电器、中间辅助继电器、时间继电器、计数器等，这些虚拟的继电器也称“软继电器”或“软元件”，理论上具有无限的动合、动断触点，但只能在PLC上编程时使用，其具体结构对用户透明。

目前，小型PLC为单CPU系统，而中型及大型PLC则为双CPU甚至多CPU系统，PLC所采用的微处理器有三种：

（1）通用微处理器

小型PLC一般使用8位微处理器如8080、8085、6800和Z80等，大、中型PLC除使用位片式微处理器外，大都必须使用16位或32位微处理器。当前，不少PLC的CPU已升级到Intel公司的微处理器产品，有的已经采用奔腾（Pentium）处理器，如西门子公司的S7-400。采用通用微处理器的优点是：价格便宜，通用性强，还可借用微机成熟的实时操作系统和丰富的软、硬件资源。

（2）单片微处理器（即单片机）

它具有集成度高、体积小、价格低及可扩展等优点。如Intel公司的8位MCS-51系列单片机运行速度快、可靠性高、体积小，很适合于小型PLC。三菱公司的FX_2系列PLC所使用的微处理器是16位8098单片机。

（3）位片式微处理器

它是独立的一个分支，多为双极型电路，4位为一片，几个位片级相连可组成任意字长的微处理器，代表产品有AMD-2900系列。美国AB公司的PLC-3型、西屋公司的HPPC-1500型和西门子公司的S5-1500型都属于大型PLC，都采用双极型位片式微处理器AMD-2900高速芯片。PLC中位片式微处理器的作用主要有两个：一是直接处理一些位指令，从而提高了位指令的处理速度，减少了位指令处理器的压力；二是将PLC的面向工程技术人员的语言（梯形图、控制系统流程图等）转换成机器语言。

模块式PLC把CPU作为一种模块，备有不同型号供用户选择。

1.3.3 中央系统及供电

PLC的中央系统包括存储器、I/O单元、电源单元等。

笔 记

1. 存储器

在PLC主机内部配有两种不同类型的存储器。

（1）系统存储器（Read Only Memory，ROM）

系统存储器用以固化PLC生产厂家编写的各种系统工作程序，相当于单片机的监控程序或个人计算机的操作系统，在很大程度上它决定该种PLC的性能与质量，用户无法更改或调用。系统工作程序有三种类型：

① 系统管理程序：由它决定系统的工作节拍，包括PLC运行管理（各种操作的时间分配安排）、存储空间管理（生成用户数据区）和系统自诊断管理（如电源、系统出错，程序语法、句法检验等）。

② 用户程序编辑和指令解释程序：编辑程序能将用户程序变为内码形式，以便于程序的修改、调试。解释程序能将编程语言变为机器语句，以便CPU操作运行。

③ 标准子程序和调用管理程序：为了提高运行速度，在程序执行中某些信息处理（I/O处理）或特殊运算等是通过调用标准子程序来完成的。

（2）用户程序存储器（Random Access Memory，RAM）

用户程序存储器包括用户程序存储器（程序区）和数据存储器（数据区）两种，前者用于存放用户程序，后者用于存入（或记忆）用户程序执行过程中使用ON/OFF状态量或数值量，以生成用户数据区。用户程序存储器的内容由用户根据控制需要可读、可写，可任意修改、增删。可采用高密度、低功耗的CMOS RAM（由锂电池实现掉电保护，一般能保持5～10年，经常带负载运行也可保持2～5年）或EPROM与EEPROM。用户存储器容量是PLC的一项重要技术指标，其容量一般以“步”为单位（16位二进制数为一“步”或称为“字”）。

2. 输入/输出单元（I/O 单元）

I/O单元又称为I/O接口电路。PLC程序执行过程中需调用的各种开关量（状态量）、数字量和模拟量等各种外部信号或设定量，都通过输入电路进入PLC，而程序执行结果又通过输出电路送到控制现场实现外部控制功能。由于生产过程中的信号电平、速率是多种多样的，外部执行机构所需的电平、速率也是千差万别的，而CPU所处理的信号只能是高、低电平，其工作节拍又与外部环境不一致，所以PLC与通用计算机I/O电路有着类似的作用，即电平变换、速度匹配、驱动功率放大、信号隔离等。不同的是，PLC产品的I/O单元是顾及工作环境和各种要求而经过精心设计和制造的。通用计算机则要求用户根据使用条件自行开发，其可靠性、抗干扰能力往往达不到系统要求。

（1）输入接口电路（输入单元）

各种PLC输入接口电路结构大都相同，其输入方式有两种类型：一种是直流输入（直流12 V或24 V），如图1-2（a）所示；另一种是交流输入（交流100～120 V或200～240 V），如图1-2（b）所示。它们都是由装在PLC面板上的发光二极管（LED）来显示某一输入点是否有信号输入。外部输入器件可以是无源触点，如按钮、行程开关等，也可以是有源器件，如各类传感器、接近开关、光电开关等。在PLC内部电源容量允许的前提下，有源输入器件可以采用PLC输出电源，否则必须外设电源。当输入信号为模拟量时，信号必须经过专用的模拟量输入模块进行阻抗A/D（模数）转换，然后通过输入电路进入PLC。输入信号通过输

笔 记

入端子经*RC*滤波、光电隔离进入内部电路。图1-2（a）所示是一个直流24 V输入电路的内部原理电路，由装在PLC面板上的发光二极管（LED）来显示某一输入点是否有信号输入。

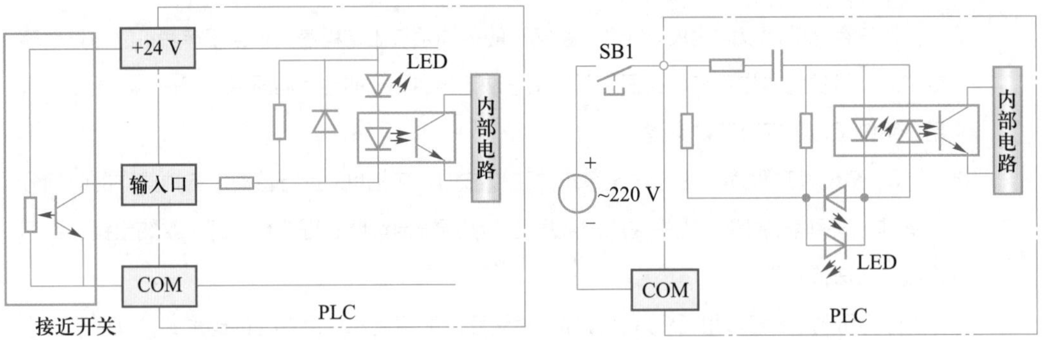

（a）直流 24 V 输入电路 （b）交流输入电路

图1-2
PLC的输入接口电路

（2）输出接口电路（输出单元）

为适应不同负载的需要，各类PLC的输出都有三种方式，即继电器输出、晶体管输出、晶闸管输出。继电器输出方式最常用，适用于交、直流负载，其特点是带负载能力强，但动作频率与响应速度慢。晶体管输出适用于直流负载，其特点是动作频率高，响应速度快，但带负载能力小。晶闸管输出适用于交流负载，响应速度快，带负载能力不大。三种输出方式的输出接口电路结构分别如图1-3（a）、（b）、（c）所示。

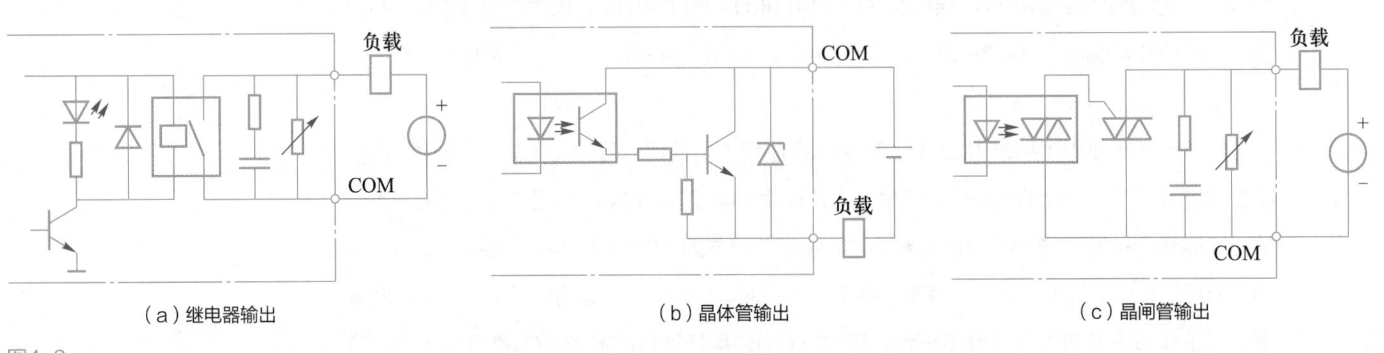

（a）继电器输出 （b）晶体管输出 （c）晶闸管输出

图1-3
PLC的输出接口电路

外部负载直接与PLC输出端子相连，输出电路的负载电源由用户根据负载要求（电源类型、电压等级、容量等）自行配备，PLC输出电路仅提供输出通道。同时考虑不同类型、不同性质负载的接线需要，通常PLC输出端口的公共端子（COM端子）分组设置。每4～8点共一个COM端子，各组相互隔离。在实际应用中应注意各类PLC输出端子的输出电流不能超出其额定值，同时还要注意输出与负载性质有关。例如，FX_{3U}型PLC继电器输出的负载能力在电源电压250 V（交流）以下时，电阻性负载为2 A/点，电感性负载为80 V·A/点。

3. 电源单元

PLC对供电电源要求不高，可直接采用普通单相交流电，允许电源电压在额定电压的-15%～+10%范围内波动，也可用直流24 V供电。PLC内部有一个高质量的开关型稳压电源，用于对CPU、I/O单元供电，还可为外部传感器提供直流24 V电源（应注意在电源技术指标允许范围内）。

1.3.4　可编程控制器的工作状态、工作方式和扫描周期

PLC的工作状态有停止（STOP）状态和运行（RUN）状态。当通过方式开关选择STOP状态时，只进行内部处理和通信服务等内容，对PLC进行联机或离线编程。而当选择RUN状态或CPU发出信号一旦进入RUN状态，就采用周期循环扫描方式执行用户程序。

PLC的工作方式是采用周期循环扫描，集中输入与集中输出。这种工作方式的显著特点是：可靠性高、抗干扰能力强，但响应滞后、速度慢。也就是说PLC是以降低速度为代价换取高可靠性的。图1-4所示是PLC的工作框图，框图全面表示了PLC控制系统的工作过程。

PLC通电后，CPU在程序的监督控制下先进行内部处理，包括硬件初始化、I/O模块配置检查、停电保持范围设定及其他初始化处理等工作。在执行用户程序之前还应完成通信服务与自诊检查。在通信服务阶段，PLC应完成与一些带处理器的智能模块及其他外部设备的通信，完成数据的接收和发送任务，响应编程器键入的命令，更新编程器显示内容，更新时钟和特殊寄存器内容等。PLC有很强的自诊断功能，如电源检测、内部硬件是否正常、程序语法是否有错等。一旦有错或异常，CPU能根据类型和程度发出信号，甚至进行相应的出错处理，使PLC停止扫描或强制变成STOP状态。

在正常情况下，一个用户程序扫描周期由三个阶段组成，如图1-5所示。以下介绍三个阶段的工作过程。

1. 输入取样阶段

在输入取样阶段，扫描所有输入端子并将输入量（开/关、0/1状态）顺序存入输入映像寄存器。此时输入映像寄存器被刷新，然后关闭输入通道，接着转入程序执行阶段。在程序执行和输出处理阶段，无论外部输入信号如何变化，输入映像寄存器内容保持不变，直到下一个扫描周期的取样阶段，才重新写入输入端的新内容。

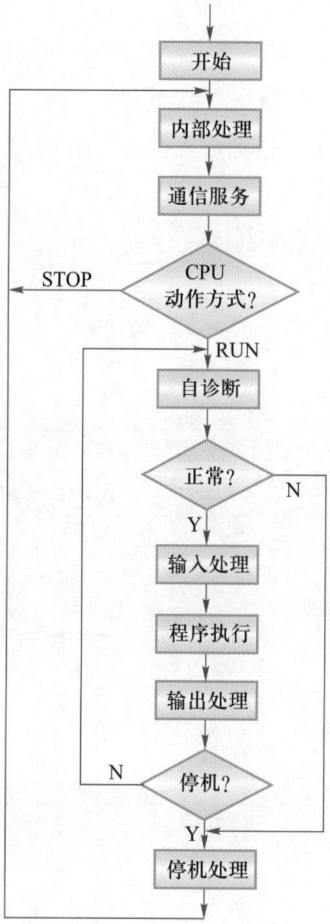

开始
内部处理
通信服务
CPU
动作方式?
STOP
RUN
自诊断
正常?
N
Y
输入处理
程序执行
输出处理
N
停机?
Y
停机处理

图1-4
PLC的工作框图

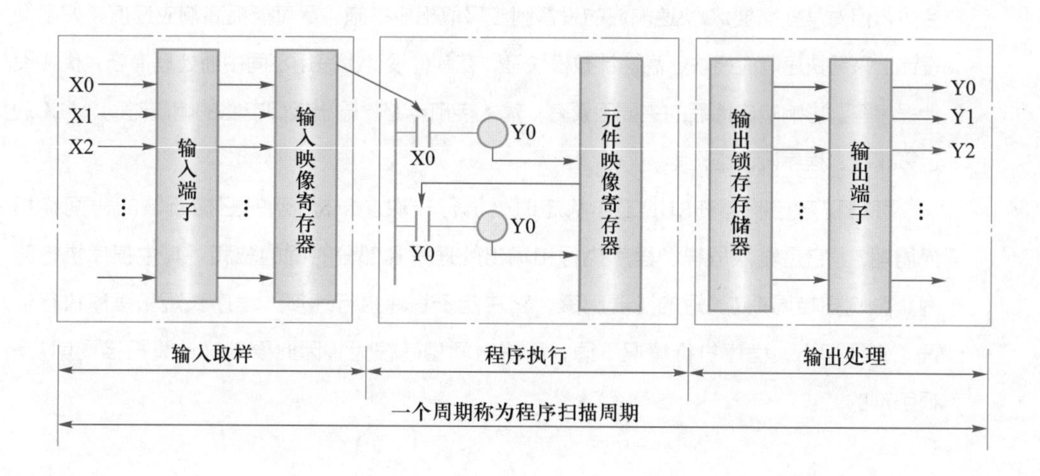

图1-5
可编程控制器扫描过程示意图

笔 记

输入取样的内容包括对远程I/O特殊功能模块和其他外部设备通信服务所得信息（相应数据寄存器和存储器中）的采集。根据不同的控制要求，输入取样有多种方式，上述取样方式运用于小型PLC，其I/O点数较少，用户程序较短。一次集中输入、集中输出方式虽然在一定程度上降低了系统的响应速度，但从根本上提高了系统的抗干扰能力，增强了系统的可靠性。而大、中型PLC的I/O点数相对较多，用户程序相应较长，为提高系统响应速度而采用定期输入取样、直接输入取样、中断输入取样及智能I/O接口模块等多种取样方式，以求提高运行速度。

2. 程序执行阶段

PLC对用户程序（梯形图）按先左后右、从上至下的步序，逐步执行程序指令。在程序执行过程中根据程序执行需要，从输入映像寄存器、内部元件寄存器（内部继电器、定时器、计数器等）中，将有关元件的状态、数据读出，按程序要求进行逻辑运算和算术运算，并将每步运算结果写入相关元件映像寄存器（有关存储器或数据寄存器）。因此，内部元件寄存器随程序执行在不断刷新。

3. 输出处理阶段

所有程序指令执行完毕，将内部元件寄存器中所有输出继电器状态（构成输出状态表）在输出处理阶段一次转存到输出锁存器中，经隔离、驱动功率放大电路送到输出端，并通过PLC外部接线驱动实际负载。

用户程序执行扫描方式既可按上述固定顺序方式，也可以按程序指定的可变顺序进行。这不仅因为有的程序无需每扫描一次就执行一次，更主要的是在一个大、中控制系统中需要处理的I/O点数多、程序结构庞大，通过安排不同的组织模块，采用分时、分批扫描执行方式，可缩短循环扫描周期，从而提高控制实时响应速度。

循环扫描的工作方式是PLC的一大特点，针对工业控制采用这种工作方式，使PLC具有一些优于其他种类控制器的特点。例如：可靠性、抗干扰能力明显提高；串行工作方式避免触点（逻辑）竞争和时序失配；简化程序设计；通过扫描时间定时监视可诊断CPU内部故障，避免程序异常运行的不良影响等。

循环扫描工作方式的主要缺点是带来控制响应滞后性。一般工业设备是允许I/O响应滞后的，但对某些需要I/O快速响应的设备则应采取相应措施，尽可能提高响应速度，如硬件设计上采用快速响应模块、高速计数模块等，在软件设计上采用不同中断处理措施，优化设计程序等。影响响应滞后的主要因素有：输入接口电路、输出接口电路的响应时间、PLC的运算速度、程序设计结构等。

可编程序控制器在RUN工作状态时，执行一次图1-5所示的扫描所需的时间称扫描周期T。它是输入取样、程序执行和输出处理等几部分时间的总和，其中程序执行时间是影响扫描周期T长短的主要因素，它决定于程序执行速度、程序长短和程序执行情况。必须指出，程序执行情况不同，所需时间相差很大，因此要准确计算扫描周期T是很困难的。

1.4 PLC 的硬件认识

1.4.1 FX 系列 PLC 型号含义

三菱FX系列PLC，是三菱PLC小型系列产品。目前主要分FX_{5U}、FX_{3U}、FX_{2N}、FX_{1N}、FX_{1S}等系列，如图1-6所示。这类机型具有紧凑的尺寸、丰富的扩展模块及特殊功能模块、优良的性价比、使用简单方便等特点。FX系列PLC基本性能一览表如表1-1所示。

笔 记

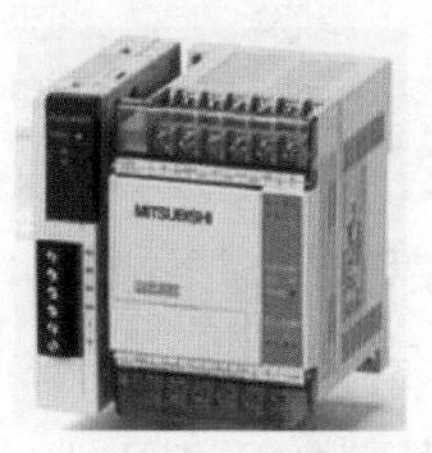

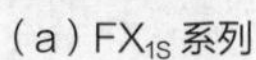

(a) FX_{1S} 系列

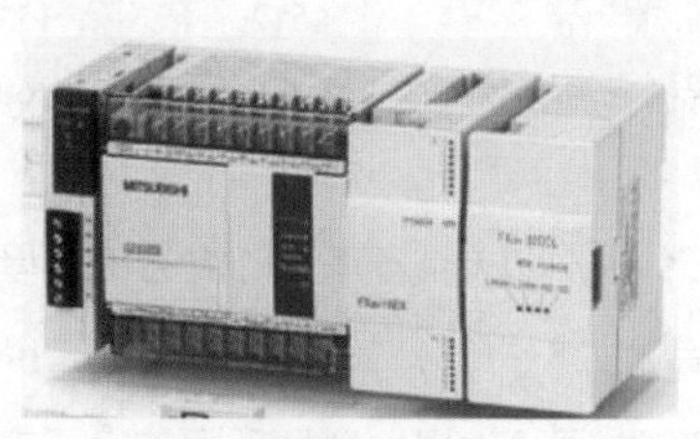

(b) FX_{1N} 系列

(c) FX_{2N} 系列

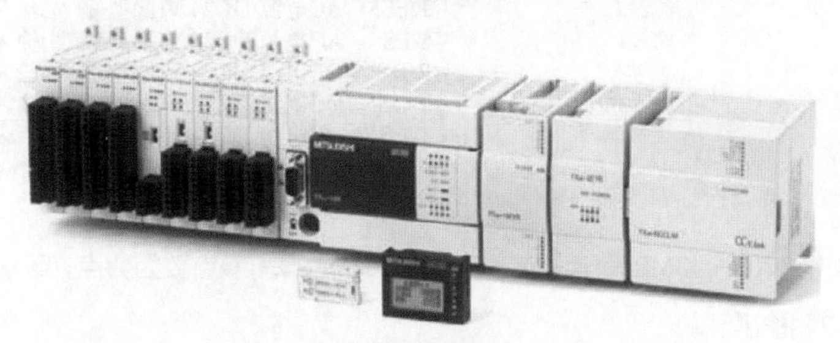

(d) FX_{3U} 系列

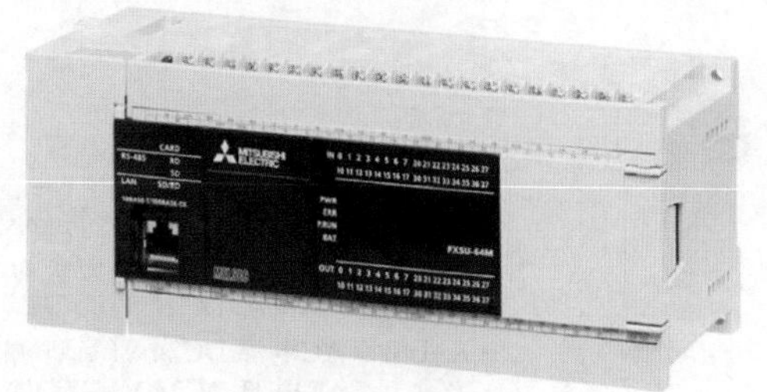

(e) FX_{5U} 系列

图1-6
FX系列PLC

笔 记

表 1-1　FX 系列基本性能一览表

性能	型号				
	FX_{1S}	FX_{1N}	FX_{2N}	FX_{3U}	FX_{5U}
最大I/O	30	128	256	384	1024
基本/步进/功能指令	27/2/85	27/2/89	27/2/132	27/2/209	1038
执行速度（μs/步）	0.55-0.7	0.55-0.7	0.08	0.065	0.034
程序容量/步	2K	8K	16K	64K	64K
数据寄存器	256	8K	8K	8K	5M
文件寄存器	1500	7000	7000	32768	32768
定时/计数器	64/32	256/235	256/235	512/235	1024/1024
辅助继电器	512	1536	3072	7680	32768
高速计数器（最高/kHz）	60	60	60	100	200

三菱FX_{3U}系列PLC基本单元的型号由字母和数字组成，其格式如图1-7所示。其中输入/输出点数合计为8～128；“□/□”中斜杠前面的表示输出方式：R—继电器输出，T—晶体管输出，S—晶闸管输出；斜杠后面的表示电源类型及源、漏型区别，第一个字母为“E”是AC 220 V电源，为“D”表示DC 24 V电源；第一个字母后面的字母为“SS”表示晶体管（源型）输出。

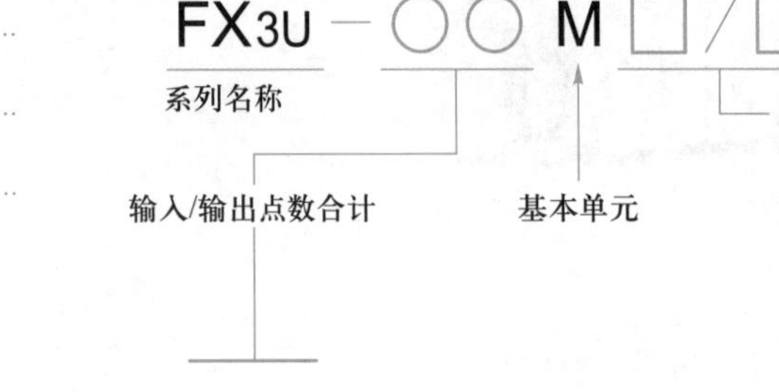

图1-7
FX_{3U}系列产品型号含义

例如：FX_{3U}－48MR表示为FX_{3U}系列基本模块，总I/O点数为48点，该模块为基本单元，采用继电器输出。

三菱FX_{3U}系列的PLC的输入/输出扩展单元型号含义如图1-8所示，扩展模块型号含义如图1-9所示。

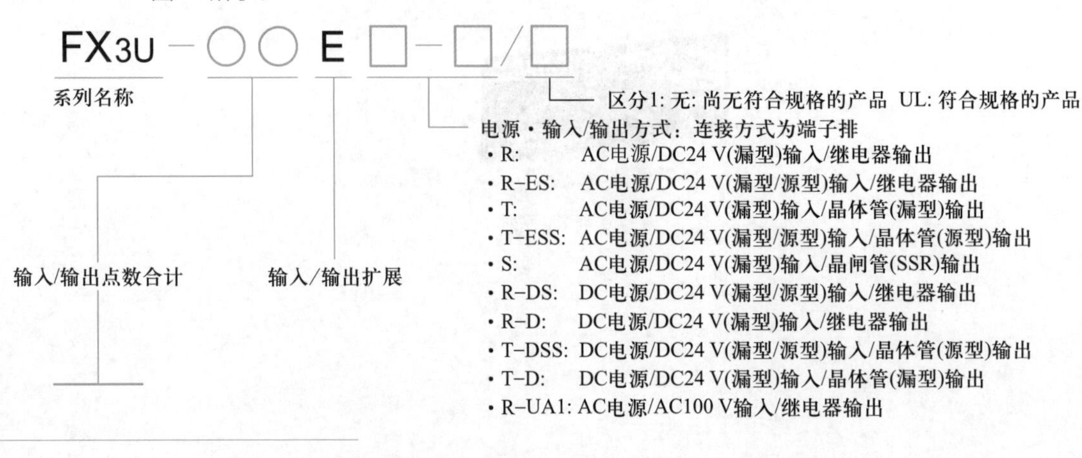

图1-8
输入/输出扩展单元型号含义

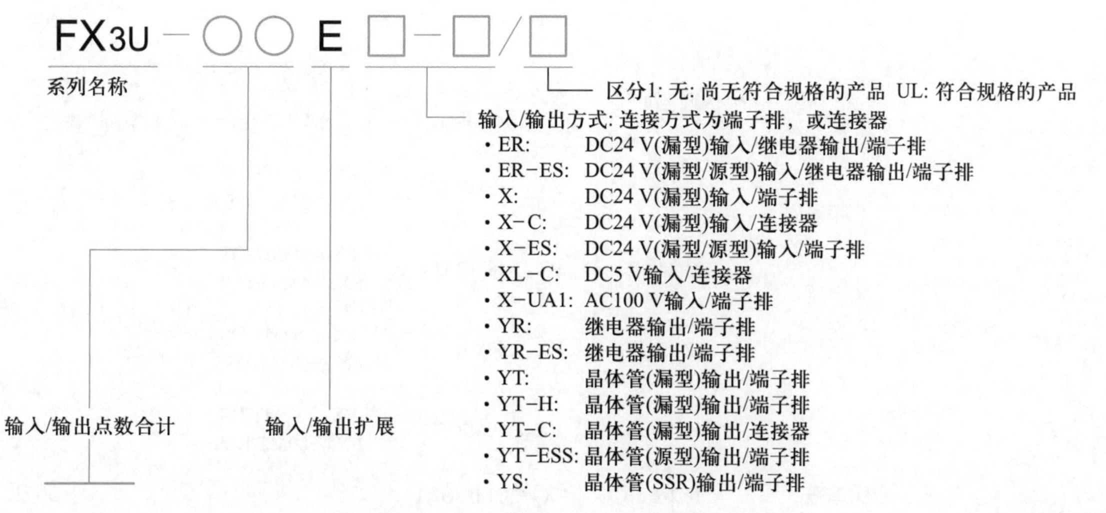

图1-9
输入/输出扩展模块型号含义

1.4.2 FX_{3U} 系列 PLC 的基本构成

FX_{3U}系列PLC是FX系列中功能强、速度快的超级微型PLC。除基本模块可直接接线的输入/输出最大384点（若使用网络远程I/O最大384）外，还可连接8台输入/输出扩展设备，扩展设备可以是输入/输出扩展单元/模块或特殊功能单元/模块。常用输入/输出基本单元及扩展单元、扩展模块见表1-2、表1-3、表1-4。

特殊功能单元/模块有13种模拟量输入/输出模块、2种高速计数器模块、9种脉冲输出定位模块、12种串行通信模块及显示模块等，可以适用于多个基本组件间的连接、模拟控制、定位控制等，是一套可以满足广泛需要的PLC。

笔 记

表 1-2 FX_{3U} 系列 PLC 的基本单元

单　元	输入/输出点数	基本单元		
		继电器输出	晶体管输出	晶闸管输出
AC电源 DC输入	8/8	FX_{3U}-16MR/ES	FX_{3U}-16MT/ES FX_{3U}-16MT/ESS	
	16/16	FX_{3U}-32MR/ES	FX_{3U}-32MT/ES FX_{3U}-32MT/ESS	FX_{3U}-32MS/ES
	24/24	FX_{3U}-48MR/ES	FX_{3U}-48MT/ES FX_{3U}-48MT/ESS	
	32/32	FX_{3U}-64MR/ES	FX_{3U}-64MT/ES FX_{3U}-64MT/ESS	FX_{3U}-64MS/ES
	40/40	FX_{3U}-80MR/ES	FX_{3U}-80MT/ES FX_{3U}-80MT/ESS	
	64/64	FX_{3U}-128MR/ES	FX_{3U}-128MT/ES FX_{3U}-128MT/ESS	

笔 记

续表

单元	输入/输出点数	基本单元		
		继电器输出	晶体管输出	晶闸管输出
DC电源 DC输入	16/16	FX_{3U}-32MR/DS	FX_{3U}-32MT/DS FX_{3U}-32MT/DSS	
	24/24	FX_{3U}-48MR/DS	FX_{3U}-48MT/DS FX_{3U}-48MT/DSS	
	32/32	FX_{3U}-64MR/DS	FX_{3U}-64MT/DS FX_{3U}-64MT/DSS	
	40/40	FX_{3U}-80MR/DS	FX_{3U}-80MT/DS FX_{3U}-80MT/DSS	
AC电源 AC 100 V 输入	16/16	FX_{3U}-32MR/UA1		
	32/32	FX_{3U}-64MR/ UA1		

表 1-3 FX_{3U} 系列 PLC 的扩展单元

输入方式	输入/输出点数	输出方式		
		继电器输出	晶闸管输出	晶体管输出
AC电源/DC漏型、源型输入通用型	16/16	FX_{3U}-32ER-ES/UL	—	FX_{3U}-32ET-ESS/UL
	24/24	FX_{3U}-48ER-ES/UL	—	FX_{3U}-48ET-ESS/UL
AC电源/DC漏型输入专用型	16/16	FX_{3U}-32ER	FX_{3U}-32ES	FX_{3U}-32ET
	24/24	FX_{3U}-48ER		FX_{3U}-48ET
AC电源/AC110V输入专用型	24/24	FX_{3U}-48ER-UA1/UL		
DC电源/DC漏型、源型输入通用型	24/24	FX_{3U}-48ER-DS		FX_{3U}-48ET-DSS
AC电源/DC漏型输入专用型	24/24	FX_{3U}-48ER-D		FX_{3U}-48ET-D

表 1-4 FX_{3U} 系列 PLC 的扩展模块

扩展类型	输入/输出点数	输入方式			输出方式			
		DC 24 V	DC 5 V	AC 100 V	继电器输出	晶体管输出（漏型）	晶体管输出（源型）	晶闸管
输入/输出	4/4	—	—	—	FX_{3U}-8ER-ES/UL FX_{3U}-8ER	—	—	—
输入	8/0	FX_{3U}-8EX-ES/UL FX_{3U}-8EX	—	FX_{3U}-8EX-UA1/UL		—	—	—
	16/0	FX_{3U}-16EX-ES/UL FX_{3U}-16EX FX_{3U}-16EX-C	FX_{3U}-16EXL-C	—	—	—	—	—

续表

扩展类型	输入/输出点数	输入方式			输出方式			
		DC 24 V	DC 5 V	AC 100 V	继电器输出	晶体管输出（漏型）	晶体管输出（源型）	晶闸管
输出	0/8	—	—	—	FX_{3U}-8EYR-ES/UL FX_{3U}-8EYR-S-ES/UL FX_{3U}-8EYR	FX_{3U}-8EYT FX_{3U}-8EYT-H	FX_{3U}-8EYT-ESS/UL	—
	0/16	—	—	—	FX_{3U}-16EYR-ES/UL FX_{3U}-16EYR	FX_{3U}-16YET FX_{3U}-16YET-C	FX_{3U}-16EYT-ESS/UL	FX_{3U}-16EYS

FX_{3U}系列PLC组成的一套PLC系统的硬件一般由基本单元（包括CPU、存储器、输入/输出接口及内部电源等）、I/O扩展模块、扩展单元、转换电缆接口、特殊适配器和特殊功能模块等外部设备组成。这里仅介绍其基本单元的组成，其他扩展设备请查阅相关手册。

FX_{3U}系列PLC的面板由三部分组成，即外部接线端子、指示部分和接口部分，其面板图和端子图分别如图1-10、图1-11所示。

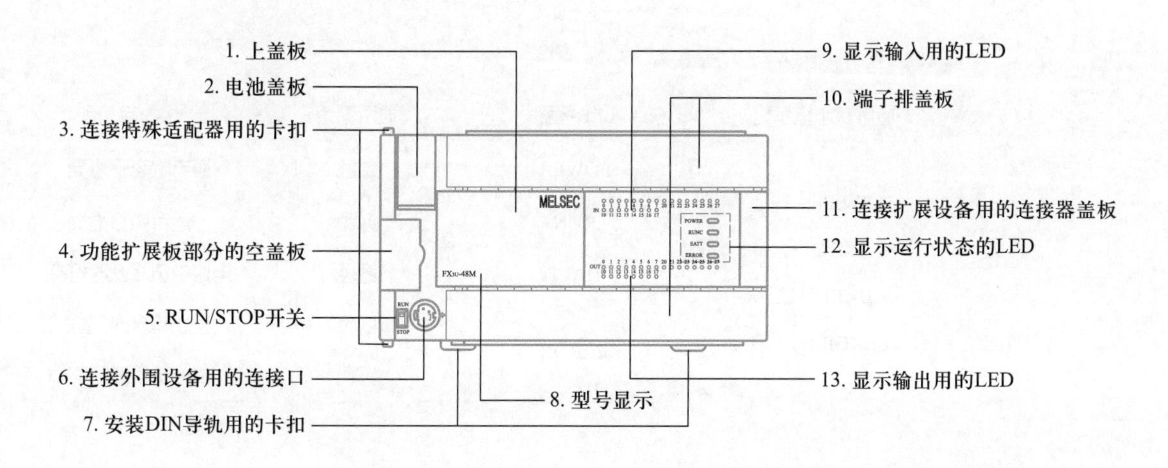

图1-10
FX_{3U}系列PLC面板图

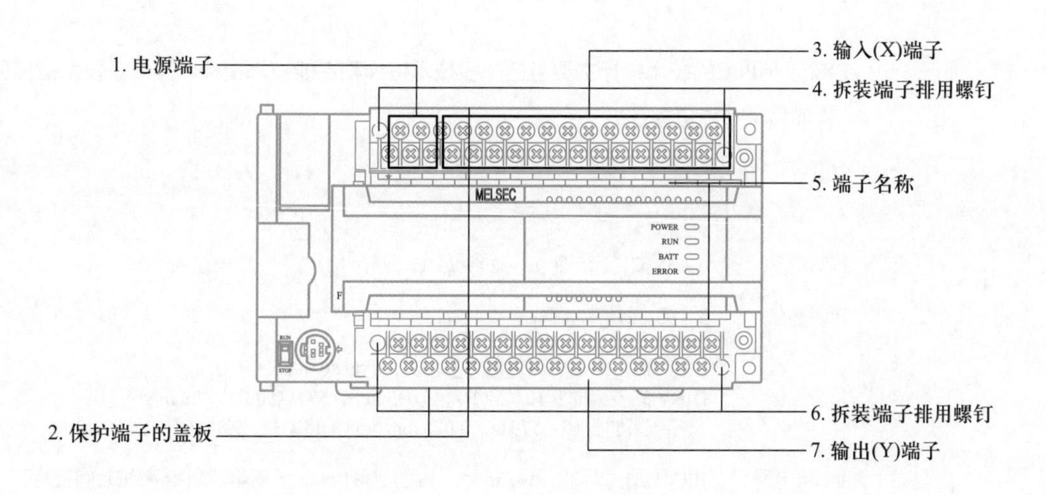

图1-11
FX_{3U}系列PLC端子图

笔 记

各部分的组成及功能如下。

① 外部接线端子。外部接线端子包括PLC电源（L、N）、输入用直流电源（24+、COM）、输入端子（X）、输出端子（Y）和机器接地等。它们位于机器两侧可拆卸的端子板上，每个端子均有对应的编号，主要用于电源、输入信号和输出信号的连接。

② 指示部分。指示部分包括各输入/输出点的状态指示、机器电源指示（POWER）、机器运行状态指示（RUN）、用户程序存储器后备电池指示（BATT）和程序错误或CPU错误指示（ERROR）等，用于反映输入/输出点的状态及机器运行状态（见表1-5）。

③ 接口部分。接口部分主要包括连接外围设备接口、扩展设备接口和特殊适配器接口等，它的作用是完成基本单元同编程设备、外部扩展单元和特殊功能模块等扩展设备的连接。

在机器面板上，还设置了一个PLC运行模式转换开关（RUN/STOP），用于切换运行状态。RUN使机器处于运行状态（RUN指示灯亮）；STOP使机器处于停止运行状态（RUN指示灯灭）。当机器处于STOP状态时，可进行用户程序的录入、编辑和修改。

表 1-5　运行状态指示

运行状态指示灯	LED名称	显示颜色	内容
POWER RUN BATT ERROR	POWER	绿色	通电状态下灯亮
	RUN	绿色	运行中灯亮
	BATT	红色	电池电压降低时灯亮
	ERROR	红色	程序错误时闪烁
		红色	CPU错误时灯亮

1.4.3　FX$_{3U}$ 系列 PLC 的技术指标

FX$_{3U}$系列PLC的技术指标主要包括一般技术指标和性能技术指标。其一般技术指标见表1-6；性能技术指标见表1-7。

表 1-6　FX$_{3U}$ 系列 PLC 的一般技术指标

环境温度	0～55 ℃（运行时），-20～75 ℃（保存时）
环境湿度	5～95%RH(不结露)
抗　振	IEC61131-2标准：3轴方向各10次，合计80 min DIN导轨安装时：10～57 Hz，0.035 mm，57～150 Hz，4.9 m/s^2 直接安装时：10～57 Hz，0.075 mm，57～150 Hz，9.8 m/s^2
抗 冲 击	IEC61131-2标准：147 m/s^2，作用时间11 ms，正弦半波脉冲下3轴方向各3次
抗噪声干扰	噪声电压为1000V$_{P-P}$，噪声宽度为1 μs，周期为30～100 Hz的噪声模拟器

续表

耐　压	AC 1500 V 1 min（各端子与接地端之间）
绝缘电阻	5 MΩ以上（各端子与接地端之间）
接　地	D类接地（接地电阻：100 Ω以下），不允许与强电系统共同接地
使用环境	无腐蚀性、可燃性气体，导电性尘埃（灰尘）不严重的场合
使用高度	2 000 m以下
安装位置	控制柜内

笔 记

表 1-7　FX_{3U} 系列 PLC 的性能技术指标

项　目		性能指标	
运算控制方式		重复执行保存的程序（专用LSI）、有中断功能	
I/O控制方式		批处理方式（在END指令执行时） 有输入/输出刷新指令、脉冲捕捉功能	
运算处理速度		基本指令：0.065 μs/指令，功能指令：0.642~几百μs/指令	
编程语言		继电器符号方式+步进梯形图方式（可用SFC表现）	
程序容量/存储器类型		64000步RAM（标配）	
		快闪存储器 4种FX_{3U}-FLROM存储器 64K、16K步存储器卡盒（选配） 允许写入次数：1万次	
指令种类		顺控指令29条，步进梯形图指令2条，应用指令219种498个	
实时时钟		内置，1980年—2079年（有闰年修正），阳历2位/4位，月误差±45 s/25℃	
输入/输出点数		X0~X367，248点（扩展合用时输入计数） Y0~Y367，248点（扩展合用时输出计数） 输入/输出点数合计256点以下 远程I/O点数（CC-Link）256点以下 384点以下（扩展合用时合计计数）	
辅助继电器	一般用	M0 ~ M499（500点）	可通过参数更改保持/不保持的设定
	保持用	M500 ~ M1023（524点）	
	保持用（固定）	M1024 ~ M7679（6656点）	
	特殊用	M8000 ~ M8511（512点）	
状　态	初始状态	S0 ~ S9（10点）	可通过参数更改保持/不保持的设定
	一般用	S10 ~ S499（490点）	
	保持用	S500 ~ S899（400点）	
	信号报警用	S900 ~ S999（100点）	
	保持用（固定）	S1000 ~ S4095（3096点）	

笔 记

续表

项目		性能指标	
定时器（通电延时）	100 ms	T0～T191（192点）0.1～3276.7 s T192～T199（8点）子程序、中断用 0.1～3276.7 s	
	10 ms	T200～T245（46点）0.01～327.67 s	
	1 ms（累计型）	T246～T249（4点）0.001～32.767 s	
	100 ms（累计型）	T250～T255（6点）0.1～3276.7 s	
	1 ms	T256～T511（256点）0.001～32.767 s	
计数器	16位加计数器	C0～C99（100点）通用型	0～32，767
		C100～C199（100点）保持型	
	32位加/减计数器	C200～C219（20点）通用型	32位 −2 147 483 648 ～2 147 483 647
		C220～C234（15点）保持型	
	32位高速计数器	C235～C245：单相单计数输入双向 C246～C250：单相双计数输入双向 C251～C255：双相双计数输入双向	C235～C255 最大可使用8点
数据寄存器	16位通用	D0～D199（200点）	一对处理32位
	16位保持用	D200～D511（312点）	
	16位保持用<文件寄存器>	D512～D7999（7488点） <D1000～D7999（7000点）>	根据参数设定，可从D1000开始以500点为单位设定文件寄存器
	16位特殊寄存器	D8000～D8511（512点）	
	16位变址寄存器	V0~V7，Z0~Z7（16点）	
扩展寄存器（16位）		R0~R32767（32768点）用电池进行停电保持	
扩展文件寄存器（16位）		ER0~ER32767（32768点）仅当安装了存储器卡盒时使用	
指 针	JUMP/CALL	P0～P4095（4096点）CJ指令、CALL指令用	
	输入中断 输入延时中断	I0□□～I5□□（6点）	
	定时器中断	I6□□～I8□□（3点）	
	计数器中断	1010~1060（6点）HSCS指令用	
嵌套标志	主控线路用	N0～N7（8点）MC指令用	
常 数	十进制（K）	16位：−32 768～32 767 32位：−2 147 483 648～2 147 483 647	
	十六进制（H）	16位：0～FFFFH 32位：0～FFFFFFFFH	
	实数（E）	32位：-1.0×2^{128}～-1.0×2^{-126}、0、1.0×2^{-126}～1.0×2^{128}	

1.4.4 FX_{3U} 系列 PLC 的硬件接线

笔 记

如图1-12所示，以FX_{3U}-32M系列交流电源直流输入的PLC为例说明FX_{3U}系列PLC的硬件接线。接线端子排上方有两组电源端子，分别用于PLC电源的输入和输入回路所用直流电源的输出。其中L、N是PLC的电源输入端子，额定电压为AC 100~240 V（电压允许范围为AC 85~264 V），50/60 Hz；24 V、0 V是机器为输入回路提供的直流24 V电源，S/S端为输入电路的公共端。若将S/S端与0 V连接，则构成源型输入接线；若将S/S端与24 V连接，则构成漏型输入接线，如图1-13所示。接地端子用于PLC的接地保护。

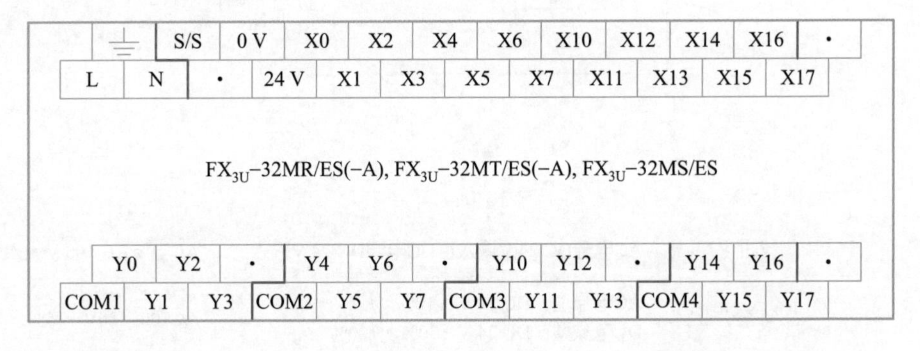

图1-12
FX_{3U}-32M系列PLC(AC电源、DC输入)外部接线端子图

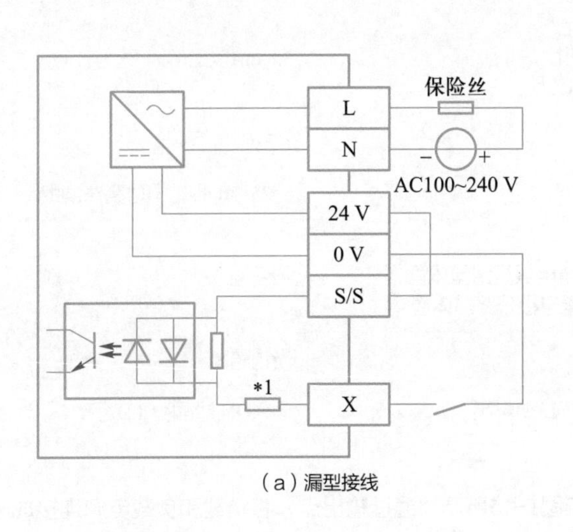

（a）漏型接线

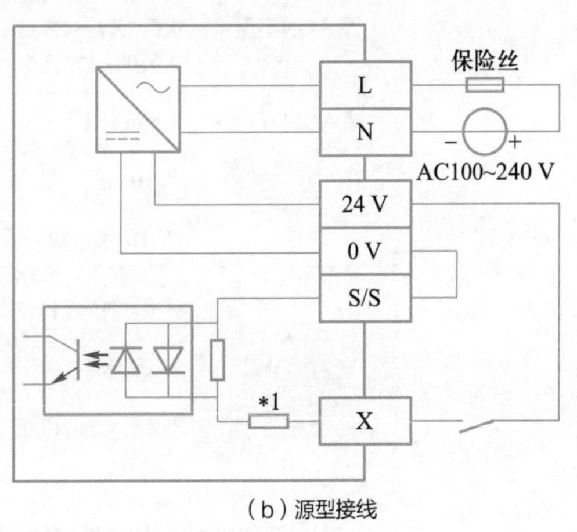

（b）源型接线

图1-13
FX_{3U}系列PLC直流输入回路接线图

直流输入回路的实现是将S/S端通过24V电源、输入元件（如按钮、转换开关、行程开关、继电器的触点、传感器等）连接到对应的输入点上，构成一个闭合回路，再通过输入点X将外部开关的动作信息送到PLC内部。一旦某个输入元件状态发生变化，对应输入继电器

X的状态也就随之变化，PLC在输入采样阶段即可获取这些信息。交流输入回路接线图如图1-14所示。FX_{3U}系列PLC输入回路技术指标见表1-8。

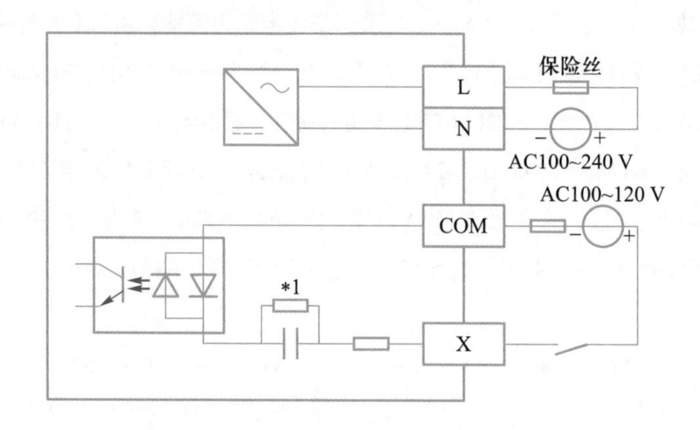

图1-14
FX_{3U}系列PLC交流输入回路接线图

表1-8 FX_{3U}系列PLC输入回路技术指标

项目	AC电源DC 24 V输入、DC电源DC 24 V输入	AC电源AC 100 V输入
输入信号电压	AC电源型：DC 24 V ± 10% DC电源型：DC 24 V −30%、+20%	AC100~120V −15%、+10%
输入信号电流	X0~X5：6 mA/DC 24 V X6、X7：7 mA/DC 24 V X010以上：5 mA/DC 24 V	（同时ON率70%以下） 4.7 mA/AC 110 V，50 Hz 6.2 mA/AC 110 V，60 Hz
输入阻抗	X0~X5：3.9 kΩ X6、X7：3.3 kΩ X010以上：4.3 kΩ	约21 kΩ/ 50 Hz 约18 kΩ/ 60 Hz
输入ON电流	X0~X5：3.5 mA以上 X6、X7：4.5 mA以上 X010以上：3.5 mA以上	3.8 mA以上
输入OFF电流	1.5 mA以下	1.7 mA以下
输入响应时间	约10 ms	约25~30 ms，不可高速读取
输入信号形式	无电压触点输入 漏型输入：NPN型集电极开路晶体管 源型输入：PNP型集电极开路晶体管	触点输入
回路隔离	光耦隔离	光耦隔离
输入动作显示	光耦驱动时面板上的LED灯亮	输入ON时面板LED灯亮

FX_{3U}系列PLC输出回路接线图如图1-15所示。通过输出点，将负载和负载电源连接成一个回路，这样负载就由PLC输出点的ON/OFF进行控制，输出点动作，负载得到驱动。负载电源的规格应根据负载的需要和输出点的技术规格进行选择。FX_{3U}系列PLC输出回路技术指标见表1-9。

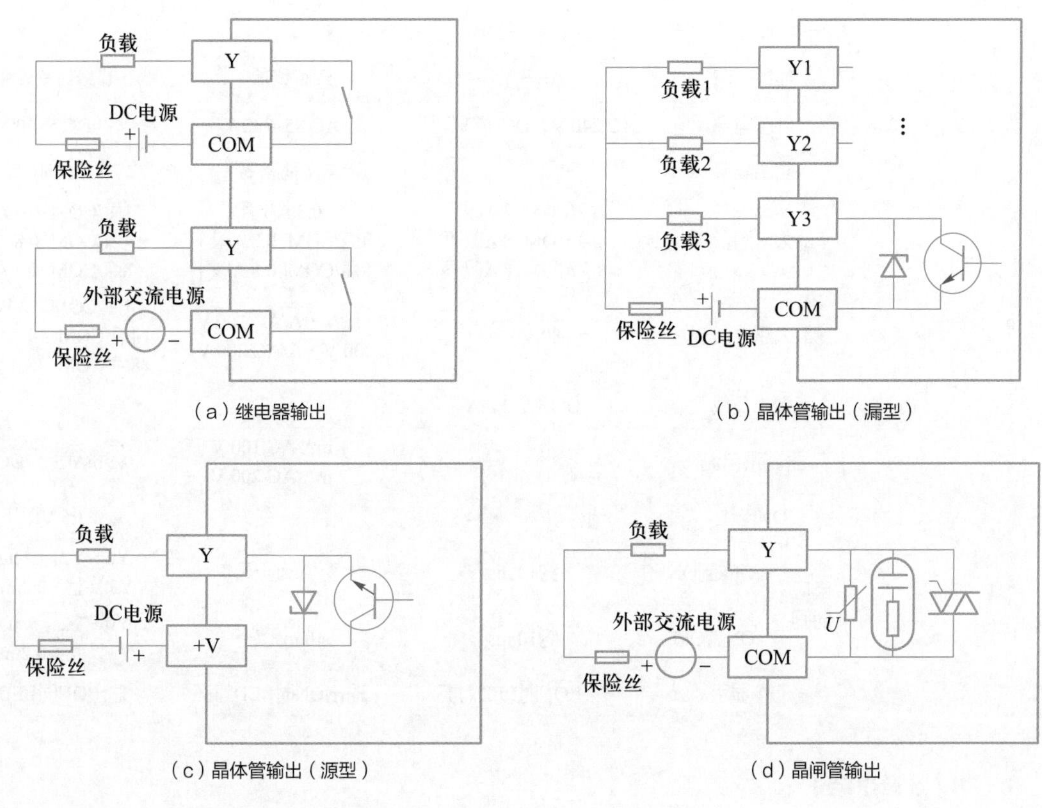

图1-15
FX_{3U}系列PLC输出回路接线图

在输入/输出回路连接时，应注意以下几点。

（1）I/O点的共COM问题

一般情况下，每个I/O点应有两个端子，为了减少I/O端子的个数，PLC内部已将其中一个继电器的I/O端子与公共端COM连接。输出端子一般采用每4个点共一个COM连接，如图1-15（b）所示。

（2）漏型和源型输入选择

通过选择，可将基本单元的所有输入设置为漏型输入或源型输入，但不能混用。

（3）输出点的技术规格

不同的输出类别，有不同的技术规格。应根据负载的类别、大小、负载电源的等级、响应时间等选择不同类别的输出形式。

（4）多种负载和不同负载电源共存的处理

在输出共用一个公共端子的范围内，必须用同一电压类型和同一电压等级；而不同公共点组可使用不同电压类型和电压等级的负载。

（5）负载回路的短路保护

当输出端子上连接的负载短路时，有可能会烧坏印制电路板。因此在输出回路中应加入保护用的熔断器（保险丝）。

笔 记

表1-9　FX_{3U}系列PLC输出回路技术指标

项　目		继电器输出	晶闸管输出	晶体管输出
外部电源		AC 240 V，DC 30 V以下	AC 85~242 V	DC 5~30 V
回路隔离		机械隔离	光耦隔离	光耦隔离
最大电阻负载		1点/COM 2 A以下 4点/COM 8 A以下 8点/COM 8 A以下	0.3 A/1点 4点/COM 0.8 A以下 8点/COM 0.8 A以下	1点/COM 0.5 A以下 4点/COM 0.8 A以下 8点/COM 1.6 A以下
最大感性负载		80 V · A	15 V · A/AC 100 V 30 V · A/AC 200 V	1点/COM 12 W以下 4点/COM 19.2 W以下 8点/COM 38.4 W以下
最小负载		DC 5 V 2 mA	—	—
开路漏电流		—	1 mA/AC 100 V 2 mA/AC 200 V	0.1 mA以下/DC 30 V
ON电压		—	—	1.5 V以下
响应时间	OFF到ON	约10 ms	1 ms以下	Y0～Y2：5 μs以下 Y3以上：0.2 ms以下
	ON到OFF	约10 ms	10 ms以下	Y0～Y2：5 μs以下 Y3以上：0.2 ms以下
动作显示		输出ON时LED灯亮	输出ON时LED灯亮	输出ON时LED灯亮

【本章小结】

本章主要介绍可编程控制器的历史、发展方向、特点及工作原理，同时对三菱FX_{3U}型PLC的基本构成及技术指标做了说明。

1. 可编程控制器是为适应生产工艺不断更新的需要于20世纪60年代末出现的，和机器人、CAD/CAM技术构成工业的三大支柱。它主要向着大型、多功能、智能化、模块化和加强联网能力，以及简易、价廉的方向发展。

2. PLC的最突出特点是可靠性高、抗干扰能力强，同时具有编程简单、开发周期短、体积小、重量轻、功耗低等优点。它主要应用于开关量、过程量、数据运算、通信联网等方面。

3. 可编程控制器主要由CPU、存储器、I/O接口、扩展单元及各种外部设备等部分构成。其中输入接口主要有直流和交流两种方式，输出接口有继电器输出、晶体管输出、晶闸管输出三种方式。

4. PLC工作过程分为输入取样、程序执行和输出处理三个阶段，并采用周期循环扫描的方式工作。

5. FX_{3U}系列PLC是FX系列中功能强、速度快、扩展性最高的超级微型PLC，可从一般继电器电路的控制，到模拟、定位、数据处理都适用。主要由基本单元、I/O扩展模块、扩展单元、特殊功能模块、转换电缆接口等设备组成。

第1章
习题答案

【习题】

1-1　什么是可编程控制器（PLC）？

1-2　可编程控制器的发展方向是什么?

1-3　在工业控制中，PLC主要应用在哪些方面?

笔 记

1-4 PLC的硬件由哪些部分组成？各部分的作用是什么？

1-5 CPU的主要任务是什么？目前主要有哪些类型？各具有什么特点？

1-6 PLC输出电路有哪几种常见的形式？分别适用于带什么类型的负载？

1-7 PLC采用什么样的工作方式？其特点是什么？

1-8 认识FX_{2N}系列PLC的硬件结构及技术参数。

1-9 分析如图1-16（a）、（b）所示梯形图，当X0闭合后欲使输出线圈Y0为ON，问各需要多少时间（扫描周期）？

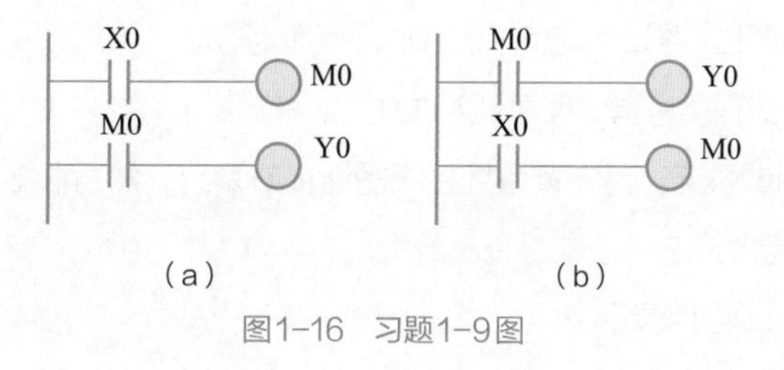

图1-16 习题1-9图

【实验】

实验1 PLC系统的硬件接线及工作过程演示

一、实验目的

使学生明确FX_{3U}可编程控制器的软、硬件工作环境，掌握输入/输出设备与PLC的接线，了解PLC技术应用的一般方法。

二、PLC系统的硬件接线及工作过程演示

三、实验要求

1. 指导教师讲解PLC系统控制要求，并分析硬件电路组成。

2. 参照图1-17，按要求让学生独立将系统电路连接起来。

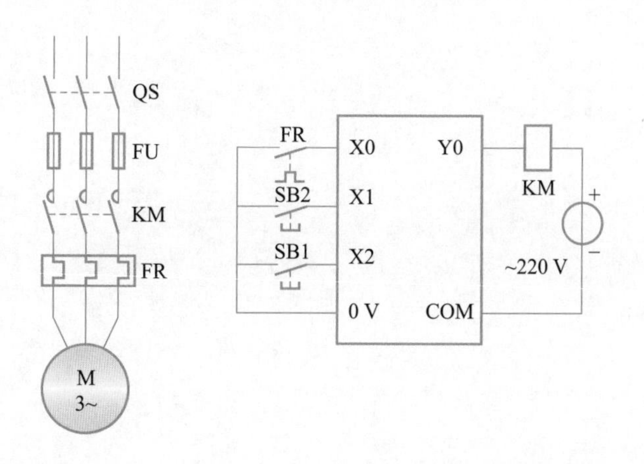

图1-17
PLC控制电动机起动电路接线图

3. 由教师输入电动机起动控制程序，并让学生亲自操作，观察系统的运行，体会系统组成和控制要求。

笔 记

四、体会PLC技术应用的一般步骤

通过以上训练，使学生认识PLC技术应用的一般步骤：

1. 分析被控对象的工艺条件和控制要求。

2. 根据被控对象对PLC控制系统的功能要求和所需输入/输出的点数，选择适当类型的PLC。

3. 分配输入/输出点，绘制控制系统的接线图。

4. 根据被控对象的工艺条件和控制要求，设计梯形图或状态转移图。

5. 根据梯形图，用选定机型的指令编制程序。

6. 用编程器将指令程序录入PLC。

7. 调试系统。首先按系统接线图连接好系统，然后根据控制要求对控制系统进行调试，直到符合要求。

五、PLC应用演示

有条件的读者可到现场，否则可用对应配套的PPT演示。

第 2 章 可编程控制器元件及基本指令系统

［重点难点］

可编程控制器内部有许多具有一定功能的器件，这些器件一般是由不同的电子电路构成的，它们具有继电器的功能，习惯上也称为继电器，但它们是无实际触点的继电器，称为“元件”。这些元件都有无数的动合触点和动断触点。PLC的指令一般都是针对其内部的某一个元件状态而言的，这些元件的功能是相互独立的，按每种元件的功能给出一个名称并用一个字母来表示。

FX系列PLC中的主要元件表示如下：X表示输入继电器、Y表示输出继电器、T表示定时器、C表示计数器、M表示辅助继电器，S表示状态元件、D、V、Z表示数据寄存器。为了编程方便，还必须给每一个元件进行一定的编号。只有输入继电器、输出继电器编号采用八进制数码；其他的辅助继电器、定时器、计数器等均采用十进制数码。在编制用户程序时，必须按规定元件的功能及编号进行编制。

2.1 可编程控制器的 X、Y 元件与逻辑取、串联、并联、线圈输出指令

2.1.1 输入继电器与输出继电器

FX系列PLC编程元件的名称由字母和数字组成。

1. 输入继电器（X）

FX系列PLC的输入继电器用X表示，采用八进制编号，平排的尾数只有0～7。在其编号中没有“8”“9”这样的数字，例X7和X10是两个相邻的整数。表2-1给出了FX_{3U}系列PLC输入/输出继电器元件号。

表 2-1　FX_{3U} 系列 PLC 输入 / 输出继电器元件号

型号	FX_{3U}-16M	FX_{3U}-32M	FX_{3U}-48M	FX_{3U}-64M	FX_{3U}-80M	FX_{3U}-128M	扩展时
输入	X0～X7 8点	X0～X17 16点	X0～X27 24点	X0～X37 32点	X0～X47 40点	X0～X77 64点	X0～X367 248点
输出	Y0～Y7 8点	Y0～Y17 16点	Y0～Y27 24点	Y0～Y37 32点	Y0～Y47 40点	Y0～Y77 64点	Y0～Y367 248点

输入继电器是PLC接收外部输入的开关量信号的窗口。PLC通过光电耦合器，将外部信号的状态读入并存储在输入映像寄存器内。外部输入电路接通时对应的映像寄存器为ON（1状态）。输入端可接外部的动合、动断触点。而输入继电器有一对动合、动断触点，触点在编程中可以多次反复使用。

注意：输入继电器X只能由外部信号驱动。

2. 输出继电器（Y）

FX系列PLC的输出继电器是PLC向外部负载发送信号的窗口（采用八进制编号）。从控制电路来看是将输入信号进行逻辑组合运算后的信号传送给输出模块，再由它驱动外部负载。如果Y0的线圈“通电”，继电器Y0的动合、动断触点对应动作，使外部负载相应变化。其动合、动断触点可以多次反复使用。

2.1.2 逻辑取及输出线圈（LD、LDI、OUT）指令

动画：LD、LDI、OUT 指令

LD（Load）：取指令，用于动合触点逻辑运算的开始，将触点接到左母线上。在分支起点也可以使用。

LDI（Load Inverse）：取反指令，用于动断触点逻辑运算的开始，将触点接到左母线上。在分支起点也可以使用。

OUT（Out）：线圈驱动指令，是驱动线圈的输出指令。

LD、LDI、OUT指令的应用如图2-1所示。

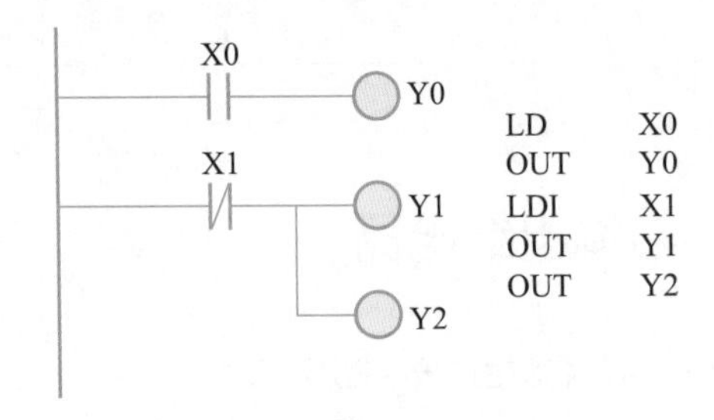

图2-1
LD、LDI、OUT指令的应用

注意：OUT指令不能用于输入继电器。同时可以连续使用若干次，相当于线圈的并联。

触点串并联指令

2.1.3 触点串联（AND、ANI）指令

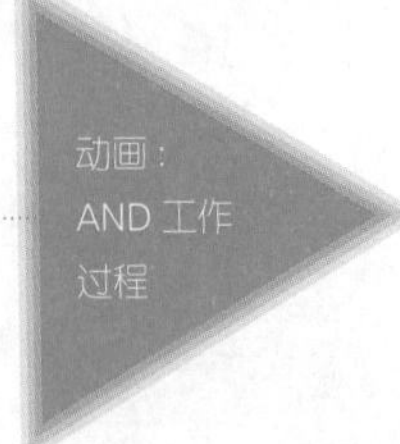

AND（And）：**与**指令，用于一个动合触点的串联连接。

ANI（And Inverse）：**与非**指令，用于一个动断触点的串联连接。

AND、ANI指令的应用如图2-2所示。

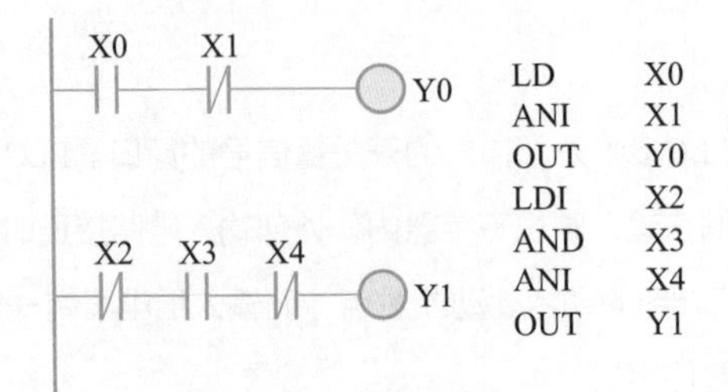

图2-2
AND、ANI指令的应用

AND、ANI可以与OUT指令组成纵向输出。这种输出如果顺序不错，可以多次重复。

梯形图及其对应的指令语句，如图2-3、图2-4所示，其中图2-4中使用栈指令MPS/MPP，不推荐使用。

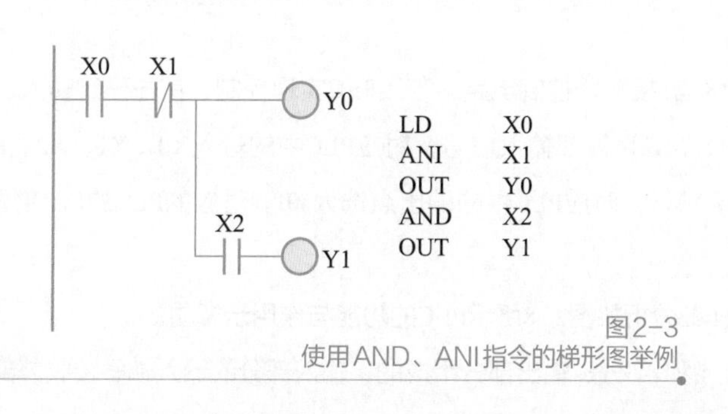

图2-3
使用AND、ANI指令的梯形图举例

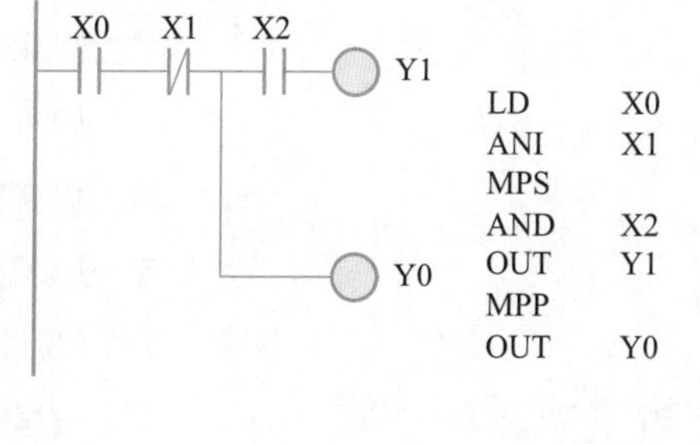

图2-4
不推荐的电路梯形图

注意：用AND、ANI指令，可进行触点串联的个数没有限制，即该指令可多次反复使用。

2.1.4 触点并联（OR、ORI）指令

软件仿真：
基本输入、
输出仿真

OR（Or）：**或指令**，用于一个动合触点的并联连接。

ORI（Or Inverse）：**或非指令**，用于一个动断触点的并联连接。

如图2-5、图2-6所示梯形图在编写中应按一行无关联的输出自上到下、自左到右的顺序编写。

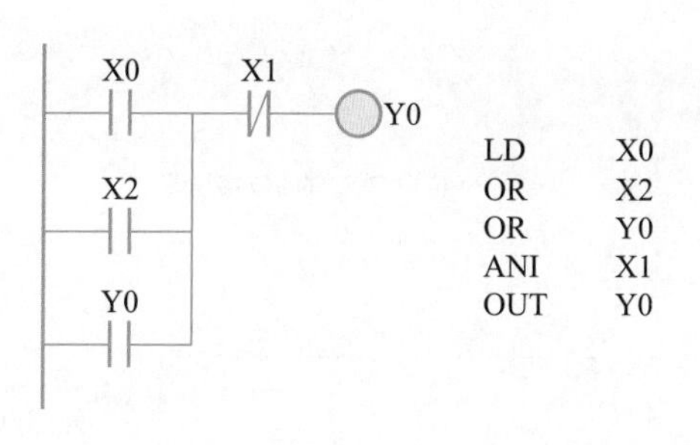

图2-5
OR指令的应用

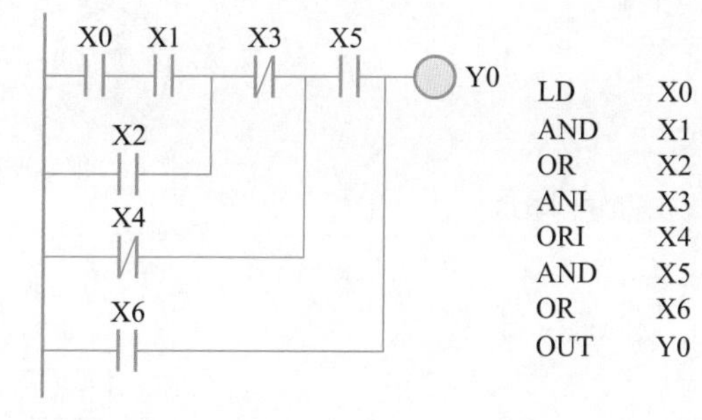

图2-6
OR及ORI指令的应用

注意：① OR、ORI用作一个触点的并联。若多个触点并联需要用ORB指令。

② OR、ORI指令是从该指令的当前步开始，对前面的LD或LDI指令进行并联。并联的次数无限制，但编程器与打印机的功能对此有限制。

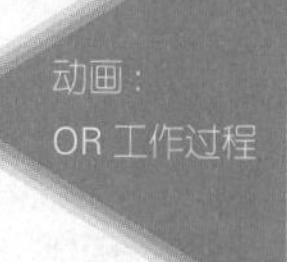

2.1.5 综合举例

例2-1：将一台单向运行继电-接触器控制的三相异步电动机控制系统改为用PLC控制的控制系统。

如图2-7（a）所示继电-接触器控制电路，若用PLC实现控制，首先确定输入、输出点数，见表2-2。FR、SB1、SB2为外部输入信号，对应PLC中的输入X0、X1、X2。KM为继电-接触器控制系统的接触器，对应PLC中的输出点选为Y0。对应的PLC的I/O接线图如图2-7（b）所示。

表 2-2 电气元件与 PLC 输入 / 输出对应表

输入（I）		输出（O）	
FR	X0	Y0	KM
SB1	X1		
SB2	X2		

编写梯形图程序，详细分析如图2-8所示PLC的功能与作用示意图。

PLC是由输入部分、逻辑部分、输出部分组成的。输入部分的输入端子接收外部开关信息；逻辑部分处理输入部分所取得的信息，经过逻辑运算、处理，判断哪些信息需要输出，做出反应（图中为继电-接触器控制系统中的控制电路转换的梯形图）；输出部分是PLC通过输出端子向外部负载发出执行指令。

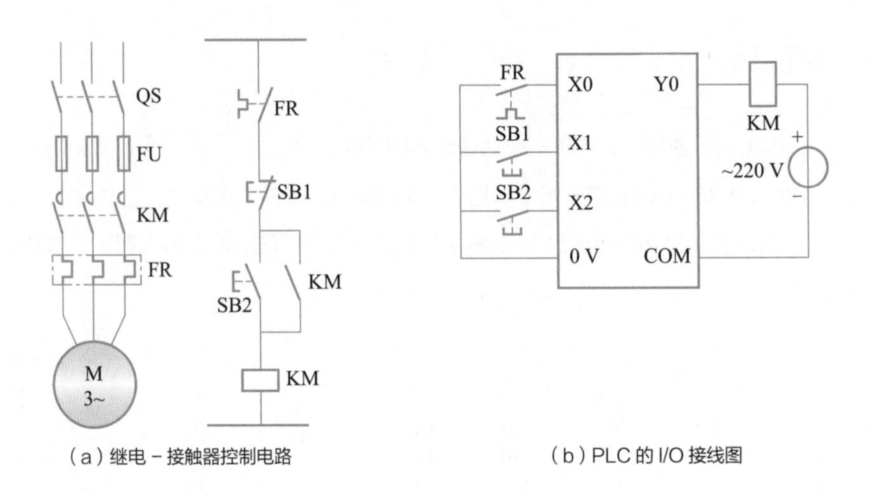

（a）继电 - 接触器控制电路 （b）PLC 的 I/O 接线图

图2-7
三相异步电动机控制电路

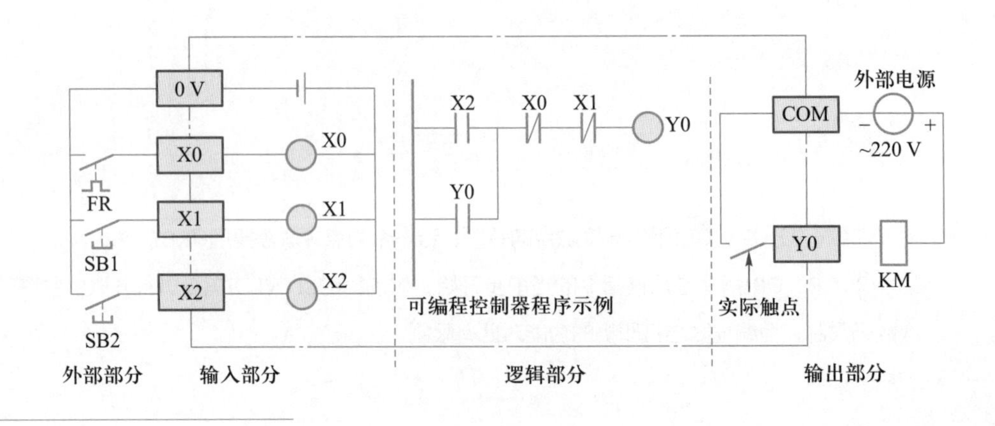

图2-8
PLC的功能与作用示意图

2.2 可编程控制器的 M 元件与电路串联、并联块指令

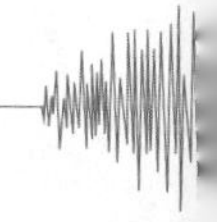

2.2.1 可编程控制器的 M 元件与 M 元件的应用程序

PLC内部有许多辅助继电器，其作用相当于继电-接触器控制电路中的中间继电器。和输出继电器一样，辅助继电器只能由程序来驱动，每个辅助继电器有无限对动合、动断触点。但辅助继电器的触点仅供内部编程使用，不能直接驱动外部负载。辅助继电器的表示符号为M。在FX系列的PLC中，辅助继电器又分为三类。

1. 通用辅助继电器

通用辅助继电器按十进制编号，通用辅助继电器的编号分别为：M0～M499共500点。通用辅助继电器在编程中的使用方法和普通输出继电器一样，只是它不能用来直接驱动输出电路。图2-9所示为通用辅助继电器梯形图。

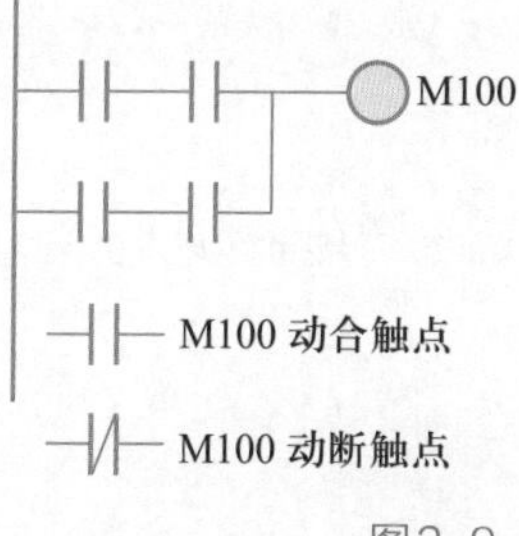

图2-9
通用辅助继电器梯形图

2. 断电保持辅助继电器

断电保持辅助继电器又分断电保持继电器和断电保持专用继电器。

断电保持继电器的编号为M500～M1023共524点，可用参数设置方法改为非断电保持用。PLC在运行中若发生突然断电，输出继电器和通用辅助继电器全部变为断开状态，有些控制系统要求保持断电时的状态，断电保持辅助继电器就能满足这种要求。断电保持辅助继电器由PLC内部的锂电池作为后备电源来实现掉电保持功能。

图2-10所示是具有断电保持功能的辅助继电器的例子，在此电路中，X0接通后，M600动作，其后即使X0再断开，M600的状态也能保持。因此，若因停电或X0断开，再运行时M600也能保持中断前的状态。但X1的动断触点若断开，M600就复位。

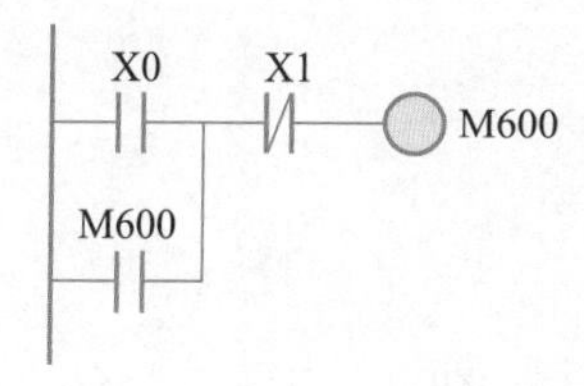

图2-10
断电保持辅助继电器梯形图

断电保持专用辅助断电器M1024～M7679（共6 656点），它的断电保持特性不可改变。

3. 特殊辅助继电器

FX系列PLC特殊辅助继电器的编号为：M8000～M8511共512点，它们各自具有特定的功能（见附录3）。下面将常用的特殊辅助继电器列举如下：

M8000　RUN（运行）监控，PLC运行时接通

M8001　RUN（运行）监控，PLC运行时断开

M8002　初始化脉冲，在PLC开始运行之初ON一个扫描周期

M8003　初始化脉冲，在PLC开始运行之初OFF一个扫描周期

M8011　10 ms时钟脉冲，以10 ms为周期振荡，5 ms为ON、5 ms为OFF

M8012　100 ms时钟脉冲，以100 ms为周期振荡

M8013　1 s时钟脉冲，以1 s为周期振荡

M8014　1 min时钟脉冲，以1 min为周期振荡

M8034　全输出禁止，在执行完当前扫描周期到END后，外部的输出全变为OFF

M8039　定时扫描

注意：未定义的特殊辅助继电器不可在用户程序中使用，辅助继电器的动合与动断触点

笔 记

在PLC内部可无限次地自由使用。

例2-2：断电保持辅助继电器用途。

图2-11所示在失电后恢复供电时，用断电保持继电器使平台的运行方向保持不变，运行过程如下：

X0=ON（左限位）→M600=ON→平台右移→失电→平台停止→复电（M600=ON）→平台继续右移→X1=ON（右限位）→M600=OFF→M601=ON→平台左移。

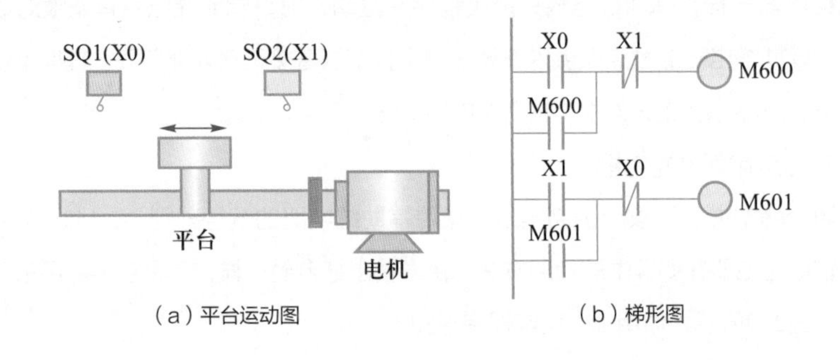

图2-11
断电保持辅助继电器的用途示例

2.2.2　电路串联块（ANB）指令

ANB（And Block）：回路块**与**指令，用于并联回路块的串联连接。

ANB用于由两个或两个以上触点并联的回路块同两个或两个以上并联回路块串联的连接。将并联回路块串联连接时，回路块开始用LD、LDI指令，回路块结束后用ANB指令连接起来。

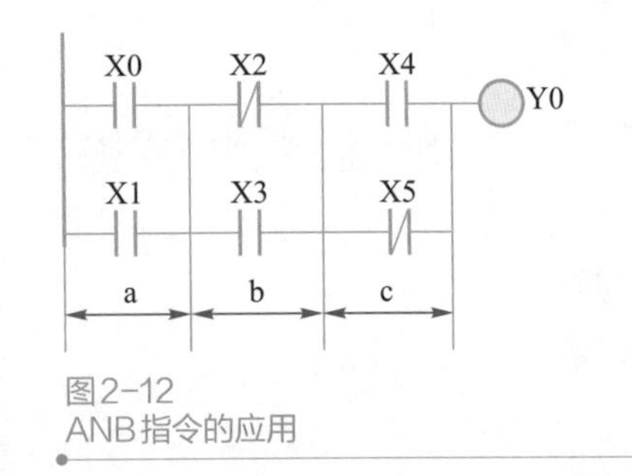

图2-12
ANB指令的应用

ANB指令不带元件编号，是一条独立指令，ANB指令对每个回路块单独使用，也可以成批使用。由多个回路块串联时，如果对每个回路块使用ANB指令，则串联回路块数没有限制。但是，由于LD、LDI指令的重复次数限制在8次以下。所以，在成批使用时，连续使用ANB指令的次数不得超过8次。ANB指令的应用如图2-12所示。有两种编程方式，分别为一般编程法（见指令表程序1）和集中编程法（见指令表程序2）。

按一般编程法每写完两个触点组，紧跟着就编写ANB指令，然后接着写第三个触点组，再写一个ANB指令。在程序中将3个触点组分别设为a、b、c，按一般编程法编程，PLC运行的结果是先处理a和b两个触点组（即a×b），然后将（a×b）看成一个新触点组与c触点组处理［（a×b）×c］。而按集中编程法，将3个触点组都先写完，然后连续编写两个ANB指令，这种编程方式在PLC中运行的逻辑结果与一般编程法是一致的。但在具体执行过程中却不同，它是先处理b和c两个触点组（即b×c），然后将（b×c）看成一个新触点组与a触点组处理即［（b×c）×a］。

一般编程法（指令表程序1）：

```
01   LD    X0  ┐ a
02   OR    X1  ┘
03   LDI   X2  ┐ b
04   OR    X3  ┘
```

集中编程法（指令表程序2）：

```
01   LD    X0  ┐ a
02   OR    X1  ┘
03   LDI   X2  ┐ b
04   OR    X3  ┘
```

笔 记

05	ANB	---- a×b		05	LD	X4	] c
06	LD	X4	] c	06	ORI	X5	
07	ORI	X5		07	ANB	---- b×c	
08	ANB	---- [a×b]×c		08	ANB	---- [b×c]×a	
09	OUT	Y0		09	OUT	Y0	

这两种编程指令程序执行中先后次序的不同，是因为集中编程法启用了存入指令的堆栈寄存器的下层空间，而一般编程法只启用堆栈寄存器的第一层。集中编程法中将指令按a、b、c顺序压入堆栈寄存器，当a、b、c从堆栈中弹出时按“先入后出”原则进行。所以最先弹出的是c和b，然后才是a，那么执行指令的结果是先处理b×c，然后才进行［(b×c)×a］的处理。图2-13所示是ANB指令的应用示例。

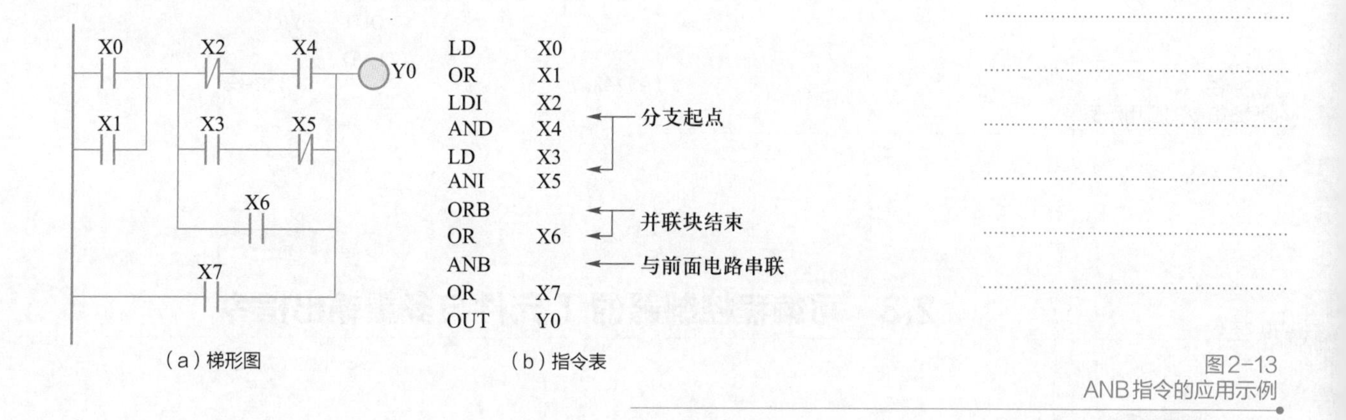

（a）梯形图　（b）指令表

图2-13
ANB指令的应用示例

2.2.3 电路并联块（ORB）指令

ORB（Or Block）：回路块或指令，用于串联回路块的并联连接。

由两个或两个以上触点串联的回路称为串联回路块。将串联回路块并联连接时用ORB指令。回路块开始用LD、LDI指令，块结束后用ORB指令连接起来。ORB指令不带元件编号，是一条独立指令。ORB指令对每个回路块单独使用，也可以成批使用。由多个回路块并联时，如果对每个回路块使用ORB指令，则并联回路块数没有限制。但是，由于LD、LDI指令的重复次数限制在8次以下。所以，在成批使用时，连续使用ORB指令的次数和ANB一样不得超过8次。ORB指令的应用如图2-14所示。

一般编程法（指令表程序1）			集中编程法（指令表程序2）		
01	LD	X0	01	LD	X0
02	AND	X1	02	AND	X1
03	LDI	X2	03	LDI	X2
04	AND	X3	04	AND	X3
05	ORB	←	05	LD	X4
06	LD	X4	06	AND	X5
07	AND	X5	07	ORB	←
08	ORB	←	08	ORB	←
09	OUT	Y0	09	OUT	Y0

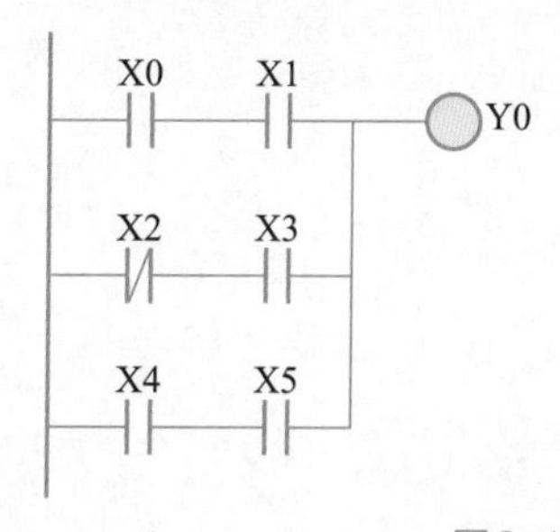

图2-14
ORB指令的应用

例2-3：某梯形图及相应用ORB指令的应用示例如图2-15所示。

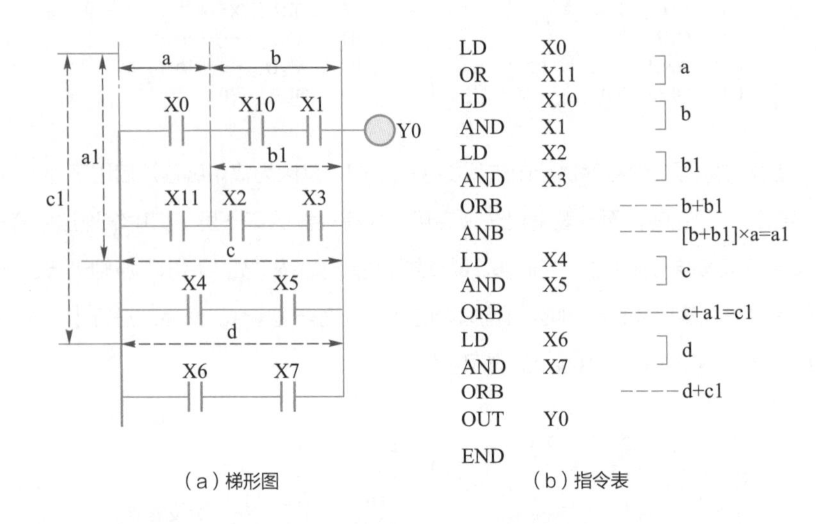

图2-15
ORB指令的应用示例

2.3　可编程控制器的 T 元件与多重输出指令

教学课件：
可编程控制器的 T 元件与多重输出指令

2.3.1　可编程控制器的 T 元件与定时器的应用程序

定时器可以对PLC内1 ms、10 ms、100 ms的时钟脉冲进行加法计算，当达到其设定值时，输出触点动作（即动合触点闭合，动断触点断开）。其编号如表2-3所示。

表 2-3　定时器编号

定时器T	T0～T199 200点100 ms 子程序用 T192～T199	T200～T245 46点10 ms	【T246～T249】 4点 1 ms积算*	【T250～T255】 6点 100 ms积算*	T256～T511 256点 1 ms

注：【 】内的元件为电池备用区。
*：电池备用固定区，区域特性不能变更。

对定时器内数值的设定，可以采用用户程序存储器内的常数K（十进制常数）直接设置，也可用数据寄存器D的内容进行间接设置。

FX_{3U}系列PLC中共有512个定时器。

T0～T199为200个100 ms普通定时器，每个定时器的定时范围为0.1～3 276.7 s。

T200～T245为46个10 ms普通定时器，每个定时器的定时范围为0.01～327.67 s。

T246～T249为4个1 ms累计定时器。

T250～T255为6个100 ms累计定时器。

T256～T511为256个1 ms普通定时器，每个定时器的定时范围为0.001～32.767 s。

图2-16所示梯形图为普通非累计（非积算式）定时器应用举例。

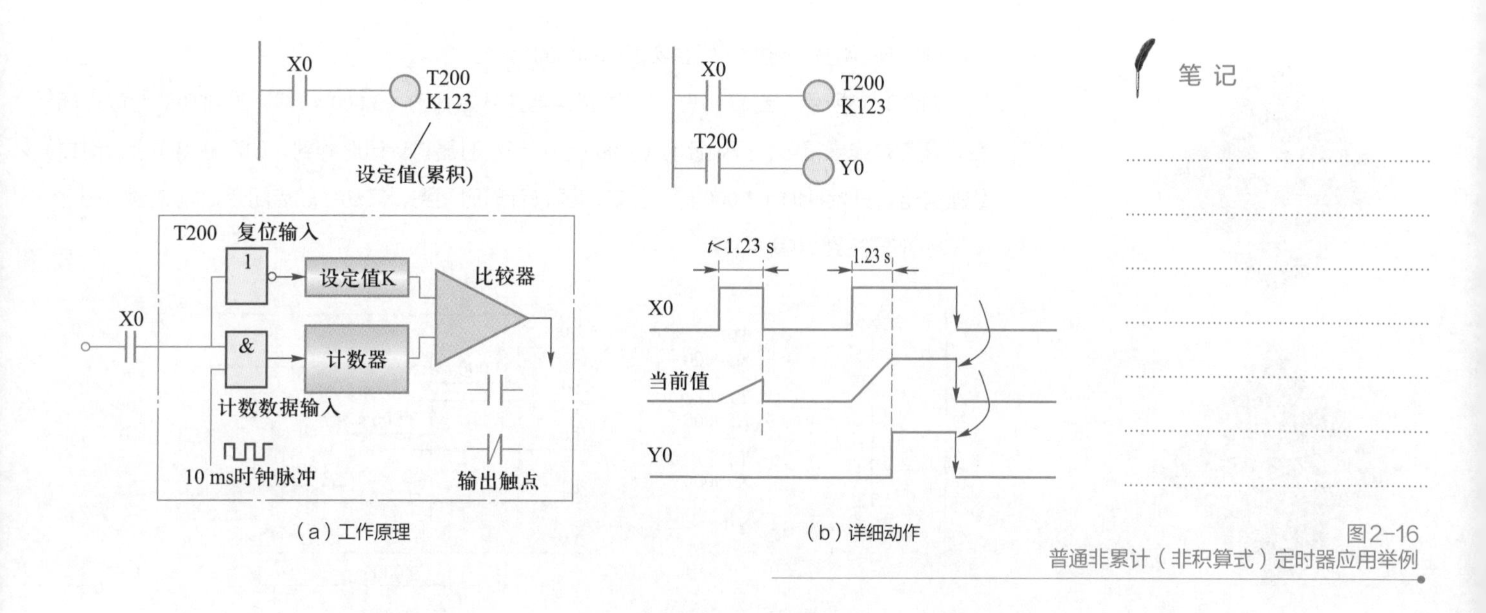

（a）工作原理　（b）详细动作

图2-16 普通非累计（非积算式）定时器应用举例

当X0接通时，T200线圈被驱动，T200的当前值计数器对10 ms时钟脉冲进行累积（加法）计数，即每过10 ms（0.01 s）当前值加1，该值与设定值K123不断进行比较，当两值相等时，输出触点接通。即定时线圈得电后，其触点计时开始，1.23 s后动作。当X0动合触点接通时间小于K值时断开，再次X0动合触点接通时，累计时间又重新计算，如图2-16（b）所示。在X0连续接通1.23 s后，T200的触头才动作。

定时器应用

指定定时器的编号为T0～T199中的任意一个（如T20），则每隔100 ms当前值加1。同样设定值为K123，从X0接通到定时结束时间间隔为12.3 s。

下面举例说明定时器的应用电路。

例2-4：用定时器组成闪烁电路。

如图2-17（b）所示，设开始时T0和T1均为OFF，当X0为ON后，T0线圈通电2 s后，T0的动合触点接通，使Y0=ON，同时T1的线圈通电，开始定时。T1线圈通电3 s后，它的动断触点断开，使T0=OFF，T0的动合触点断开，使Y0=OFF，同时使T1线圈释放，其动断触点接通，T0又开始定时，以后Y0的线圈将这样周期性地通电和断电，直到X0=OFF。Y0通电和断电的时间分别等于T1和T0的设定值。各元件的动合触点接通、断开的情况如图2-17（b）所示。

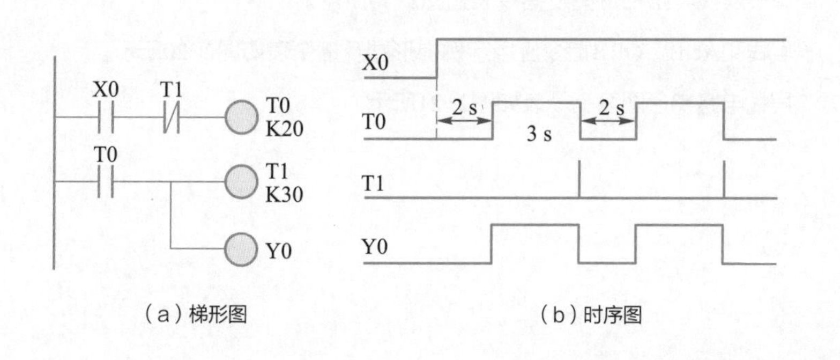

（a）梯形图　（b）时序图

图2-17 闪烁电路

在FX系列的定时器中，最长的定时时间是3 276.7 s，如果需要更长的定时时间可采用以下例2-5的方法。

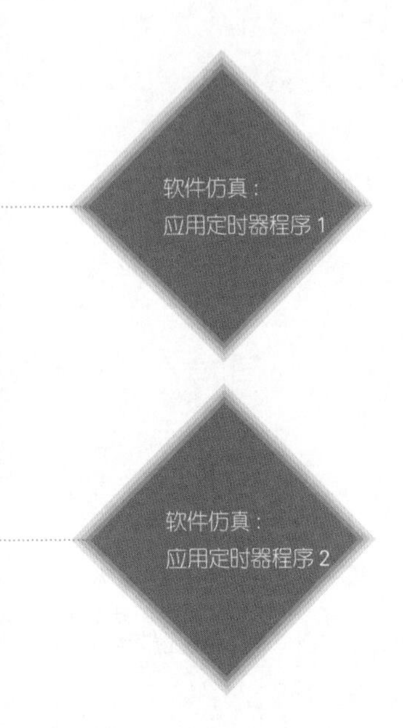

例2-5：用多个定时器组合实现9 000 s的延时。

如图2-18所示，当X0=1时，T0线圈得电并开始计时（3 000 s），计时到T0动合触点闭合，又使T1线圈得电，开始计时（3 000 s），当定时器T1计时时间到，动合触点闭合，使T2线圈得电，开始计时（3 000 s），当定时器T2计时时间到，其动合触点闭合，Y0接通。因此从X0=ON开始到Y0接通共延时9 000 s。

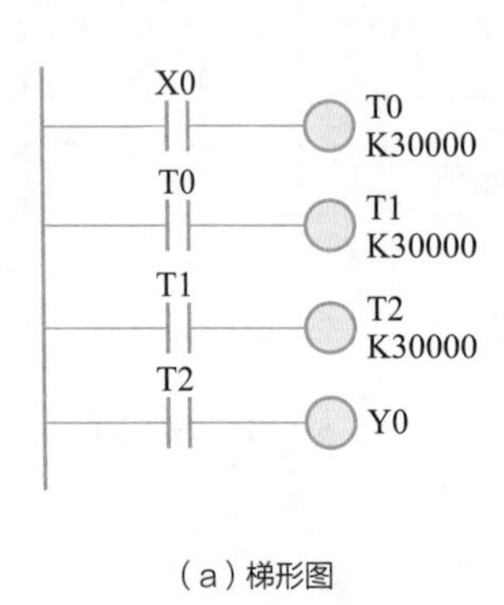

（a）梯形图

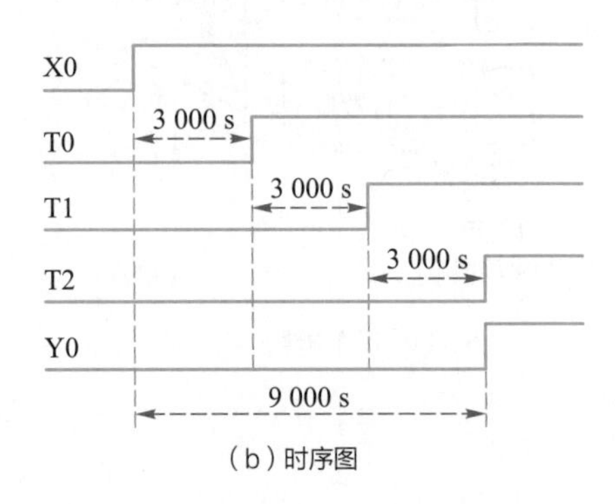

（b）时序图

图2-18
多个定时器组合实现延时

笔 记

2.3.2　多重输出（MPS/MRD/MPP）指令

MPS：进栈指令，用于运算结果存储。

MRD：读栈指令，用于存储内容的读出。

MPP：出栈指令，用于存储内容的读出和堆栈复位。

这组指令用于多重输出的电路，可将连接点前面的逻辑状态存储起来，然后再根据指令的要求连接后面的电路。

在PLC中用于存储（记忆）中间结果的存储器被称为栈或堆栈。

MPS、MRD、MPP指令不带元件编号，都是独立指令。MPS和MPP指令必须成对使用，而且连续使用应少于11次。MRD指令可以多次编程，但是在打印、图形编程面板的画面显示方面有限制（并联回路在24行以下）。

简单一层栈电路梯形图及指令表如图2-19所示。

一层栈和ANB、ORB指令应用示例梯形图及指令表如图2-20所示。

二层栈电路梯形图及指令表如图2-21所示。

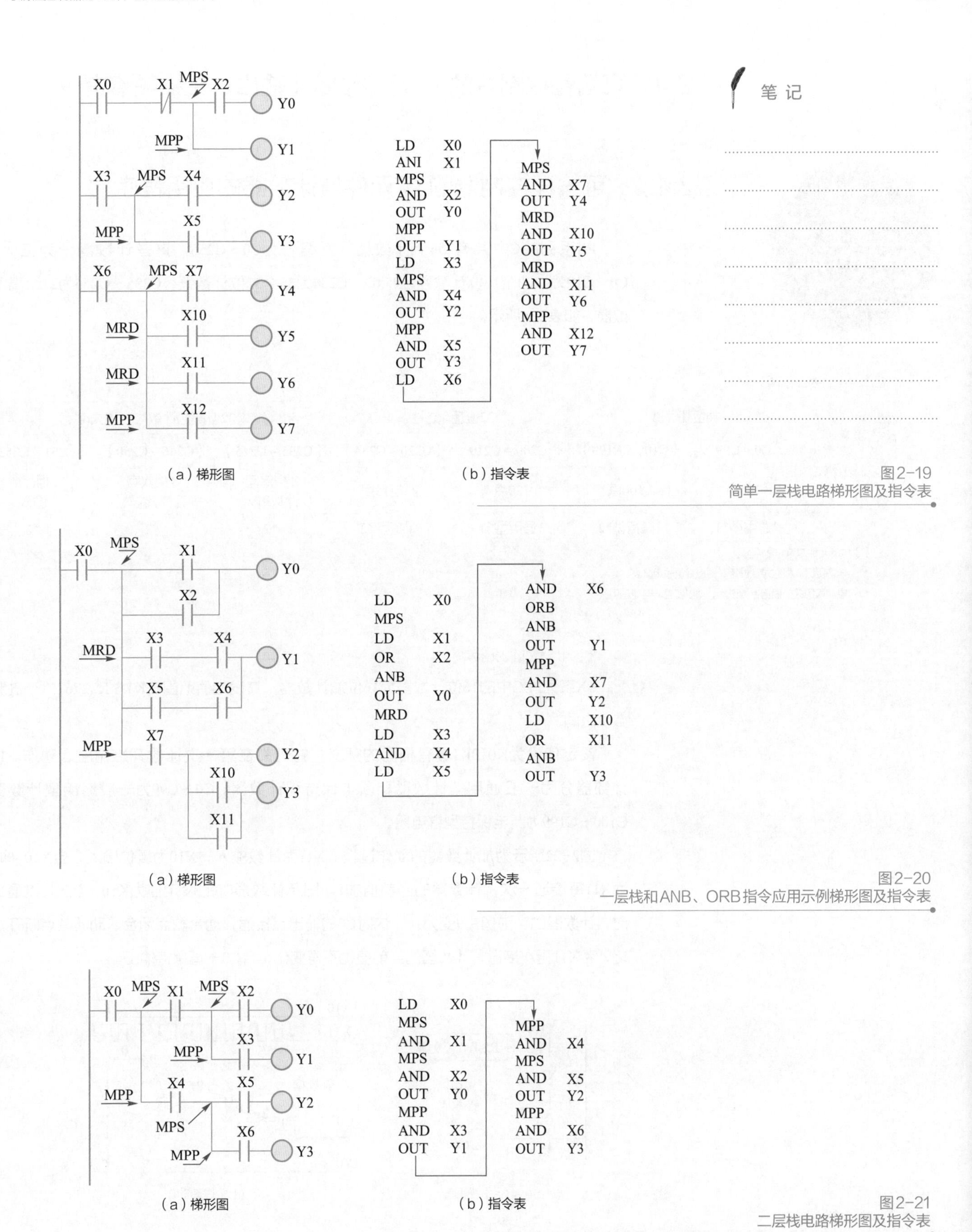

（a）梯形图　（b）指令表

图2-19 简单一层栈电路梯形图及指令表

（a）梯形图　（b）指令表

图2-20 一层栈和ANB、ORB指令应用示例梯形图及指令表

（a）梯形图　（b）指令表

图2-21 二层栈电路梯形图及指令表

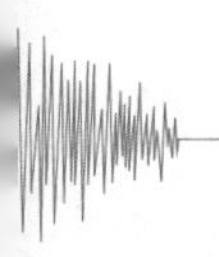

2.4 可编程控制器的C元件与脉冲输出、主控触点指令

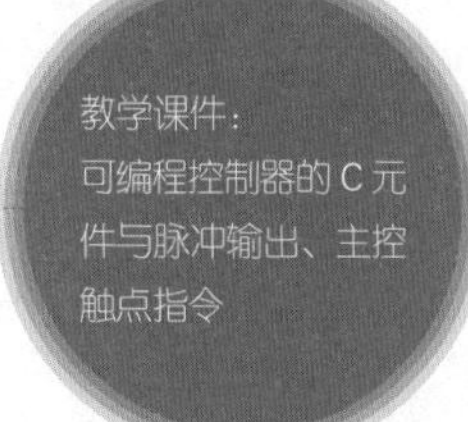

2.4.1 可编程控制器的C元件与计数器的应用程序

FX系列PLC中共有256个计数器，其编号为C0~C255。这些计数器分为三大类：C0~C199为200个16位计数器；C200~C234为35个32位计数器；C235~C255为21个高速计数器，如表2-4所示。

表2-4 计数器分配

计数器C	16位加计数		32位加/减计数		32位高速计数 最大6点		
	C0~C99	【C100~C199】	C200~C219	【C220~C234】	【C235~C245】	【C246~C250】	【C251~C255】
	100点	100点	20点	掉电15点	1相单向计数输入	1相双向计数输入	2相计数输入
	通用型*1	保持型*2	通用型*1	保持型*2	*2	*2	*2

注：【 】内的元件为电池备用区。
*1：非备用区。根据参数设定，可以变更备用区。
*2：电池备用区。根据参数设定，可以变更非电池备用区。

1. 16位计数器

FX系列PLC中的16位计数器为16位加计数器，其设定值范围在K1~K32767（十进制常数）之间。

设定值设为K0和K1具有相同的意义，它们都在第一次计数开始输出点动作。16位计数器分为一般通用型计数器和断电保持型计数器。C0~C99为一般通用型计数器，C100~C199为断电保持型继电器。

图2-22所示为加计数器的动作过程。X11为计数输入，X10为复位输入，当X10=0时，而X11每接通一次，计数器的当前值加1。图示计数器C0的设定值为K10，当X11接通10次时，计数器的当前值由9变为10，这时C0的输出点接通，动合触点闭合、动断触点断开。反之，若X11再次接通，计数器的当前值也不再变化，且C0一直保持输出。

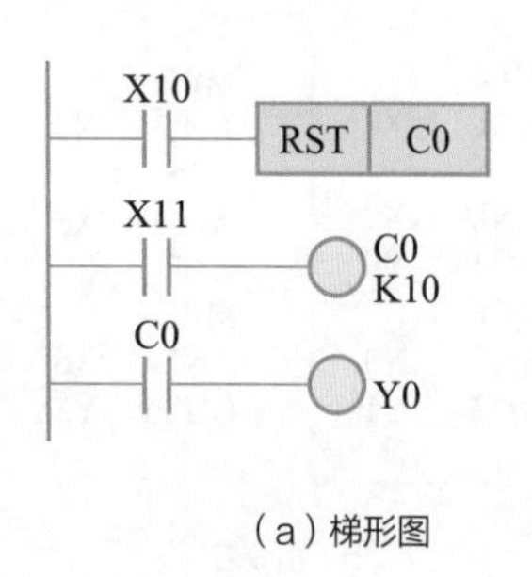

（a）梯形图

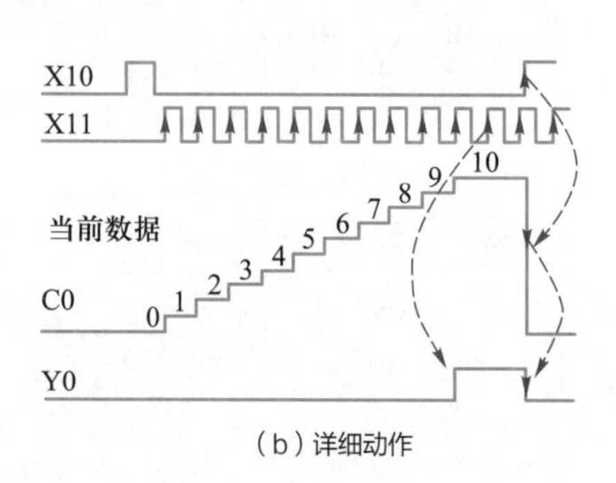

（b）详细动作

图2-22 加计数器的动作过程

当计数器复位输入电路接通（复位输入X10接通），则执行C0的复位指令，计数器当前值变为0，输出触点断开。

如果切断PLC电源，一般通用型计数器（C0～C99）的计数值被清除，而断电保持型计数器（C100～C199）则可存储停电前的计数值。当再来计数脉冲时，这些计数器按上一次的数值累计计数，当复位输入电路接通时，计数器当前值被置为0。

计数器除用常数K直接设定之外，还可由数据寄存器间接指定。例如，指定D10为计数器的设定值，若D10的存储内容为123，则置入的设定值为K123。

2. 32 位加 / 减计数器

FX系列PLC中的32位计数器为32位加／减计数器，其设定值的设定范围在-2 147 483 648～+2 147 483 647（十进制常数）。利用特殊继电器M8200～M8234可以指定为加计数或减计数。对应的特殊辅助继电器（M8200～M8234中的一个）接通，计数器进行减计数，反之为加计数。

不同尺寸的分拣 1

32位加／减计数器分为一般通用型计数器和断电保持型计数器，C200～C219为一般通用型计数器，C220～C234为断电保持型计数器。

计数器的设定值可以直接用常数置入，也可以由数据寄存器间接指定。用数据寄存器间接指定时，将连号的数据寄存器的内容视为一对，作为32位数据处理。如果指定D0作为计数器的设定值，D1和D0两个数据寄存器的内容合起来作为32位设定值。

图2-23所示为加/减计数器的动作过程。X14为计数的输入，其动合触点由OFF→ON时，C200可实现加计数或减计数。

当X12断开时，C200为加计数器。X14的触点由OFF→ON变化一次，C200内的当前值加1。当X12接通时，C200为减计数器。X14的触点由OFF→ON变化一次，C200内的当前值减1。

图2-23（a）所示程序中C200的设定值为-5，当计数器的当前值由-6→-5增加时，触点接通，而由-5→-6减小时，其触点复位。如果从+2 147 483 647起进行加计数（图中的X12触点断开），当前值就成为-2 147 483 648。同样若从-2 147 483 648起进行减计数，当前值就成了+2 147 483 647。这种动作称为环形计数或循环计数。当复位输入X13接通（ON）时，计数器的当前值为0，输出触点也复位。

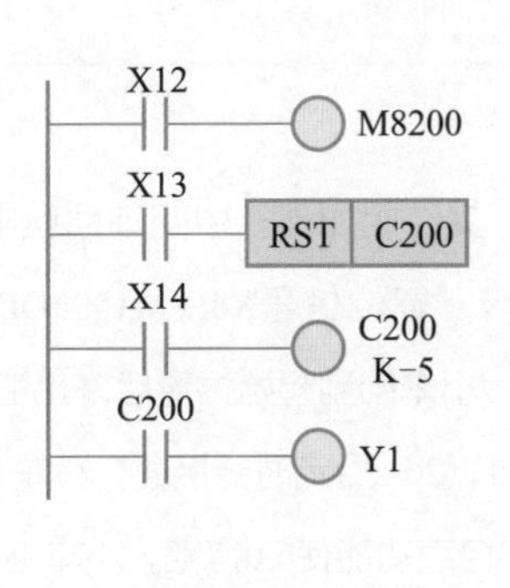

（a）梯形图

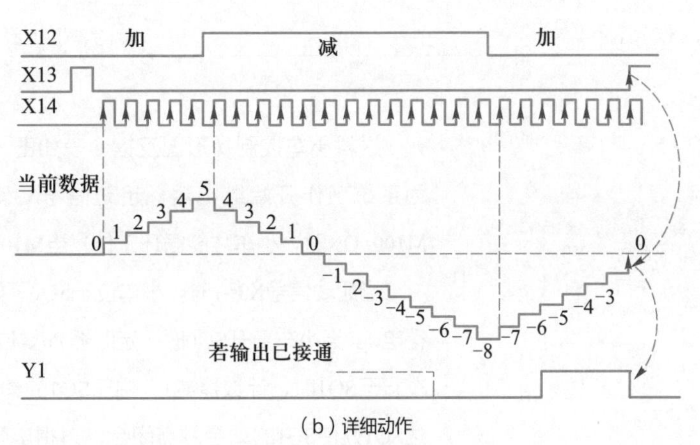

（b）详细动作

图2-23
加/减计数器的动作过程

若复位输入X13接通，执行RST指令，计数器C200复位。当前值变为0，其触点复位。

使用断电保持型计数器（C200～C234）时，计数器的当前值、输出触点的动作状态、复位状态均能断电保持。

32位计数器可当做32位数据寄存器使用，但不能用做16位应用指令中的软元件。

2.4.2 送料小车的应用实例

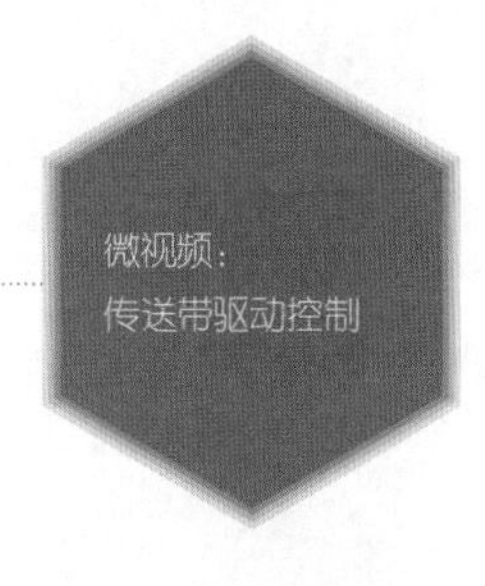

传输带驱动控制

例2-6：图2-24所示为自动循环送料小车工作示意图。小车处于起始位置时SQ0受压。系统起动后，小车在起始位置装料，20 s后向右运动，到SQ1位置时SQ1受压小车下料，12 s后再返回起始位置，此时SQ0受压，小车上料，20 s后向右运动直到SQ2位置下料（在SQ1位置上不停），16 s后返回起始位置。以后重复上述过程，直至有复位信号输入。根据小车的工作循环过程可以画出SQ0、SQ1、SQ2及定时器的时间关系图如图2-24所示。因为小车在第一次到达SQ1时要改变运动方向，而第二次和第三次到达SQ1时不改变运动方向，所以可以利用计数器的计数功能来决定到达SQ1时是否改变小车的运动方向。定时器用来记录装料时间。

由经验设计法可知小车控制属于一种双向控制，非常适合采用PLC控制，PLC控制的送料小车I/O分配如表2-5所示。图2-25为送料小车I/O接线图。

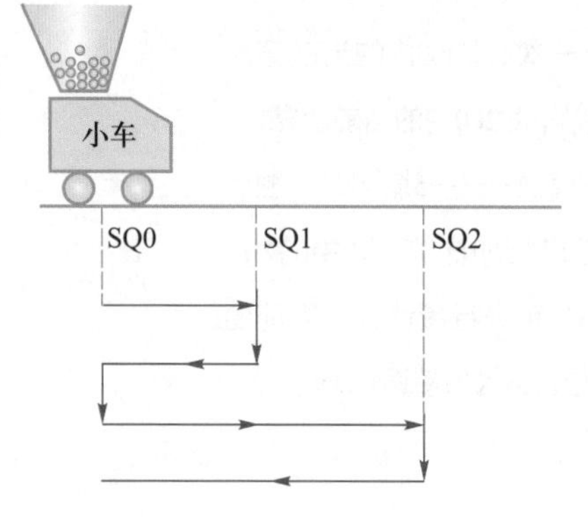

图2-24
自动循环送料小车工作示意图

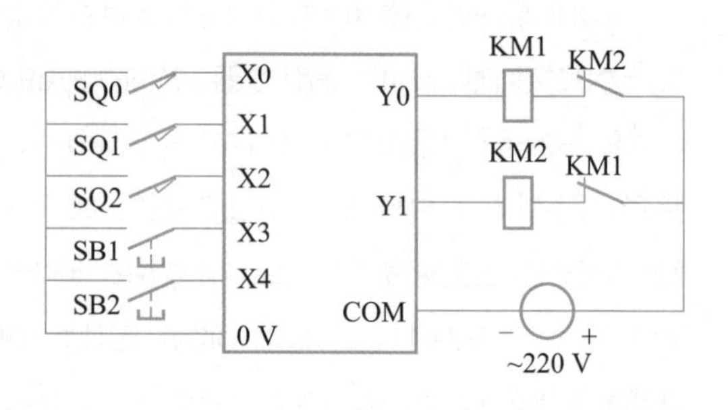

图2-25
送料小车I/O接线图

表 2-5 PLC 控制的送料小车 I/O 分配表

输入		输出	
SQ0	X0	小车右行	Y0
SQ1	X1	小车左行	Y1
SQ2	X2		
起动按钮 SB1	X3		
复位按钮 SB2	X4		

送料小车控制梯形图及指令表如图2-26所示，其说明如下：中间辅助继电器M100作为系统工作开始继电器，起动信号X3使M100=ON，复位信号X4使M100=OFF。只有当M100=ON时，小车才能循环工作，当M100=OFF时，小车回到起始位置后停止工作。

当起动信号X3=1时，小车位于SQ0开始定时装料，20 s后定时器接通，小车右行（即Y0得电）。当小车离开SQ0时，定时器T0复位，但Y0的自锁功能使Y0得电，小车继续右行。小车行至SQ1时，计数器减1，由于SQ1的动断触点断开，使Y0失电，小车停止右行。小车到达SQ1处使SQ1的动合触点闭合，T1得电延时12 s（下料），使Y1得电，小车左行。Y1的自锁功能使得小车左行直至达到SQ0位置。

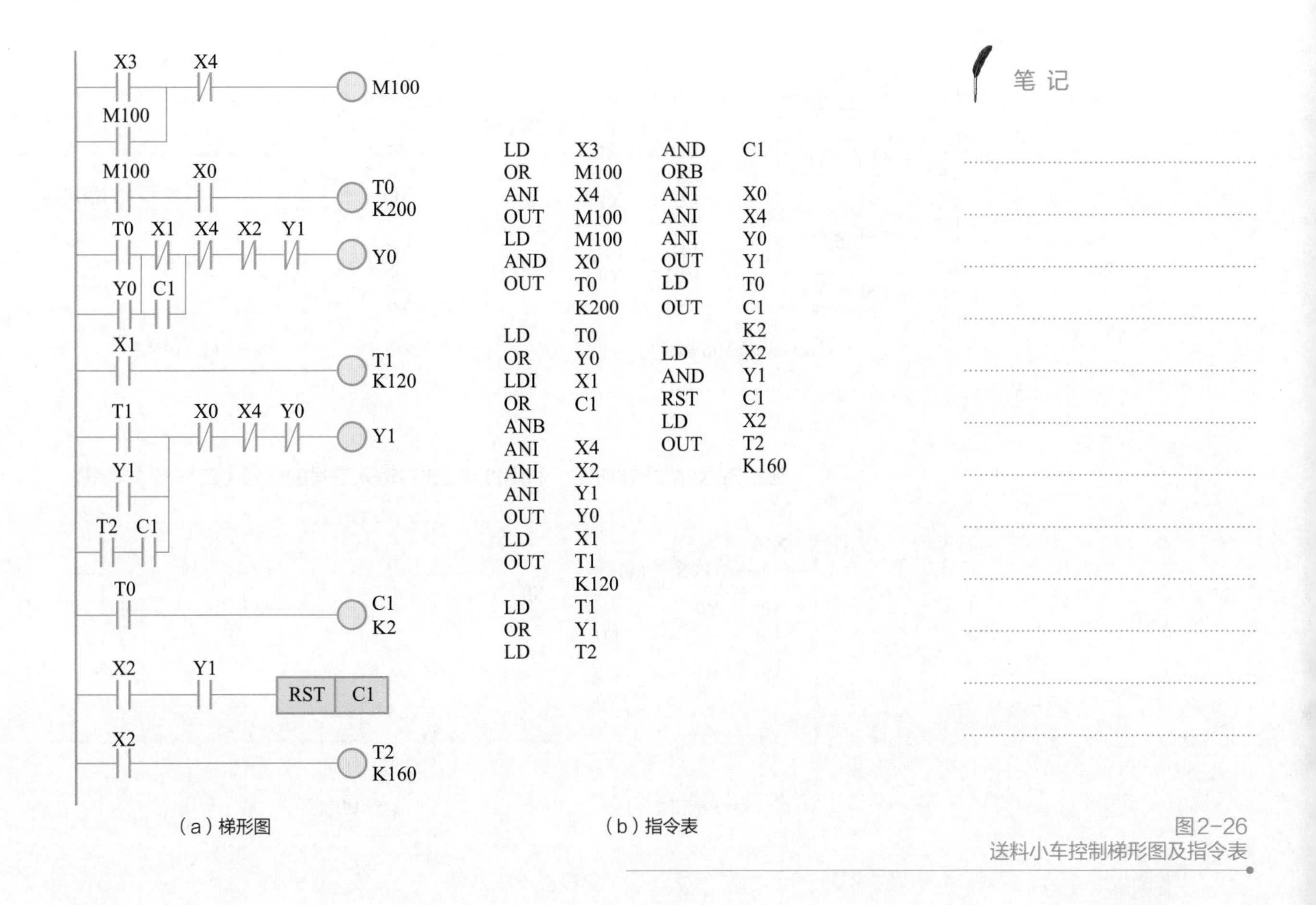

（a）梯形图　　（b）指令表

图2-26
送料小车控制梯形图及指令表

定时器T0重新定时，小车第二次装料，之后小车右行，均与第一次相同。但是当小车行至SQ1时，计数器减1至零，使C1的动合触点接通，因此小车继续右行直至达到SQ2位置，SQ2的动断触点断开，Y0失电，小车停止右行。SQ2动合触点接通T2，16 s后T2、C1的动合触点接通Y1，小车再次改变为左行回到起始点SQ0处。

SQ2与Y1的动合触点串联使计数器C1复位，为下一次循环做准备。小车左行至SQ0位置停止，等待下一次循环。

2.4.3　脉冲输出（PLS、PLF）指令

1. PLS 上升沿微分输出（上升沿脉冲）指令

使用PLS指令后，元件Y、M仅在驱动输入由OFF→ON时动作（置1）。

2. PLF 下降沿微分输出（下降沿脉冲）指令

使用PLF指令后，元件Y、M仅在驱动输入由ON→OFF时动作。

注意：PLS、PLF指令只能用于Y、M元件，特殊继电器不能用做PLS或PLF的操作元件。

PLS、PLF指令的应用示例如图2-27所示。

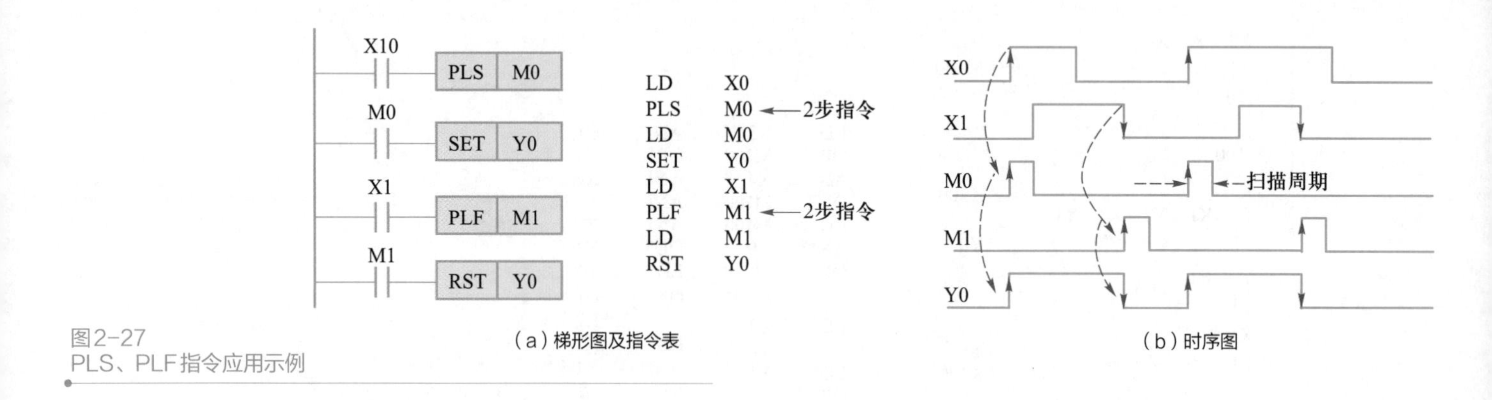

图2-27
PLS、PLF指令应用示例

（a）梯形图及指令表 （b）时序图

例2-7：如图2-28所示，利用PLS组成对输入信号的分频（二分频）电路。

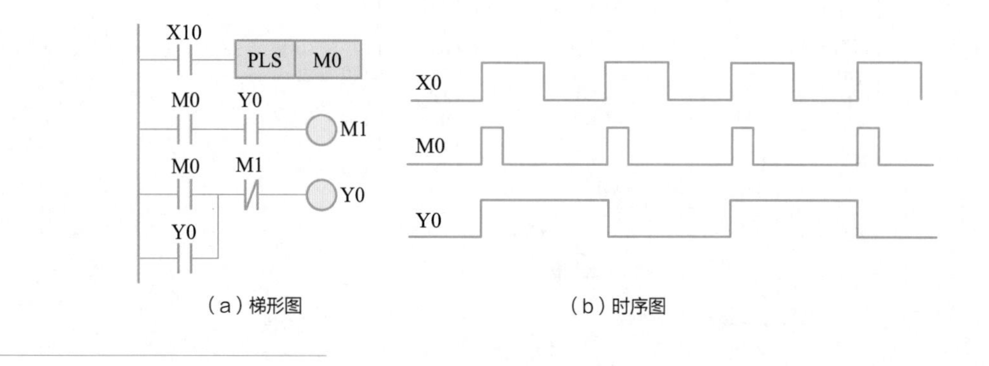

图2-28
二分频电路

（a）梯形图 （b）时序图

当X0接通上升沿时，M0产生一个扫描周期宽度的脉冲。梯形图第二行的Y0是断开的，所以M1未接通。在梯形图的第三行M0的动合触点接通，使Y0接通。Y0的动合触点自锁。

当X0再次接通上升沿时，M0同样产生一个扫描周期宽度的脉冲，在梯形图第二行Y0动合触点已接通，因此，使得梯形图第三行的Y0断开，产生波形的下降沿。

使用PLS和PLF指令应注意以下几点：

① PLS和PLF指令都是实现在程序循环扫描过程中某些只需执行一次的指令。不同之处是上升沿触发还是下降沿触发。

② PLS和PLF指令可以单独使用，也可同时使用。单独使用时没有什么限制，当同时在一个程序中使用时，最多可使用48次，否则编程器会显示“PLS OVER”的错误信息，并把49个PLS或PLF作废。

2.4.4 脉冲式触点指令（LDP、LDF、ANDP、ANDF、ORP、ORF）

LDP：取脉冲上升沿，指在输入信号的上升沿接通一个扫描周期。

LDF：取脉冲下降沿，指在输入信号的下降沿接通一个扫描周期。

ANDP：与上升沿脉冲，用于上升沿脉冲串联连接。

ANDF：与下降沿脉冲，用于下降沿脉冲串联连接。

ORP：或上升沿脉冲，用于上升沿脉冲并联连接。

ORF：或下降沿脉冲，用于下降沿脉冲并联连接。

这些指令都占用两个程序步，它们的目标元件均为X、Y、M、S、T、C。

图2-29为这些指令的应用举例。脉冲式触点指令与前述PLS/PLF功能比较如图2-30所示，可见程序设计时可选用其中的一种方式。

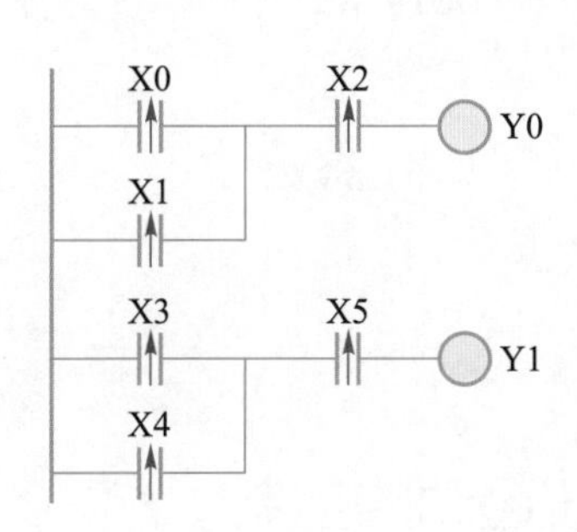

图2-29
脉冲式触点的应用举例1

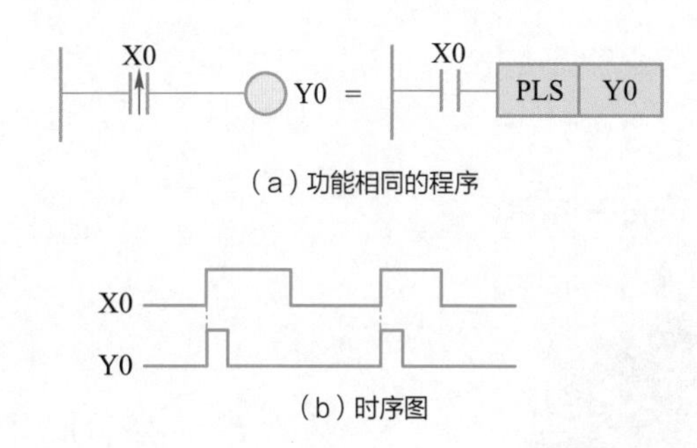

图2-30
脉冲式触点的应用举例2

2.4.5　主控触点（MC、MCR）指令

MC（Master Control）：主控指令，用于公共串联触点连接，占3个程序步。

MCR（Master Control Reset）：主控复位指令，用于公共串联触点的清除，是MC指令的复位指令，占2个程序步。

在编程时，经常遇到多个线圈同时受一个或一组触点控制的情况。当然可以在每个线圈的控制电路中串入同样的触点，但这会多占用存储单元。这时应考虑使用主控指令，使用主控指令的触点称为主控触点，它们在梯形图中与一般的触点垂直，是与左母线直接相连的动合触点，其作用相当于控制一组电路的总开关。

MC、MCR指令的应用如图2-31所示，输入X0接通时，执行MC与MCR之间的指令。输入X0断开时，MC与MCR之间的指令不执行。

按钮信号控制

与主控触点相连的触点必须使用LD指令或LDI指令，使用MC指令后，母线向MC触点后移动，若要返回原母线，必须用MCR指令。

在MC指令内采用MC指令时，嵌套级N的编号按顺序增大（N0～N7）。将该指令返回时，采用MCR指令，从大的嵌套级开始消除（N7～N0）。嵌套级最大可编8级，特殊辅助继电器不能用做MC的操作元件。

笔 记

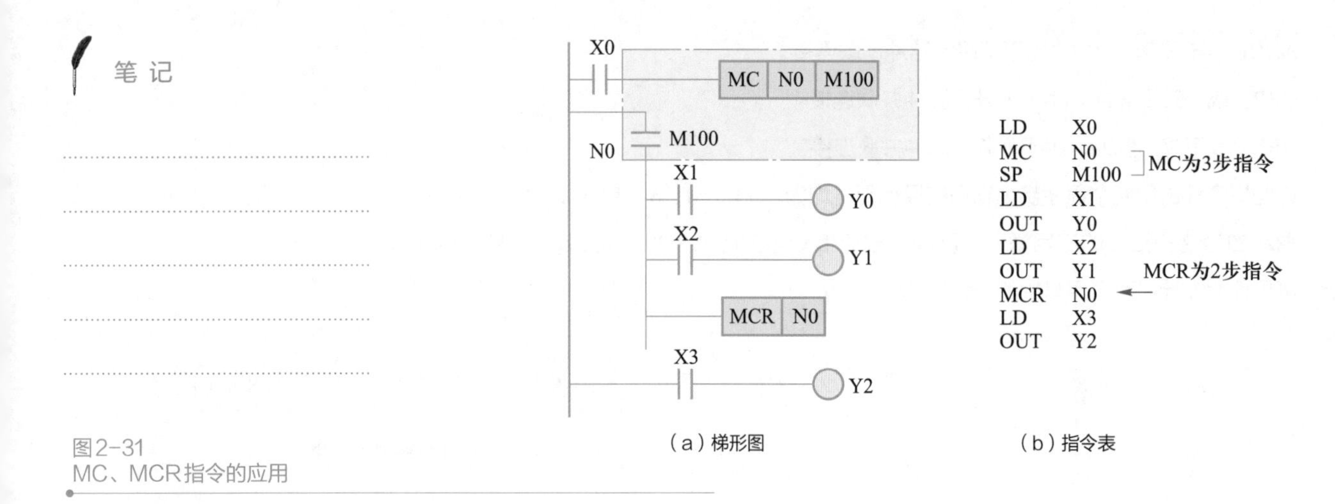

（a）梯形图　（b）指令表

图2-31
MC、MCR指令的应用

2.4.6 举例：电动机的 Y-Δ 降压起动的控制

图2-32所示为Y-Δ降压起动异步电动机控制主电路。电动机的起动过程是：合上开关QS后，使接触器KM、KM_Y动作把电动机接成星形降压起动。经10 s延时后，将KM_Y释放，接触器KM_Δ动作，电动机控制主电路换成三角形联结，投入正常运行。

图2-33所示是降压起动PLC外部接线图，其中SB1是起动按钮，SB2是停止按钮。

不同尺寸的分拣 2

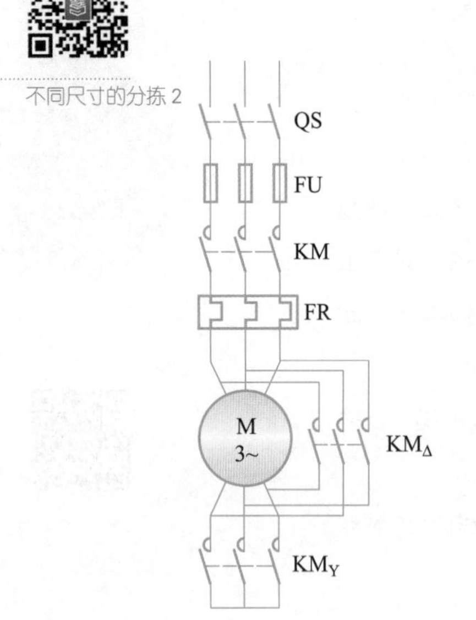

图2-32
降压起动主电路

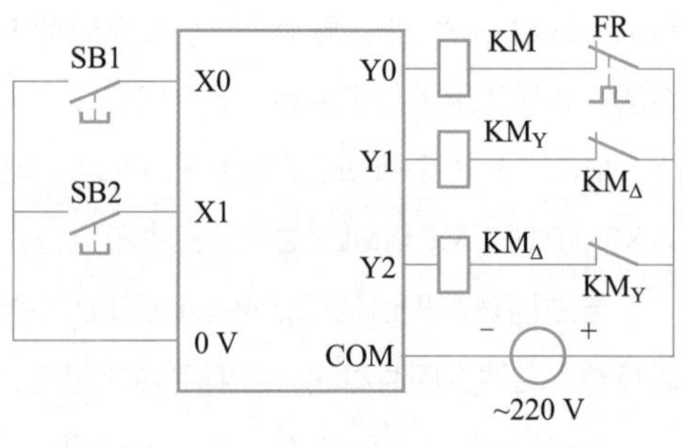

图2-33
降压起动PLC外部接线图

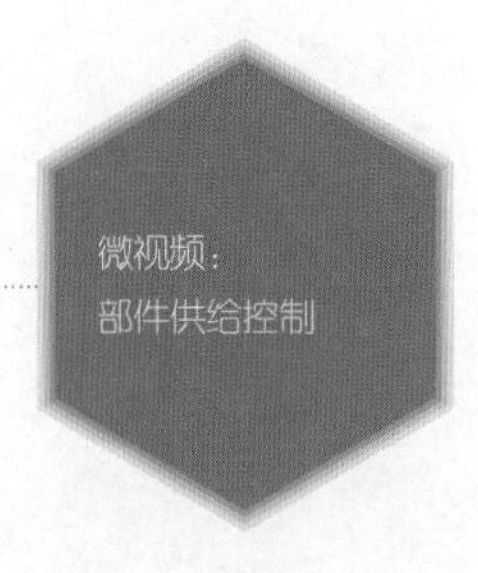

图2-34所示是降压起动PLC控制梯形图。

动作过程：

① 按下起动按钮，X0接通，Y0接通并自保（接触器KM接通），Y0的动合触点接通T0，定时器T0开始计时；同时Y1接通（接触器KM_Y接通，电动机接成星形起动）。

② 当T0计时10 s延时时间到，其动断触点使Y1断开（相应的KM_Y也断开），T0的动合

触点闭合使M100接通。此时接通Y2（相应的KM_{Δ}接通，电动机接成三角形正常运行）。

部件供给控制

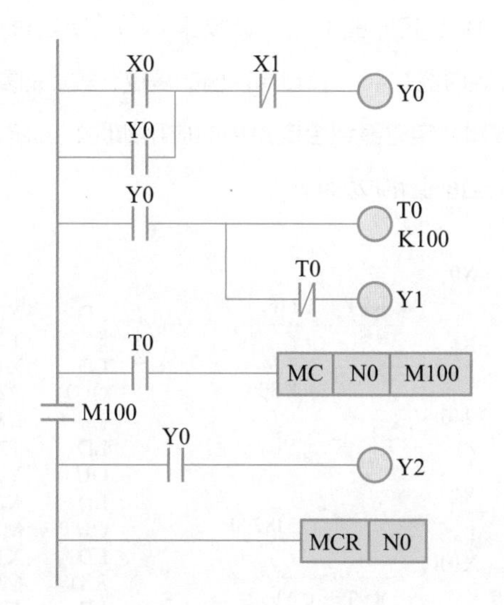

图2-34
降压起动PLC控制梯形图

③ 按下停止按钮，X1接通，其动断触点断开，Y0断开（接触器KM断开）。辅助继电器M100断开，使Y2断开（接触器KM_{Δ}断开），电动机停转。

2.5 可编程控制器置位、复位、空操作及程序结束指令

2.5.1 可编程控制器置位、复位（SET、RST）指令

教学课件：
可编程控制器置位、复位、空操作及程序结束指令

SET：置位指令，用于线圈动作的保持，它可以对Y、M、S操作。

RST：复位指令，用于解除线圈动作的保持。对数据寄存器（D）、定时器（T）、计数器（C）清零。它可以对Y、M、S、T、C、D操作。

SET、RST指令的应用如图2-35所示，X0一旦接通，再断开，Y0也保持接通。X1接通后，再断开，Y0保持断开。对M、S等其他可操作元件的作用也是一样。

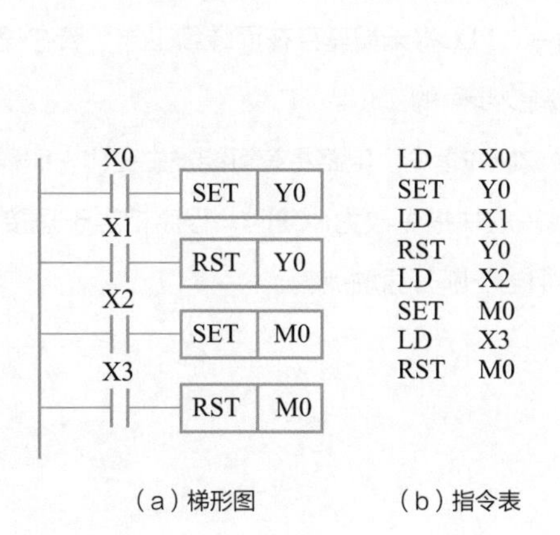

（a）梯形图

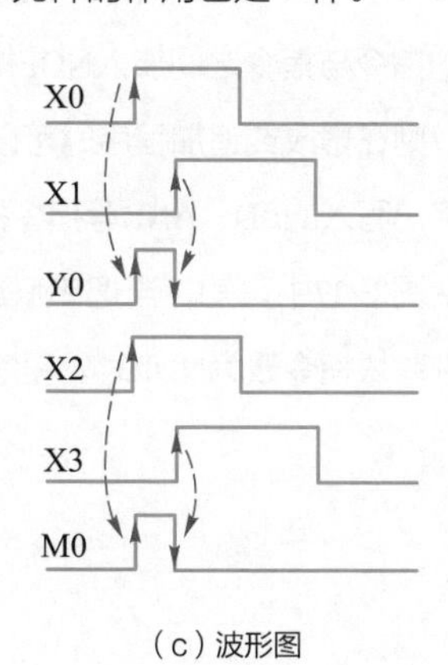

（b）指令表

（c）波形图

图2-35
SET、RST指令的应用

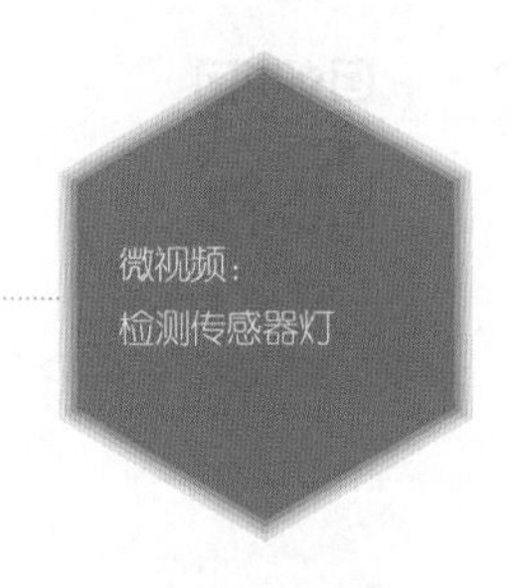

检测传感器灯

对同一个元件SET、RST指令可多次使用，顺序是任意的，但最后执行的一条有效。

对数据寄存器（D）、定时器（T）、计数器（C）、变址寄存器（V、Z）清零，可以用RST指令。此外累计定时器T246～T255当前值的复位、触点的复位也可以使用RST指令。

RST指令在计数器、定时器组合电路中的应用如图2-36所示。当X0接通时，输出触点T246复位，定时器的当前值也成为0。

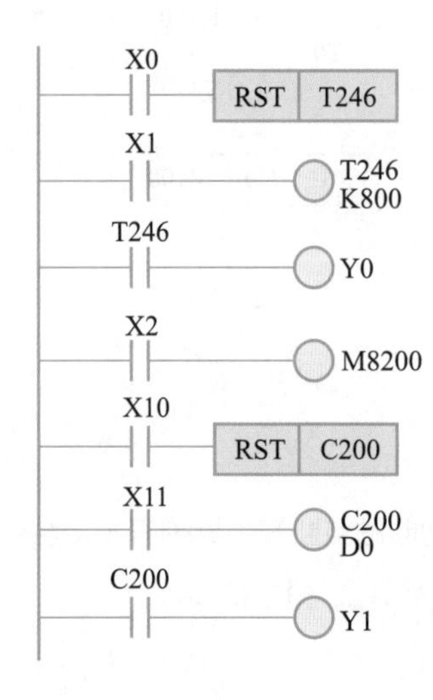


```
LD   X0
RST  T246
LD   X1
OUT  T246
     K800
LD   T246
OUT  Y0
LD   X2
OUT  M8200
LD   X10
RST  C200
LD   X11
OUT  C200
     D0
LD   C200
OUT  Y1
```

图2-36
RST指令在计数器、定时器组合电路中的应用

输入X1接通期间，T246接收1 ms时钟脉冲并计数，计到800时Y0就动作。

32位计数器C200根据M8200的开关状态进行加或减计数，它对X11动合触点开关次数计数。C200的触点是否动作取决于计数方向及是否达到D1、D0中所存的设定值。

输入X10动合触点接通时，计数器C200当前值清零。

2.5.2 可编程控制器空操作指令（NOP）

NOP：空操作指令，是一条无动作、无目标元件、占一个程序步的指令。图2-37所示为用NOP指令改变电路的例子。

在程序中加入NOP指令，该步序做空操作，将程序全部清除时，全部指令成为NOP。在普通的指令与指令之间加入NOP指令，PLC将无视其存在而继续工作；若在程序中加入NOP指令，则在修改或追加程序时可以减少步号的变化。

将已写入的LD、ANB等指令换成NOP指令，电路将有可能发生变化，编程时务必注意。

从图2-37中可知，当把串联或串联块指令改为NOP时，程序相当于短接原触点；把并联或并联块指令改为NOP时，程序相当于断开原触点。

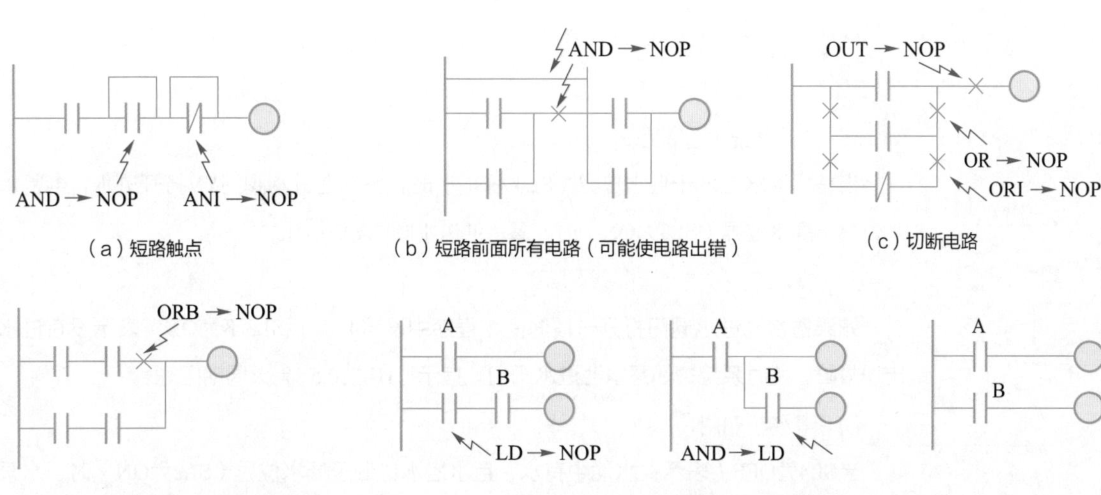

AND → NOP
ANI → NOP
（a）短路触点
AND → NOP
（b）短路前面所有电路（可能使电路出错）
OUT → NOP
OR → NOP
ORI → NOP
（c）切断电路
ORB → NOP
（d）切断前面全部电路（可能使电路出错）
A
B
LD → NOP
A
B
AND → LD
A
B
（e）与前面的 OUT 电路相连

图2-37
NOP指令应用示例

2.5.3 可编程控制器程序结束指令（END）

步序号
输入处理
00.
01.
02.
LD X0
AND X1
END
NOP
NOP
NOP
输出处理

图2-38
程序结束指令 END

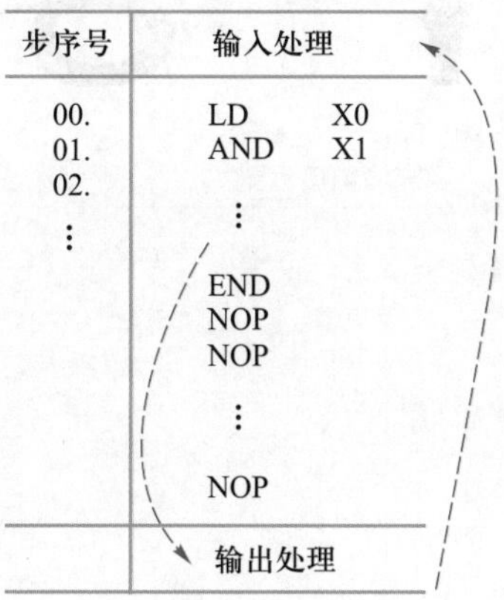

图2-38所示为END程序结束指令，是一条无目标元件，占一个程序步的指令。

PLC按照输入处理、程序执行、输出处理的方式循环进行工作。若在程序的最后写入END指令，则END后的其余程序步不再执行而直接进行输出处理。在程序中没有END指令时，FX系列PLC一直处理到最终的程序步，然后从第0步开始重复处理。

调试阶段，在各程序中插入END指令，可依次检查各程序段的动作。采用END指令将程序划分为若干段，在确认前面程序段正确无误后，依次删除END指令。

2.6 技能训练 水塔水位控制系统

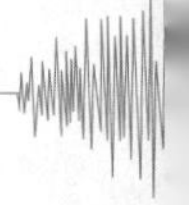

水塔水位控制系统在我国的住宅小区中广泛使用，传统的供水系统大多采用水塔、高位水箱或气压罐式增压设备，用水泵“提升”水位高度，以保证用户有足够的用水量。其控制系统示意图如图2-39所示，主要由蓄水池、蓄水池进水阀门YV、蓄水池液压传感器SL3与SL4、水泵电动机M、水塔水箱液压传感器SL1与SL2组成。YV阀门控制给蓄水池灌水，电动机带动水泵把蓄水池中的水提升到水塔中，提高水压实现供水需要。

2.6.1 水塔水位控制要求

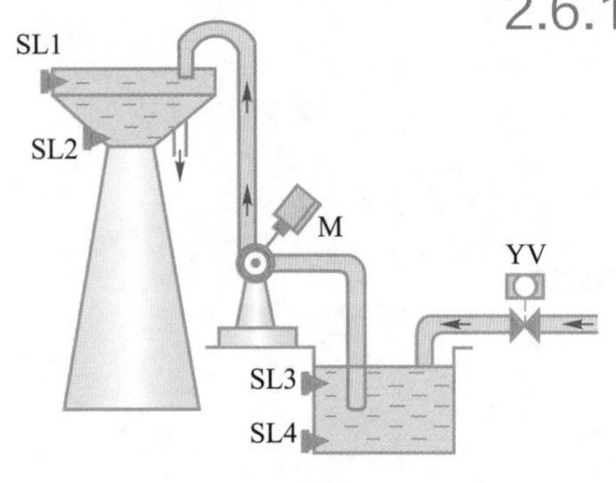

图2-39
水塔水位控制系统示意图

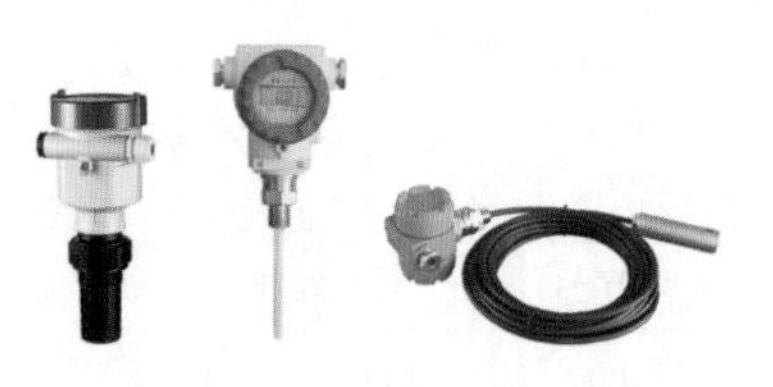
图2-40
电容式液位传感器

1. 蓄水池进水控制

当蓄水池水位低于低水位界（SL4为ON）时，蓄水池进水阀门YV打开进水；当蓄水池水位高于高水位界（SL3为ON）时，蓄水池进水阀门YV关闭。

2. 蓄水池进水故障报警显示

如果蓄水池进水阀门打开一段时间（程序中设置4 s）后SL3不为ON，表示没有进水，出现故障，此时系统关闭蓄水池进水阀门，指示灯HL按0.5 s亮灭周期闪烁。

3. 电动机抽水控制

当SL4为OFF（表示蓄水池中有水）且水塔水位低于低水位界（SL2为ON）时，水泵电动机M起动运转，开始抽水；当水塔水位高于高水位界（SL1为ON）时，水泵电动机M停止运行，抽水完毕。

4. 保护措施

系统具有必要的短路保护和过载保护。

SL1、SL2、SL3、SL4为电容式液位传感器，其外形如图2-40所示，工作原理及接线关系可查阅相关资料，实验中用开关信号代替。

本项目的知识点学习流程如下所示：

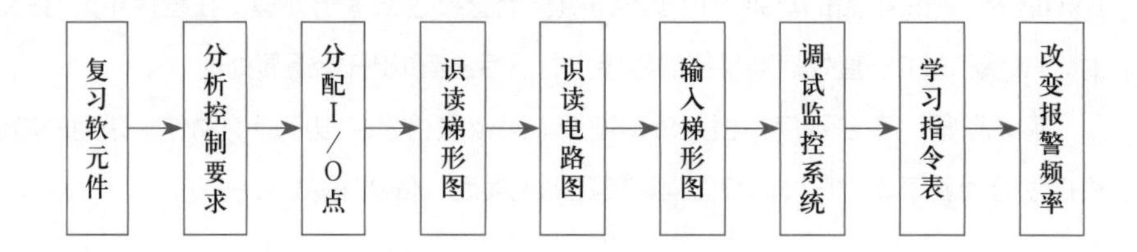

2.6.2 控制系统的硬件接线

1. 分析控制要求

项目任务要求该系统具有水位控制功能。具体控制要求有：① SL4为ON时表示蓄水池水位低，需YV动作；SL3为ON时表示水位已达要求，YV释放复位。② 蓄水池水位故障报警显示：YV动作4 s、SL3为OFF时表示蓄水池未能正常进水，HL按0.5 s闪烁报警。③ 水泵电动机M带动水泵抽水控制：SL4为OFF、SL2为ON时，M起动运行；SL1为ON时，M停止运行。

2. 确定系统输入/输出点（I/O 点）

系统I/O点分配表如表2-6所示。

3. 水塔水位系统控制电路图

图2-41所示电源电路由空气开关QF、变压器TC（220 V、24 V两个电压等级）、熔断器FU2组成。主电路由短路保护FU1、控制水泵电动机运转的接触器主触点KM、热继电器FR及水泵电动机M组成。PLC的输入接口电路由PLC短路保护FU3、水塔水箱高水位界液位传

表 2-6 系统 I/O 点分配表

输入信号		输出信号	
名称	符号	名称	符号
水塔水箱高水位界液位传感器SL1	X0	水泵电机控制接触器	Y0
水塔水箱低水位界液位传感器SL2	X1	进水阀门控制电磁阀	Y1
蓄水池高水位界液位传感器SL3	X2	蓄水池水位报警指示灯	Y2
蓄水池低水位界液位传感器SL4	X3		
系统起动按钮SB1	X4		
系统停止按钮SB2	X5		
报警灯复位按钮SB3	X6		

笔 记

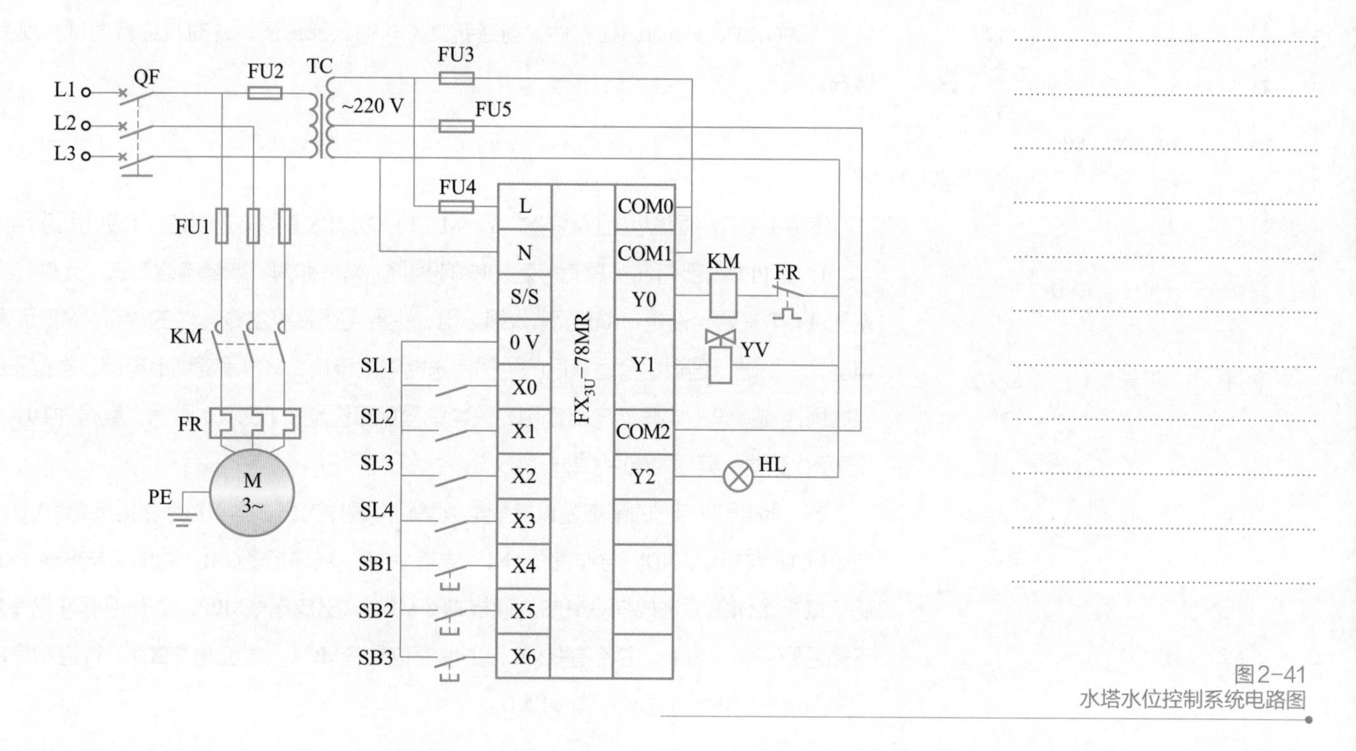

图2-41
水塔水位控制系统电路图

感器SL1、水塔水箱低水位界液位传感器SL2、蓄水池高水位界液位传感器SL3、蓄水池低水位界液位传感器SL4组成。PLC输出接口电路由短路保护FU4和FU5、接触器线圈KM、热继电器FR、蓄水池进水阀门YV、报警指示灯HL组成。

2.6.3 软件编程及调试图

1. 工作原理分析

水塔水位控制梯形图如图2-42所示。

① 系统起、停控制：当起动按钮X4为ON时，辅助继电器M0通电自锁方可进入系统运行。若停止按钮X5接通后，M0解除自锁，系统停止运行。

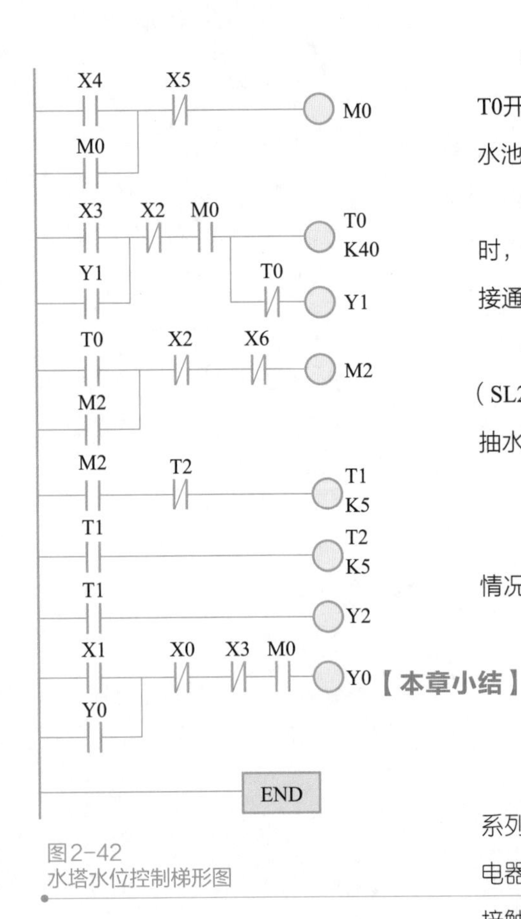

图2-42
水塔水位控制梯形图

② 水池进水控制：当蓄水池的水位低于低水位界时，X3为ON，Y1动作打开阀放水，T0开始计时4 s。X2为ON时表示水灌满，若4 s后X2不动作表示有故障，Y1复位，停止向蓄水池放水。

③ 报警显示。M2为报警显示的中间继电器。当4 s时间到且SL3不动作（X2为OFF）时，说明有故障，M2动作，起动振荡报警程序（定时器T1和T2组成0.5 s脉冲振荡器），Y2接通与断开（HL按0.5 s闪烁报警）。

④ 水泵电动机向水塔水箱抽水：当SL4为OFF且水塔水箱水位低于低水位界时，X1（SL2）为ON、X3（SL4）为OFF，水泵电动机（Y0）起动抽水。X0（SL1）动作，Y0复位，抽水完毕。

2. 输入梯形图、通电调试及监控系统

启动GX Developer编程软件，创建新文件，输入梯形图，并对其进行调试，观察运行情况。

【本章小结】

本章主要介绍可编程控制器的X、Y、M、T和C元件及其基本逻辑指令的使用和应用实例。

1. 在PLC内部有许多具有一定功能的器件，统一称为“软继电器”或“元件”。在FX系列PLC中主要元件是：X表示输入继电器，主要用于接收主令元件的状态；Y表示输出继电器，主要进行逻辑组合运算后的信号传送给输出模块；M表示辅助继电器，类似于继电-接触器控制系统的中间继电器作用，只能由程序来驱动；T表示定时器，编号为T0～T255；C表示计数器，编号为C0～C255。

2. 可编程控制器的基本逻辑指令是最基础的编程语言。基本指令包括取指令LD、取反指令LDI；**与**指令AND、**与非**指令ANI、**或**指令OR、**或非**指令ORI；回路块**与**指令ANB、回路块**或**指令ORB；进栈指令MPS、读栈指令MRD、出栈指令MPP；上升沿脉冲指令PLS、下降沿脉冲指令PLF；主控指令MC、主控复位指令MCR；置位指令SET、复位指令RST、空操作指令NOP和程序结束指令END。

【习题】

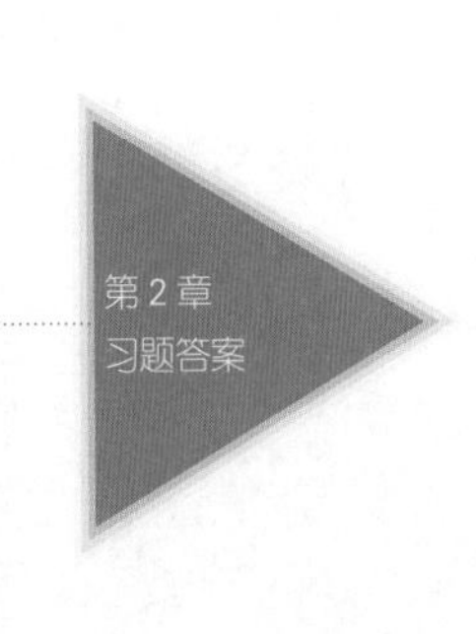

2-1　FX_{3U}系列PLC中有哪些通用辅助继电器？哪些辅助继电器具有断电保持功能？有哪些特殊辅助继电器？

2-2　FX_{3U}系列PLC中，T0～T199和T200～T245定时器有什么区别？T0～T245和T246～T255定时器有什么区别？

2-3　按编程规则比较图2-43所示4个梯形图，哪些较合理？

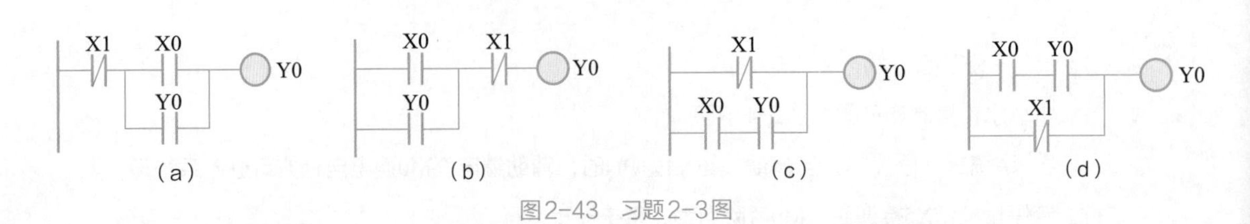

图2-43　习题2-3图

2-4 将图2-44所示梯形图转换为指令表。

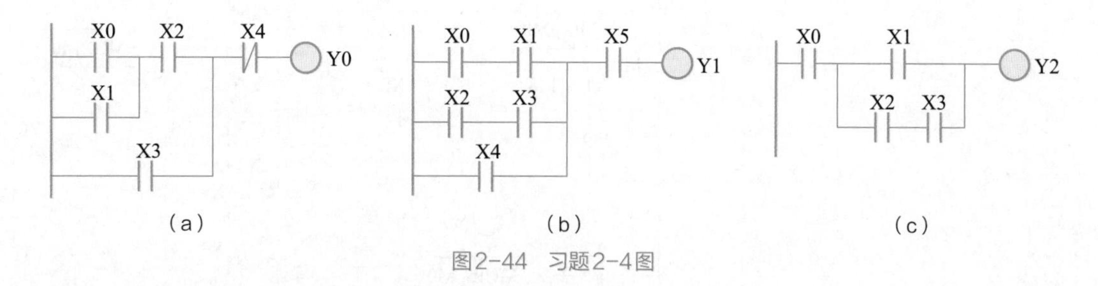

图2-44 习题2-4图

2-5 绘出下列指令表的梯形图，并比较其功能，指出哪个更加合理？

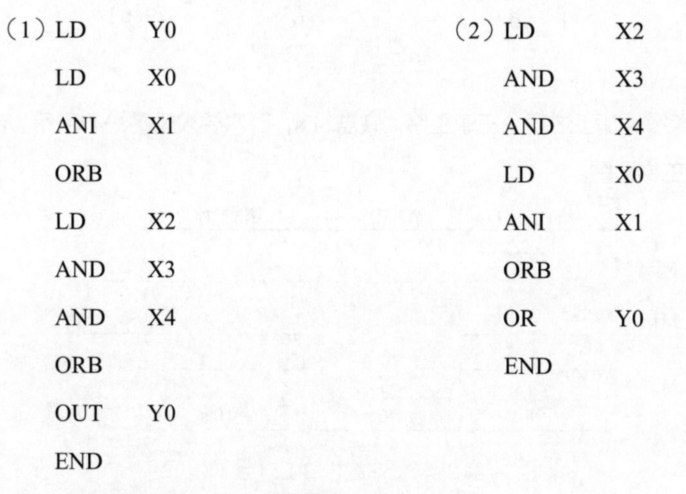

（1）		（2）	
LD	Y0	LD	X2
LD	X0	AND	X3
ANI	X1	AND	X4
ORB		LD	X0
LD	X2	ANI	X1
AND	X3	ORB	
AND	X4	OR	Y0
ORB		END	
OUT	Y0		
END			

2-6 试写出图2-45所示梯形图对应的指令表。

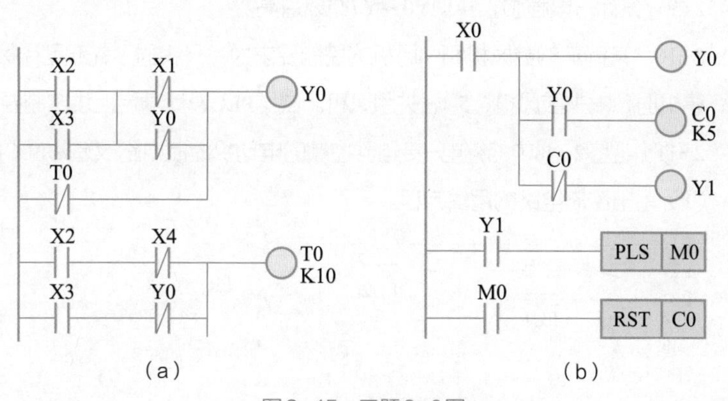

图2-45 习题2-6图

笔 记

2-7　指出图2-46中的错误。

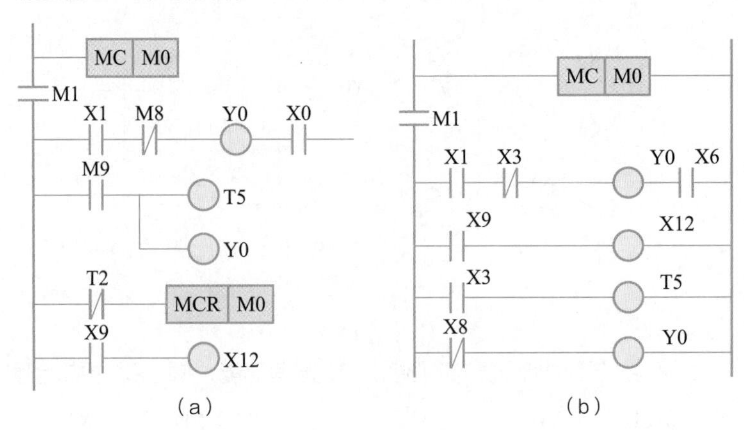

图2-46　习题2-7图

2-8　某零件加工过程分三道工序，共需24 s，时序要求如图2-47所示。试编制完成上述控制要求的梯形图。

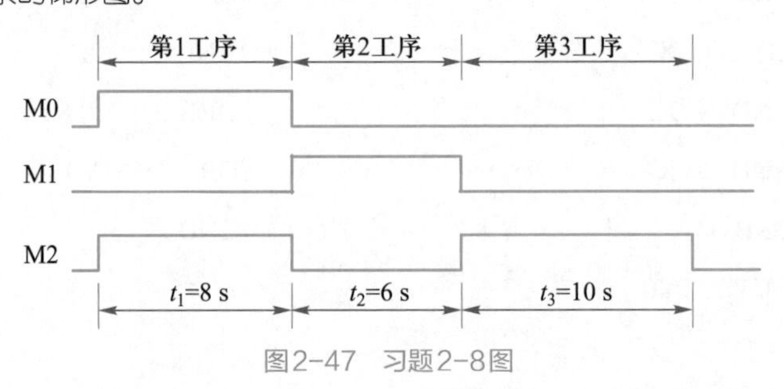

图2-47　习题2-8图

2-9　设计一段程序，实现Y0～Y7循环点亮。

2-10　某锅炉的鼓风机和引风机的控制要求为：开机时，先起动引风机，10 s后开鼓风机；停机时，先关鼓风机，5 s后关引风机。试用PLC设计满足上述控制要求的程序。

2-11　把图2-48中的继电-接触器控制的电动机控制电路改造为PLC控制系统。

（1）写出控制电路的逻辑方程。

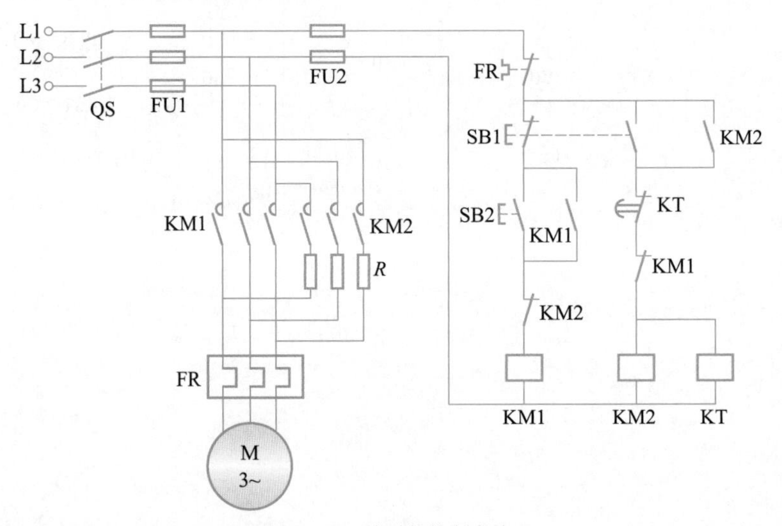

图2-48　电动机控制电路

笔 记

（2）列出I/O点数分配表、画出I/O接线图。

（3）画出PLC控制系统的梯形图。

（4）编写PLC控制系统的指令程序。

2-12 设计符合下述控制要求的PLC程序。

（1）电动机M1先起动后，M2才能起动，M2能单独停车。

（2）电动机M1先起动，经30 s延时后，M2才能自行起动。

【实验】

实验2 基本指令应用

一、实验目的

1. 掌握置位、复位及脉冲指令的使用。

2. 掌握栈操作指令及主控指令的使用。

二、实验设备

1. 三菱FX_{3U}系列可编程控制器。 1台

2. 模拟开关板。 1块

三、实验内容

熟悉和掌握SET（置位）、RST（复位）、PLS（上升沿脉冲）和PLF（下降沿脉冲）指令的使用方法。按图2-49所示梯形图输入程序，观察运行结果，画出输出波形。

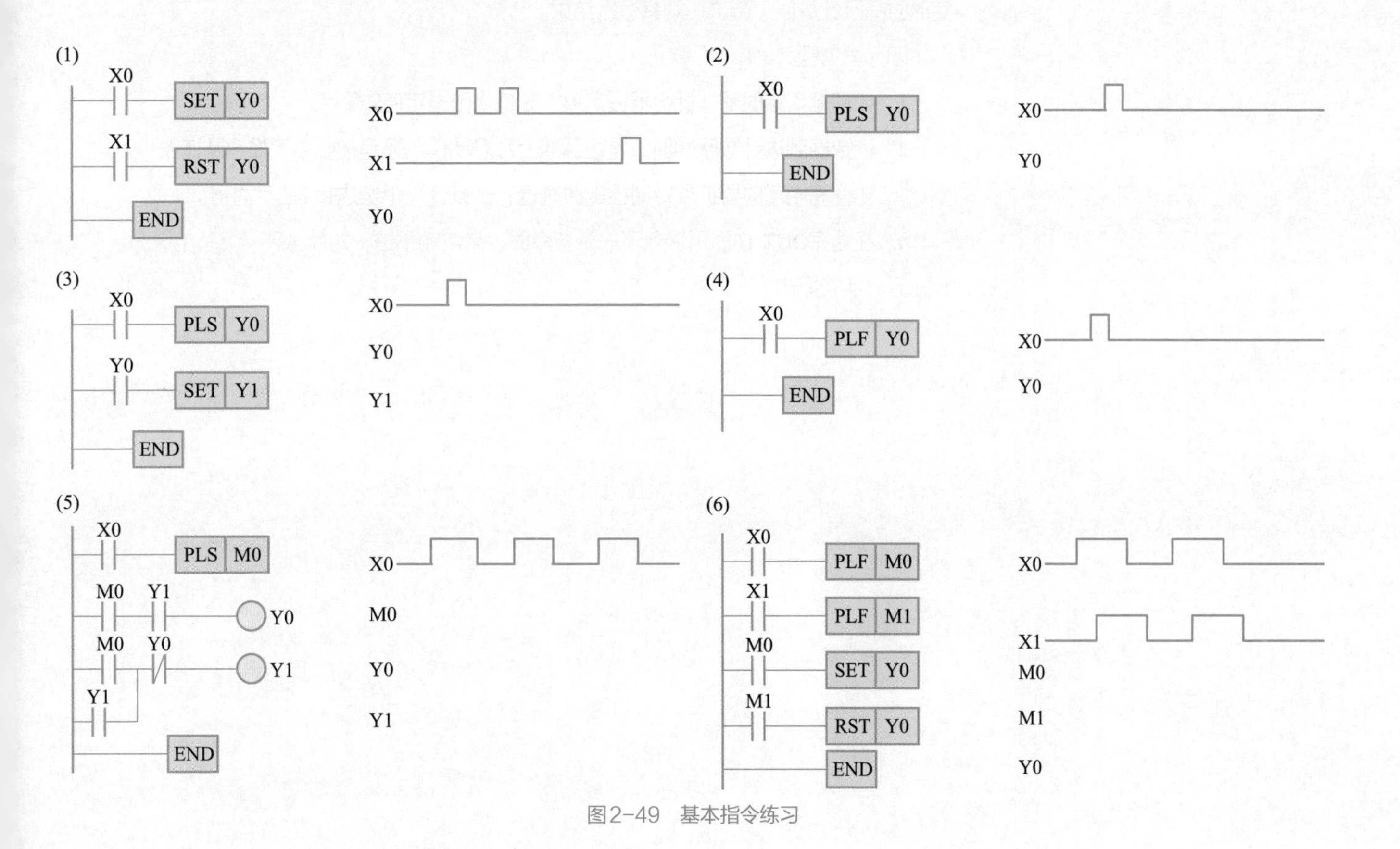

图2-49 基本指令练习

笔 记

四、思考题

1. SET与OUT指令有什么区别？用何种方法可以使OUT指令与SET指令的输出状态相同？

2. PLS与PLF指令有何区别？使用脉冲指令时需注意什么？

五、实验报告

实验3　定时器和计数器的基本使用及扩展

一、实验目的

1. 掌握定时器、计数器指令的基本使用。

2. 掌握定时器、计数器的扩展方法。

3. 学会用经验法编制简单程序并调试运行。

二、实验设备

1. 三菱FX_{3U}系列可编程控制器。　　1台

2. 模拟开关板。　　1块

三、实验内容

1. 按图2-50所示梯形图输入程序，观察运行结果，监视各定时器、计时器的内容及状态，完成输出波形。

2. 根据图2-51所示的波形图，设计相应的梯形图，输入指令，调试、观察运行结果。

3. 按图2-52所示梯形图，输入指令，学习定时器、计数器的扩展方法，计算扩展后的定时时间及计数值，调试、观察运行结果。

四、思考题

1. 如何输入定时器、计数器设定值？如何修改设定值？

2. 计数器到达计数脉冲时，是在脉冲上升沿动作，还是在脉冲下降沿动作？

3. 如何利用定时器扩展定时器的时间值？试设计一个长达12 h的定时器。

4. 在输完OUT T0后再输入下一条指令时，常常输不进，为什么？

五、实验报告

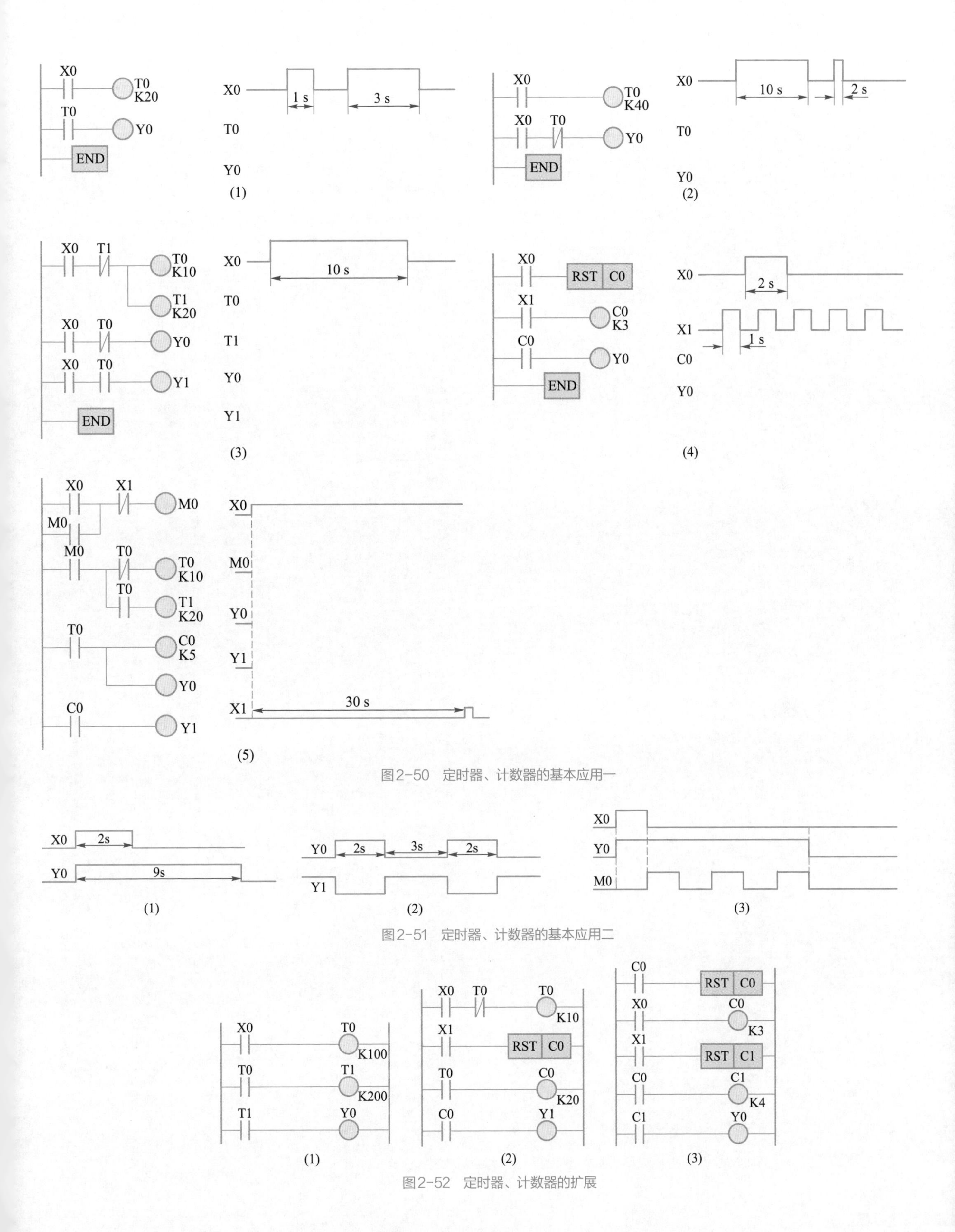

图2-50 定时器、计数器的基本应用一

图2-51 定时器、计数器的基本应用二

图2-52 定时器、计数器的扩展

[重点难点]

FX_{3U}系列PLC可采用GX Works2编程软件实现对PLC的程序写入及监视调试操作。GX Works2编程软件是GX Developer编程软件的升级版本，内部自带仿真软件。它可以实现多种方式编程，常见的有梯形图及SFC图编程，还可以实现三菱全系列PLC产品的程序编写、在线调试、模拟仿真、诊断及监控等功能。

第3章 GX Works2 编程软件使用简介

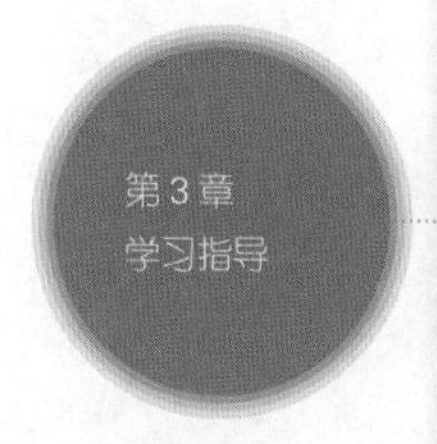

FX_{3U}系列PLC可采用GX Works2编程软件实现对PLC的程序写入及监视调试操作。GX Works2是继GX Developer 编程软件之后，三菱电机新一代PLC编程软件，具有简单工程和结构化工程两种编程方式，支持用户使用梯形图、指令表、SFC、ST及结构化梯形图等编程语言，可实现程序编辑，参数设定等设置功能。它的主要功能如下：

（1）可以创建程序

通过简单工程可以与传统GX Developer一样进行编程以及通过结构化工程进行结构化编程。

（2）可以进行参数设置

可以对可编程控制器 CPU 的参数及网络参数进行设置。此外，也可对智能功能模块的参数进行设置。

（3）可以对可编程控制器进行写入和读取

通过可编程控制器读取 / 写入功能，可以将创建的顺控程序写入 / 读取到可编程控制器 CPU 中，此外，通过 RUN 中写入功能，可以在可编程控制器 CPU 处于运行状态下对顺控程序进行更改。

（4）可以实现监视及调试功能

将创建的顺控程序写入可编程控制器 CPU 中，可对运行时的软元件值等进行离线 / 在线监视。

（5）可以对PLC进行故障诊断

可以对可编程控制器的当前出错状态及故障履历等进行诊断。通过诊断功能，可以缩短PLC恢复正常作业的时间。

3.1　GX Works2 编程软件的安装与启动

GX Works2编程软件最新版支持Windows XP/Windows 7/ Windows 10等操作系统，操作系统需要安装.NET Framework 2.0以上Windows组件。

如图3-1所示，打开安装目录，双击Disk1文件夹下的setup.exe文件进行安装，安装向导如图3-2所示。然后根据系统提示，一步一步完成安装即可。

安装成功后，双击桌面上的 图标，可以打开GX Works2编程界面，如图3-3、图3-4所示。

图3-1
GX Works2编程软件的安装目录

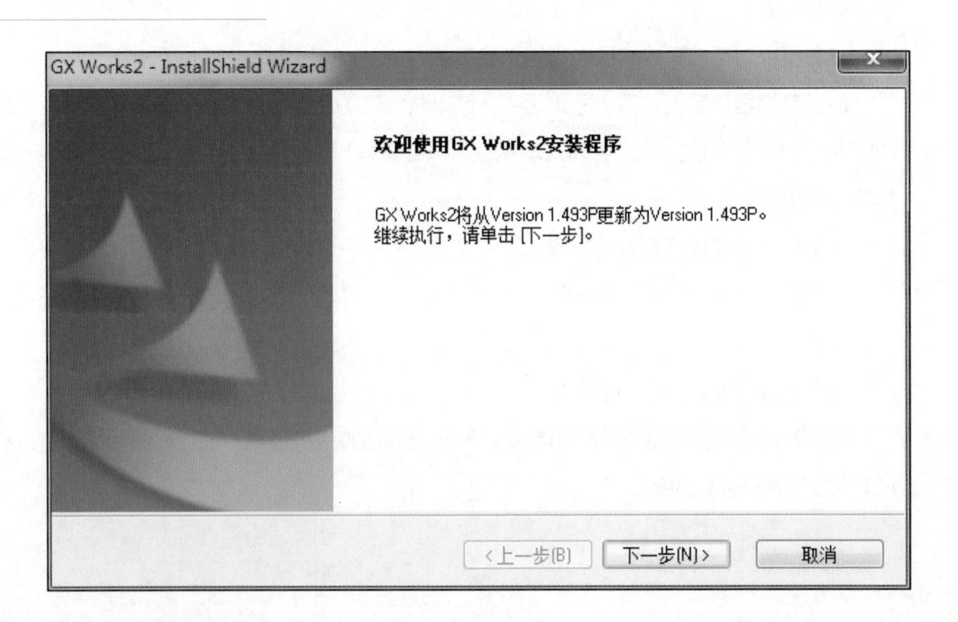

图3-2
GX Works2编程软件的安装向导

图3-3
GX Works2编程软件的开始画面

图3-4
GX Works2编程软件的编程界面

3.2 GX Works2 编程软件的基本操作

GX Works2编程软件可以通过菜单和工具以及各种工作窗口对梯形图或顺控图进行编程并调试。它的编程画面构成如图3-5所示。

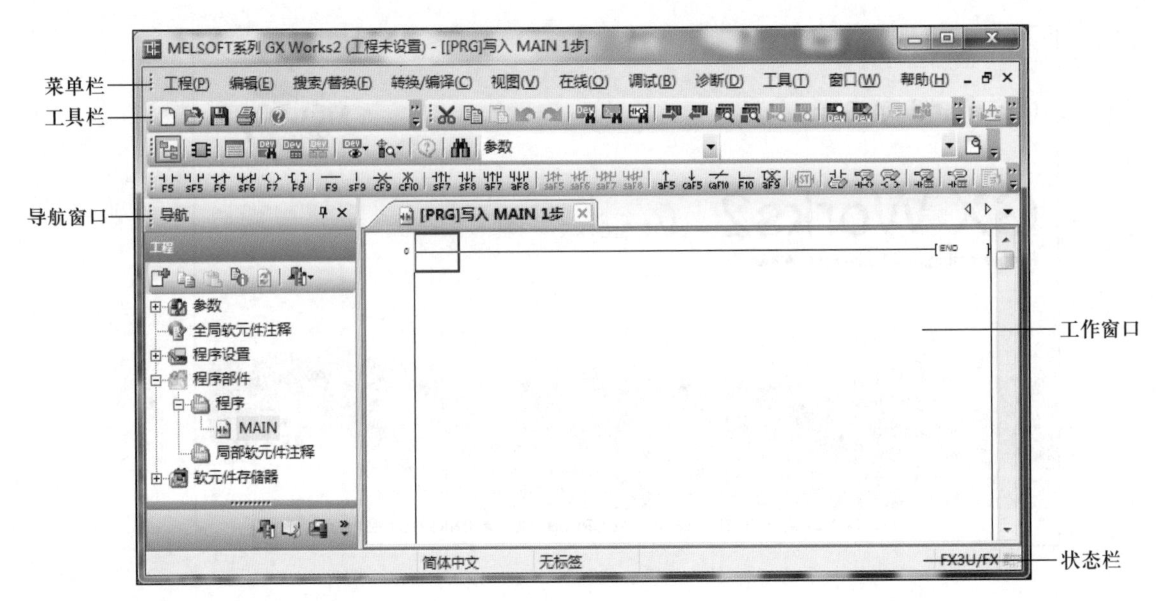

图3-5
GX Works2编程画面构成

GX Works2编程软件的菜单栏这里不一一介绍，下面仅介绍一些常用的工具按钮。

3.2.1 程序通用工具栏

程序通用工具栏包含了编写程序过程中常用的一些操作工具，如图3-6所示。包括五类常用工具。编辑工具用于对程序进行剪切、复制、粘贴等操作；搜索工具提供了软元件、指令、触点线圈三种不同的搜索方式；调试工具提供了程序的写入和读取、程序运行监视及当前值更改等操作工具；转换工具提供了不同的程序转换方法；仿真工具提供了程序模拟运行的方法。

图3-6
程序通用工具栏

梯形图工具栏提供了各种绘制梯形图的元件，包括动合、动断、线圈、应用指令等工具，如图3-7所示。

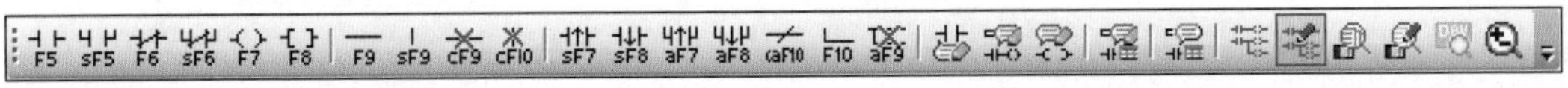

图3-7
梯形图工具栏

常用的梯形图工具见表3-1。

笔记

表 3-1　梯形图工具

梯形图工具图标	梯形图工具名称	梯形图工具图标	梯形图工具名称
F5	动合触点	sF7	上升沿脉冲
sF5	动合触点或	sF8	下降沿脉冲
F6	动断触点	aF7	上升沿脉冲或
sF6	动断触点或	aF8	下降沿脉冲或
F7	线圈		读取模式
F8	应用指令		写入模式
	监视模式		放大/缩小

3.2.2　SFC 工具栏

SFC工具栏提供了各种绘制SFC图的元件，包括步、转移、跳转、选择分支、并列分支等工具，如图3-8所示。

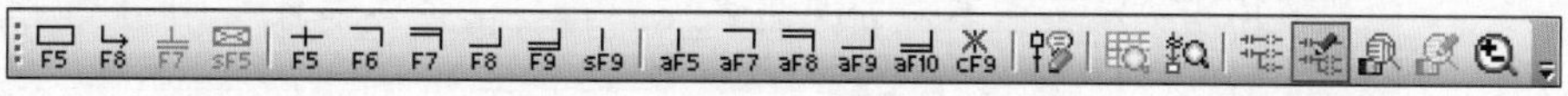

图3-8
SFC工具栏

常用的SFC工具见表3-2。

表 3-2　SFC 工具

SFC工具图标	SFC工具名称	SFC工具图标	SFC工具名称
F5	步	F6	选择分支
F5	转移	F7	并列分支
F8	跳转	F8	选择合并
sF9	竖线	F9	并列合并
cF9	划线删除		SFC自动滚动监视

下面我们介绍一些GX Works2编程软件的基本操作。

（1）新建工程

打开GX Works2编程软件，选择“工程→新建”命令或者使用快捷键 Ctrl +N，就可以

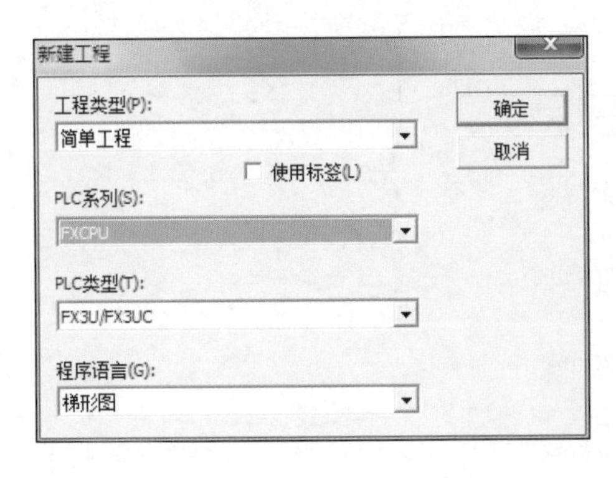

图3-9
创建新工程

新建一个工程，如图3-9所示。

通过“新建工程”对话框，可以选择工程类型是简单工程还是结构化工程；可以实现对PLC系列及PLC类型的设定；可以设定程序语言为梯形图、SFC或ST程序。当确定对话框中的所有内容后，即可进入梯形图工作窗口进行梯形图的设计。

（2）梯形图的绘制

用鼠标单击要输入图形的位置，按Enter键，即可通过在梯形图输入对话框中输入各种指令，也可以通过单击梯形图标记工具栏上的相关符号调出梯形图输入对话框进行设计，如图3-10所示。

在绘制梯形图时，应注意以下几点：

① 一个梯形图块应在24行以内设计。

② 一个梯形图行的触点数默认为11触点 + 1线圈，如果设计梯形图时，1行中有12触点以上时自动移至下一行，也可通过选择“工具→选项”命令进行设置。

③ 在读取模式下，剪切、复制、粘贴等操作不能进行，可通过梯形图编辑工具栏中的写入模式按钮进行切换。

④ 一次梯形图转换可转换的行数是48行。

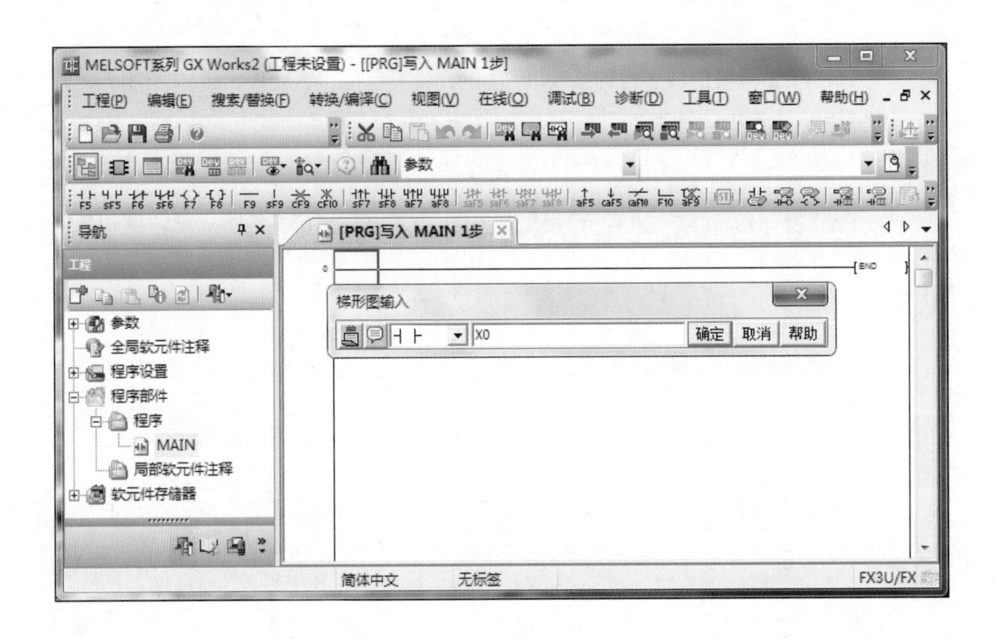

图3-10
梯形图的编辑窗口

3.2.3 梯形图的转换与修改

首先，单击要进行转换的窗口使其激活。然后，单击工具栏上的 按钮或使用快捷键F4完成程序转换。若程序转换过程中出现错误，则保持灰色并将光标移至出错区域，如图3-11所示。此时，可双击编辑区，调出程序输入窗口，重新输入指令。还可以利用编辑菜单的插入、删除操作对梯形图进行必要的修改，直至程序正确转换为止，若程序被正确转换，则灰色区域会转变为白色区域。

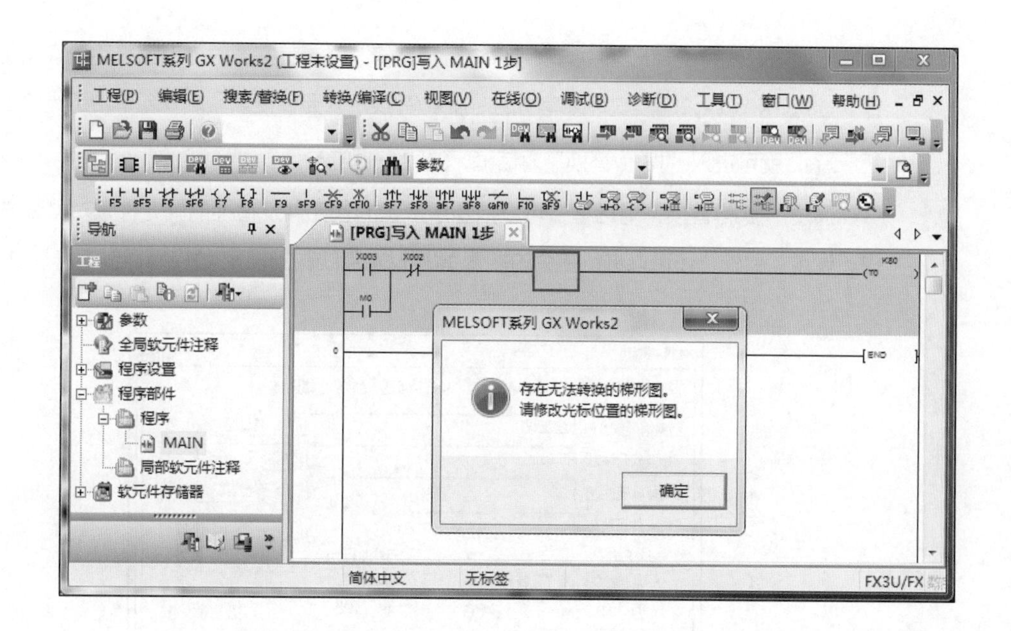

图3-11
梯形图转换错误示例

3.2.4 软元件注释

软元件注释是为了对已建立的梯形图中每个软元件的用途进行说明，以便能够在梯形图编辑界面上显示各软元件的用途。每个软元件注释可由不超过32个字符组成，如图3-12所示。

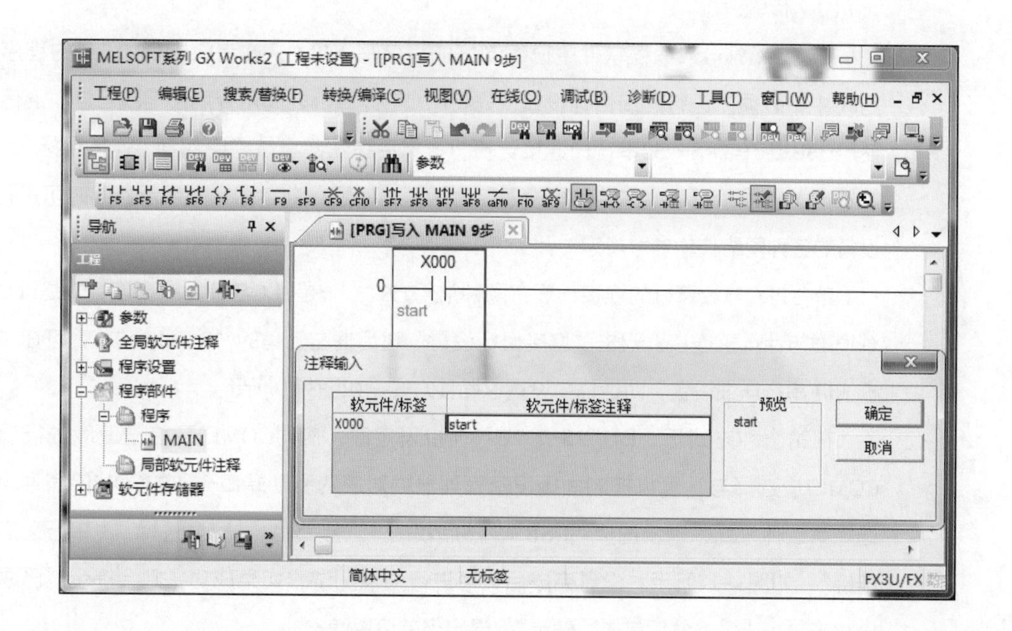

图3-12
软元件注释

笔 记

3.2.5 梯形图中软元件的搜索和替换

当要对较复杂的梯形图中的软元件进行批量修改时，就需要对梯形图采用搜索及替换操作。选择GX Works2编程软件菜单中的“搜索/替换→软元件搜索”命令或单击工具栏上的按钮 ，就可进入“搜索/替换”对话框，如图3-13所示。

通过“搜索/替换”对话框，可以指定所搜索的软元件及替换的软元件，对搜索方向等进行设定。另外，还可以进行指令的搜索/替换及触点线圈的搜索/替换等操作。

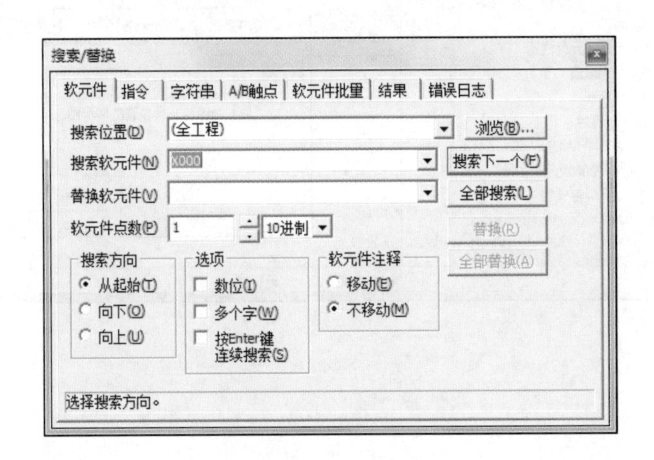

图3-13
搜索/替换软元件对话框

3.2.6 PLC 的写入与读取

（1）传输设置

要将GX Works2编程软件中已编制好的程序写入PLC，或者将PLC中已有的程序读取到PC中，必须先进行连接目标设置。先将PLC与计算机之间用专用通信线互连，通信线可使用USB接口或RS-232串行口连接计算机。然后在左侧导航栏中找到“连接目标”，双击“Connection1”，打开“连接目标设置”对话框，如图3-14、图3-15所示。此时可进行PLC设备的各种网络传输参数设定。

单台PLC与计算机的连接一般有两种常用方式：一是PLC与计算机直连，二是PLC通过触摸屏与计算机连接。双击“连接目标设置”对话框左上角的“Serial USB”，可在“计算机侧I/F串行详细设置”对话框中设置这两种方式，如图3-16所示。

在第一种方式下，即“RS-232C”连接设定时，应对COM口及传送速度进行设置。COM口应选择与计算机控制面板设备管理器中对应的驱动端口一致的COM口编号。如果选择第二种方式，则应选择“USB”，然后双击“连接路径一览”，选择“3 串行通信GOT连接”，如图3-17所示。设置完成后，可进行通信测试，如果成功，则会提示“已成功与FX3UCPU连接”。然后单击“确定”，退出当前设置状态。

笔 记

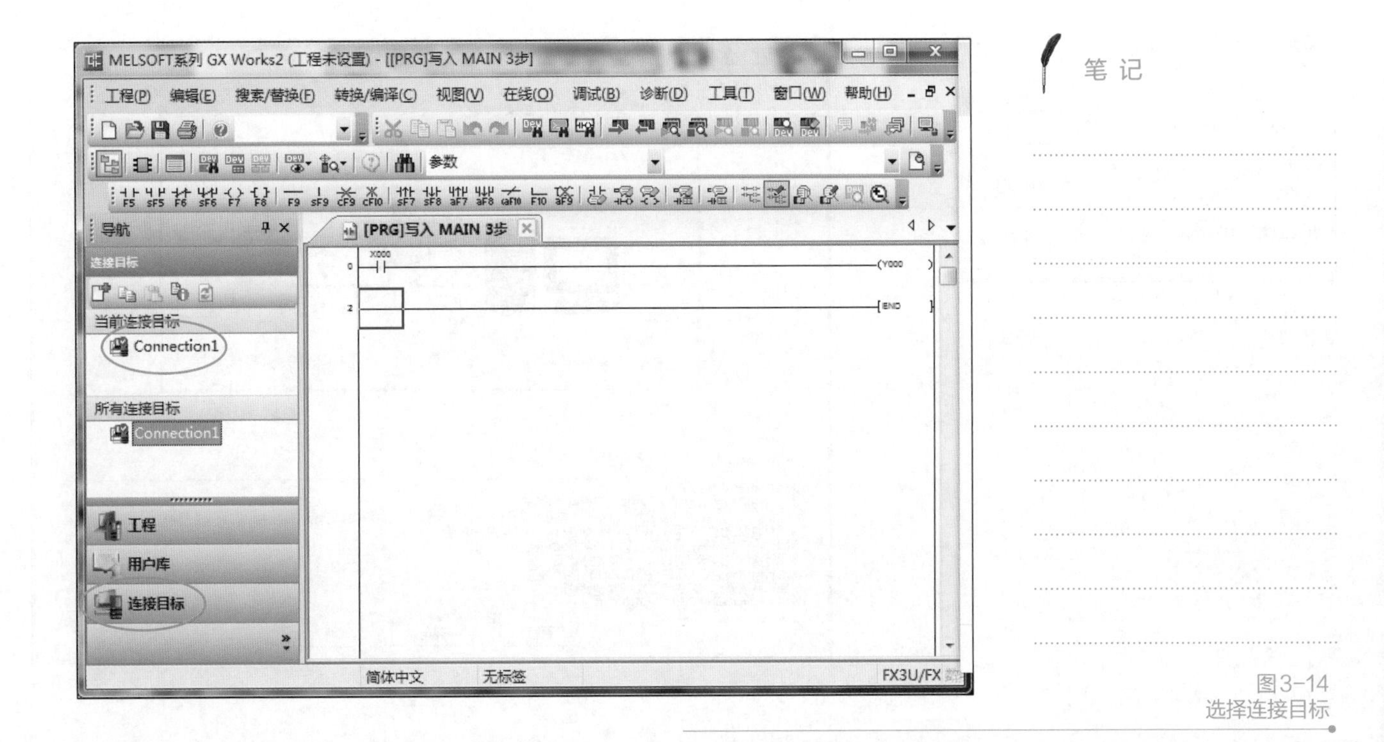

图3-14
选择连接目标

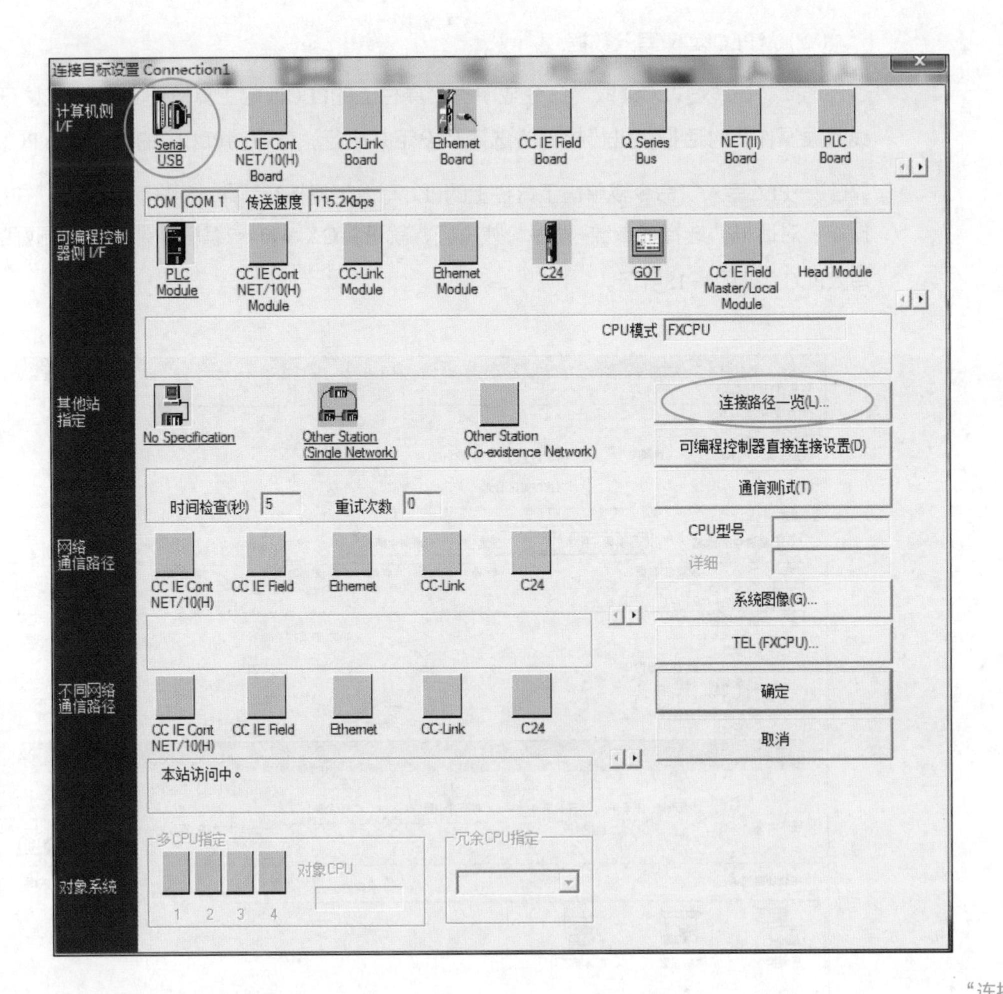

图3-15
“连接目标设置 Connectionl”对话框

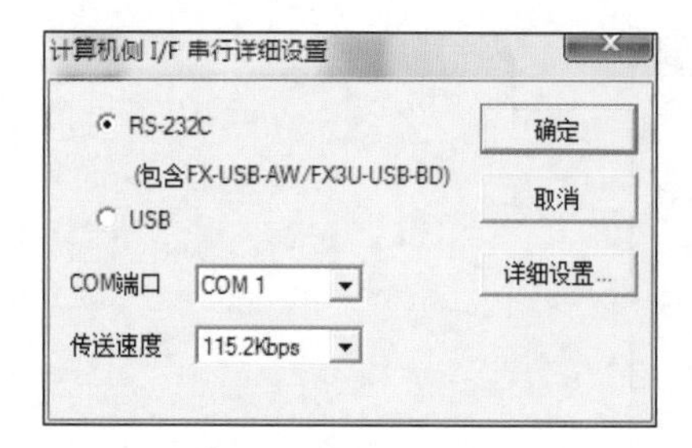

图3-16
“计算机侧I/F 串行详细设置”对话框

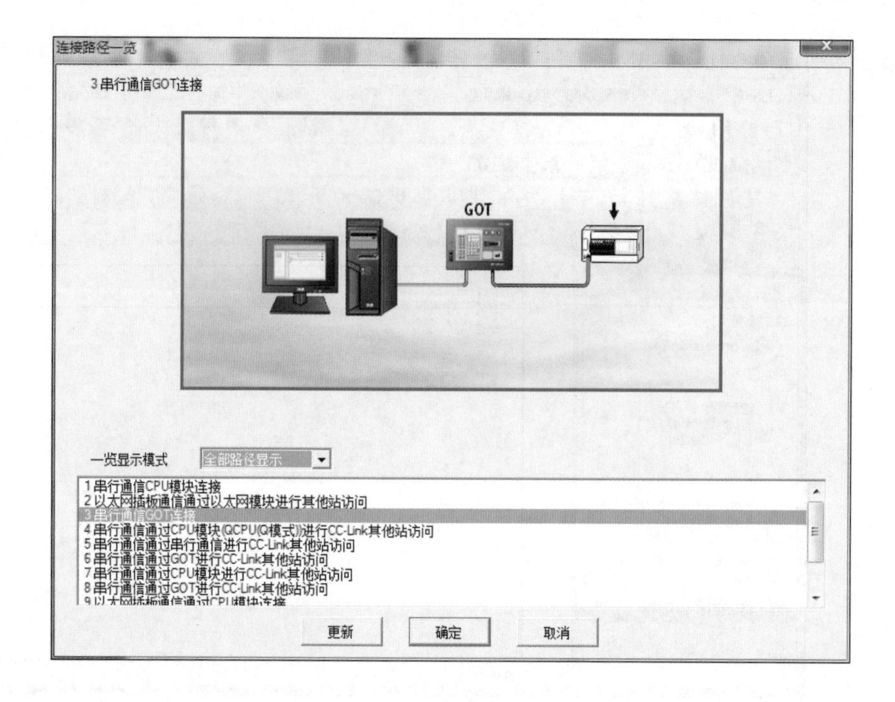

图3-17
“连接路径一览”对话框

（2）从PLC读取/写入数据

选择“在线→PLC读取”命令或单击工具栏上的PLC读取工具按钮，可以打开“在线数据操作”对话框，进行相关的选择及设定并执行，就可将PLC中的程序读入PC；选择“在线→PLC写入”命令或单击工具栏上的PLC写入工具按钮，同样可以打开“在线数据操作”对话框，选择“参数+程序”并执行，就可将GX Works2编程软件中已编制好的程序写入PLC，如图3-18所示。

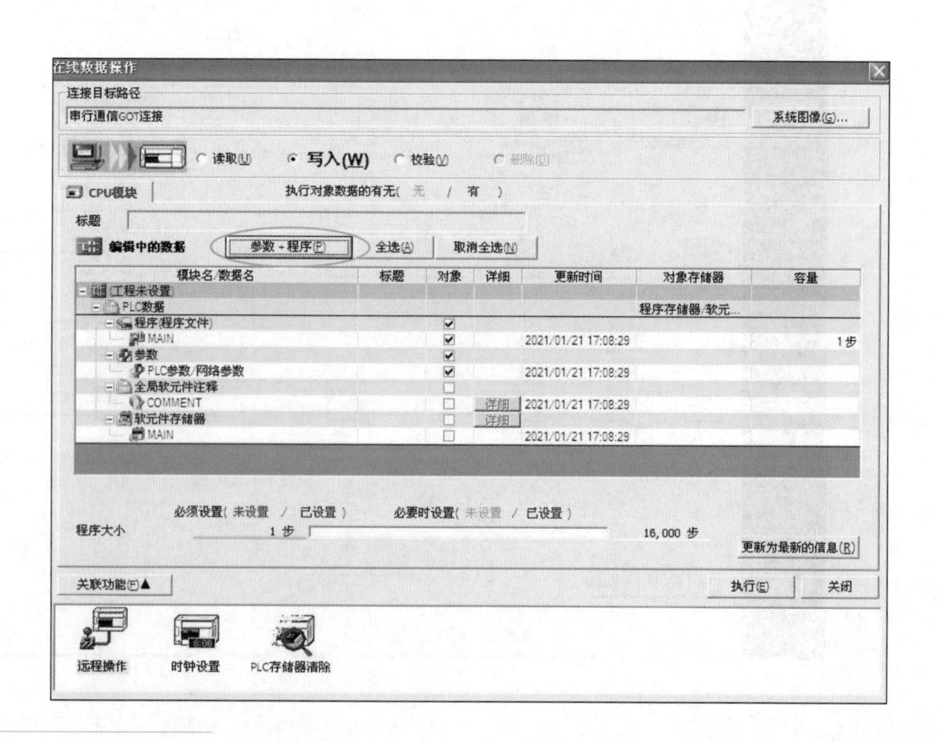

图3-18
PLC写入对话框

3.2.7 监视

笔 记

选择GX Works2编程软件中的“在线→监视→监视模式”命令，就可监视PLC的程序运行状态，如图3-19所示。当程序处于监视模式时，在梯形图上可以观察到各输入及输出软元件的运行状态，并可选择“在线→监视→软元件/缓冲存储器批量监视”命令，实现对某种指定类型的软元件的成批监视，如图3-20所示。

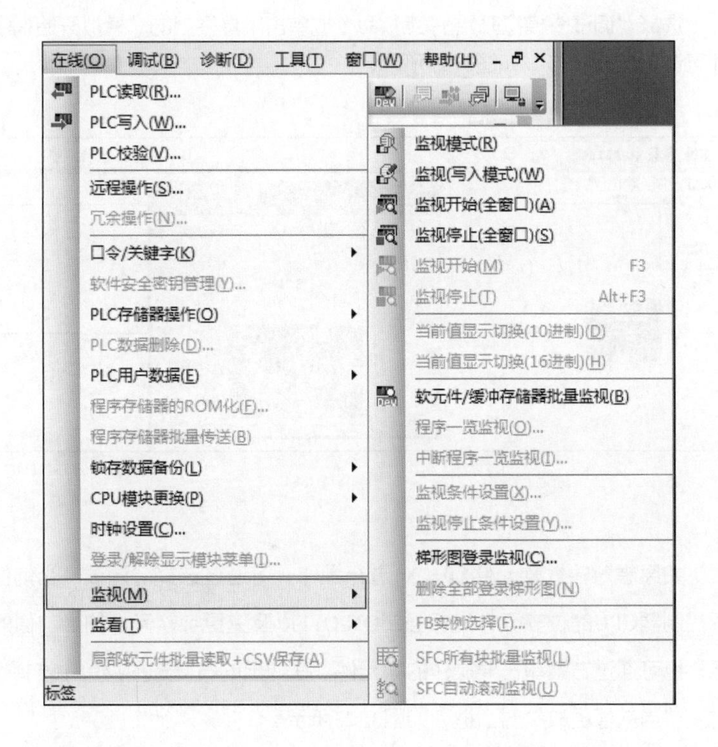

图3-19
监视菜单

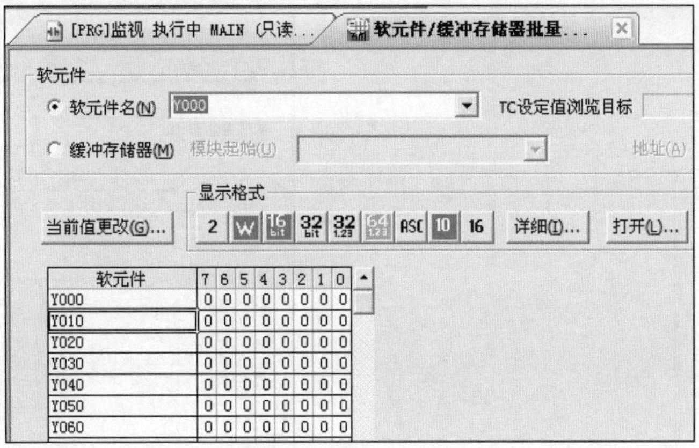

图3-20
PLC的监视状态

3.3　GX Works2 编程软件的仿真操作

当我们在使用真机之前，还可以对已编写完成的程序进行仿真，通过模拟运行来验证程序的正确性。GX Works2编程软件中已内嵌了一个仿真软件，不需要另外安装，使用非常方便。

选择“调试→模拟开始/停止”命令或单击工具栏上的“模拟开始/停止”工具按钮 ，即可进入仿真状态，如图3-21所示。

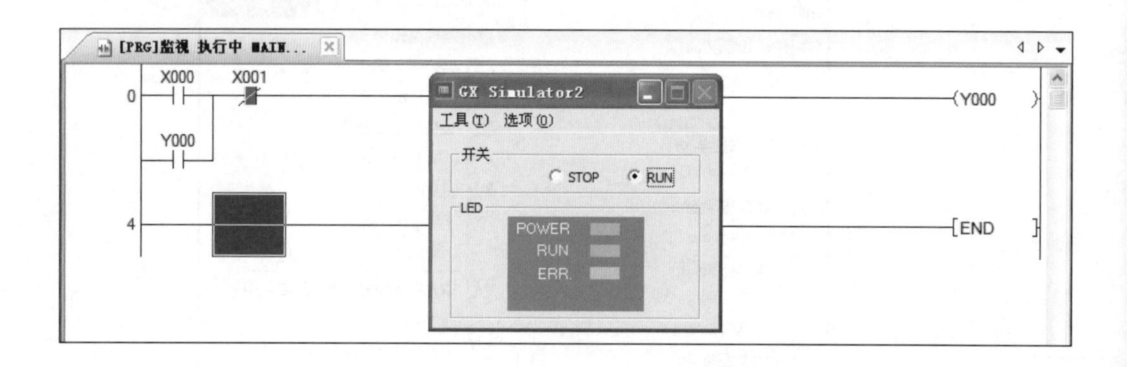

图3-21
PLC的仿真状态

如果想对输入软元件X0、X1进行操作，可通过选择“调试→当前值更改”命令对可编程控制器CPU的位软元件进行强制ON/OFF以及变更字软元件的当前值的操作，如图3-22所示。也可通过右键单击要操作的软元件，在弹出的右键选择菜单中选择“当前值更改”命令进入“当前值更改”对话框，如图3-23所示。

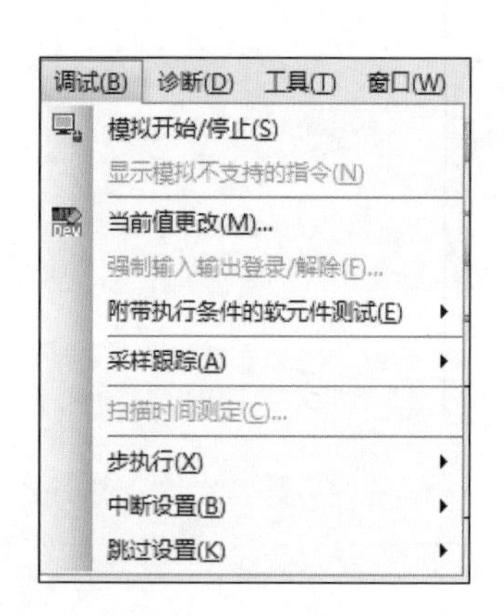

图3-22
菜单进入当前值更改

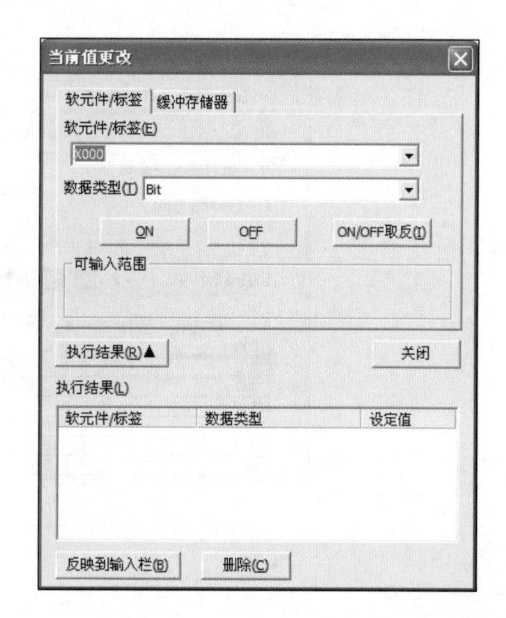

图3-23
“当前值更改”对话框

以一个起保停程序调试为例，当对X0进行操作时，可在当前值更改对话框的软元件输入栏中输入X0，然后依次单击ON、OFF一次，这时可观察到Y0接通了，如图3-24所示。图中以高亮的蓝色表示软元件接通的状态。当对X1依次单击ON、OFF一次，则可观察到Y0断开了，如图3-25所示。通过这种方式，即可模拟仿真出启动按钮和停止按钮的动作。

笔 记

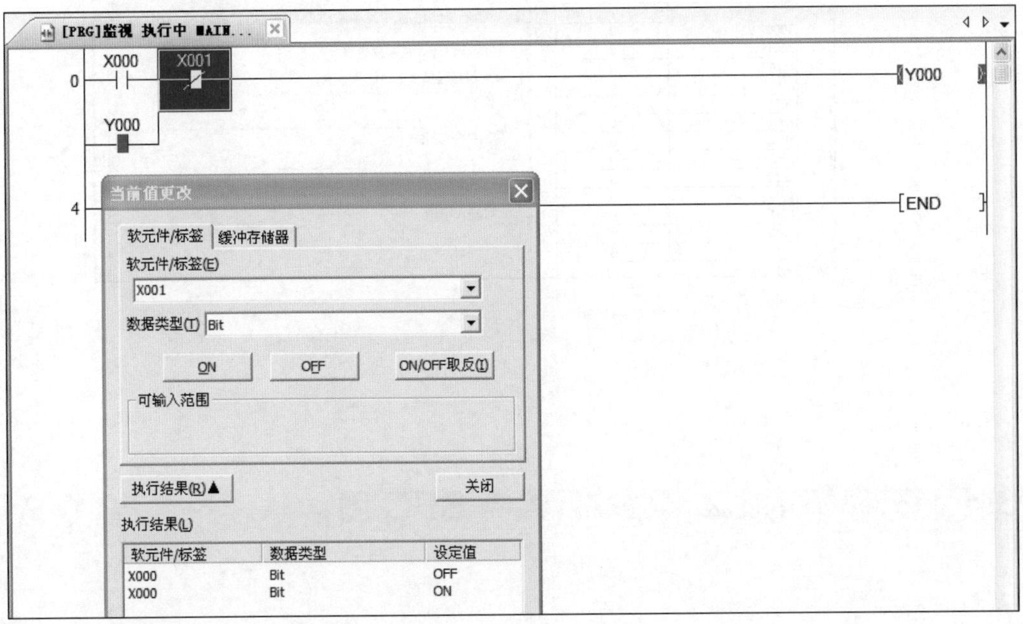

图3-24
对X0操作后的运行状态

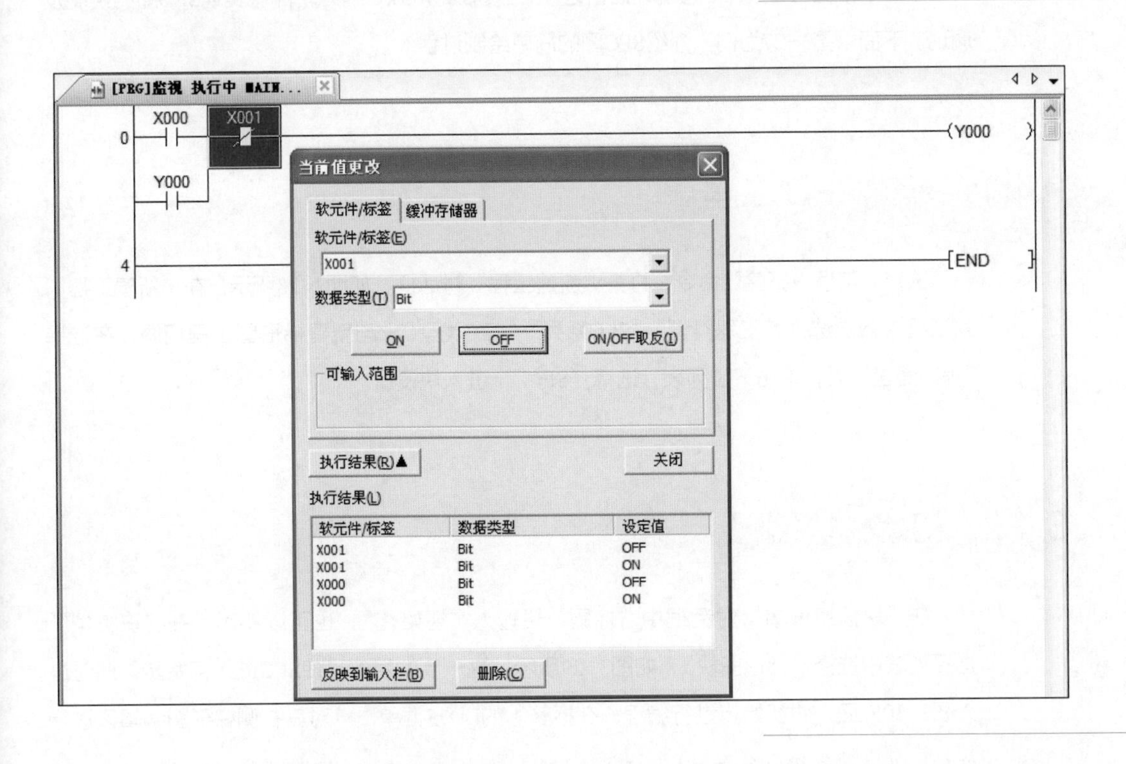

图3-25
对X1操作后的运行状态

“当前值更改”对话框也可以在软元件/缓冲存储器批量监视界面中，通过双击软元件值调出，同样可实现对软元件的强制操作，如图3-26所示。

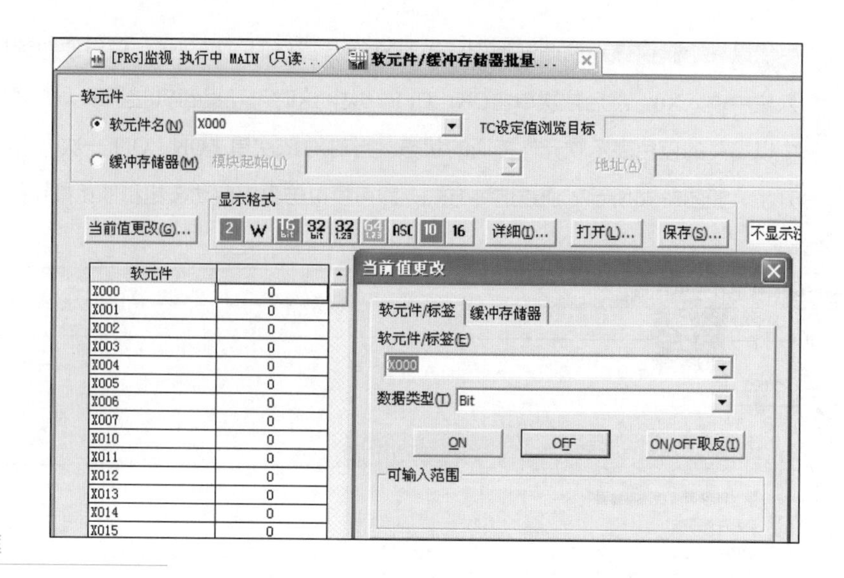

图3-26
在软元件批量监视界面中调出“当前值更改”对话框

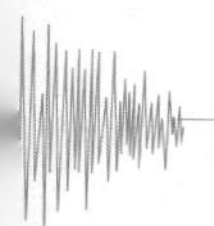

3.4 GX Works2编程软件绘制SFC图

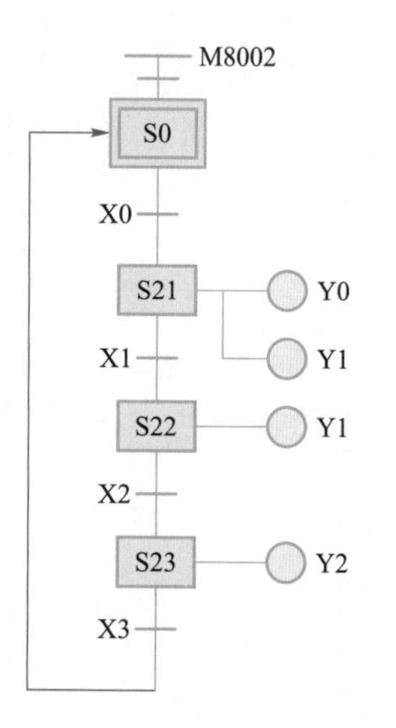

图3-27
单序列顺序功能图

顺序功能图SFC是PLC的编程语言之一，三菱GX Works2编程软件可实现SFC图的绘制及调试。下面以图3-27为例，介绍SFC图的简单绘制过程。

3.4.1 新建SFC工程

选择“工程→新建”命令，打开“新建工程”对话框，如图3-28所示。在“新建工程”对话框中依次选择“工程类型”“PLC系列”“PLC类型”，与新建梯形图工程相同，在选择“程序语言”时，单击下拉列表，选择“SFC”，进入块设置。

3.4.2 初始化块编程

在“块信息设置”对话框中“标题”栏输入“初始化”，也可以不写，在“块类型”选择列表中选择“梯形图块”，如图3-29所示。这一步的目的是使SFC进入初始步。此时进入图3-30界面，对初始步进行编程。在标签①的LD方框单击，对其右侧梯形图编辑区进行编程。选择一个常开触点 F5，输入M8002，再选择应用指令图标 F8，输入SET S0。如图3-30右侧区域标签②所示，结束初始块的编程。

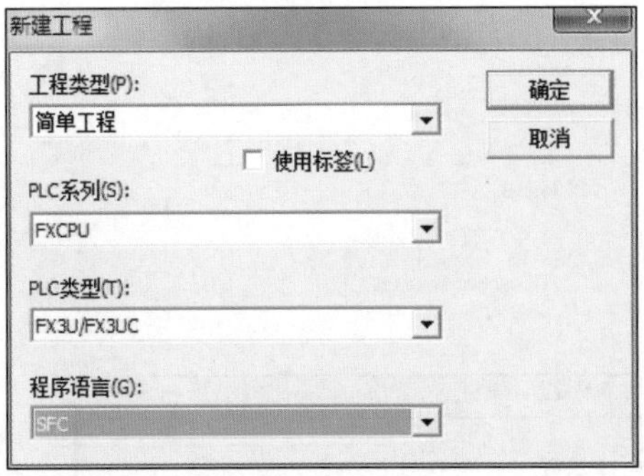

新建工程
工程类型(P):
简单工程
使用标签(L)
PLC系列(S):
FXCPU
PLC类型(T):
FX3U/FX3UC
程序语言(G):
SFC
确定
取消

图3-28
新建SFC工程

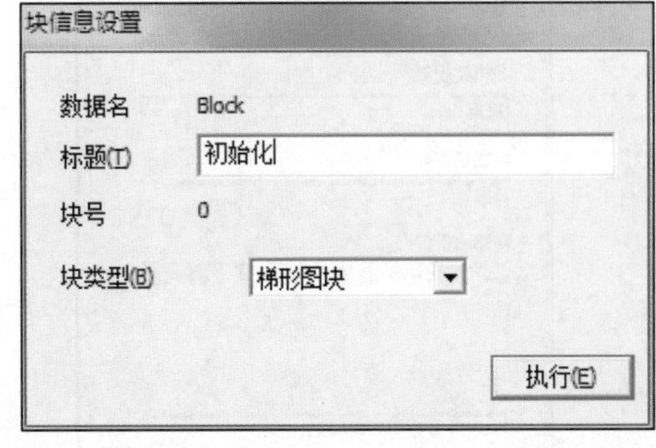

图3-29
新建初始化块

3.4.3 创建 SFC 块

在图3-30的标签③处，用右键单击“MAIN”，在快捷菜单中选择“新建数据…”，打开“新建数据”对话框，如图3-31所示。单击“确定”按钮，进入“块信息设置”对话框，如图3-32所示。在“块类型”下拉列表中选择“SFC块”，单击“执行”按钮，进入SFC块编程。

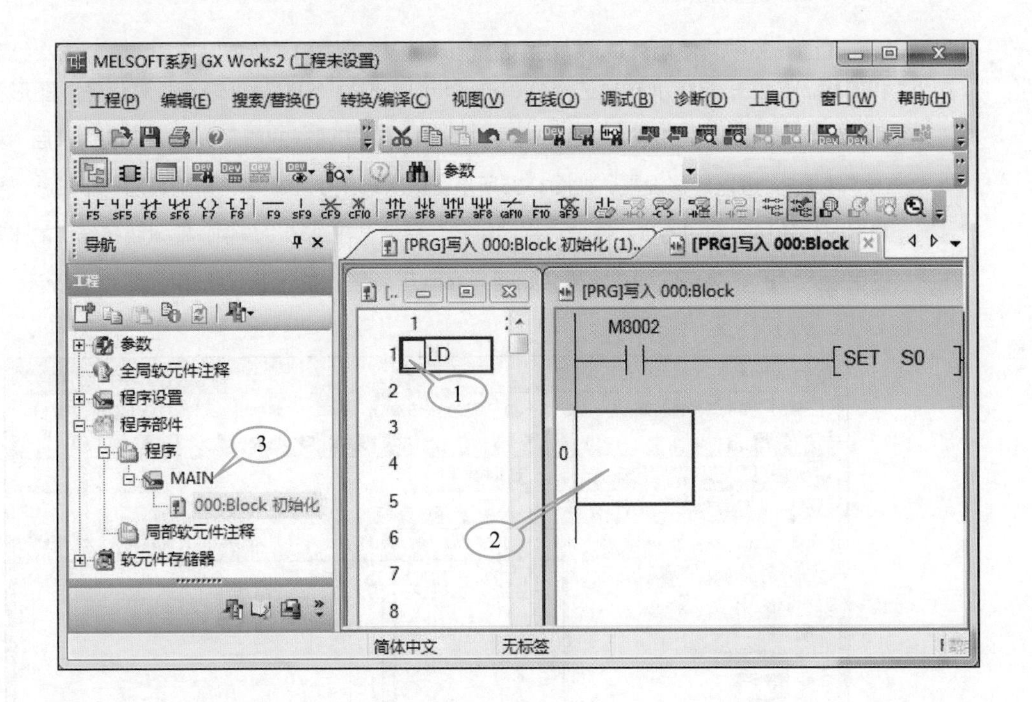

图3-30
梯形图块编辑

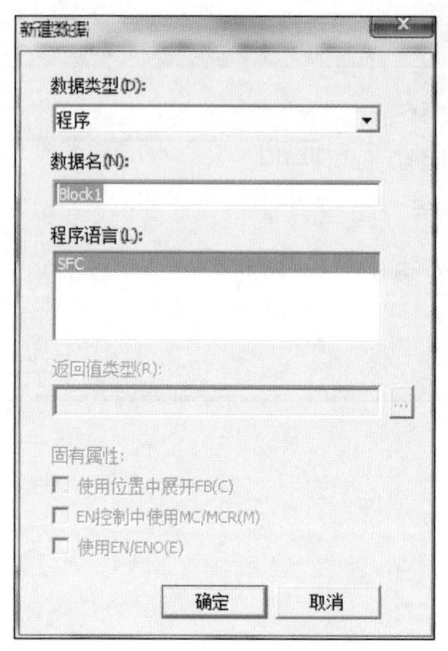

图3-31
“新建数据”对话框

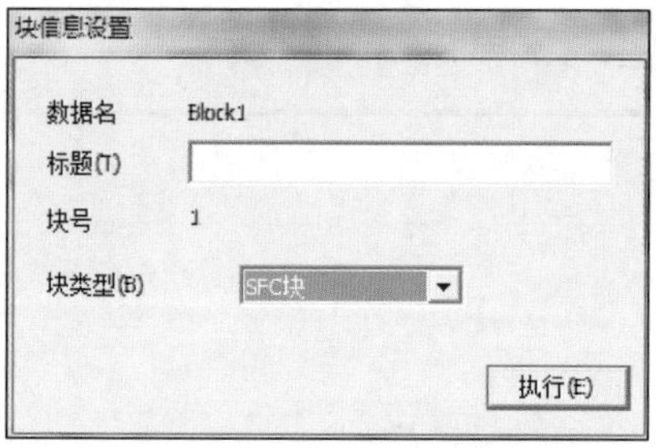

块信息设置
数据名　Block1
标题(T)
块号　1
块类型(B)　SFC块
执行(E)

图3-32
“块信息设置”对话框

笔 记

3.4.4　SFC 块编程

（1）SFC图的绘制

在图3-33中，使用SFC工具栏中的“步”按钮 F5 和“转移”按钮 F5，依次绘制步和转移。在图3-33所示方框选择处单击“步”，进入“SFC符号输入”对话框，图形符号“STEP”表示步，在右侧文本框中输入步号“10”，如图3-34所示。完成步的输入后，再单击“转移”，进入转移设置，如图3-35所示。依次输入步和转移，直到最后一个转移，要让最后一步转移回到初始步，需要选择“跳转”命令，在跳转设置中，输入跳转结束的步号，这里输入“0”，表示回到初始步，如图3-36所示。整个SFC图绘制结束如图3-37所示。

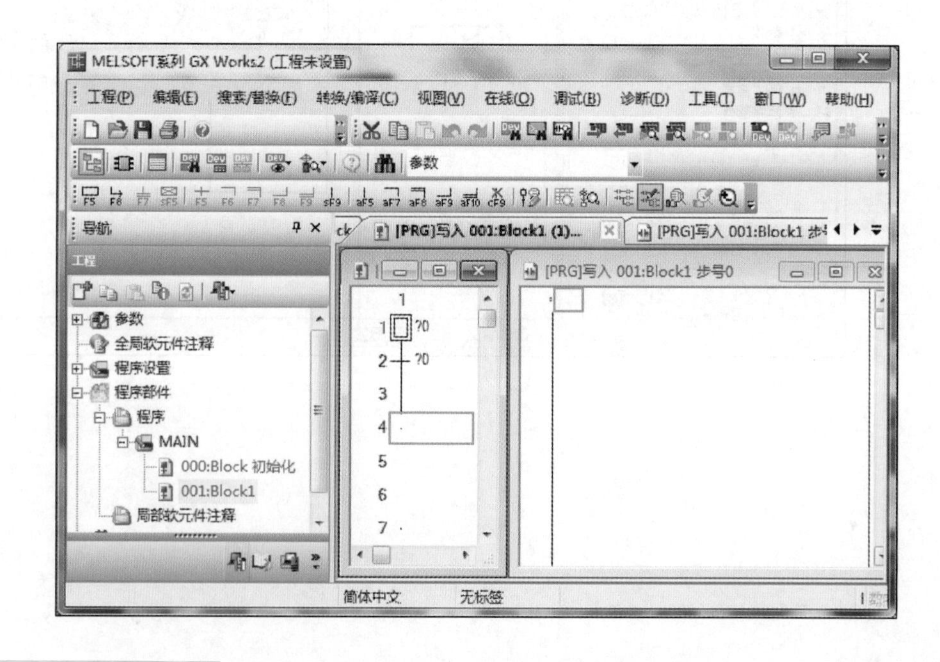

图3-33
SFC图的绘制界面

图3-34
步的编辑

图3-35
转移的编辑

图3-36
跳转的编辑

（2）动作及转换条件编程

SFC图中的步和转移需要进行编程，“步”中编辑需要完成的动作，“转移”中编辑步与步之间转移的条件。编程时，先选择要编程的“步”，然后在右侧的梯形图编辑区进行动作指令的输入如图3-38所示。然后选择要编程的“转移”，在右侧梯形图编辑区进行转移条件的输入，每个转移条件输入完成后都必须加上“TRAN”，如图3-39所示。完成每一个步或每一个转换后需要进行“转换”，转换完成后，梯形图编辑区会由灰色变成白色，SFC图上的相应步或转换的文字符号中的“?”会消失。

当所有的步和转移中的动作及条件都编辑完毕后，应执行一次“转换（所有程序）”命令，正确转换后，左侧导航里的两个Block块的红色会消失，说明完成了所有转换。

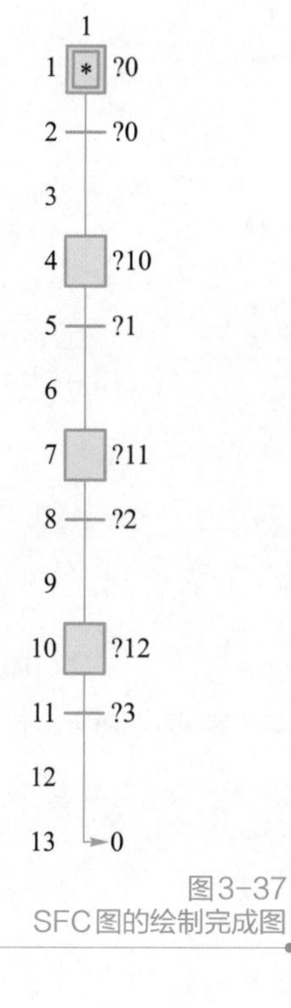

图3-37
SFC图的绘制完成图

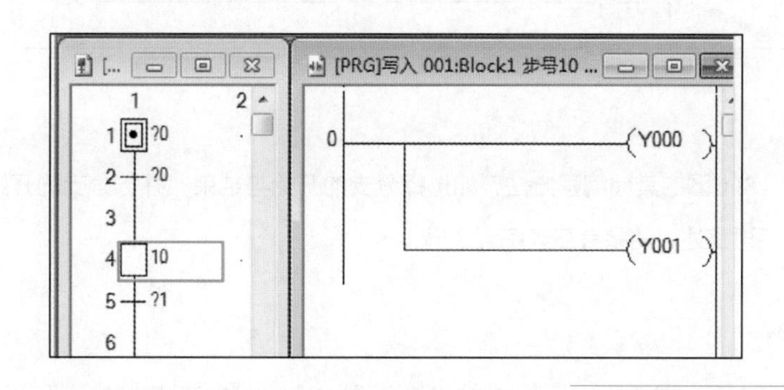

图3-38
步的动作编程

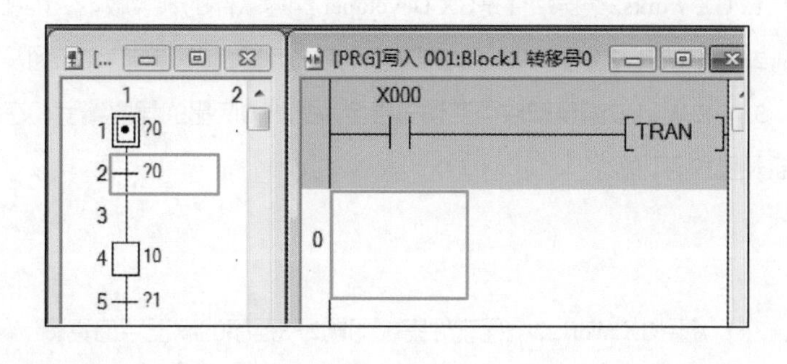

图3-39
转移条件的编程

3.4.5 SFC 程序转换

选择“工程→工程类型更改”命令，可实现SFC工程与梯形图工程的相互转换。如图3-40所示是“工程类型更改”对话框。图3-41为转换完成后的梯形图。

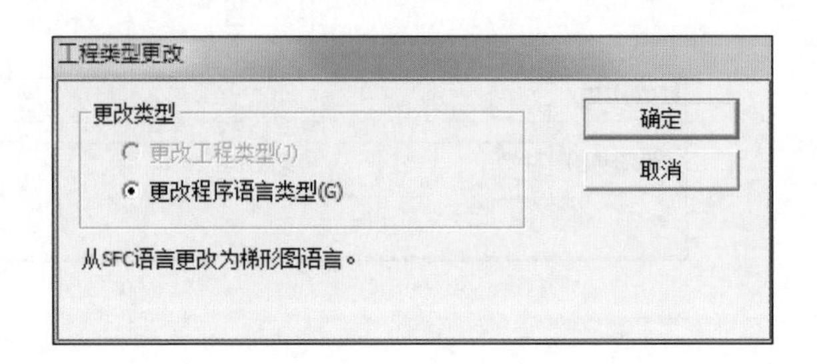

图3-40
“工程类型更改”对话框

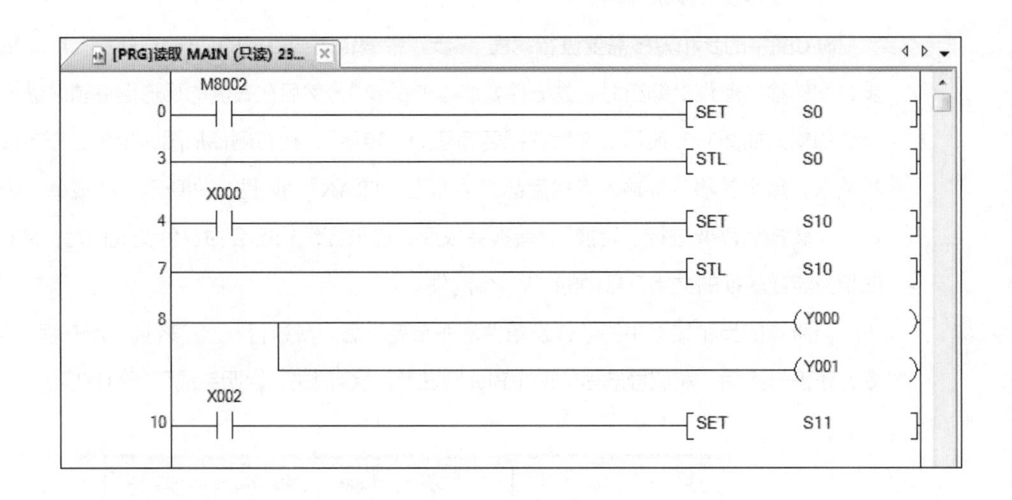

图3-41
转换完成后的梯形图

SFC图的其他编程方法，如选择分支的开始与结束、并行分支的开始与结束的用法，这里不再赘述，请参考三菱编程手册。

【本章小结】

本章介绍三菱FX系列PLC的编程工具GX Works2编程软件的使用方法。

1. GX Works2编程软件是GX Developer 编程软件的升级版本，内部自带了仿真软件。

2. GX Works2编程软件可以实现多种方式编程，常见的有梯形图及SFC图编程。

3. GX Works2编程软件可实现三菱全系列PLC产品的程序编写、在线调试、模拟仿真、诊断及监控等功能。

【习题】

3-1 使用GX Works2编程软件完成习题2-8程序的编程与仿真调试。

3-2 使用GX Works2编程软件完成习题2-10程序的编程与在线调试。

【实验】

笔 记

实验4 GX Works2编程软件的使用

一、实验目的

通过上机操作，熟悉GX Works2编程软件的主要功能，初步掌握该软件的使用方法。

二、实验设备

1. 三菱FX_{3U}系列可编程控制器或实验台。 1台

2. 安装有GX Works2编程软件的计算机。 1台

3. 三菱FX系列编程电缆。 1根

三、实验内容

1. 编程操作

（1）编程准备

检查PLC与计算机的连接是否正确，计算机的RS-232C端口或USB端口与PLC之间是否用指定的缆线及转换器连接；使PLC处于“停机”状态；接通计算机和PLC的电源。

（2）编程操作

① 打开GX Works2编程软件，新建一个工程文件。

② 采用梯形图编程的方法，将图2-26所示的梯形图程序输入计算机，并通过编辑操作对输入程序进行修改和检查。最后将编辑好的梯形图程序保存。

（3）程序的传送

① 程序的写出。打开程序文件，通过“PLC写入”操作将程序文件传送到PLC用户存储器RAM中。

② 程序的读入。通过“PLC读取”操作将PLC用户存储器中已有的程序读入计算机中，然后进行核对。

③ 程序的核对。在上述程序核对过程中，只有当计算机对两端程序比较无误后，方可认为程序传送正确，否则应查清原因，重新传送。

2. 运行操作

程序传送到PLC用户存储器后，可按以下操作步骤运行程序。

① 根据梯形图程序，将PLC的输入/输出端与外部输入信号连接好。

② 接通PLC运行开关，PLC面板上RUN灯亮，表明程序已投入运行。

③ 结合控制程序，操作有关输入信号，在不同输入状态下观察输入/输出指示灯的变化，若输出指示灯的状态与程序控制要求一致，则表明程序运行正常。

3. 监控操作

（1）元件的监视

监视X0~X4、Y0~Y1的ON/OFF状态，监视T0、T1和C1的设定值及当前值，并将监视结果填于表3-3中。

笔 记

表 3-3 元件状态监视表

输入元件	ON/OFF	输出元件	ON/OFF	字元件	设定值	当前值
X0		Y0		T0		
X1		Y1		T1		
X2				T2		
X3				C1		
X4						

（2）强制ON/OFF操作

对X0、X2进行强制ON/OFF操作，观察输出状态。

（3）修改T、C设定值

将T1的设定值K120改为K50。

4. 仿真调试

在GX Works2编程软件中打开仿真工具，选择“软元件批量监视”命令对X0~X4的状态进行设定，并观察各元件运行状态。

四、思考题

1. 编程时，如何提高程序编辑的效率？

2. 程序下载时，要注意哪些问题？

五、实验报告

1. 写出实验中的过程及结果。

2. 总结GX Works2编程软件的程序编辑、仿真、下载调试的使用方法。

［重点难点］

可编程控制器由于其应用方便、可靠性高，在各个行业、各个领域已得到大量应用，其种类不尽相同，但编程思路雷同。如何用可编程控制器完成实际控制系统的应用设计，是每个从事电气自动化控制技术人员所面临的实际问题。在此，将根据已介绍的PLC的有关知识、可编程控制器的工作特点和以往的经验，通过实例，提出PLC控制系统经验设计的基本原则和一般的设计步骤，以及实际应用时的注意事项。

第 4 章 可编程控制器梯形图程序设计方法

第 4 章
学习指导

4.1 可编程控制器梯形图

可编程控制器梯形图中的某些元件沿用了继电器中的名称，如输入继电器、输出继电器、内部辅助继电器等，但它们不是真实的物理继电器（即硬件继电器），而是在软件中使用的编程元件。每一个编程元件与可编程控制器存储器中元件映像寄存器的一个存储单元相对应。该存储单元如果为“1”状态，则表示梯形图中对应编程元件的线圈“通电”，其对应的动合触电接通，动断触点断开，称这种状态是该编程元件的“1”状态，或该编程元件ON（接通）。如果该存储单元为“0”状态，对应的编程元件的线圈和触点的状态与上述相反，称该编程元件为“0”状态，或该编程元件OFF（断开）。

梯形图两侧的垂直公共线称为公共母线（Bus Bar）。在编制中应按自上而下，从左到右的方式编，同时应注意采用适当的编程顺序可减少程序步。

① 串联触点多的电路应尽量放在上部，如图4-1所示。

② 并联触点多的电路应尽量靠近母线，如图4-2所示。

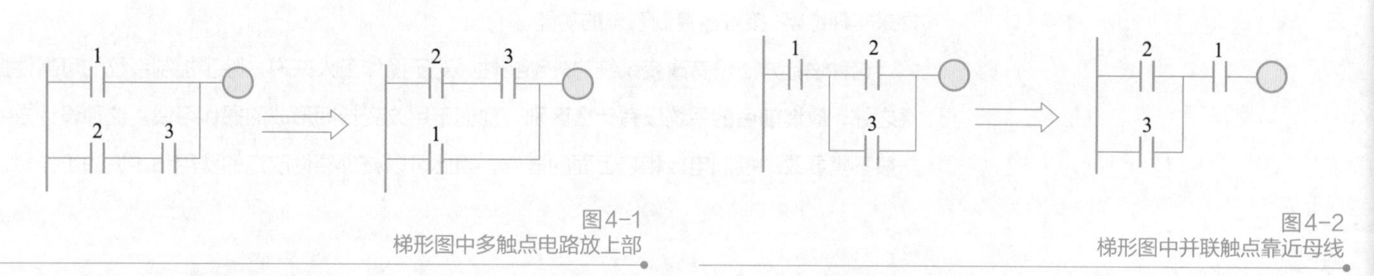

图4-1
梯形图中多触点电路放上部

图4-2
梯形图中并联触点靠近母线

③ 在垂直方向的线上不能有触点，否则形成不能编程电路，需经过重新安排，如图4-3所示。

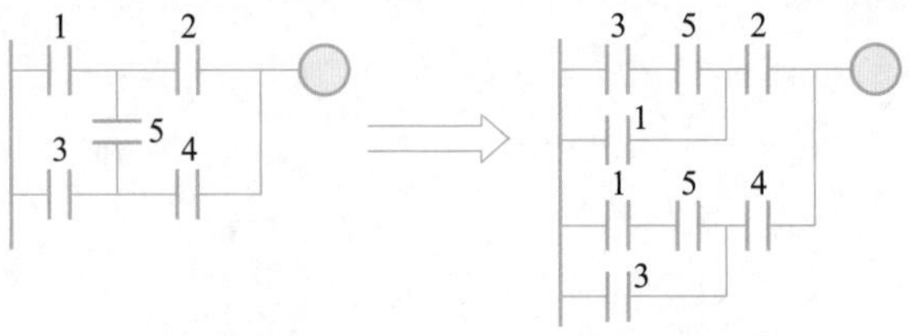

（a）不能编程　　（b）重新安排后

图4-3
重新安排不能编程的电路

消去垂直方向上的触点的原则是，保证原有的通路，在电路图4-3（a）中，有（1）→（2）、（3）→（5）→（2）、（3）→（4）、（1）→（5）→（4）四条通路拆开成图4-3（b）。

④ 不能将触点画在线圈的右边，只能在触点的右边接线圈。对于多重输出的接法，应把触点多的电路放在下面，如图4-4所示。

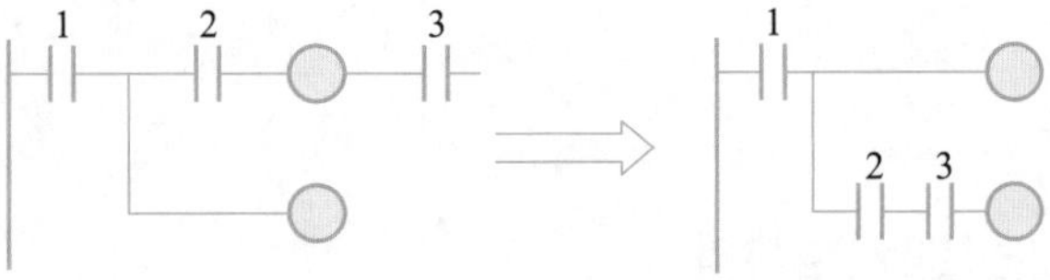

图4-4
多重输出的接法

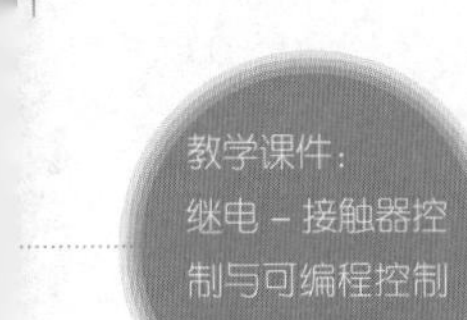

4.2 继电－接触器控制与可编程控制转换

教学课件：
继电－接触器控制与可编程控制转换

4.2.1 概述

将继电-接触器控制系统转换（改造）为可编程控制系统，根据原有的继电-接触器电路图来设计梯形图显然是一条捷径，因为老的继电-接触器控制系统经过长期的使用和考验，已经被证明能完成系统要求的控制功能，继电-接触器电路图又与梯形图有很多相似之处，因此可以将继电-接触器电路图“翻译”成梯形图，用可编程控制器的硬件和梯形图软件来实现继电-接触器控制系统的功能。

这种设计方法没有改变系统的外部特性，对于操作工人来说，除了控制系统的可靠性提高之外，改造前后的系统没有什么区别，他们不用改变长期形成的操作习惯。这种设计方法一般不需要改动控制电板和它上面的器件，因此可以减少硬件改造的费用和改造的工作量。

4.2.2 I/O 的分配

在分析可编程控制系统的功能时，可以将可编程控制器想象成一个继电-接触器控制系统中的控制箱，可编程控制器的外部接线图描述的是这个控制箱的外部接线，可编程控制器的梯形图是这个控制箱的内部“线路图”，梯形图中的输入继电器和输出继电器是这个控制箱与外部世界联系的“中间继电器”。在继电-接触器中的主令元件，如按钮、行程开关、继电器等，通过可编程控制器的输入、输出继电器相连形成整个控制系统。下面举例说明如何改造三相异步电动机Y-Δ起动控制电路（图4-5）。

笔 记

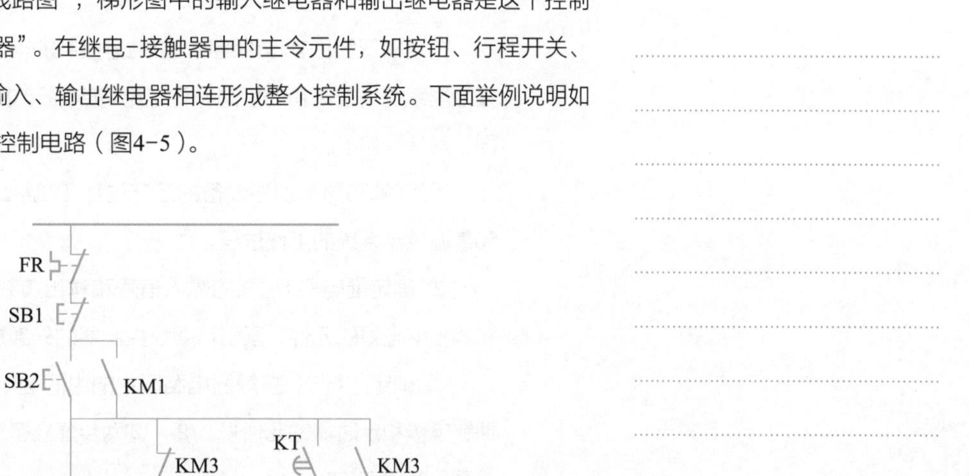

图4-5
三相异步电动机Y-Δ起动控制电路图

从控制电路上得知，SB1、SB2为2个主令元件，KM1、KM2、KM3为3个执行元件。因此可编程控制器的输入、输出分配表如表4-1所示。

表4-1 输入、输出分配表

类别	元件	PLC元件	作用
输入	FR	X0	热继电器
	SB1	X1	停止按钮
	SB2	X2	起动按钮
输出	KM1	Y1	电动机主接触器
	KM2	Y2	Y起动接触器
	KM3	Y3	Δ运行接触器

与图4-5控制电路对应的PLC外部接线图如图4-6所示。

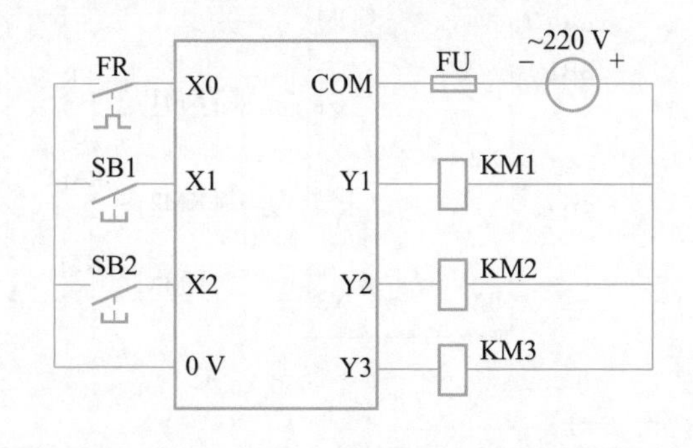

部件移动控制

图4-6
三相异步电动机Y-Δ起动PLC外部接线图

笔 记

4.2.3 梯形图语言与继电－接触器的区别与转换

在用梯形图语言改造继电-接触器控制的电路中，用把可编程控制器想象成一个继电-接触器系统中控制箱的思想，将继电-接触器电路图转换成功能相同的可编程控制器的梯形图。其步骤如下：

① 了解和熟悉被控设备的工艺过程和机械的动作情况，根据继电-接触器电路图分析和掌握控制系统的工作过程。

② 确定继电-接触器的输入信号和输出负载，以及它们对应的梯形图中的输入继电器和输出继电器的元件，画出可编程控制器的外部接线图。

③ 确定与继电-接触器电路图中的中间继电器，以及时间继电器对应的梯形图中的辅助继电器和定时器的元件号。②、③两步建立了继电器电路图和梯形图中的元器件一一对应关系（在此有KT→T1）。

④ 根据上述的对应关系，参照继电-接触器控制电路图画出PLC对应的控制梯形图如图4-7（a）所示。

舞台装置控制

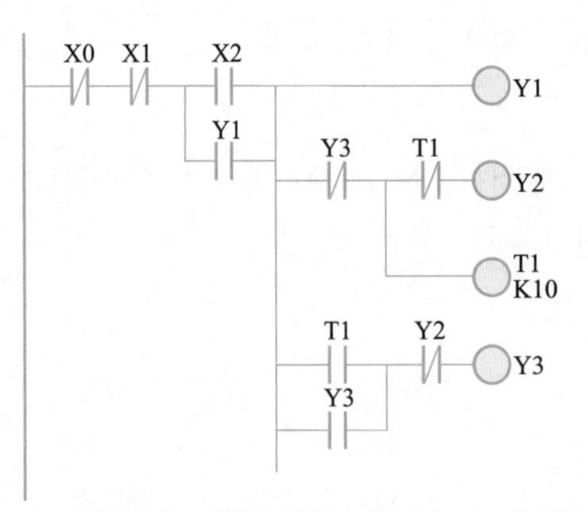

（a）参照继电－接触器控制电路图画出的 PLC 控制梯形图

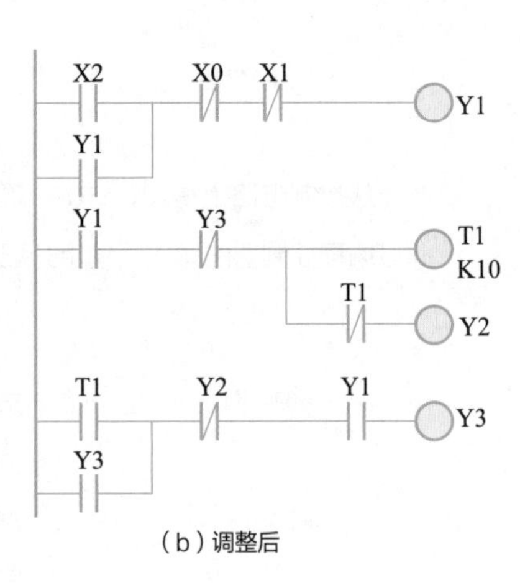

（b）调整后

图4-7
三相异步电动机Y-Δ 起动控制梯形图

⑤ 根据梯形图的要求可适当调整为图4-7（b），为了节省输入点，也可把热继电器FR改在输出的电路上，如图4-8所示。这样可节省一个输入点X0。

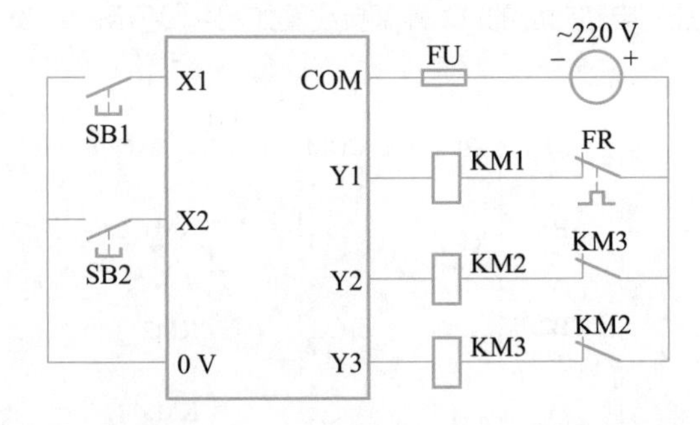

图4-8
改接后的PLC外部接线图

同时为了安全，在输出电路外部接线中，用KM2与KM3的动断触点进行互锁。

笔 记

注意事项：

应当注意可编程控制器中的梯形图与继电器电路图的区别，前者是一种软件，后者却是实际实物组成的电路，在动作的过程中，可编程控制器的动作过程是按梯形图中的语句串行一行一行地工作，在某一瞬间只处理一条指令，而接触器控制的电路则可同时工作，因此在根据继电器电路图设计可编程控制器的外部接线和梯形图时应注意以下问题：

① 应遵守梯形图语言中的语法规定。

② 根据原有的动作要求适当考虑设置中间单元。

③ 尽量减少可编程控制器的输入信号与输出信号。

④ 从安全可靠方面应考虑适当采用外部继电器的触点进行互锁。

⑤ 外部负载的额定电压。

结合下面的举例将进一步说明。

4.3 可编程控制器梯形图的经验设计法

在可编程控制器发展的初期，沿用了设计继电-接触器电路图的方法来设计梯形图，即在一些典型电路的基础上，根据被控对象对控制系统的具体要求。不断地修改和完善梯形图。有时需要多次反复地调试和修改梯形图，不断地增加中间编程元件和辅助触点，最后才能得到一个较为满意的结果。

这种方法没有普遍的规律可以遵循，具有很大的试探性和随意性，最后的结果不是唯一的，设计所用的时间和设计的质量与设计者的经验有很大的关系，所以有人把这种设计方法称为经验设计法，它可用于较简单的梯形图的设计。

4.3.1 智力竞赛抢答器显示系统

参加竞赛人数为儿童组、学生组、成人组，其中儿童2人，成人2人，学生1人，主持人1人。抢答系统示意图如图4-9所示。

1. 控制要求

① 当主持人按下SB0后，指示灯L0亮，表示抢答开始，参赛者方可开始按下按钮抢答，否则违例（此时抢答者桌面上灯闪）。

② 为了公平，要求儿童组只需1人按下按钮，其对应的指示灯亮，而成人组需要2人同时按下2个按钮对应的指示灯才亮。

③ 当一个问题回答完毕，主持人按下SB1，一切状态恢复。

④ 若成人组一人违例则抢答灯L3闪烁。

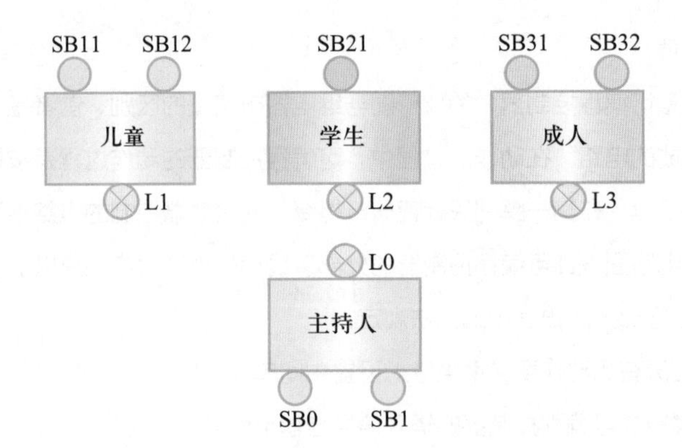

图4-9
抢答系统示意图

⑤ 当抢答时间超过30 s，无人抢答，此时铃响，提示抢答时间已过，此题作废。

2. I/O 分配表的确定

根据控制要求写出I/O分配表如表4-2所示。

表 4-2　抢答系统 I/O 分配表

类别	元件	PLC元件	作用	类别	元件	PLC元件	作用
输入	SB0	X0	抢答开始	输入	SB32	X32	成人组抢答
	SB1	X1	返回原状	输出	L0	Y0	表示抢答已开始灯
	SB11	X11	儿童组抢答		L1	Y1	儿童组抢答成功灯
	SB12	X12	儿童组抢答		L2	Y2	学生组抢答成功灯
	SB21	X21	学生组抢答		L3	Y3	成人组抢答成功灯
	SB31	X31	成人组抢答		铃	Y4	抢答时间已过铃

3. PLC 梯形图的设计

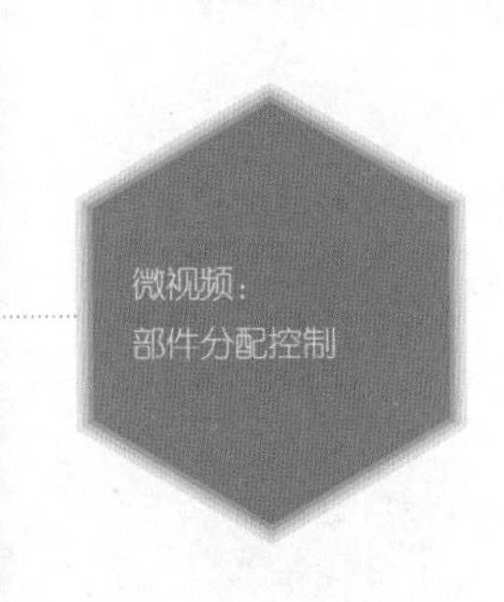

部件分配控制

根据控制要求，设计对应的梯形图。

设计过程：

① 首先把三盏抢答成功亮的灯L1、L2、L3对应的Y1、Y2、Y3按照要求②接通。只需1人按下按钮即为抢答成功的将X11与X12并联；需要2人同时按下为抢答成功的将X31、X32串联实现控制要求。因为抢答用的是按钮，因此分别加上自锁。

② 因为要在主持人的Y0接通后才能抢答。增加一条X0接通Y0的电路。

③ 抢答开始后（Y0通）30 s无人抢答，则铃响。增加T0电路，T0接通Y4（铃）。

④ 用X1动断触点复位，使所有状态返回。

⑤ 一组人抢答成功后，其他组抢答无效。增加了Y1、Y2、Y3之间的动断触点互锁。

⑥ 在有人抢答的情况下，应考虑Y4不能被T0接通，因此在Y4线圈电路中串入Y1、Y2、Y3动断触点。

⑦ 若在主持人没有起动X0→Y0接通的情况下，有人按抢答按钮，即违例操作时，采用该组灯闪烁。增加了振荡器T1、T2，将此T2动合触点串入Y1、Y2、Y3线圈电路中，再用Y0短接。

同时考虑违例抢答后，因要保证在按钮返回时违例灯闪不能熄，增加了M1、M2、M3记忆回路。

⑧ 考虑成年人一人违例抢答均出现违例灯闪。

通过编程和修改智力竞赛抢答显示系统对应的梯形图如图4-10所示。

笔 记

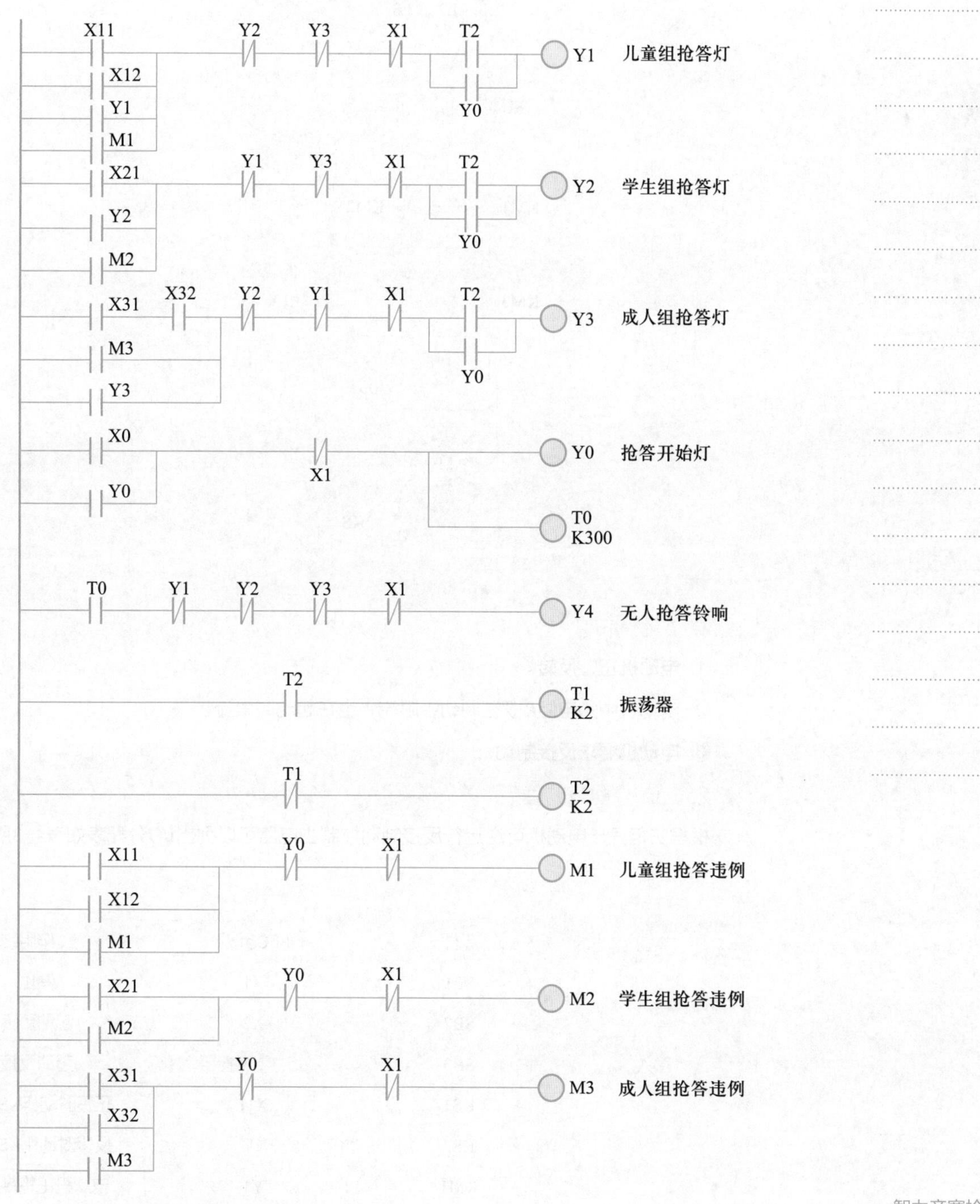

图4-10
智力竞赛抢答显示系统梯形图

4.3.2　三相异步电动机可逆运行反接制动控制

不良部件的分拣控制

在三相异步电动机中，当要求快速准确停机时往往采用反接制动。此时因制动电流大，所以接入制动电阻。三相异步电动机可逆运行反接制动控制主电路如图4-11所示。

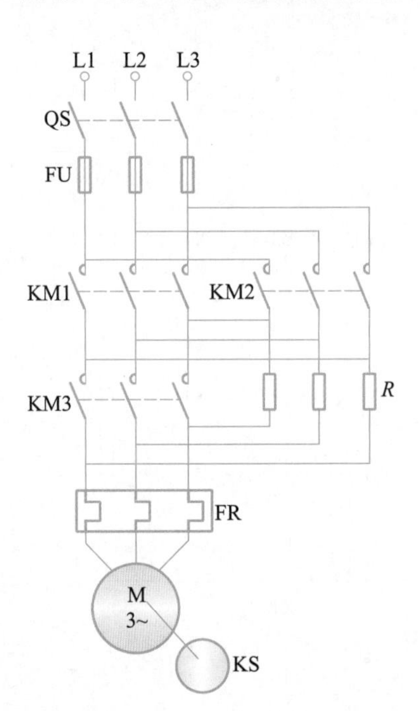

图4-11
三相异步电动机可逆运行反接制动控制主电路

笔 记

1. 控制要求

① 电动机正、反转。

② 电动机中的电阻R既在制动中限流，也在起动时限流。

③ 电动机要求反接制动。

2. I/O 分配表的确定

根据三相异步电动机可逆运行反接制动控制主电路可以列出I/O分配表如表4-3所示。

表 4-3　I/O 分配表

类别	元件	PLC 元件	作用
输入	SB1	X1	停止
	SB2	X2	起动正转
	SB3	X3	起动反转
	KS1	X11	正转时动作KS触点
	KS2	X12	反转时动作KS触点
输出	KM1	Y1	电动机正转接触器
	KM2	Y2	电动机反转接触器
	KM3	Y3	短接电阻R接触器

3. 采用经验法设计梯形图

分析电动机在起动、制动过程中各输出动作过程。

① 正向起动时，X2=ON，必须使Y1=ON，同时保证电阻*R*的接入。Y3不能接通，当电动机转速达到一定时Y3=ON，短接电阻，同时还要为停机反接制动接通反向电源的Y2做好准备。

② 当制动时，X1=ON，此时Y3=OFF，串入制动电阻*R*。Y2=ON，当电动机的转速*n*下降到一定值时KS1对应的X11=OFF，使Y2=OFF，制动结束。

③ 当电动机反转时，过程相同，不同的只需X2改为X3，Y1改为Y2，Y2改为Y1。

④ 在PLC控制中要完成以上的控制过程，必须设置4个中间继电器，M1、M3为正转控制，M2、M4为反转控制，在正转起动时M1与Y1线圈同时起动。然后由M1的动合触点与X11的动合触点串联接通M3。M3为停机反接制动做好准备。以便在Y1起动后再停止时，依靠Y1的动断触点接通Y2，进行反接制动。

⑤ 起动后通过M1与M3的动合触点串联接通Y3，把在起动过程中串联的电阻切除。电动机的转速已达到一定时M3才能接通。

参考梯形图如图4-12所示。

微视频：正反转控制

正反转控制

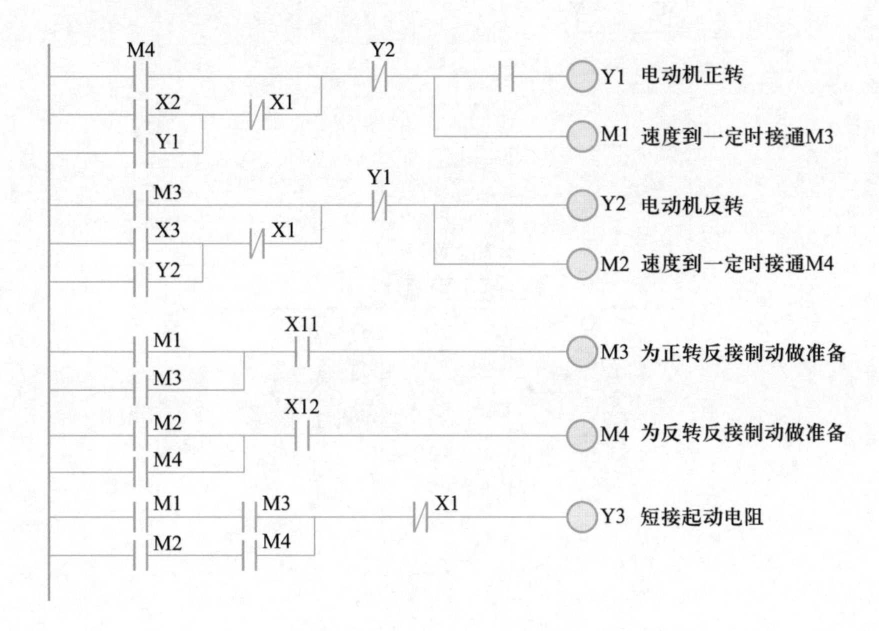

图4-12
可逆运行反接制动控制参考梯形图（1）

图4-12所示的梯形图也可用图4-13所示的梯形图实现其控制，可见经验设计法不是唯一的。

4.3.3 十字路口交通信号灯的控制

十字路口交通信号灯示意图如图4-14所示。

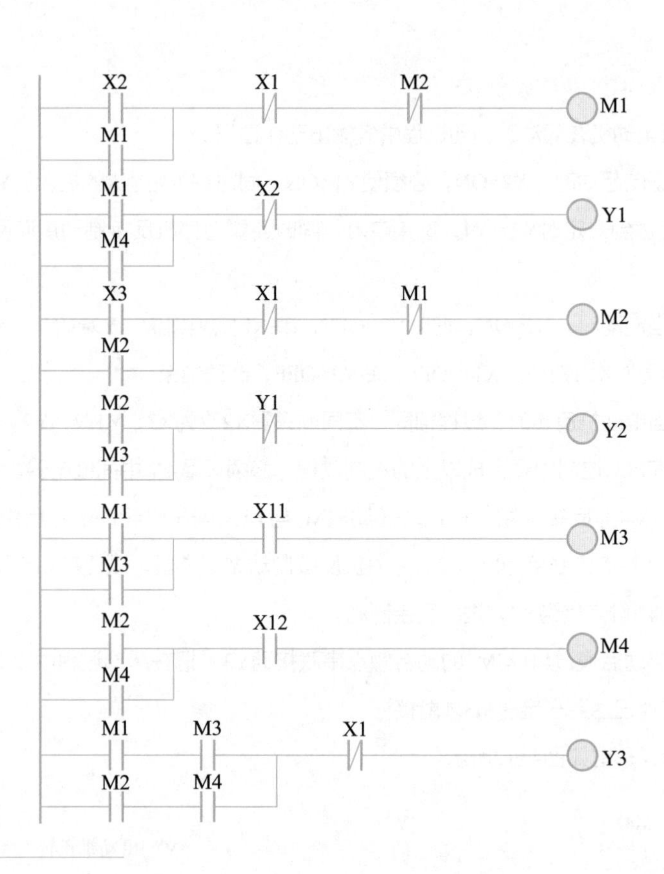

图4-13
可逆运行反接制动控制参考梯形图（2）

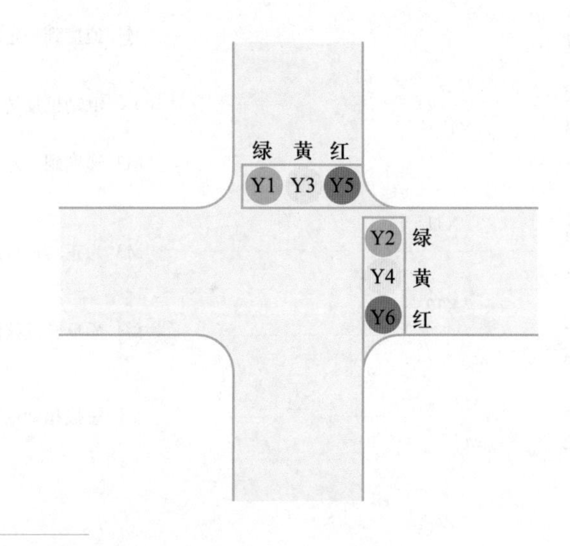

图4-14
十字路口交通信号灯示意图

1. 控制要求

十字路口交通信号灯变化规律如表4-4所示。

表 4-4 十字路口交通信号灯变化规律

南北方向	灯	绿灯Y1亮	绿灯闪3次	黄灯Y3亮	红灯（Y5）		
	时间/s	55	3	2	60		
东西方向	灯	红灯（Y6）			绿灯Y2亮	绿灯闪	黄灯Y4亮
	时间/s	60			55	3	2

当东西方向的红灯亮60 s期间，南北方向的绿灯亮55 s，后闪3次，共3 s，然后绿灯灭，南北方向的黄灯亮2 s。

完成了半个循环，再转换成南北方向的红灯亮60 s。在此期间，东西方向的绿灯亮55 s，后闪3次，共3 s，然后绿灯灭，东西方向的黄灯亮2 s。完成一个周期，进入下一个循环。

2. 控制时序图

根据控制要求画出十字路口交通信号灯的时序图如图4-15所示。

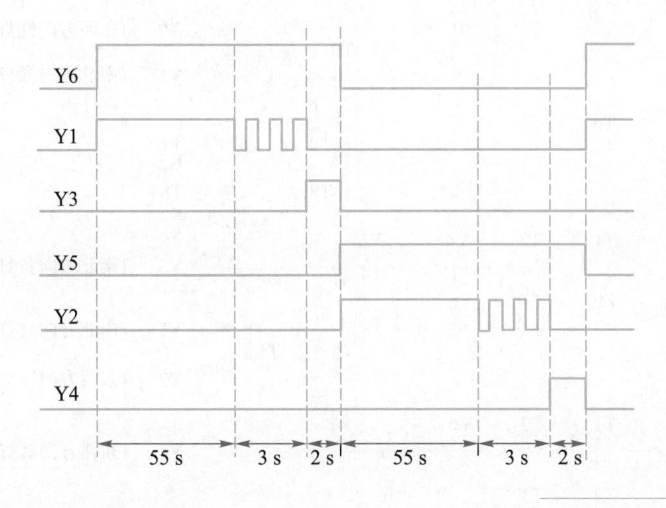

图4-15
十字路口交通信号灯的时序图

3. 设计思路

根据控制要求与时序图，初步提出设计思路。

① 在红灯亮60 s中需划分出55 s、58 s，因此考虑用3个时间继电器（T0、T1、T2）。

② 因为东西与南北方向的红、绿、黄灯的亮、熄规律相同，所以成为对称控制电路，但需要用中间继电器（M0）来分辨。

③ 绿灯闪烁需要振荡器，采用T7、T8，以便根据需要易调节闪烁的时间。

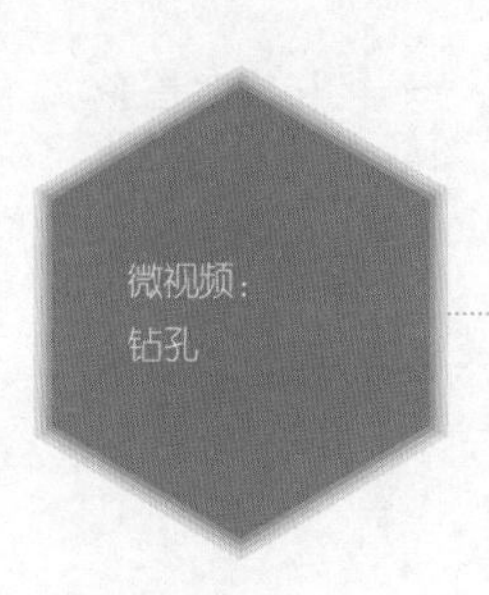

4. I/O 分配表的确定

十字路口交通信号灯的I/O分配表如表4-5所示。

钻孔

表 4-5 十字路口交通信号灯的 I/O 分配表

类别	元件	PLC元件	作用
输入	开关	X0	开启、停止交通灯
输出	KM1	Y1	南北方向绿灯
	KM3	Y3	南北方向黄灯
	KM5	Y5	南北方向红灯
	KM2	Y2	东西方向绿灯
	KM4	Y4	东西方向黄灯
	KM6	Y6	东西方向红灯

5. 十字路口交通信号灯的梯形图

十字路口交通信号灯的控制梯形图如图4-16所示。

红绿灯程序设计

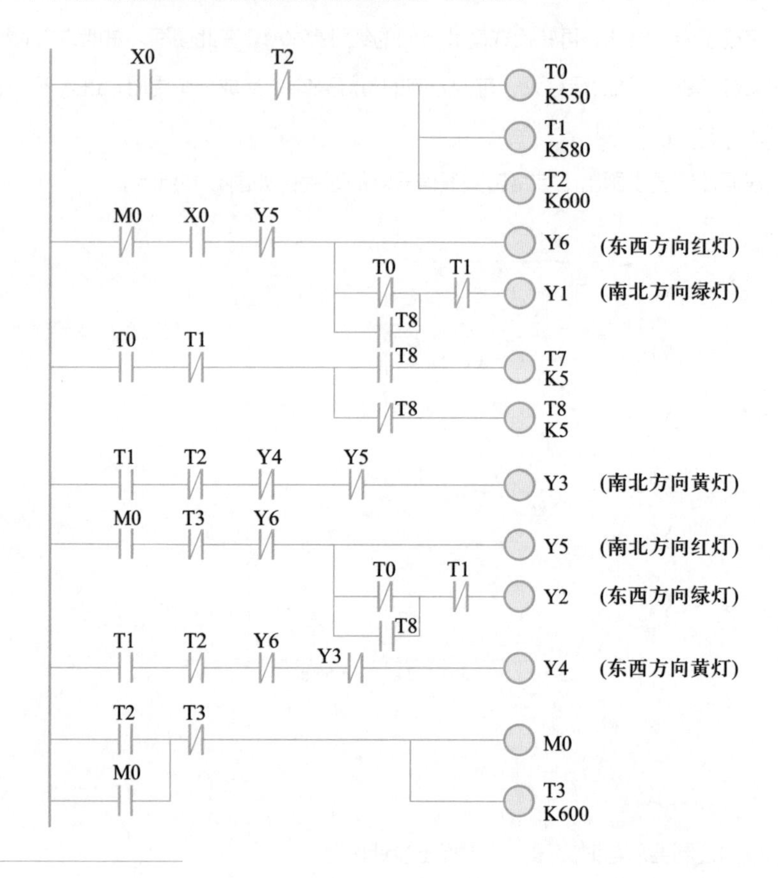

图4-16
十字路口交通信号灯的控制梯形图

4.4 技能训练 C650型机床控制电路的PLC控制改造

4.4.1 C650型机床的辨识

1. 机床介绍

C650型机床是一种中型卧式车床，其主要参数如下：

① 最大工件回转直径：1 020 mm

② 导轨长度：3 000 mm

③ 主轴电动机功率：30 kW

④ 主轴转速：18级：30 ~ 1 500 r/min

2. C650型机床继电 - 接触器控制电路的回顾

图4-17所示机床共有三台电动机（M1、M2、M3）：

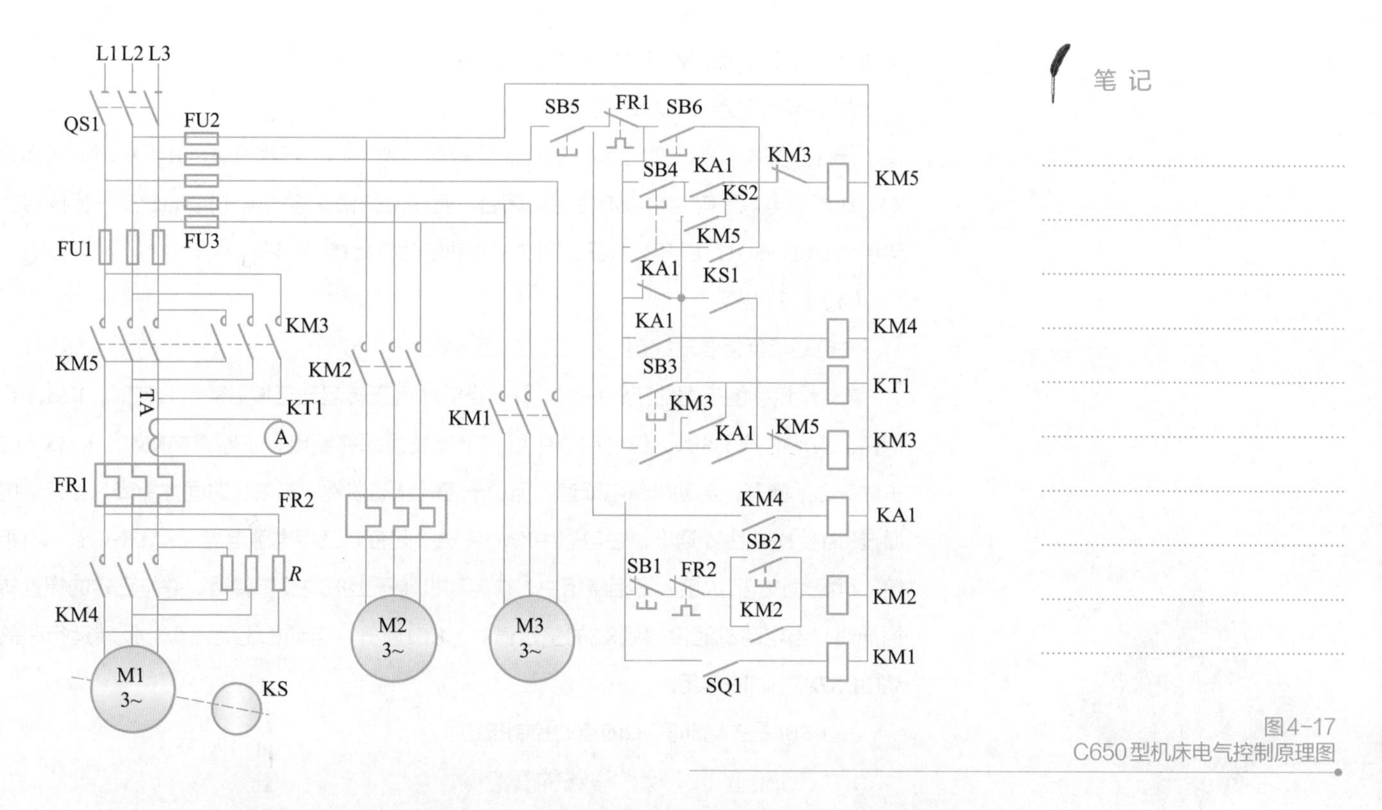

笔 记

图4-17 C650型机床电气控制原理图

M1是主轴电动机，拖动主轴旋转并通过进给机构实现进给运动，主要有正转与反转控制、停车制动时快速停转、加工调整时点动操作等电气控制要求。

M2是冷却泵电动机，驱动冷却泵电动机对零件加工部位进行供液，电气控制要求是加工时起动供液，并能长期运转。

M3是快速移动电动机，拖动刀架快速移动，要求能够随时手动控制起动与停止。

（1）主轴电动机电路

① 电动机正、反转。

根据电气控制基本知识分析可知，KM5主触头闭合、KM3主触头断开时，三相交流电源将分别接入电动机的U1、V1、W1三相绕组中，主轴电动机M1将正转。反之，当KM5主触头断开、KM3主触头闭合时，三相交流电源将分别接入主轴电动机M1的W1、V1、U1三相绕组中，与正转时相比，U1与W1进行了换接，导致主轴电动机反转。

② 电动机的反接制动。

KM4为短接电阻*R*接触器，实现反接制动时断开，接入电阻*R*制动。

（2）冷却泵电动机电路

① 冷却泵电动机电路中熔断器FU3起短路保护作用，FR2热继电器则起过载保护作用。KM2主触头一旦闭合，M2将起动供液。

② 冷却泵电动机起停控制。

按下SB2，KM2线圈通电，并通过KM2动合辅助触头对SB2自锁，主电路中KM2主触头闭合，冷却泵电动机M2转动并保持。按下SB2，KM2线圈断电，冷却泵电动机M2停转。

（3）快速移动电动机电路

① 快速移动电动机电路中FU3熔断器起短路保护作用。KM1主触头闭合时，快速移动

笔 记

电动机M3起动，而KM1主触头断开，快速移动电动机M3停止。

② 快速移动电动机点动控制。

行程开关由机床上的刀架手柄控制。转动刀架手柄，行程开关SQ1将被压下而闭合，KM1线圈通电。主电路中KM1主触头闭合，驱动刀架快速移动电动机M3起动。反向转动刀架手柄复位，SQ1行程开关断开，则快速移动电动机M3断电停转。

（4）控制电路

主电动机反接制动控制：

KS1是速度继电器的正转控制触头，当电动机正转起动至接近额定转速时，KS1闭合并保持。制动时按下SB5，控制电路中所有电磁线圈都将断电，主电路中KM5、KM3、KM4主触头全部断开，电动机断电降速，但由于正转转动惯性，需较长时间才能降为零速。电路通过KS1使KM3线圈通电。主电路中KM3主触头闭合，三相电源电流经KM3使U1、W1相换接，再经限流电阻*R*接入三相绕组中，在电动机转子上形成反转转矩，并与正转的惯性转矩相抵消，当电动机速度慢到KS的整定值时，KS1断开，电动机迅速停车。反转运行时的制动由KS2起相同的作用。

软件仿真：不同尺寸的分拣1

（5）SB6是主电动机M2的点动控制按钮

3. C650型机床保护设置的要点

（1）电源引入与故障保护

三相交流电源L1、L2、L3经熔断器FU后，由隔离开关QS引入C650型机床主电路，主电动机电路中，熔断器FU1是短路保护环节，FR1是热继电器加热元件，对主轴电动机M1起过载保护作用。

（2）绕组电流监控

软件仿真：不同尺寸的分拣2

电流表A在主轴电动机M1主电路中起绕组电流监视作用，通过TA线圈空套在绕组一相的接线上，当该接线有电流流过时，将产生感应电流，通过这一感应电流间显示电动机绕组中当前电流值。其控制原理是当电动机起动、KT动断延时断开触头闭合时，TA产生的感应电流不经过电流表A，避免起动电流对电流表的冲击。而一旦KT触头断开，电流表A就可检测到电动机绕组中的电流。

（3）电动机转速监控

KS是和主轴电动机M1主轴同转安装的速度继电器检测元件，根据主轴电动机主轴转速对速度继电器触头的闭合与断开进行控制。

4.4.2 C650型机床控制电路的PLC设计与维护

1. C650型机床继电－接触器控制系统改造要求

① 原机床的工艺加工方法不变。

② 不改变原控制系统电气操作方法和按钮、手柄等操作元件的功能。

③ 将原继电器控制中的硬件接线，改为PLC编程实现。

④ 有完善的限位、电动机过流等保护功能。

具体要求如下：

① 快进电动机点动。

② 冷却泵电动机起动采用Y-Δ起动。

③ 主轴电动机具有正、反转功能。

④ 主轴电动机具有点动功能，点动时主轴电动机为串电阻起动接法。

⑤ 主轴电动机正、反转起动时采用串接电阻起动。

⑥ 主轴电动机制动时采用反接制动。

笔 记

2. 任务解析

根据改造的要求，可以把具体改造工作分解为以下几个方面：

（1）检查原有电气电路

① 检查低压电器元件是否完好可用，如果多数元件已经没有使用价值（已经损坏或已经老化，可靠性低），则在制订控制方案时不需考虑以前元件的电压等级等问题。

② 检查各驱动电动机的好坏和绝缘电阻是否符合要求，对检查结果要提出是否继续使用或经维修后继续使用或更换的建议。

③ 接地电阻检查，原有的继电-接触器控制电路，对接地电阻的要求相对较低，小于10 Ω即可。改造后使用了PLC，PLC是电子装置，对接地要求较高，一般要求小于4 Ω。需检查接地电阻是否符合此标准，并提出处理意见。

（2）电气电路设计

① 主电路设计。

a. 主轴电动机的控制电路。b. 冷却泵电动机改为Y-Δ起动电路。c. 快速移动电动机有单向移动。d. 元件选型。

② PLC控制系统设计。

a. I/O点统计。b. PLC选型。c. PLC供电设计。d. I/O电路设计。e. 元件选型。

③ 其他电路设计。

a. 控制柜配盘。b. 现场布线。c. PLC编程。d. 现场调试、测试。

④ 编写、整理技术资料。

a. 控制系统原理图。b. 元件安装位置图。c. 走线图。d. 元器件清单。e. 调试记录。f. PLC程序清单。g. 所用元件的合格证明。h. 改造后的机床操作说明书（电气部分）。i. 控制柜合格证明。j. 维护说明书（电气部分）。

3. C650 型机床电动机 PLC 控制电路的设计

系统改造要求：

① 由电气控制电路图确定PLC型号，并绘出PLC I/O通道接口分配图。

② 设计PLC梯形图，并列出继电-接触器控制电路与PLC控制电路的器件I/O分配对照表。

③ 写出梯形图程序指令表。

④ 在实验室上机模拟调试程序，检查是否满足C650型机床的控制要求。

笔 记

4.4.3 C650 型机床的 PLC 改造、接线、安装、运行、维护

1. C650 型机床控制电路 PLC 改造设计

在此任务中学生成为一个基本独立的个体，以小组为单位完成要求的任务。教师主要一方面协调工作，一方面适当地指导学生完成工作任务。

（1）C650型机床控制主电路的改造设计图（见图4-18）

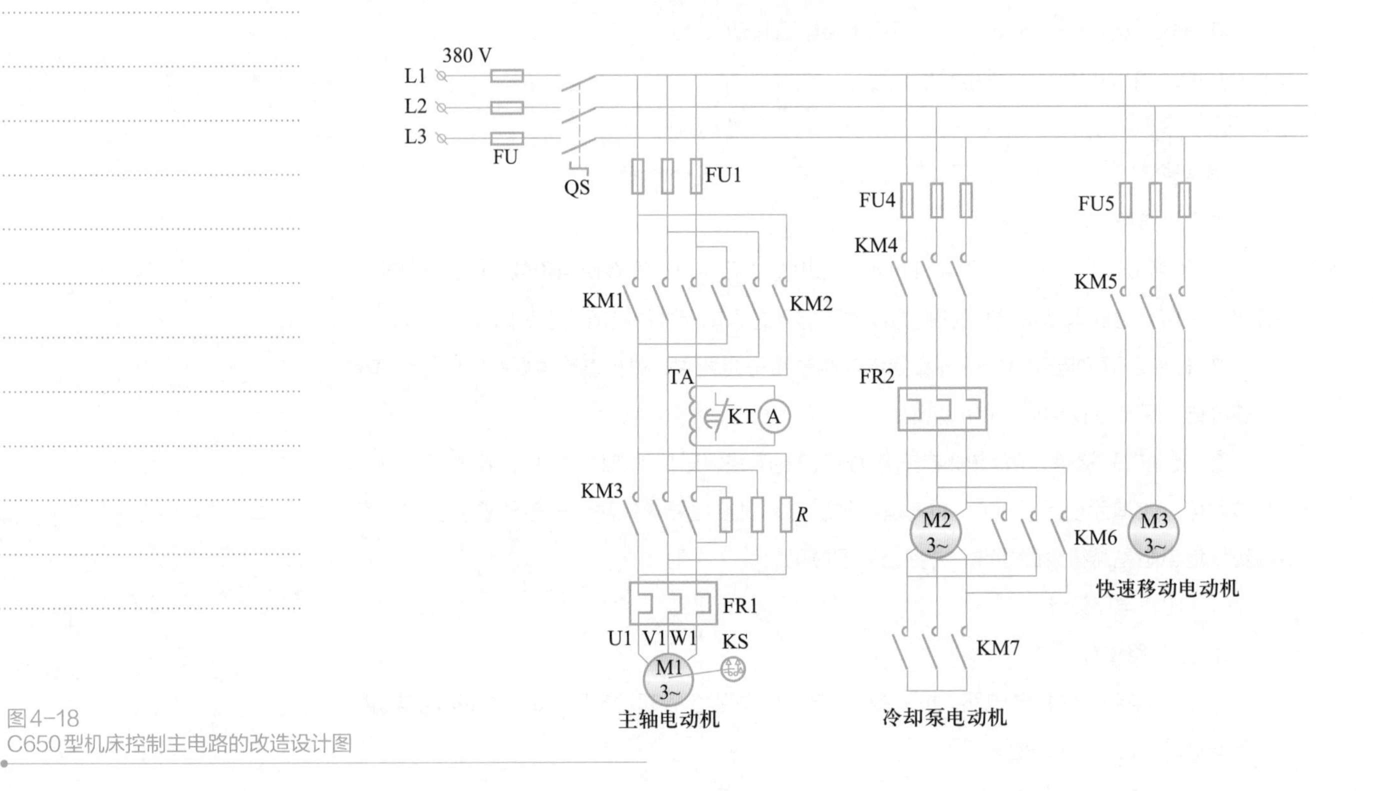

图4-18
C650型机床控制主电路的改造设计图

（2）C650型机床控制电路改造I/O接线图（见图4-19）

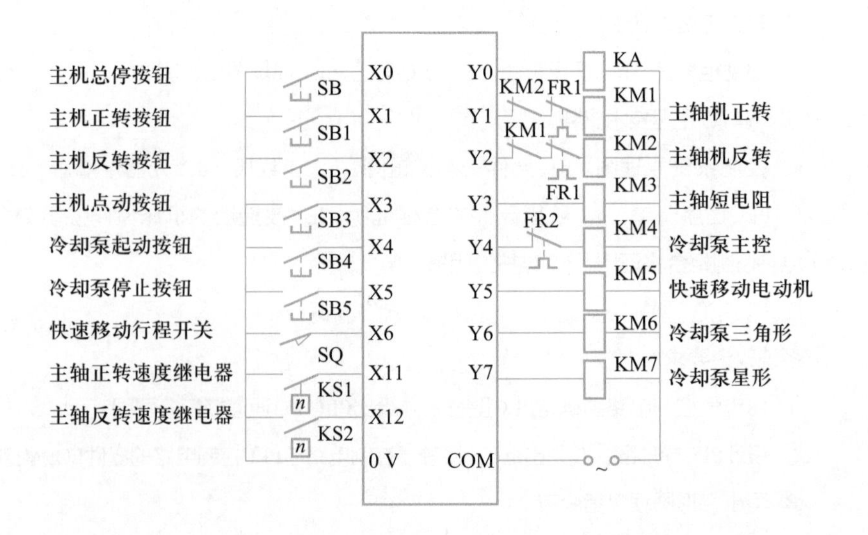

图4-19
C650型机床控制电路改造I/O接线图

（3）C650型机床控制电路PLC改造总梯形图（见图4-20）

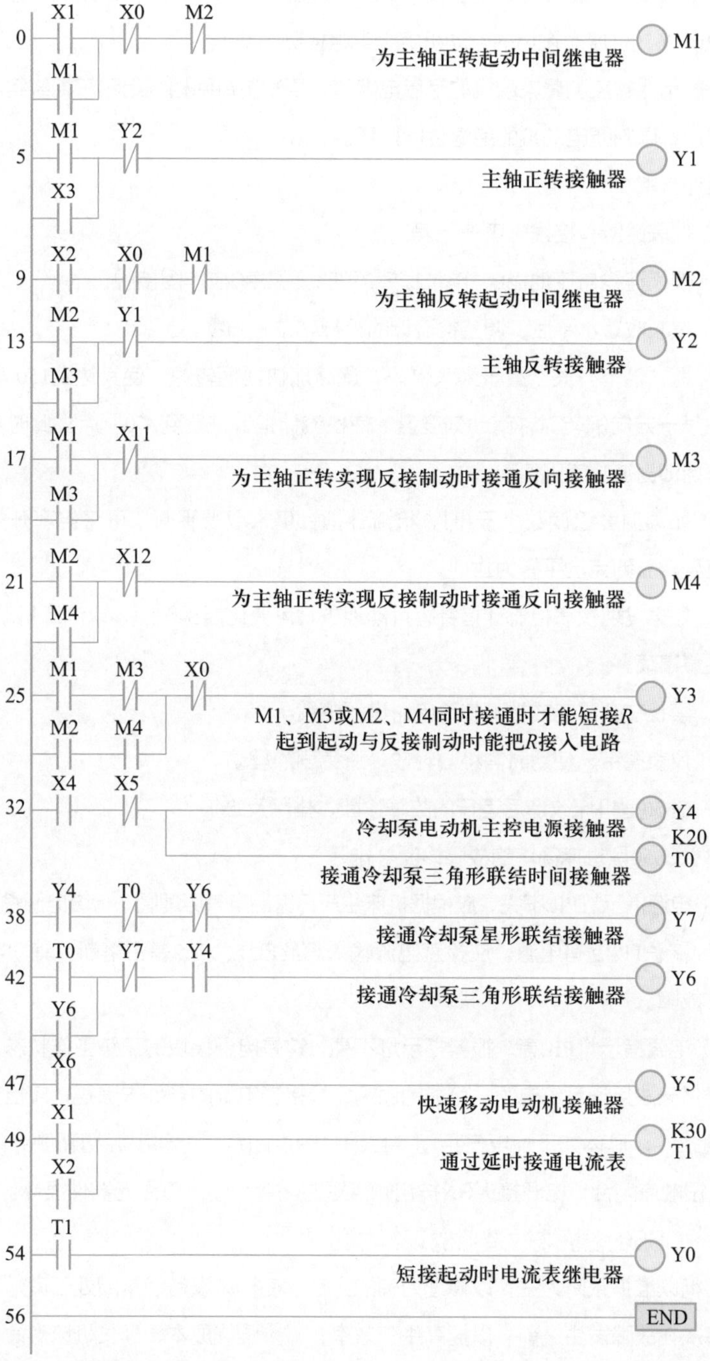

笔 记

0 X1 X0 M2 M1
M1
为主轴正转起动中间继电器

5 M1 Y2 Y1
X3
主轴正转接触器

9 X2 X0 M1 M2
为主轴反转起动中间继电器

13 M2 Y1 Y2
M3
主轴反转接触器

17 M1 X11 M3
M3
为主轴正转实现反接制动时接通反向接触器

21 M2 X12 M4
M4
为主轴正转实现反接制动时接通反向接触器

25 M1 M3 X0 Y3
M2 M4
M1、M3或M2、M4同时接通时才能短接R
起到起动与反接制动时能把R接入电路

32 X4 X5 Y4
冷却泵电动机主控电源接触器
K20
T0
接通冷却泵三角形联结时间接触器

38 Y4 T0 Y6 Y7
接通冷却泵星形联结接触器

42 T0 Y7 Y4 Y6
Y6
接通冷却泵三角形联结接触器

47 X6 Y5
快速移动电动机接触器

49 X1 K30 T1
X2
通过延时接通电流表

54 T1 Y0
短接起动时电流表继电器

56 END

图4-20
C650型机床控制电路PLC改造总梯形图

2. C650 型机床控制电路运行与维护

（1）C650型机床改造后的通电调试

由于系统首次通电，可能出现意外情况，因此通电前需进行必要的安全检查（如接地电阻、绝缘电阻等）和采取必要的安全防护措施（如先把重要部件和电机断开）。

通电时从总闸开始，逐级通电，每级通电后都要对相关电压进行测试后才能接通下级电

笔 记

源开关。通电调试阶段必须遵守安全操作规程。对首次进行这项工作的学生必须进行安全培训。通电调试中可能会发现一些设计缺陷，调试人员和设计人员必须进行修正设计。

（2）C650机床改造后的电动机绝缘电阻检测

一般用兆欧表测量电动机的绝缘电阻值，要测量每两相绕组和每相绕组与机壳之间的绝缘电阻值，以判断电动机的绝缘性能好坏。

操作步骤：

① 仪表端所有接线应正确无误。

② 仪表连线与接地极E、电位探棒P和电流探棒C应牢固接触。

③ 仪表放置水平后，调整检流计的机械零位，归零。

④ 把“倍率开关”置于最大倍率，逐渐加快摇柄转速，使其达到150 r/min。当检流计指针向某一方向偏转时，旋动刻度盘，使检流计指针恢复到“0”点。此时刻度盘上读数乘上倍率挡即为被测电阻值。

⑤ 如果刻度盘读数小于1时，检流计指针仍未取得平衡，可将倍率开关置于小一挡倍率，直至调节到完全平衡为止。

⑥ 如果发现仪表检流计指针有抖动现象，可变化摇柄转速，以消除抖动现象。

注意事项：

① 禁止在有雷电或被测物带电时进行测量。

② 仪表携带、使用时需小心轻放，避免剧烈震动。

③ C650型机床改造后运行的故障诊断、排除及维护。

（3）C650型机床简单的故障诊断、排除

① 电源指示灯PIL不亮，应根据机床生产厂家的电气原理图，检查电源输入有关的电路。

② 端子TPI上有电源。应检查电源输入熔丝FU1、FU2是否熔断，辅助电源控制电路是否存在故障。

③ 电源指示灯PIL亮、报警指示灯不亮，这是电源模块的正常工作状态。如果在这种状态下仍然无法接通系统电源，可能的原因，是接通电源的条件未满足，应检查输入单元的电源接通条件，具体如下：电气柜门“互锁”触点闭合；外部电源切断触点闭合；电源切断OFF按钮触点闭合；电源接通ON按钮触点短时闭合；输入单元元器件损坏。

3. C650 型机床改造后的运行与维护

贯彻以维护预防为主，以修理为辅的方针。使机床设备经常能处于良好的技术状态，把问题解决在故障发生之前，以提高生产效率，减少维修成本，延长机床寿命。

【本章小结】

本章介绍了可编程控制器梯形图和继电-接触器控制与梯形图之间的转换。最后通过实例叙述了可编程控制器控制系统的分析和设计。

基本内容包括：

1. 明确设计任务和技术条件，也就是明确各项设计要求、约束条件及控制要求。

2. 确定输入设备的类型（如控制按钮、行程开关、传感器等）和数量；输出设备的类

型（如信号灯、接触器、电磁阀等）和数量；写出I/O分配表及绘制I/O接线图。

3. 根据控制要求设计梯形图，在设计过程中应遵守梯形图语言中的语法规定，适当地设置中间单元。分析设计法，设计简单，容易为初学者所掌握，但最后设计的结果不固定，当程序复杂，约束条件多时，往往不易满足控制要求。在这种情况下应采用顺序控制逻辑设计法。

4. 设计完成后，经过多次修改和调试。

5. 在技能训练中阐述了将C650型机床继电–接触器控制电路改造为PLC控制电路的整体过程（包括试车、验收、运行与维护等）。在实现具体项目的过程中，使学生能进一步将理论与实践相结合。

笔 记

第4章
习题答案

【习题】

4–1 按下按钮X0后，Y0～Y2按图4–21所示的时序变化，试设计其梯形图。

4–2 试设计满足图4–22所示的梯形图。

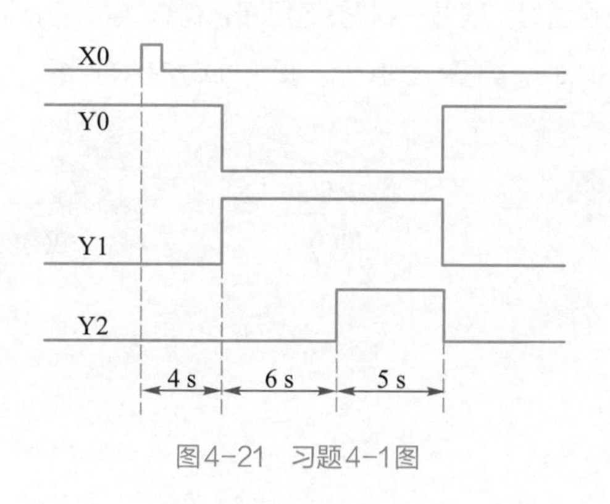

图4–21 习题4–1图

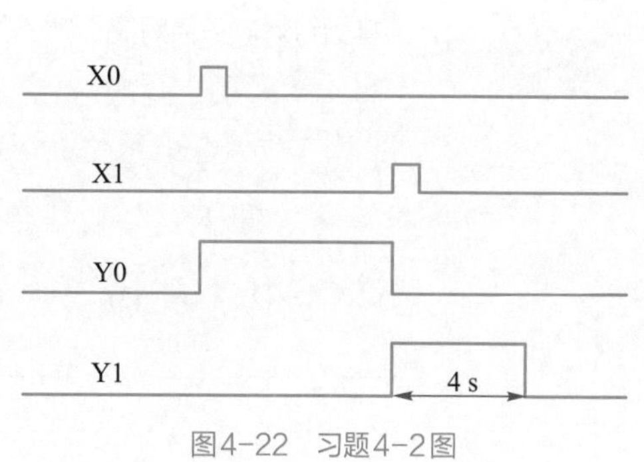

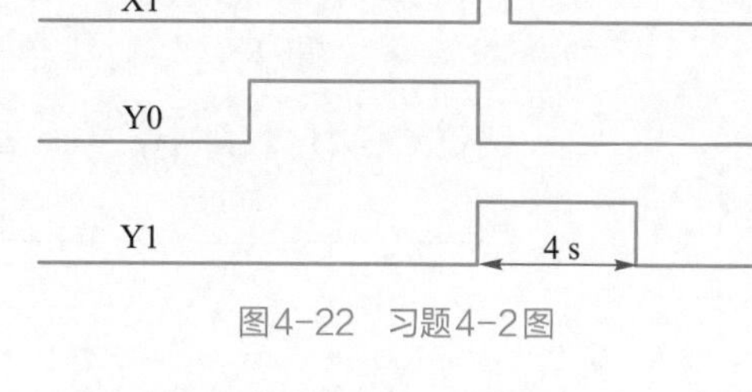

图4–22 习题4–2图

4–3 小车在初始位置时中间的限位开关X0为“1”状态，按下起动按钮X3，小车按图4–23所示顺序运动，最后返回并停在初始位置，试设计对应的PLC控制电路。

要求：写出I/O分配表；画出I/O接线图；画出PLC控制电路梯形图；写出PLC指令表。

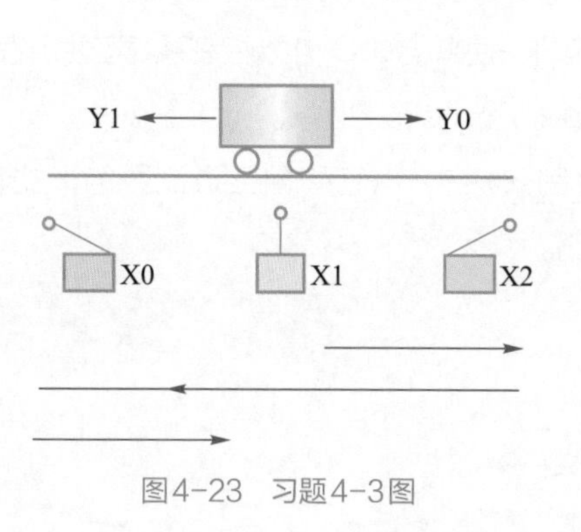

图4–23 习题4–3图

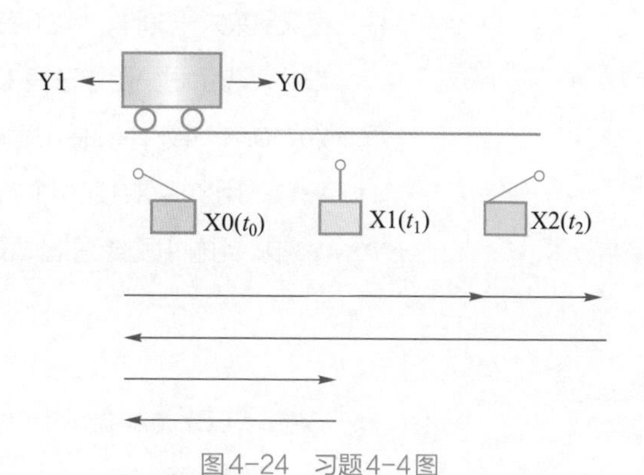

图4–24 习题4–4图

4–4 小车在初始位置时（X0=1）行程开关受压。按下起动按钮X3，小车按图4–24所示顺序运动，对应每到一个停止位置，需停留时间分别为t_0、t_1、t_2，如图4–24所示。试设计

笔 记

对应的PLC控制电路。

要求：写出I/O分配表；画出I/O接线图；画出PLC控制电路梯形图；写出PLC指令表。

4-5 现有1台双速电动机，试按下述要求设计PLC控制电路：

（1）分别用两个按钮操作电动机的高速起动和低速起动，用一个总停按钮操作电动机的停止。

（2）高速起动时，先应接成低速起动，经延时后再换接到高速。

要求：写出I/O分配表；画出PLC控制梯形图。

4-6 有一只四级皮带运输机，分别由M1、M2、M3、M4四台电动机拖动，其动作顺序如下：

（1）起动时要求按M1→M2→M3→M4顺序起动。

（2）停车时要求按M4→M3→M2→M1顺序停车。

（3）上述动作要求有一定的时间间隔。

要求：写出I/O分配表；画出PLC控制梯形图。

4-7 设计简单霓虹灯。要求控制4盏灯，在每一瞬间3盏灯亮，1盏灯熄，且按照顺序排列灯熄。每盏灯亮、熄的时间分别为0.5 s，如图4-25所示。画出PLC控制梯形图。

图4-25 习题4-7图

4-8 如何用1个按钮控制1台电动机的ON/OFF？

4-9 如何用2个按钮控制3台电动机，实现分别起、停（ON/OFF）？

4-10 设计1个控制系统，对某车间的成品和次品进行计数统计。当产品数达到1000件，若次品数大于50件，则报警并显示灯亮，同时停止生产产品的机床主电动机运行。

4-11 洗手间小便池在有人使用时光电开关使X0为ON，冲水控制系统在使用者使用3s后令Y0为ON，冲水2 s，使用者离开后冲水3 s，设计梯形图程序。

4-12 用X0～X11这10个键输入十进制数0～9，将它们用二进制数的形式存放在Y0～Y3中，用触点和线圈指令设计编码电路。

【实验】

实验5 LED数码显示的抢答器控制模拟

一、实验目的

1. 进一步熟悉基本指令。
2. 熟悉用分析法设计编制、调试、运行程序。
3. 熟悉GX Works编程软件的使用。

笔 记

二、实验设备

1. 三菱FX_{3U}系列可编程控制器或实验台。 1台

2. 装有PLC软件的计算机。 1台

3. 模拟开关板或LED数码显示模拟板。 1块

三、实验内容

1. 由4组人组成的竞赛抢答，有4个对应的按钮，编号分别为1、2、3、4，当某一组按下按钮后，显示器显示出该组编号，并使铃发出响声，同时锁住其他组的抢答器（使其他组抢答无效）。抢答器设有复位开关，复位后可重新抢答。

2. 为了统一，设定按钮1～4对应输入点为X4～X7，复位开关X24。

输出：铃HA—Y0，A～G—Y1～Y7，LED数码显示控制的实验面板图如图4-26所示。

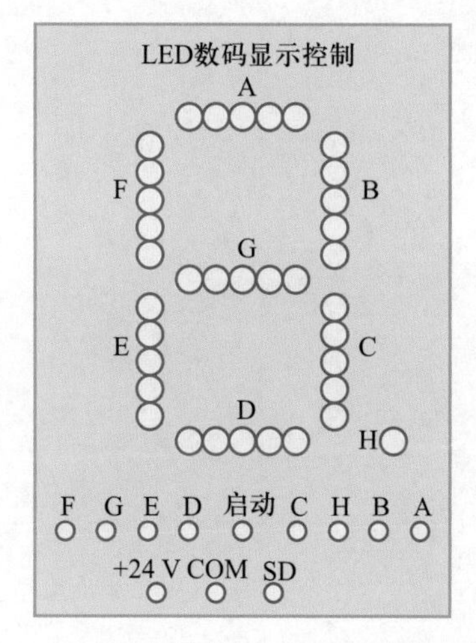

图4-26 LED数码显示控制的实验面板图

3. 当第1组抢答时，LED数码显示器应显示1，即图4-26中的B、C亮，显示数字1；当第2组抢答时，应是A、B、G、E、D亮，显示数字2；第3组抢答时应是A、B、G、C、D亮，显示数字3；第4组抢答时应是F、G、B、C亮，显示数字4。

4. 根据要求设计对应程序，并调试、运行。

四、思考题

1. 在原程序的基础上改成9组人的抢答器。

2. 增设抢答器的必要条件，如30 s无人抢答，有蜂鸣器响，表示此题作废；设置抢答人要在主持人的开始抢答后，抢答有效，否则无效，并有显示某组抢答违规。

3. 调试过程中出现什么问题？如何解决？

五、实验报告

［重点难点］

用梯形图或基本指令表的方式编程，已广为电气技术人员接受，但对于一个复杂的控制系统，由于内部的联锁，互动关系极其复杂，其梯形图往往长达数百行，通常要有熟练的电气工程师才能编制出这样的程序。如果在梯形图上不加注释，则这种梯形图的可读性也会大大降低。

三菱可编程控制器中除了基本逻辑指令之外，还增加了两条简单的顺序控制指令。用顺序控制指令编程，很大程度上解决了这一问题。

第 5 章 顺序控制与顺序控制梯形图的编程方式

5.1 状态元件、顺序控制功能图

5.1.1 状态元件（S）

状态元件是用于编制顺序控制程序的一种编程元件，它与后面介绍的STL指令（步进顺序梯形指令）一起使用。

通用状态（S0～S499）没有断电保持功能，但用程序可以将它们设定为有断电保持功能的状态。

S0～S9为初始状态用（10点）

S10～S19为供返回原点用（10点）

S20～S499为通用型（480点）

S500～S899为有断电保持功能型（400点）

S900～S999为供报警器用（100点）

各状态元件的动合和动断触点在PLC内可自由使用，使用次数不限，不用步进顺序控制指令时，状态元件（S）可作为辅助继电器（M）在程序中使用。

5.1.2 无分支顺序控制功能图（状态转移图）

顺序控制功能图（SFC）又称为状态转移图或功能表图，它是描述控制系统的控制过程、功能和特性的一种图形，也是设计可编程控制器的顺序控制程序的有力工具。顺序控制功能图并不涉及所描述的控制功能的具体技术，它是一种通用的技术语言，可以供进一步设

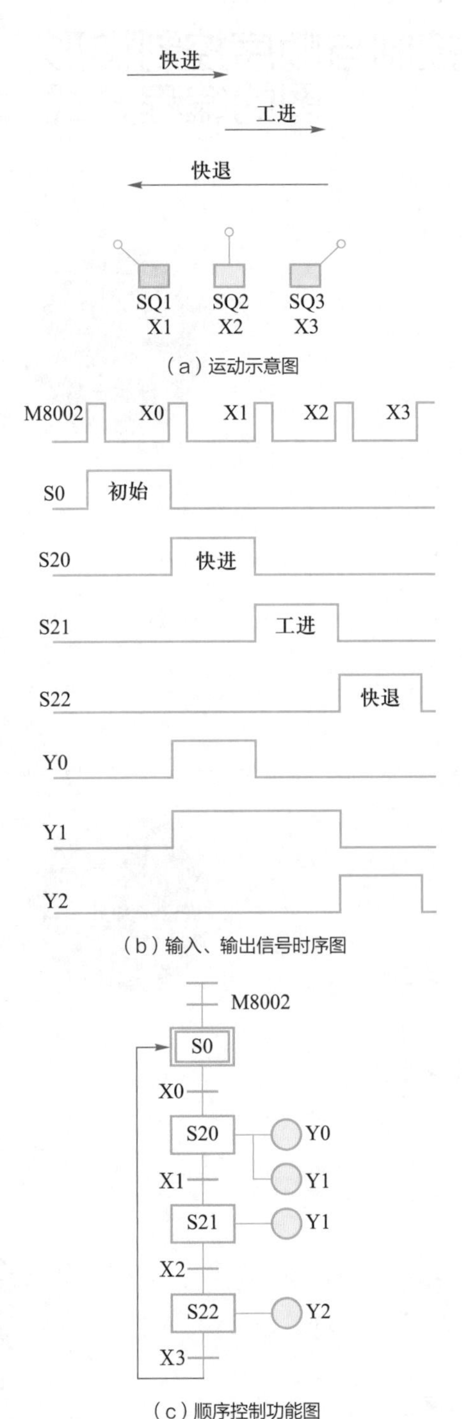

（a）运动示意图

（b）输入、输出信号时序图

（c）顺序控制功能图

图5-1
某组合机床动力头进给运动控制

计和不同专业的人员之间进行技术交流之用。

顺序控制功能图主要由步、有向连线、转换、转换条件和动作（或命令）组成。

1. 步

顺序控制设计法最基本的思想是将系统的一个工作周期划分成若干顺序相连的阶段，这些阶段称为步（Step），并且用编程元件（S）代表各步。

下面举一个具体的例子来说明。图5-1（a）、（b）所示是某组合机床动力头进给运动示意图和输入、输出信号时序图。为了节省篇幅，将各输入脉冲信号X1、X2、X3和M8002的波形画在一个波形图中。设动力头在初始位置时停在左边，限位开关X1为“1”状态，Y0～Y2是控制动力头运动的3个电磁阀。按下起动按钮后，动力头向右快速进给（简称快进），碰到限位开关X2后变为工作进给，碰到X3后，快速退回。返回初始位置后停止运动。根据Y0～Y2的0/1状态的变化，显然一个工作周期可以分为快进、工进和快退三步，另外还应设置等待起动的初始步，分别用S0、S20、S21、S22来代表这四步。图5-1（c）所示是描述该系统的顺序控制功能图，图中用矩形方框表示步，方框中编程元件的元件号也可作为步的编号，如S20等，根据顺序控制功能图设计梯形图时较为方便。

2. 初始步

系统的初始状态相对应的“步”称为初始步，初始状态一般是系统等待起动命令的相对静止的状态。初始步用双线方框表示，每一个顺序功能图至少应有一个初始步。在图5-1中 S0 为初始步。

3. 转换、转换条件

在两步之间的垂直短线为转换，其线上的横线为编程元件触点，它表示从上一步转到下一步条件，即横线表示某元件的动合触点或动断触点。其触点接通PLC才可执行下一步。

4. 与步对应的动作或命令

可以将一个控制系统划分为被控系统和施控系统。例如在数控车床系统中，数控装置是施控系统，车床是被控系统。对于被控系统，在某一步中要完成某些“动作”；对于施控系统，在某一步中则要向被控系统发出某些“命令”。为了叙述方便，下面将命令或动作简称为动作，在图5-1（c）所示顺序功能图中连在 S20 上的Y0、Y1就表示当S20是活动步时，Y0、Y1线圈为ON。

5. 活动步

当系统正处于某一步所在的阶段时，称为该步处于活动状态，即“活动步”。步处于活动状态时，相应的动作被执行；处于不活动状态时，相应的非存储型的动作被停止执行。

5.1.3 顺序控制的功能图

在FX系列可编程控制器中，可以使用SFC图（Sequential function，顺序功能图）以便于理解的方式表现基于机械动作的整个工序的作用和整个工序的流程，所以顺序控制的设计也变得简单，即使对第三方的人员也能轻易地传达机械动作。因此编程人员能够编出便于维护、变更和故障发生查询更有效的程序。

1. 状态 S 和驱动指令的动作

如图5-2（a）所示在SFC程序中用状态表示机械运行各个工序。当状态ON时，与此相连接的梯形图（内部梯形图）动作；当状态OFF时，与此相连接的梯形图的内部梯形图步工作。当1个运算周期后，指令的OFF执行步动作。

2. 状态转移

当各状态之间设置条件（转移条件）被满足时，下一个状态变为ON，此前的步ON变为OFF（转移动作）。在状态转移的过程中，仅仅在一瞬间（一个运算周期）两个状态会同时变为ON。转移前的状态在转移后的下一个运算周期被OFF复位。

3. 不能重复使用同一个状态编号

注意：① 转移前的状态在转移到下一个状态后的下一个运算期间变成不导通（OFF）。

② 在不同的状态中可以重复编写输出线圈。

4. RET 指令的作用

在SFT程序中，其程序的最后使用RET指令。在程序中从0开始到END指令之间可以制作多个SFC块，当梯形图块和SFC块混在一起时，分别在各个SFC程序的最后编写RET指令。

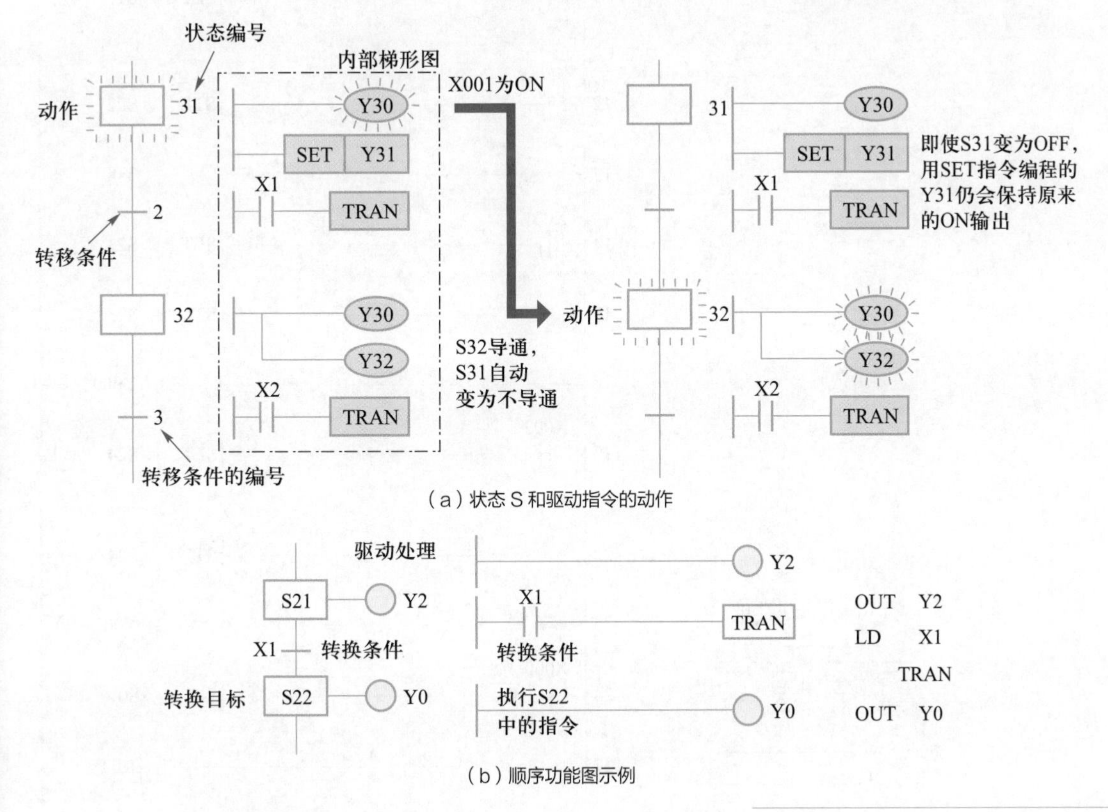

（a）状态 S 和驱动指令的动作

（b）顺序功能图示例

图5-2 顺序功能图

顺序功能图的示例如图5-2（b）所示。

① 图中Y2与S21相连，为当到了S21步时Y2是其步中的执行内容。

② X1为转换条件，当X1接通TRAN为转移指令。

③ 转移到S22步执行其中的指令，将Y0接通。

笔 记

例5-1：图5-3（a）中所示的小车一个周期内的运动由4步组成，分别对应于S21、S22、S23、S24，小车由一台电动机拖动。Y0、Y1分别为正、反转接触器，它运动的轨迹如图箭头所示。X0为开关，原位在X0处（最左边），向右到X3，返回到X1再到X2，然后回到原点（X4为开关）。

根据题意画出顺序控制功能图如图5-3（b）所示。

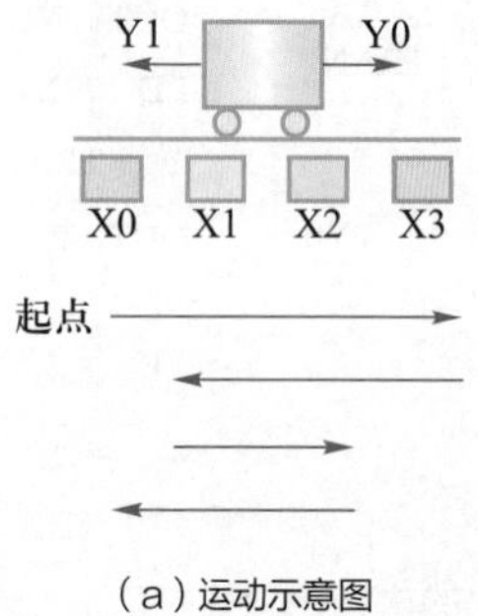

（a）运动示意图

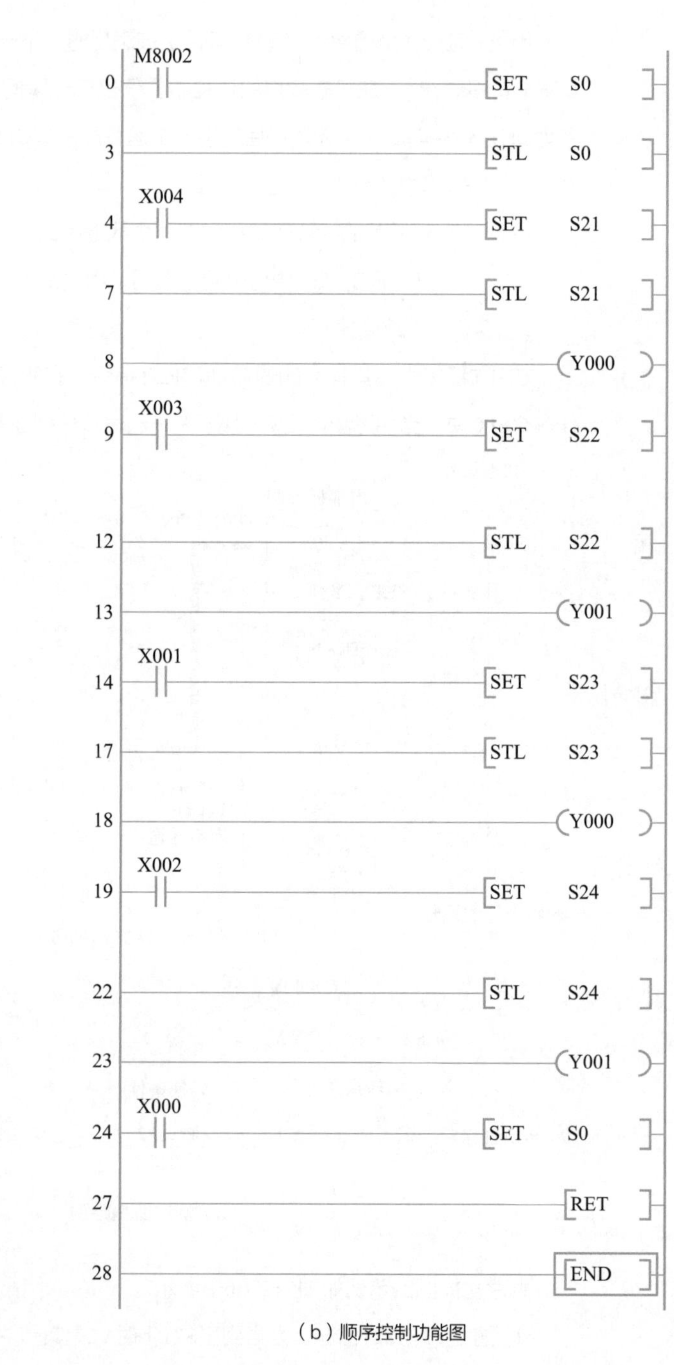

（b）顺序控制功能图

图5-3
小车控制系统的顺序控制功能图与梯形图

5.1.4 顺序控制分支、汇合的编程

笔 记

1. 选择性分支、汇合的编程

选择序列的开始称为分支。图5-4（a）为具有选择性分支的顺序控制功能图，其转换符号只能标在水平连接之下。

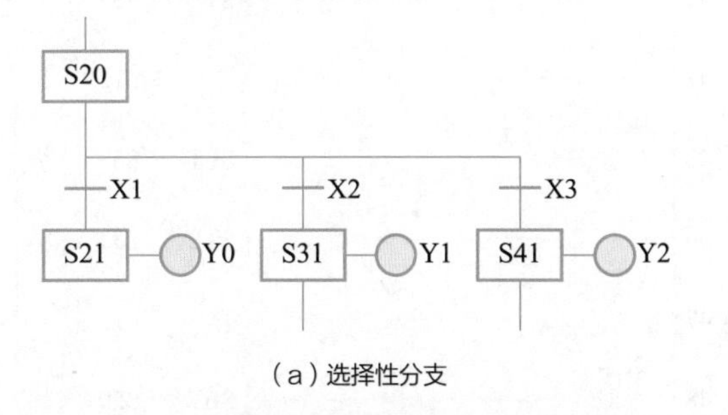

（a）选择性分支

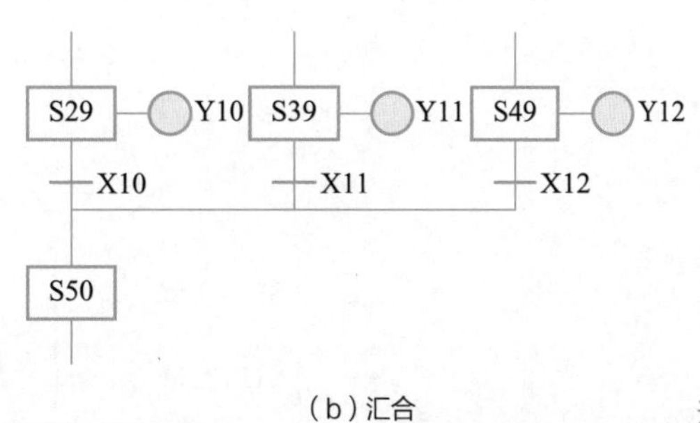

（b）汇合

图5-4
选择性分支、汇合的顺序控制功能图

如果S20是活动的，此时若X1、X2、X3中哪一个元件为“1”，则活动步移向哪条支路。例：X2为“1”，此时由S20$\xrightarrow{\text{转向}}$S31，一般只允许同时选择一个序列。

选择性序列的结束称为合并，也称为汇合，如图5-4（b）所示，几个选择性序列合并到一个公共序列时，用需要重新组合的序列相同数量的转换符号和水平连线来表示，转换符号只允许标在水平连线之上。如果S39是活动步，且转换条件X11=1，则发生由步S39→步S50转移。

2. 选择性分支、汇合的编程举例

选择性分支、汇合编程示例的顺序控制功能图和梯形图分别如图5-5（a）、（b）所示。

图5-5（a）中，在S20之后有一个选择性分支。当S20是活动步（S20=1）时，转换条件X11、X21、X31中任一个条件满足，则活动步根据条件进行转移。若X21=1，此时活动步移向S31，Y11=1。在对应的梯形图中，有并行供选择的支路画出。然后按顺序从左到右，从上到下，一条一条支路在梯形图中出现。每当一条支路画到汇合点，再画第二条支路。可见梯形图中出现了三个SET S50，画完最后一条支路后，才有STL S50出现，如图5-5（b）所示。

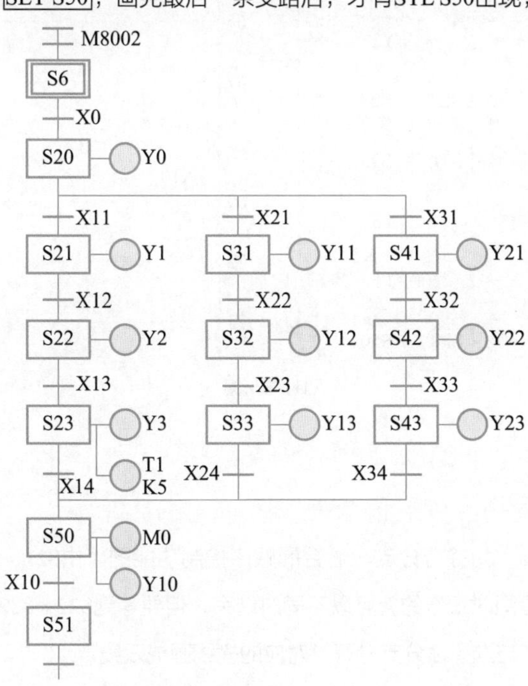

（a）顺序控制功能图

笔 记

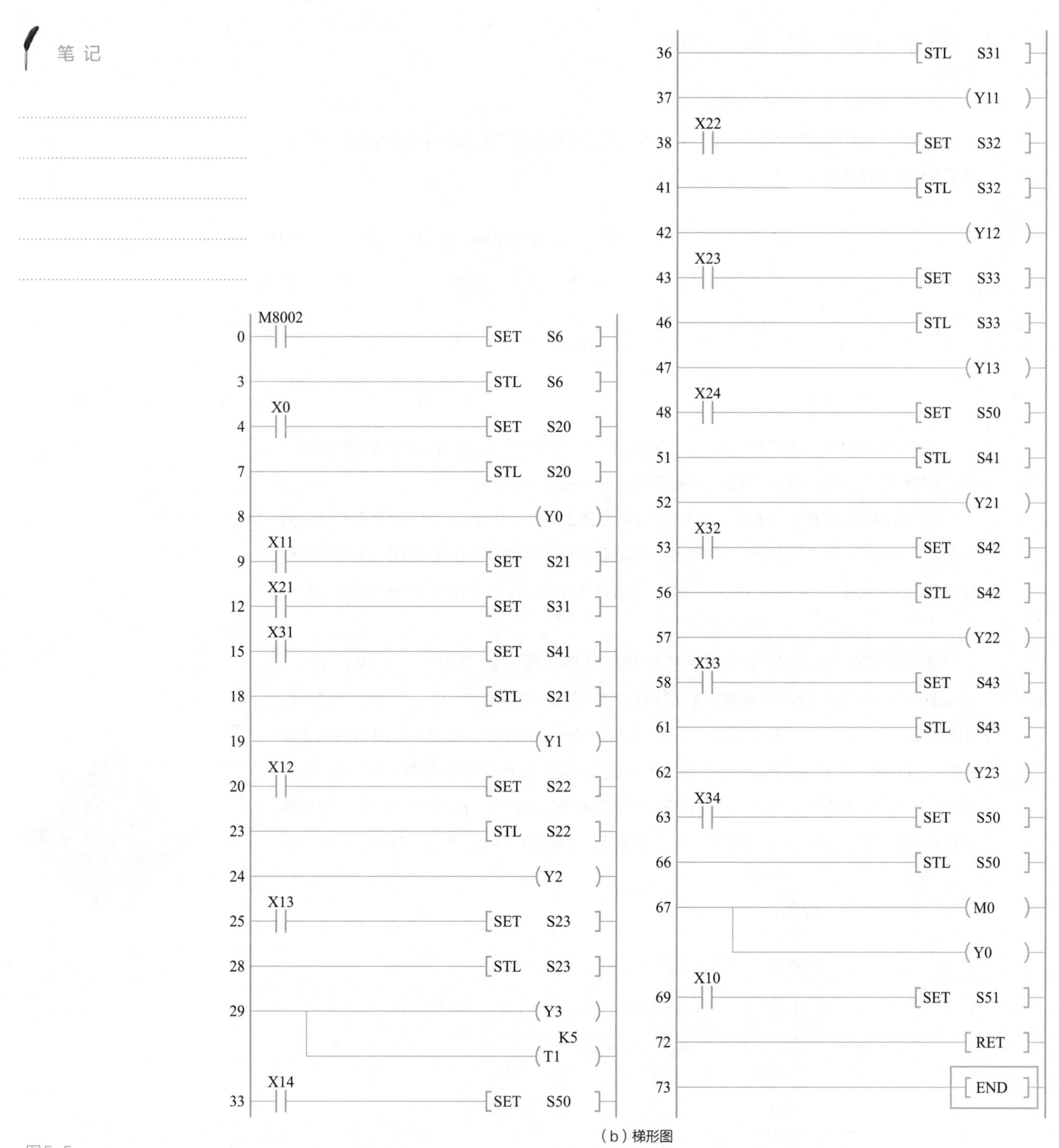

（b）梯形图

图5-5
选择性分支、汇合的顺序控制功能图和梯形图

3. 并行分支、汇合的编程

图5-6（a）为并行分支、汇合的顺序控制功能图。由S21、S22、S31、S32组成两个单序列，它们是同时工作的，可以不同时结束，但要等到S22，S32均结束后同时转向S50，此时功能图为了与选择性分支分开其对应的横线画成双线。

在图5-6（a）中并行序列合并处的转换有两个前级步S22、S32，根据转换实现的基本规则，当它们均为活动步并且转换条件满足S22 · S32 · X1=1时，实现并行序列的合并，即转换后S50变为活动步。在梯形图中用S22、S32的STL触点和X1的动合触点组成的串联电路使S50置位。在图5-6（b）中，S22、S32的STL触点出现了两次，如果不涉及并行序列的合并，同一状态寄存器的STL触点只能在梯形图中使用一次。

笔 记

(a)顺序控制功能图

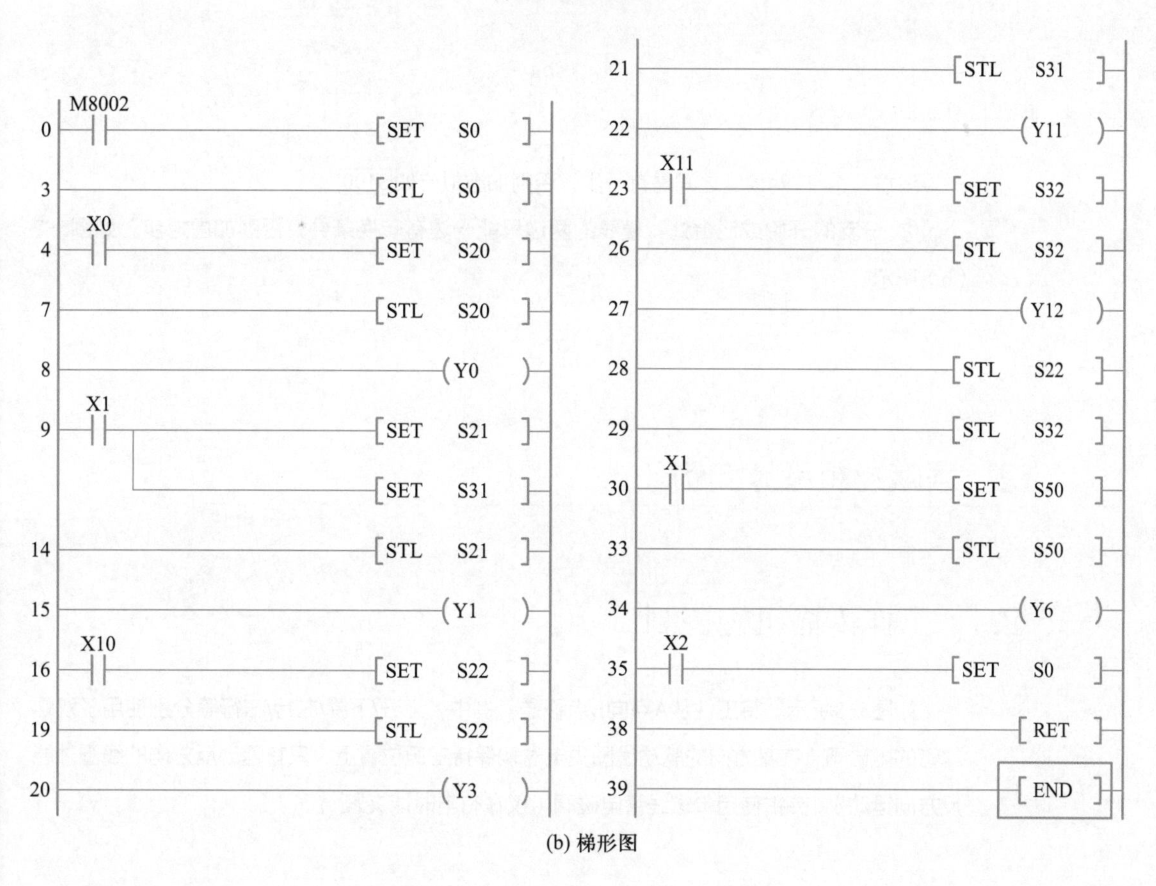

(b) 梯形图

图5-6
并行分支、汇合的顺序控制功能图和梯形图

笔 记

4. 分支、汇合的组合

在实际编程中，会遇到些不合适的顺序控制功能图，需在保证其控制功能不变的情况下稍加修改才能画出对应的梯形图，如图5-7（a）、（b）所示。

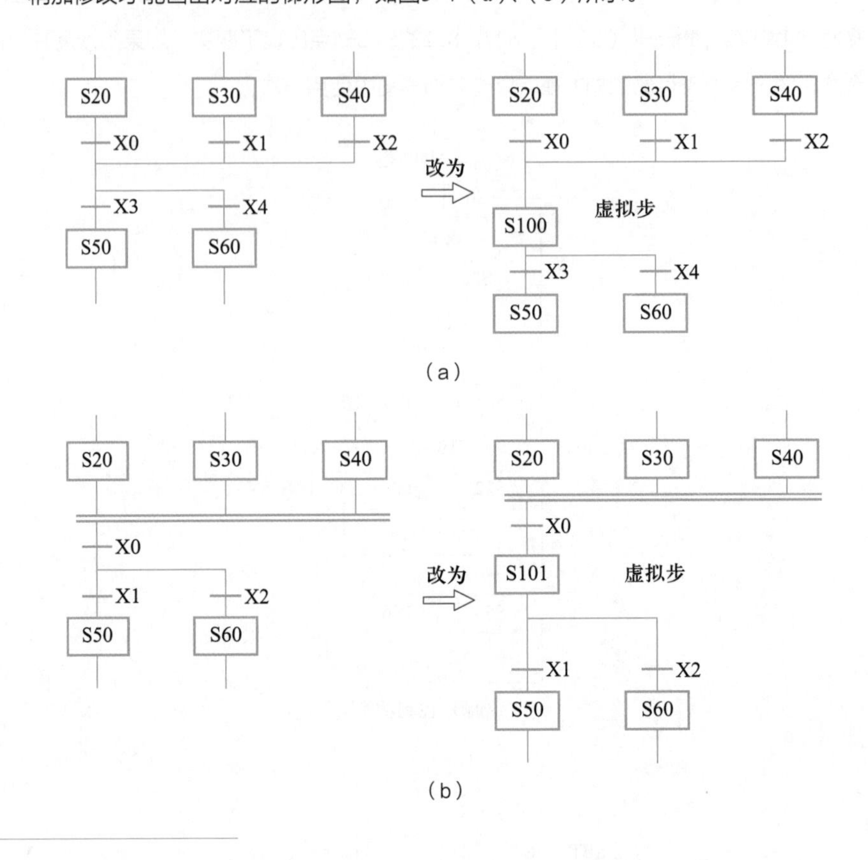

图5-7
顺序控制功能图的修改

注意：① 在两横线之间需有一步，否则加虚拟步如S100。

② 分支的开始或汇合处、横线的两边只能一边有转换条件，否则加虚拟步，如图5-7（b）所示。

5.2 顺序控制设计实例

5.2.1 工作传输机构控制

教学课件：顺序控制设计实例

如图5-8所示，将工件从A点向B点移送。例中，上升/下降/左行/右行等分别使用了双螺线管的电磁阀（在某方向的驱动线圈失电时能保持在原位置上，只有驱动反方向的线圈才能反方向运动），夹钳使用单螺线管电磁阀（仅在有电时能夹紧）。

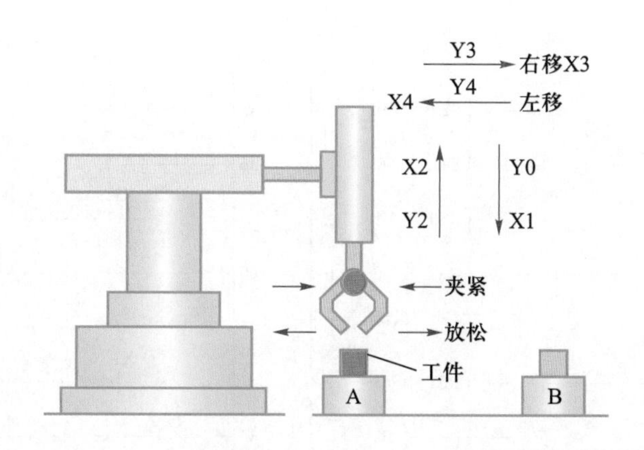

图5-8
工作传输机构工作示意图

注意：X1、X2、X3、X4分别对应下限、上限、右限、左限的行程开关。Y1对应夹紧、放松电磁铁。

从图5-8中可知，机构把工件从A移到B点再回到原位的过程可分为以下8步（设原始位置在左上方），每步的动作和转换条件标在对应的位置上（Y1为夹紧、放松电磁铁的输出）。

笔 记

下降(Y0) —X1→ 夹紧(Y1=1) —T0→ 上升(Y2) —X2→ 右移(Y3)

X4 左移(Y4) ←X2— 上升(Y2) ←T1— 放松(Y1=0) ←X1— 下降(Y0) ←X3

根据8个动作很容易画出顺序控制功能图如图5-9所示。顺序控制功能图按照工作传输机构的动作和转换条件一步一步地用步的序号写出。起始（M8002）脉冲使S0初始步起动（手动装置暂不考虑），然后考虑工作传输机开始工作前必须满足的条件：① 起动开关（X0）；② 工作传输机构需停在左上方。因此满足左方行程开关对应的输入点X4=1，上方行程开关对应的输入点X2=1，同时保证夹钳对应的单螺线管电磁阀Y1=0。也就是从S0步转换到S20步时需要同时满足4个条件（X2、X4、$\overline{Y1}$、X0的串联）。当S20为活动步时，夹钳下降（Y1=1），到达下限位（X1），S20步的动作结束。X1转换条件成立，使活动步移到S21……8步完成再回到S0。这样就画出图5-9（a）所示的顺序控制功能图。

但考虑起动前或突然停电等意外情况时，还必须安装手动装置，以便回到原始位置，即自动循环的起始位置（左上方且Y1=0）。

（1）手动操作

这是初次运行时将机械手复归左上方原点位置的程序。X5为手动按钮，可把夹钳放松、释放下降电磁阀，然后上升（即Y1=0，Y0=0，Y2=1）。使机械夹钳定位在上方。X6为手动按钮，使Y3=0，Y4=1，使机械夹钳回到左方。完成回到自动循环起始位置（左上方）。

（2）半自动单循环运行

① $\overline{Y1}$、X2、X4、X0串联的目的保证机械钳在左上方，并Y1=0状态才可起动自动程序。X0为总开关。

② 用手动操作将机械钳移至原点位置，然后合上开关X0，动作状态从S0向S20转移，下降电磁阀的输出Y0机械钳下降，下降到位，下限开关X1=1。

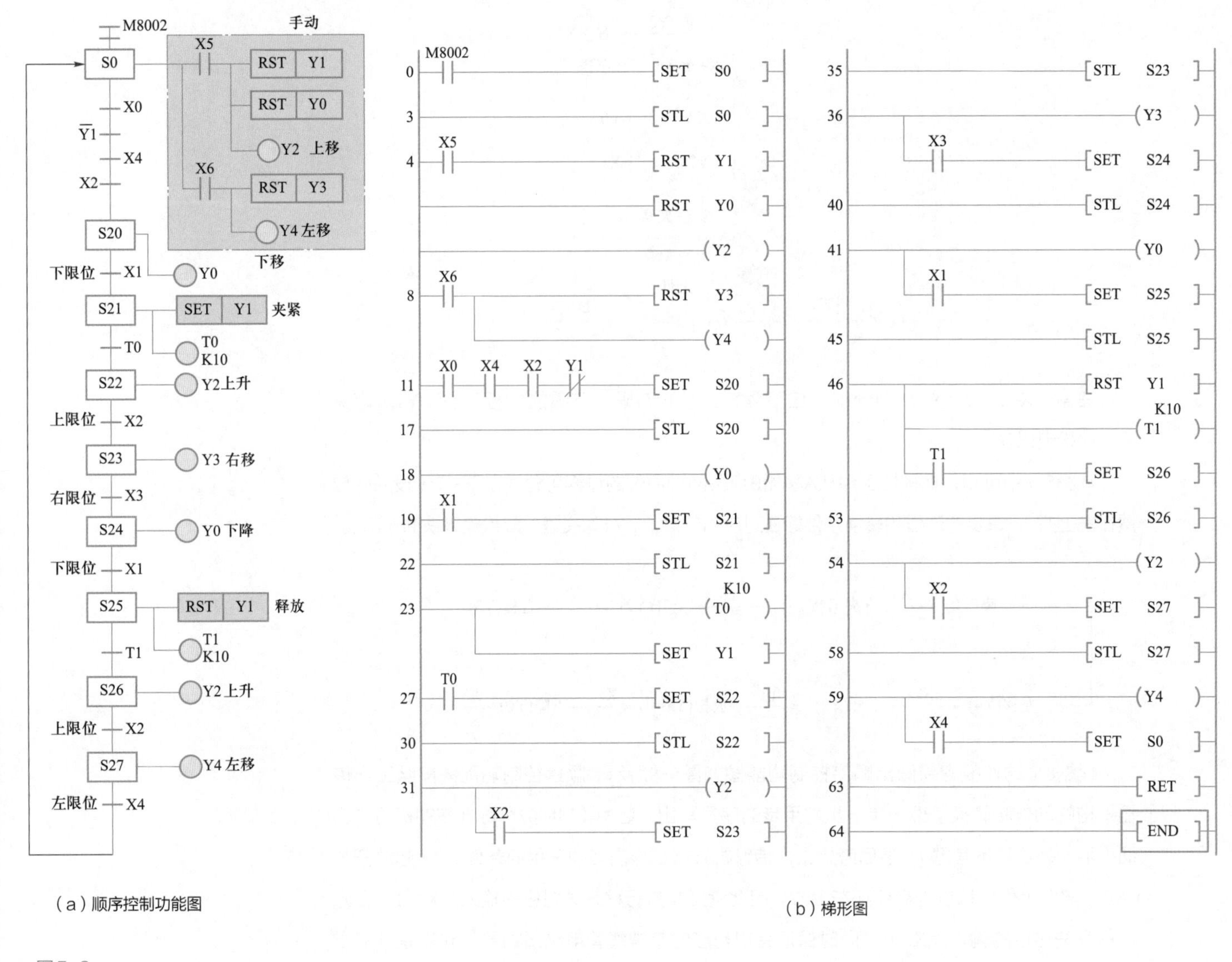

（a）顺序控制功能图

（b）梯形图

图5-9
工作传输机构顺序控制功能图和梯形图

③ 动作状态S20向S21转移，下降输出Y0=0，夹钳输出Y1=1，并保持状态。

④ 1 s后定时器T0的动合触点动作，转至状态S22使上升输出Y2动作，到达上限，X2=1，状态转移。

⑤ 按照功能图顺序，S23（右移）、S24（下降）、S25（释放）、S26（上升）、S27（左行）回到原位，再回到S0进行下一次循环。

5.2.2 选择性工作传输机

图5-10所示为选择性工作传输机的工作示意图，将大球、小球分类送到右边的两个不同的位置。

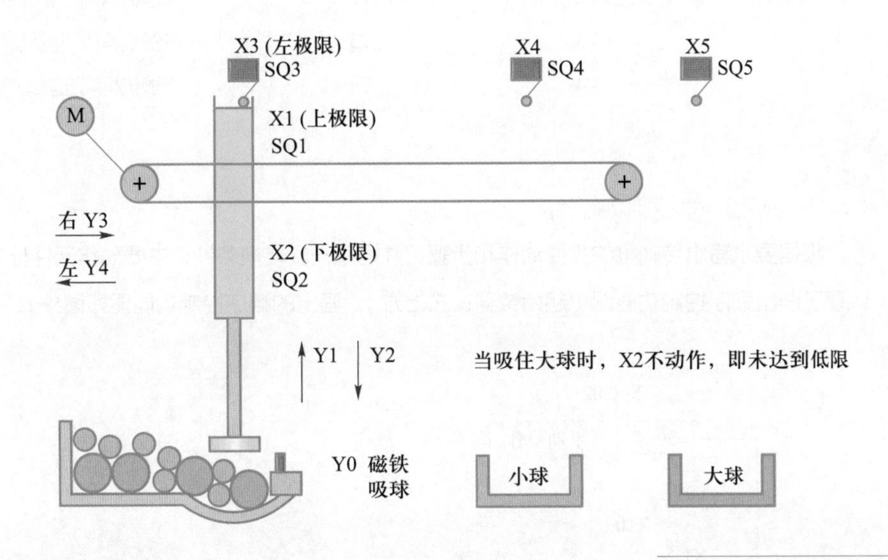

图5-10
选择性工作传输机的工作示意图

1. 分析

根据图中所标的符号，可知选择性工作传输机的动作有：上、下、左、右，分别由对应的驱动线圈Y1、Y2、Y4、Y3去执行。由Y0去接通磁铁吸住球。当吸到的是小球机构到达下限位，则X2动作。否则到了一定时间，X2还未动作，则说明机械钳机构不能到达X2下限位，此时吸到的是大球。再根据判断，把球送到指定的位置。按图5-10所示写出I/O分配表如表5-1所示。

表 5-1 I/O 分配表

类别	元件	元件号	作用
输入	QS	X10	起、停手动开关
	SB1	X11	手动上升按钮
	SB2	X12	手动左移按钮
	SQ1	X1	上极限行程开关
	SQ2	X2	小球下极限行程开关
	SQ3	X3	左行极限行程开关
	SQ4	X4	放小球右极限行程开关
	SQ5	X5	放大球右极限行程开关
	SQ6	X6	放球下极限行程开关

笔 记

续表

类别	元件	元件号	作用
输出	YA0	Y0	电磁铁吸球
	YV1	Y1	传输机构向上驱动线圈
	YV2	Y2	传输机构向下驱动线圈
	YV3	Y3	传输机构向右驱动线圈
	YV4	Y4	传输机构向左驱动线圈

2. 画出顺序控制功能图

根据要求写出传输机的主要动作和步骤，并把每一步转换条件、主要动作元件标在上面以便于画出顺序控制功能图（起始位置在左上方）。画出的顺序控制功能图如图5-11所示。

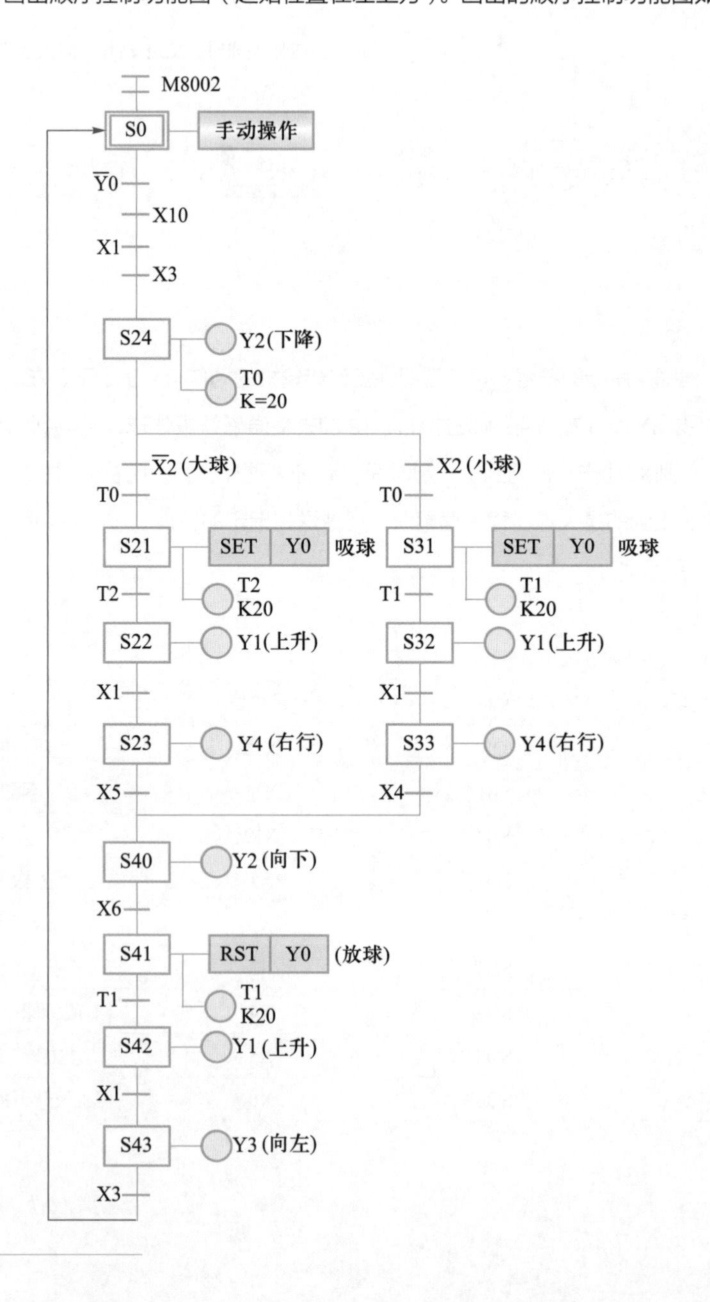

图5-11
选择性工作传输机顺序控制功能图

笔 记

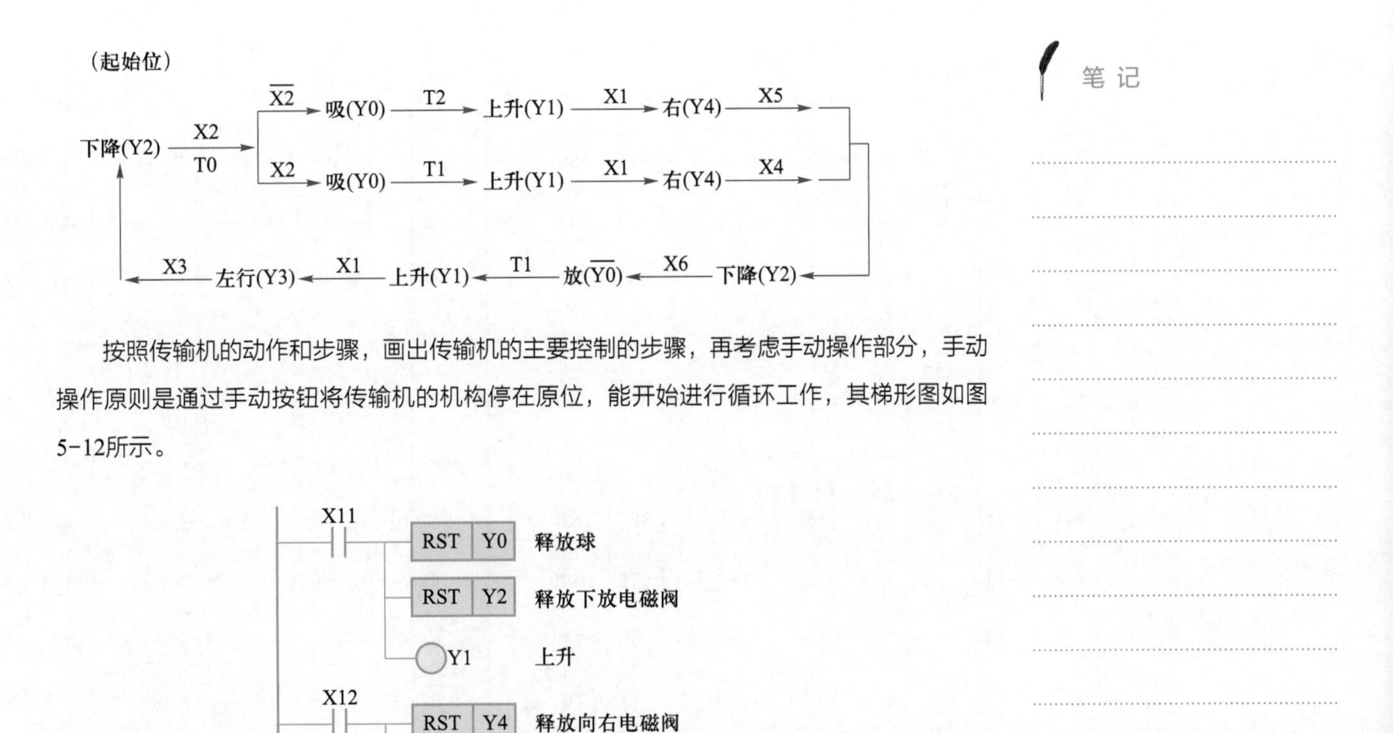

按照传输机的动作和步骤，画出传输机的主要控制的步骤，再考虑手动操作部分，手动操作原则是通过手动按钮将传输机的机构停在原位，能开始进行循环工作，其梯形图如图5-12所示。

图5-12
手动操作梯形图

3. 设计梯形图

按照顺序控制功能图和手动操作梯形图，设计出选择性工作传输机的梯形图，如图5-13所示。

5.2.3 用顺序控制实现对十字路口交通信号灯的控制

十字路口交通信号灯的控制在4.3.3节中用基本指令编程，这里用顺序控制编程，两种编程方式，可供比较。

按照表4-4中要求，很容易写出灯亮的次序，再画出顺序控制功能图，如图5-14所示。十字路口交通信号灯的控制梯形图如图5-15所示。

笔 记

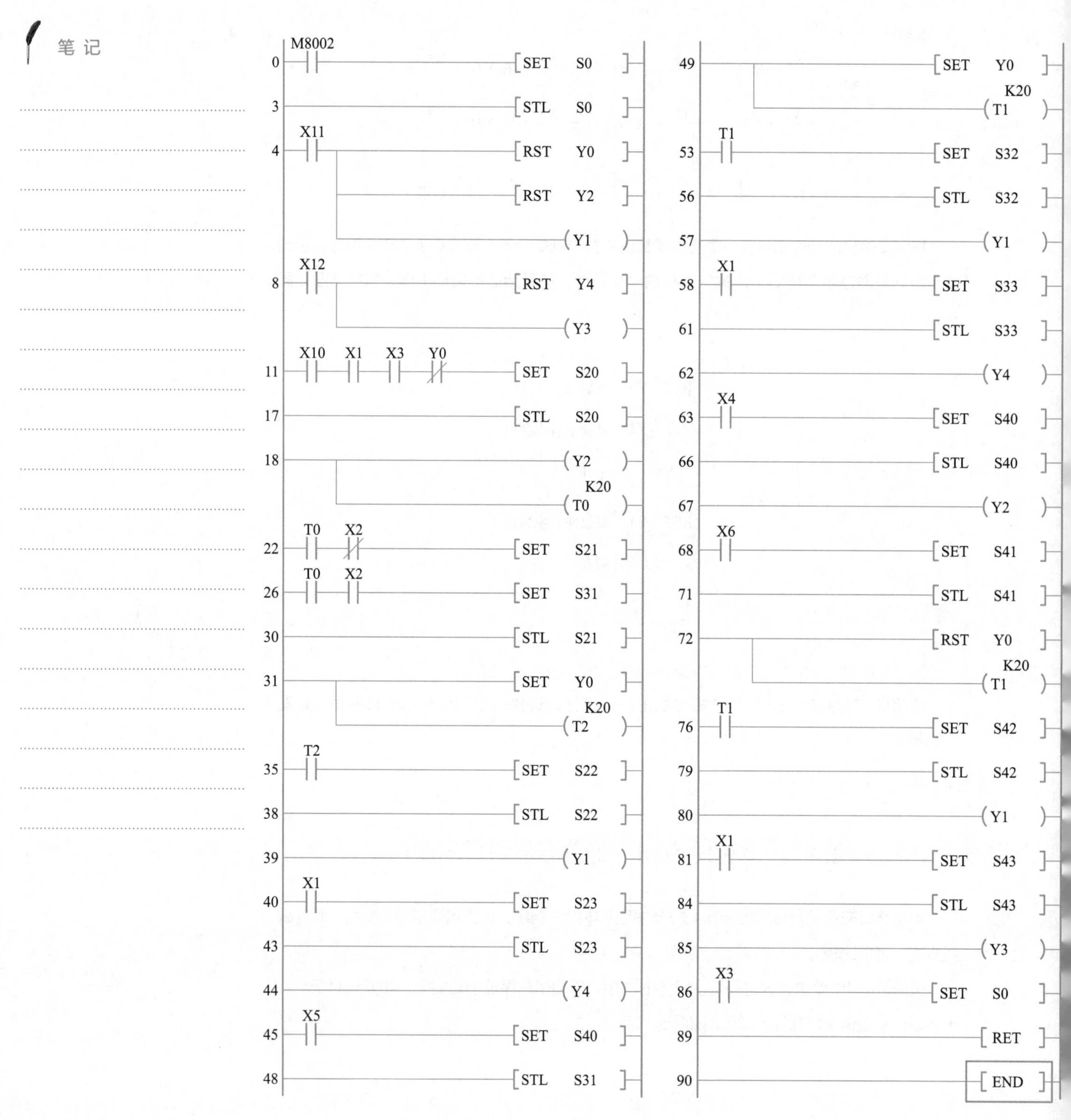

图5-13
选择性工作传输机的梯形图

笔 记

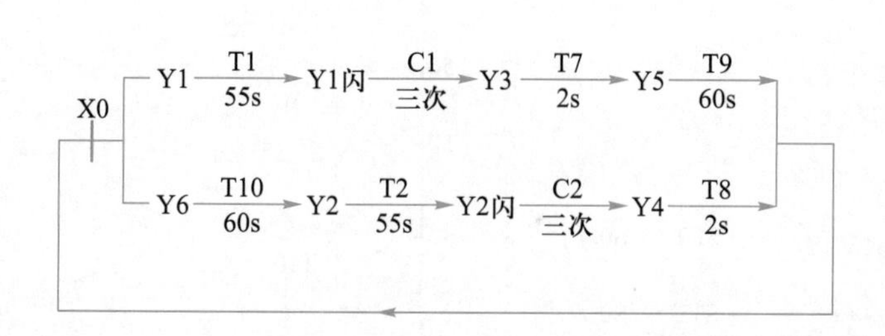

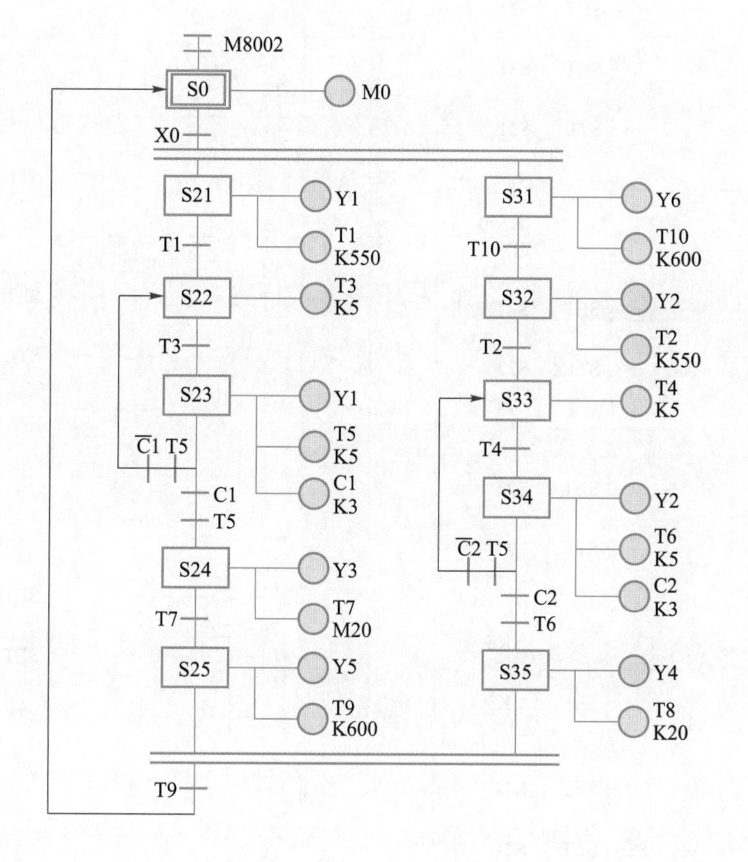

图5-14
十字路口交通信号灯顺序控制功能图

注意：有的FX可编程控制器，在顺序控制中某一步无输出，属于出错，不能执行，因此在STL S0与STL S35后加了M0、M1输出。

用顺序控制指令编程比较简单，因每步之间的关联较少。而基本指令编程看起来程序步比较少，但设计过程却比较困难，因此顺序控制受到广大设计人员欢迎。

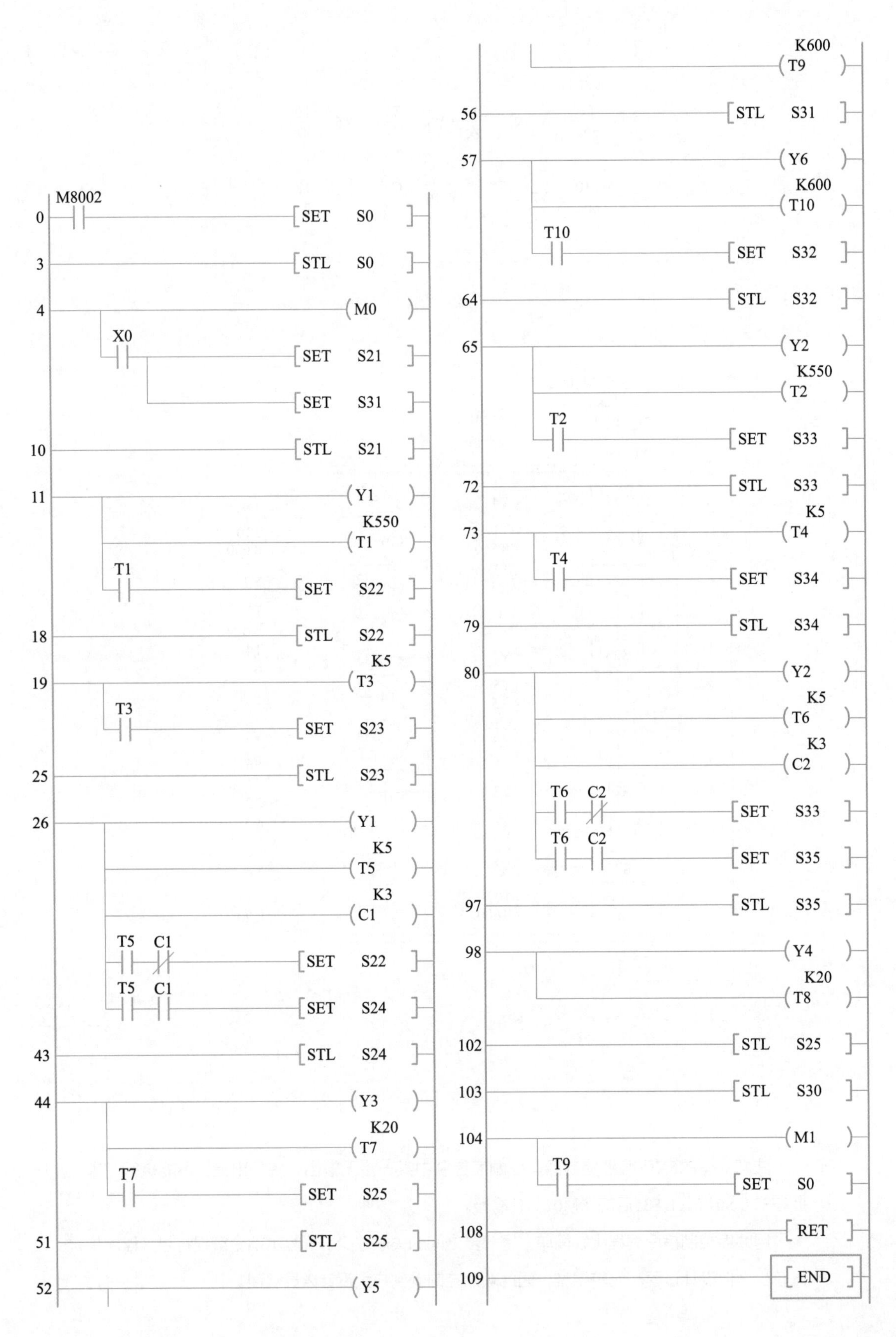

图5-15
十字路口交通信号灯的控制梯形图

5.3　顺序控制梯形图的编程方式

根据系统的顺序功能图设计梯形图的方法，称为顺序控制梯形图的编程方式。

各厂家生产的可编程控制器编程元件、指令功能和表示方法上有较大的差异，为了适应这种情况，本节主要介绍使用辅助继电器实现顺序控制功能的梯形图。这里介绍了起保停电路的编程方式，以转换为中心的编程方式，仿STL指令的编程方式。

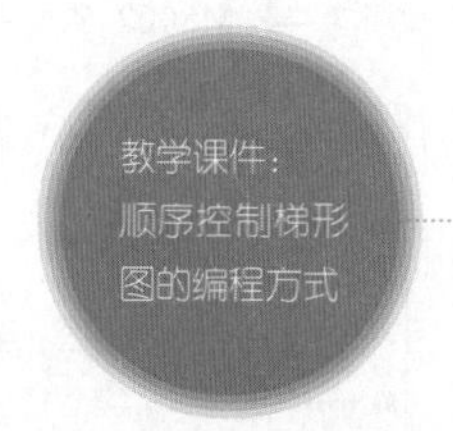

5.3.1　使用起保停电路的编程方式

笔 记

根据顺序控制功能图设计梯形图时，可以用辅助继电器来代表步。某一步为活动步时，对应的辅助继电器为“1”状态，转换实现时，该转换的后继步变为活动步。很多转换条件都是短信号（如行程开关对应的输入），即它存在的时间比它激活的后继步为活动步的时间短，因此应使用有记忆（或称保持）功能的电路来控制代表步的辅助继电器。

起保停电路仅仅使用与触点和线圈有关的指令，任何一种可编程控制器的指令系统都有这类指令，因此这是一种通用的编程方式。

图5-16（b）中的起保停电路代替图5-16（a）中的顺序控制功能。从图5-16梯形图中可知，每步的逻辑代数式为$Mi=(Mi-1\cdot Xi+Mi)\overline{Mi+1}$，$i$—表示第$i$步，$i-1$—表示$i$前一步，$i+1$—表示$i$后一步，$Xi$—表示第$i$步成为活动步的转换条件。

从图5-16中很容易看出S0=M200、S21=M201、S22=M202、S23=M203。因此将M203和X3的动合触点串联作为M200的起动电路。可编程控制器开始运行时应将M200和X3的动合触点串联作为M200的起动电路。可编程控制器开始运行时应将M200置为“1”状态，否则系统无法工作，故将M8002的动合触点与起动电路并联，并用M200的动合触点自保持。后继步M201的动断触点与M200的线圈串联，M201为“1”状态时，M200的线圈断电。

下面介绍设计梯形图的输出电路部分的方法，由于步是根据输出变量的状态变化，因此它们之间的关系极为简单，可以分为两种情况处理：

① 某一输出量仅在某一步中为“1”状态，例如从图5-16中的顺序控制功能图可知，Y0和Y2就属于这种情况，可以将它们的线圈分别与对应步的辅助继电器，M201和M203的线圈并联。当然也可以用Y0代替M201，可省些编程元件，但可编程控制器的辅助继电器是完全够用的，多用一些内部编程元件不会增加硬件费用，在设计和键入程序时也多花不了多少时间。全部用辅助继电器来代表步（见图5-17）具有概念清楚、编程规范、梯形图易于阅读和易查错的优点。

② 某一输出继电器在几步中都为“1”状态，应将代表各有关步的辅助继电器的动合触点并联后，驱动该输出继电器线圈。图5-16（a）中的Y1在M201与M202中均为“1”状态，所以将M201和M202的动合触点并联后，来控制Y1的线圈。

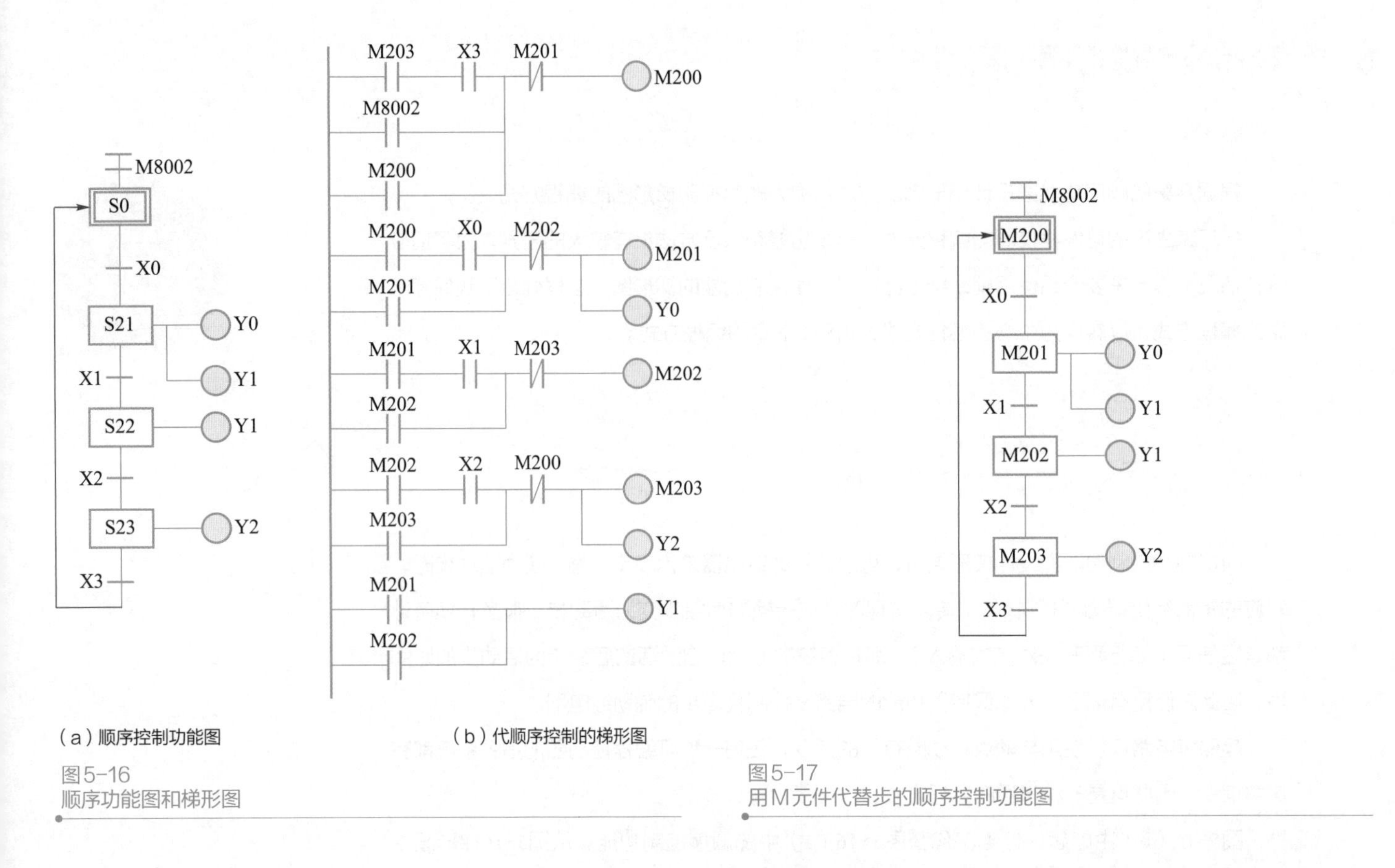

（a）顺序控制功能图　（b）代顺序控制的梯形图

图5-16
顺序功能图和梯形图

图5-17
用M元件代替步的顺序控制功能图

注意：为了避免出现双线圈现象，不能将Y1的两个线圈分别与M201和M202的线圈并联。

5.3.2 以转换为中心的编程方式

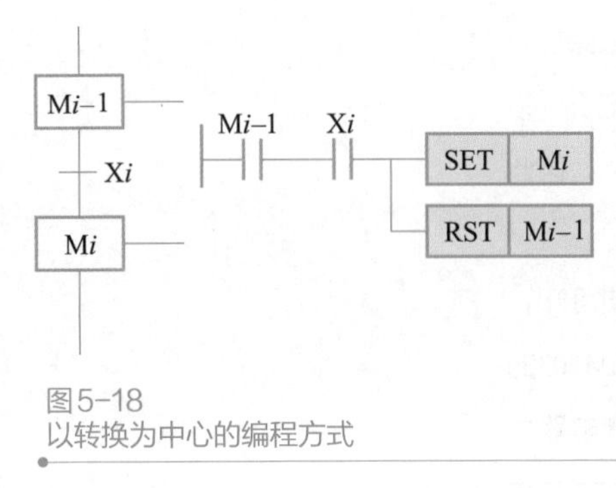

图5-18
以转换为中心的编程方式

以转换为中心的编程方式设计的梯形图与顺序功能图的对应关系，如图5-18所示，从图中可知利用了SET来实现某一活动步，用RST释放前一步。在实现i步时，必须要求两个条件，i−1步中的Mi−1与本i步的条件Xi接通，才能使第i步的Mi为“1”，又因用的是SET置位语句，因此接通后，不与Mi−1发生关系。

图5-19为信号灯控制系统的顺序控制功能图和梯形图，初始步时仅红灯（Y0）亮，按下起动按钮X0 6 s后红灯灭，绿灯亮（Y1），5 s后黄灯（Y2）亮，再过4 s后绿灯（Y1）和黄灯（Y2）灭，红灯（Y0）亮。按时间的先后顺序，将一个工作循环划分为4步，并用定时器T0～T2来为3段时间定时。刚开始执行用户程序时，M8002的动合触点接通一个扫描周期，初始步M200被置位，按下起动按钮X0后，梯形图第2行中M200和X0的动合触点均动作，转换条件X0的后续步对应的辅助继电器M201被置位，前级步对应的辅助继电器M200被复位。M201变为“1”状态后，控制红灯的输出继电器Y0仍为“1”状态，定时器T0的线圈“通电”，6 s后T0的动合触点动作，系统将由第2步（M201）转换到第3步（M202）。

使用这种编程方式时，不能将输出继电器的线圈与SET，RST指令并联，这是因为图5-19（b）中前级步和转换条件对应的串联电路接通的时间是相当短的，转换条件满足后前

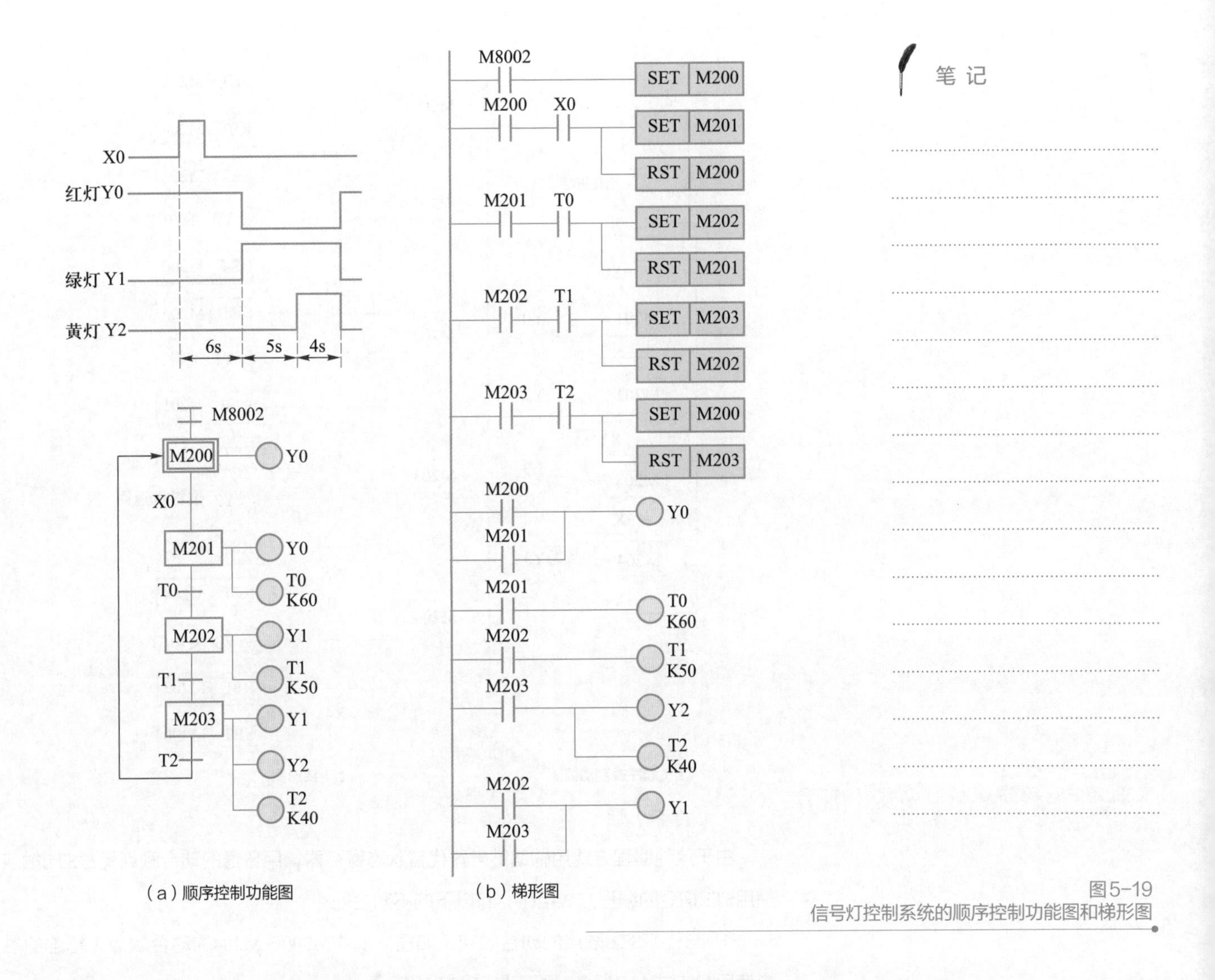

（a）顺序控制功能图　（b）梯形图

图5-19
信号灯控制系统的顺序控制功能图和梯形图

级步马上被复位，该串联电路被断开，而输出继电器的线圈至少在某一步对应的全部时间内被接通，所以应根据顺序控制功能图用代表步的辅助继电器的动合触点或它们的并联电路来驱动输出继电器线圈。

5.3.3 仿 STL 指令的编程方式

使用STL指令的编程方式很容易掌握，编制出的程序也较短，因此很受梯形图设计人员的欢迎。对于没有STL指令的可编程控制器，也可以按照STL指令的设计思路来设计顺序控制梯形图，这就是下面要介绍的仿STL指令的编程方式。

图5-20所示是某加热炉送料系统的顺序控制功能图和梯形图。除初始步以外，各步的动作分别为开炉门、推料、推料机返回和关炉门。X0是起动按钮，X1～X4分别是各动作结束的限位开关。与左侧母线相连的M200～M204的触点，其作用与STL触点相似，它右边的电路块的作用为驱动负载，指定转换条件和转换目标，以及使前级步的辅助继电器复位。

笔记

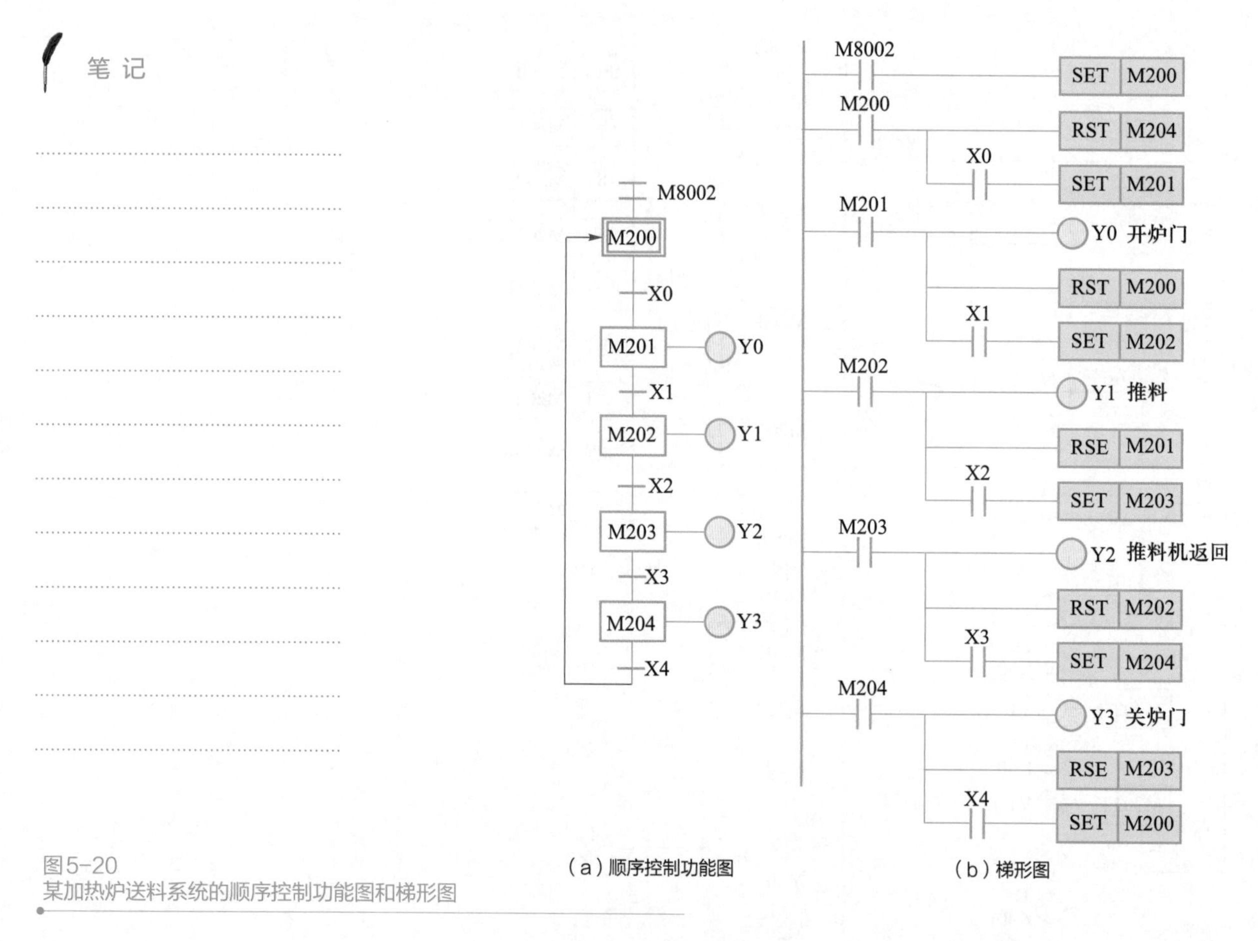

（a）顺序控制功能图　（b）梯形图

图5-20
某加热炉送料系统的顺序控制功能图和梯形图

由于这种编程方式用辅助继电器代替状态寄存器，用普通的动合触点代替STL触点，与使用STL指令的编程方式相比，有以下的不同之处：

① 与代替STL触点的动合触点（如图5-20中M200～M204的动合触点）相连的触点，应使用AND或ANI指令，而不是LD或LDI指令。

② 对代表前级步的辅助继电器的复位，由用户程序在梯形图中用RST指令来完成，而不由系统程序完成。

③ 不允许出现双线圈现象，当某一输出继电器在几步图中均为“1”状态时，将代表这几步的辅助继电器的动合触点并联。

图5-21所示梯形图是把转换条件放在RST与SET前面。它是以转换为中心的编程方式演变而来的。

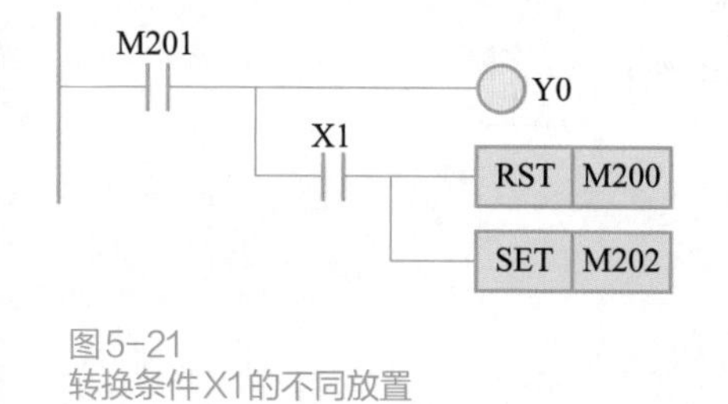

图5-21
转换条件X1的不同放置

5.3.4 各种编程方式的比较

下面将从几个方面对各种编程方式加以比较。

1. 编程方式的通用性

起保停电路仅由触点和线圈组成，各种型号的可编程控制器的指令系统都有与触点和线圈有关的指令，因此使用起保停电路的编程方式的通用性最强，可以用于任意一种型号的可编程控制器。

像STL这一类专门为顺序控制设计的指令，只能用于可编程控制器厂家的某些可编程控制器产品，属于专用指令。以转换为中心的编程方式和仿STL指令的编程方式使用置位、复位指令，如三菱公司的SET、STL指令，各种可编程控制器都有置位和复位指令。这两种编程方式的应用范围很广。

2. 不同编程方式设计程序长度比较

笔者分别使用本章介绍的4种编程方式，设计了图5-20所示的某加热炉送料系统的梯形图，各梯形图占用用户程序存储器的步数（即指令的条数），如表5-2所示。表中用STL指令设计的程序最短，用其他各种编程方式设计的程序长度相差不是很大。对于某些编程方式（如起保停电路），程序的长度与输出继电器是否仅在顺序功能图的某一步为“1”状态有关。

表 5-2 各种编程方式设计的程序长度

编程方式	步数
使用STL指令的编程方式	21
使用起保停电路的编程方式	30
以转换为中心的编程方式	30
仿STL指令的编程方式	26

可编程控制器的用户程序存储器一般是足够用的，程序稍长所增加的工作量也很小，因此没有必要在缩短用户程序上花太多的精力。

3. 电路结构及其他方面的比较

在使用起保停电路的编程方式中，以代表步的编程元件为中心，用一个电路来实现对这些编程元件的置位和复位。

以转换为中心的编程方式直接、充分地体现了转换实现的基本规则，无论是对单序列、选择序列还是并行序列，控制代表步的辅助继电器的置位、复位电路的设计方法都是相同的。这种编程方式的思路很清楚，容易理解和掌握，用它设计复杂系统的梯形图特别方便。

使用STL指令与仿STL指令的编程方式以STL触点或辅助继电器的动合触点为中心，它们与左侧母线相连，当它们动合时，驱动在该步应为“1”状态的输出继电器，为实现下一步的转换做好准备，同时通过系统程序或用指令将前级步对应的编程元件复位。使用仿STL指令编程方式时，应注意与使用STL指令的区别。

一般来说，专门为顺序控制设计提供的指令和编程元件，具有使用方便、容易掌握和编写的程序较短的优点，应优先采用。

5.4 技能训练 自动循环送料车控制电路的设计、调试、运行、维护

自动循环送料车在生产现场中使用频繁，它可根据请求多地点随机卸料或是装料。如图5-22所示有4个工位，它根据请求在4个工位上停车卸料。另还有一个原始起点装料（SQ0）。图中送料车运动情况有向右、向左、停止。可分别停在4条生产线上（SQ1 ~ SQ4），各生产线位置均有按钮SB1 ~ SB4，为选择送料车的呼叫按钮。

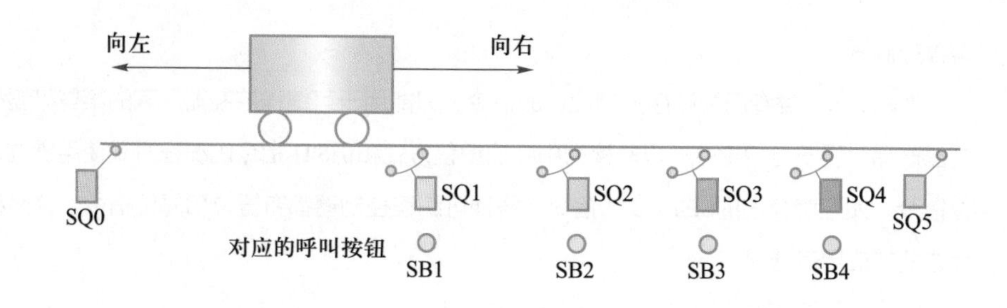

图5-22
自动循环送料车的示意图

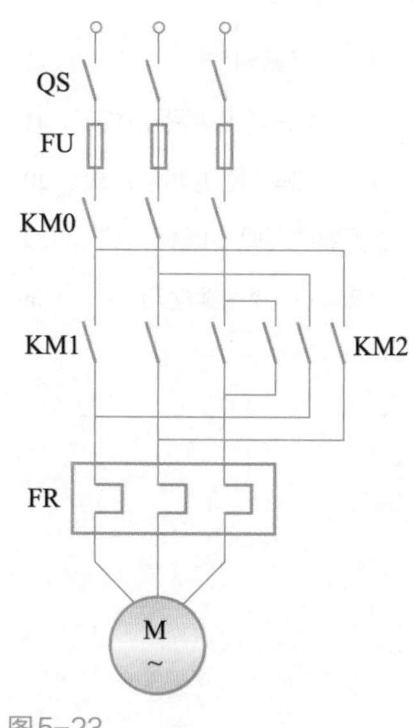

图5-23
系统控制主电路图

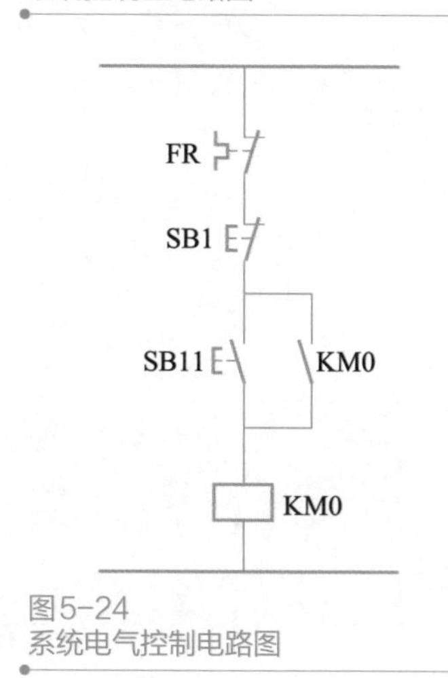

图5-24
系统电气控制电路图

5.4.1 自动循环送料车控制要求

1. 自动循环送料车控制要求

① 自动循环送料车由交流电动机拖动，直接起动。正转为向右行驶，反转为向左行驶。

② 自动循环送料车根据各生产线的呼叫执行。

③ 自动循环送料车在原点装料一次可供4个工位各使用一次。

④ 在各工位上标有工号的数码管，当送料车接收到呼叫信号时对应的工位上显示出其工位号。

⑤ 自动循环送料车有可靠的电气保护。

2. 自动循环车的系统控制主电路及电气控制电路图

按照题目要求，自动循环送料车的主电路有一台交流电动机拖动，其正、反转分别为向左与向右行驶。图5-23为系统控制主电路图。图5-24为系统电气控制电路图，由KM0控制总电源的工作，进行意外故障的紧急处理，SB11为电源总起动按钮，SB1为紧急处理断电按钮。

5.4.2 工位数码管显示的设计

根据要求当送料车来时对应的工位上显示出其工号，因此需要接4个数码管，下面介绍数码管的接法。数码管由8段发光管组成，图5-25（b）分别对应图（a）8个脚，另外COM、W用于接电源。在编程时只要对应发光引脚接通，则可显示出对应的数。例：要显示出4，就需要把F、G、B、C段同时接通即可亮出4。

1. 共阳极数码管引脚及应用图

2. 工位1的数码管的接线图

表示1只需要接通两段发光管B、C即可，图5-26为数码管的接线图。注意管子的电压，在此接了2 kΩ电阻用以分压。

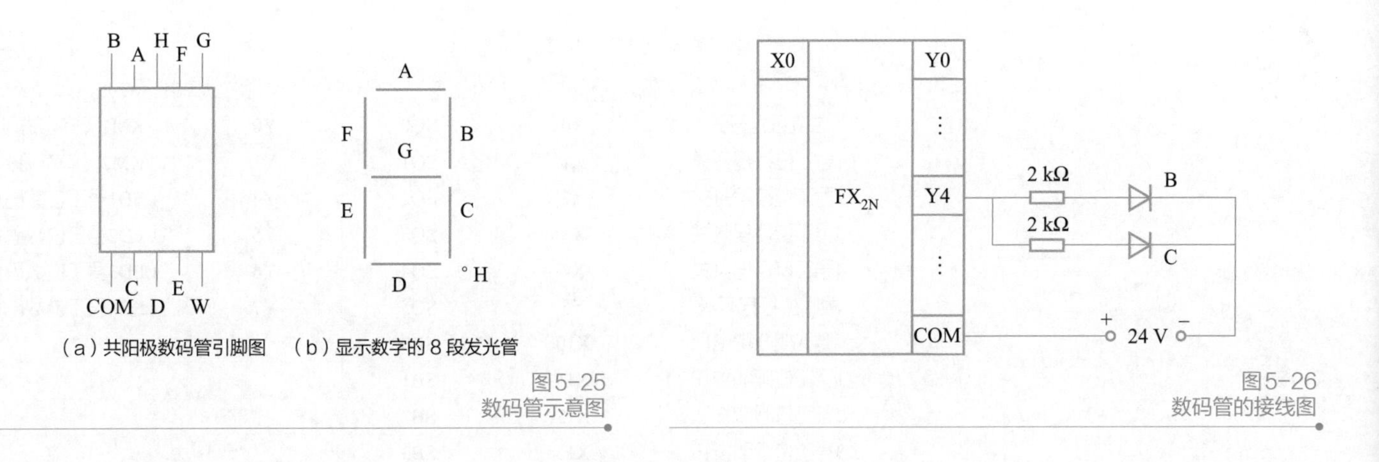

（a）共阳极数码管引脚图 （b）显示数字的 8 段发光管

图5-25
数码管示意图

图5-26
数码管的接线图

5.4.3 自动循环装料车设计的简易流程图

根据对自动循环装料车的控制要求，按照其动作的过程和顺序，画出自动循环装料车设计的简易流程图，如图5-27所示。

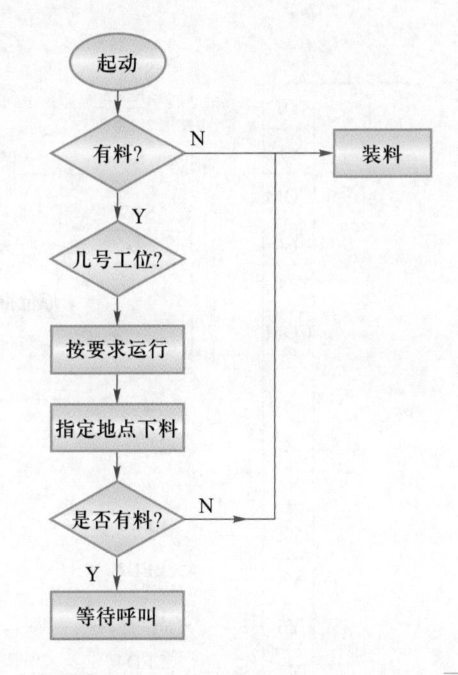

图5-27
自动循环装料车设计的简易流程图

5.4.4 自动循环送料车的 PLC 设计

1. 自动循环送料车的 I/O 分配

根据控制要求设置对应的I/O分配表如表5-3所示。

笔 记

表 5-3 自动循环送料车的 I/O 分配表

输入（I）			输出（O）	
原位行程开关	X0	SQ0	Y0	KM1（向右进）
1号工位行程开关	X1	SQ1	Y1	KM2（向左退）
2号工位行程开关	X2	SQ2	Y4	LED1号工位数码管
3号工位行程开关	X3	SQ3	Y5	LED2号工位数码管
4号工位行程开关	X4	SQ4	Y6	LED3号工位数码管
极限位行程开关	X5	SQ5	Y7	LED4号工位数码管
原位呼叫按钮	X10	SB0		
1号工位呼叫按钮	X11	SB1		
2号工位呼叫按钮	X12	SB2		
3号工位呼叫按钮	X13	SB3		
4号工位呼叫按钮	X14	SB4		
起动按钮	X15	SB5		
停止按钮	X16	SB6		
随机呼叫按钮	X17	SB7		

2. 自动循环送料车的 I/O 接线图

自动循环送料车的I/O接线图如图5-28所示。

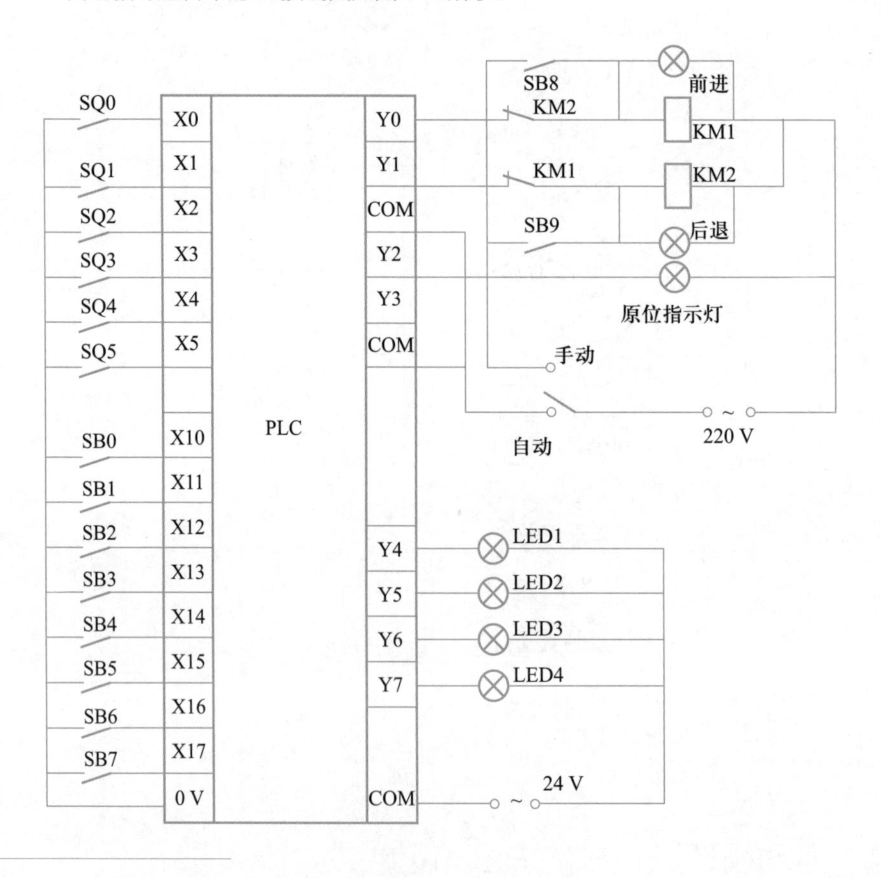

图5-28
自动循环送料车的I/O接线图

3. 自动循环送料车的 PLC 软件设计分析

① 当送料车接到送料呼叫信号时，辨别它自身所处的位置是在送料目标的右方还是左方，然后起动对应的接触器，是KM1（Y0）还是KM2（Y1）把料送到目标地。在这里采用

了双向行程开关，根据它倒向判断（见图5-22）。同时用顺序控制的选择分支实现（见图5-29）。

② 送料车中的料只能送4个工位，系统在运行中采用了计数器C0，当计数到4时C0接通，送料车不接收呼叫信号，直接装料。用C0的动断触点断开所有的信号来源，起动Y1到原始位置装料。

③ C0的计数脉冲由各个工位卸料控制时间继电器T11、T12、T13、T14 的脉冲下降沿来完成，以保证不出错。

④ C0的复位依靠装料时间继电器T10来实现，以保证刚装好料，准备开始记下送料车的送料次数。

⑤ 在送料到各工位前保证C0未起动、送料车装有料、顺序控制的起始保证。

笔 记

4. 自动循环送料车的参考顺序控制功能图

自动循环送料车的参考顺序控制功能图如图5-29所示。

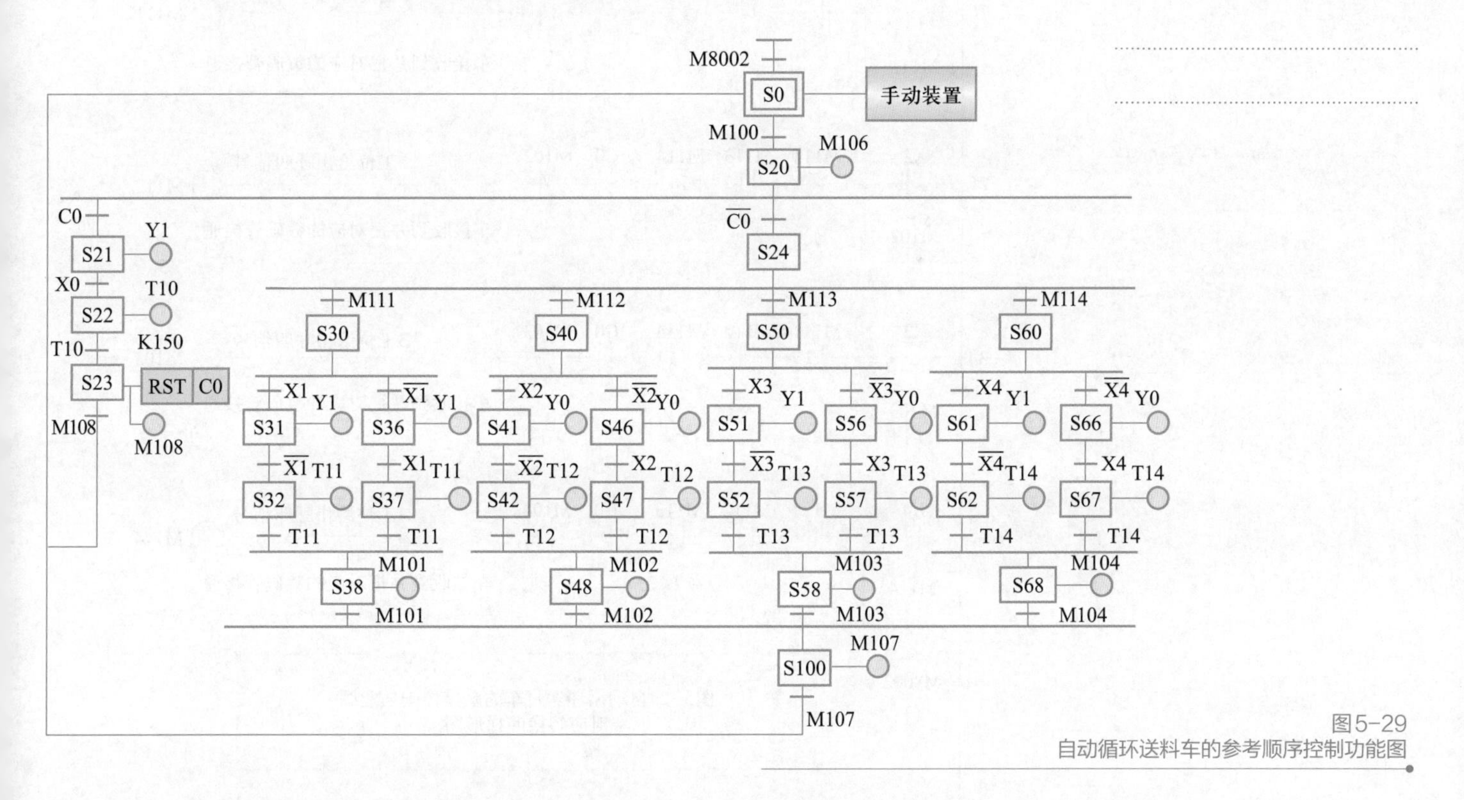

图5-29
自动循环送料车的参考顺序控制功能图

5. 自动循环送料车控制参考梯形图

自动循环送料车控制参考梯形图如图5-30所示。

笔 记

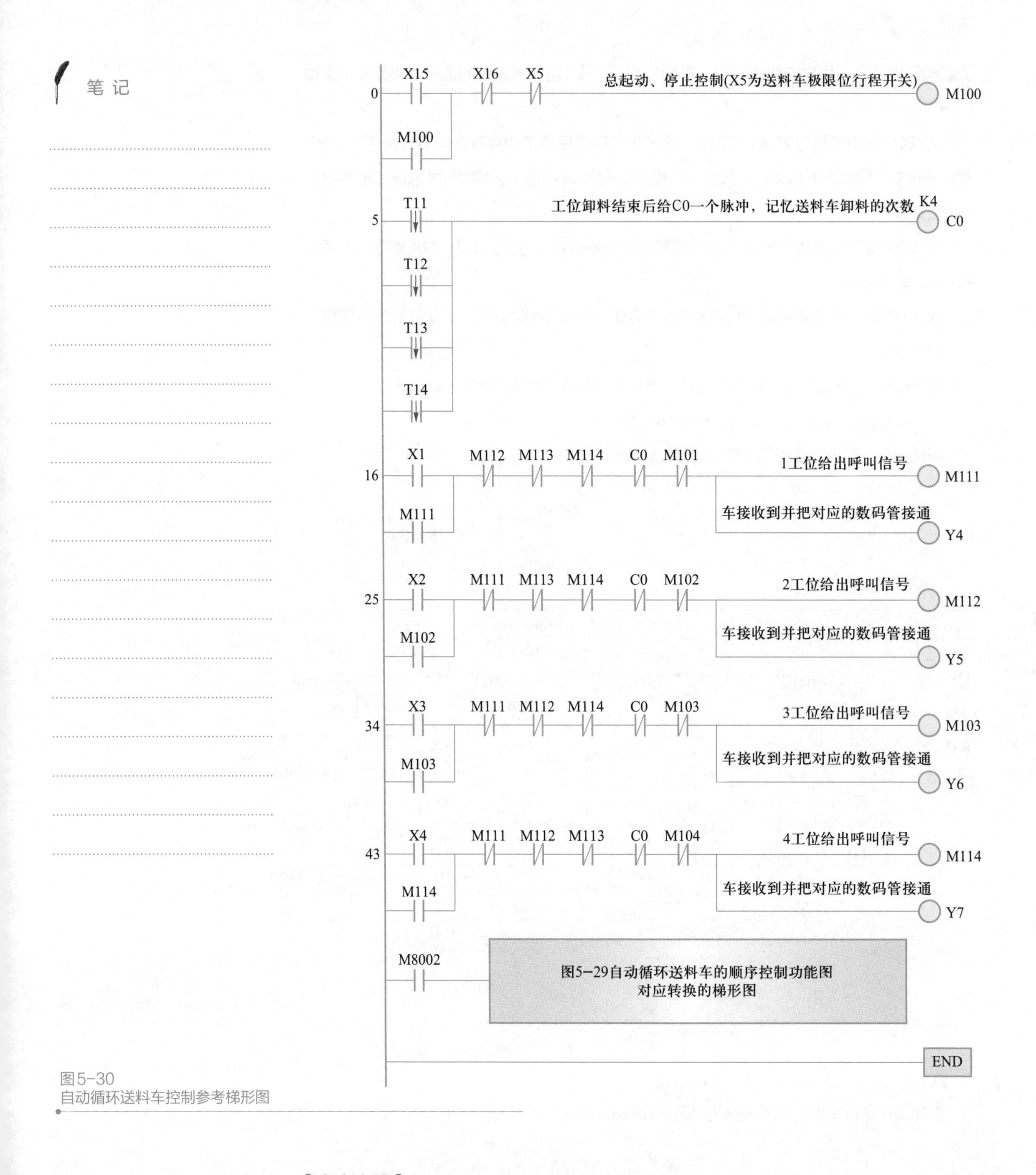

图5−30
自动循环送料车控制参考梯形图

【本章小结】

本章介绍了顺序控制功能图、顺序控制设计方法与顺序控制通用梯形图的编程方式。

1. 顺序控制状态元件S，顺序控制功能图的组成。步、转换、转换条件和动作（或命令）的介绍。

2. 按照控制要求画出顺序控制功能图，顺序控制功能图分为无分支、有分支两种。有分支又分选择性分支、并行分支两种。分支汇合的组合。

3. 根据顺序控制功能图画出对应的梯形图。应注意，选择性分支与并行分支在程序执行时的区别，前者根据条件执行某一分支，后者几条分支同时执行。在并行分支编程时，注意使各分支的运行时间相同。

4. 通过实例介绍顺序控制编程方法，顺序控制因每步的联系较少，因此只要按照动作的顺序，确定好转换条件，较容易画出顺序控制功能图。再根据顺序控制功能图，设计出梯形图。

5. 各厂家生产的可编程控制器在编程元件、指令功能和表示方法上有较大的差异。本章介绍用中间元件M设计顺序控制功能图，便于通用。有起保停电路的编程方式，以转移为中心的编程方式，仿STL指令的编程方式。

6. 通过对自动循环送料车的设计技能训练，使学生把所学的知识综合运用。

笔 记

【习题】

5-1 小车在初始位置时中间的限位开关X0为“1”状态，按下起动按钮X3。小车按图5-31所示的顺序运动，最后返回并停在初始位置，试画出顺序控制功能图、梯形图。

5-2 设计一个长延时定时电路，在X2的动合触点接通810 000 s后将Y6的线圈接通。

5-3 某组合机床动力头在初始状态时停在最左边，限位开关X0为“1”状态（见图5-32）。按下起动按钮X4，动力头的进给运动如图所示。工作一个循环后，返回并停在初始位置，控制各电磁阀的Y0～Y3在各工作步的状态如表5-4所示。表中的1、0分别表示动作与释放，试画出顺序控制功能图。

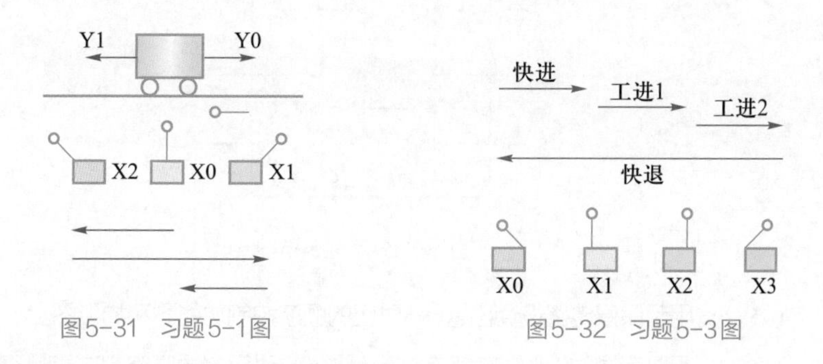

图5-31 习题5-1图　　图5-32 习题5-3图

表5-4 Y0～Y3在各工作步的状态

步	Y0	Y1	Y2	Y3
快进	0	1	1	0
工进1	1	1	0	0
工进2	0	1	0	0
快退	0	0	1	1

5-4 初始状态时，图5-33中的压钳和剪刀在上限位置；X0和X1为“1”状态。按下起动按钮X10，工作过程如下：首先板料右行（Y0为“1”状态）至限位开关X3为“1”状态，

笔 记

然后压钳下行（Y1为“1”状态并保持）。压紧板料后，压力继电器X4为“1”状态，压钳保持压紧。剪刀开始下行（Y2为“1”状态）。剪断板料后，X2变为“1”状态，压钳和剪刀同时上行（Y3和Y4为“1”状态，Y1和Y2为“0”状态），它们分别碰到限位开关X0和X1后，分别停止上行。停止后，又开始下一周期工作，剪完5块板料后停止工作并停在初始状态。试画出顺序控制功能图，设计出梯形图。

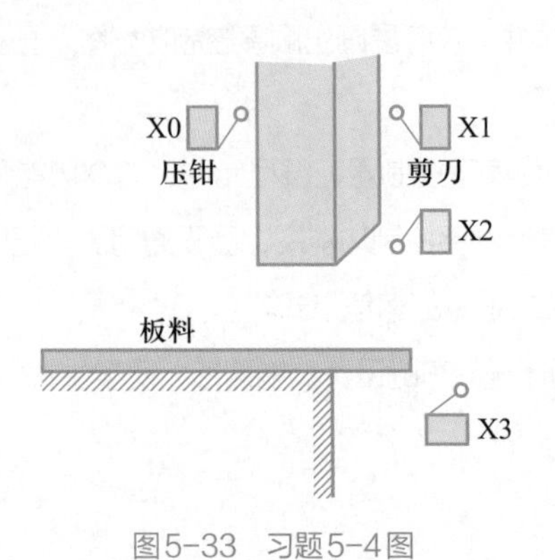

图5-33　习题5-4图

5-5　按下起动按钮X0后，可编程控制系统的3个输出信号按图5-34中的波形周期性的连续变化。按下停止按钮时，如果系统正处在各输出均为“0”状态的阶段（延时时间为4 s），系统停止运行；如果按下停止按钮时，系统处在另行的阶段，则继续运行，直到进入延时4 s的阶段才停止运行。试画出顺序控制功能图，设计出梯形图程序。

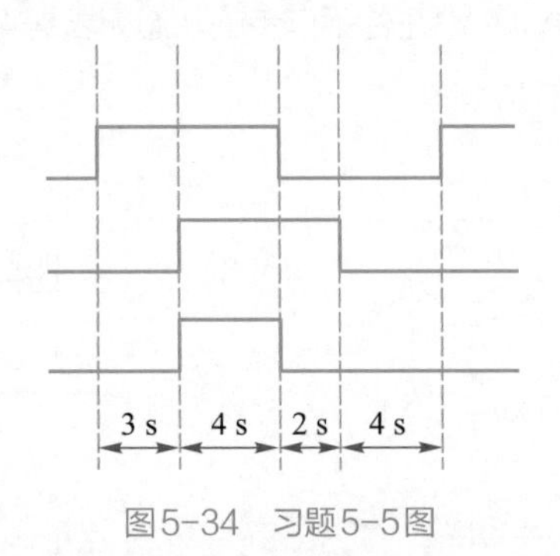

图5-34　习题5-5图

5-6　用起保停电路设计出题5-5对应的顺序控制功能图和梯形图。

5-7　用以转换为中心的编程方法设计题5-5对应的顺序控制功能图和梯形图。

5-8　用仿STL指令的编程方法设计题5-5对应的顺序控制功能图和梯形图。

5-9　用起保停电路，以转换为中心，仿STL指令的编程方法，设计题5-3对应的顺序控制功能图与梯形图。

【实验】

实验6　顺序控制指令及应用

一、实验目的

1. 了解状态元件在顺序控制中的应用。

2. 掌握顺序控制指令STL的使用方法。

笔 记

3. 熟悉选择分支，并行分支的编程。

4. 掌握用顺序控制功能图转换成顺序控制梯形图和指令。

5. 熟悉GX Works编程软件的使用。

二、实验设备

1. 三菱FX_{3U}系列可编程控制器。 1台

2. 装有PLC软件的计算机。 1台

3. 模拟开关板。 1块

三、实验内容

1. 根据图5-9（a）所示顺序控制功能图，画出梯形图，并输入指令运行，按照图中的转换条件操作模拟开关板，观察输出状态。

2. 根据图5-14所示交通信号灯顺序控制功能图，画出梯形图，并输入指令运行，观察输出状态。

3. 用顺序控制设计多处停放自动循环送料小车的控制。图2-24为送料小车工作示意图，小车起始在SQ0处装料时间t_0，开始向右行驶，到SQ1处停下；下料时间t_1，返回（向左行驶）到SQ0处停下，上料时间t_0。再向右行驶直到SQ2处停下，下料时间t_2再返回原处。完成一个循环。

小车由一台电动机拖动。

4. 写出I／O分配表、顺序控制功能图、梯形图，并进行输入、调试运行。

四、思考题

1. STL语句后面的动合触点应用什么指令（AND／LD），与栈指令MPS后面的动合触点用的指令作比较。

2. 选择性分支与并行分支在画梯形图上有什么区别，应注意什么？

3. 比较用基本指令与顺序控制指令设计多处停放送料小车的区别。

4. 使用起保停电路的编程方式编出多处停放送料小车的梯形图。

5. 顺序控制在运行中突然停电，再次起动时会如何运行？

五、实验报告

[重点难点]

可编程控制器除了基本逻辑指令和步进指令，还有很多的应用指令（也称功能指令）。应用指令适用于工业自动化控制中的数据运算和特殊处理。这些应用指令实际上是许多功能不同的子程序，它们大大地扩大了可编程控制器的应用范围，实现更复杂过程控制系统的闭环控制。

三菱FX系列PLC的应用指令用功能符号FNC00-FNC□□□表示，各条指令有相对应的助记符。例如：FNC45，助记符为MEAN，指令含义为求平均值。FNC12，助记符为MOV，指令含义为数据传送。不同型号的FX系列PLC，其所拥有的应用指令数量不同。

第6章 应用指令的介绍

6.1 应用指令的表示形式及含义

教学课件：应用指令的表示形式及含义

6.1.1 应用指令的表示形式

图6-1是应用指令的梯形图表达形式。在执行条件X0后的方框为功能框，分别含有应用指令的名称和参数。当X0合上后，数据寄存器D0的内容加上123（十进制），然后送到数据寄存器D2中。

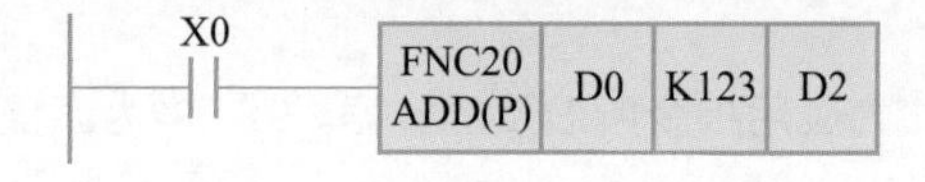

图6-1 应用指令的梯形图表达形式

6.1.2 应用指令的含义

以图6-2为例来说明应用指令功能框中各参数的含义。

① 为功能代号（FNC）。每条应用指令都有一个固定的编号，FX_{3U}系列PLC的应用指令代号从FNC00～FNC295。例如FNC00代表CJ（条件转移），FNC01代表CALL（呼叫），…，FNC246代表两个数据比较。

② 为助记符，ADD表示加法。

③ 为数据长度指示。有（D）表示为32位数据操作，无（D）表示为16位数据操作。图6-3（a）所示应用指令含义为将（D10）中的16位数据内容传送到（D12）中，图（b）表示将（D21，D20）中的32位数据内容传送到（D23，D22）中。注意在32位数据传送

中每个数据寄存器（D）分别传送16位，而梯形图只标出低16位数据寄存器图（b）中的D20，D22。

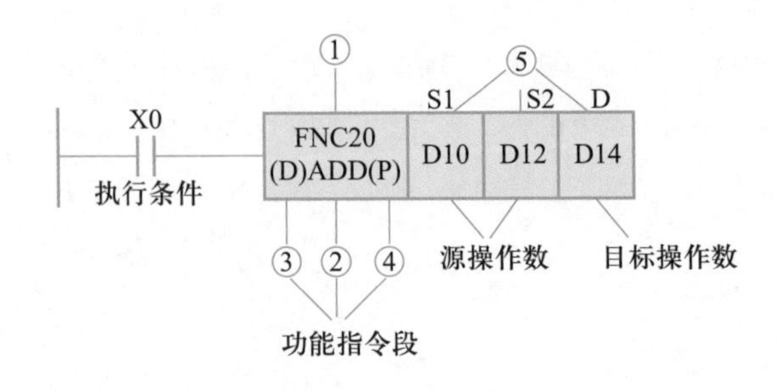

图 6-2
加法指令格式及参数形式

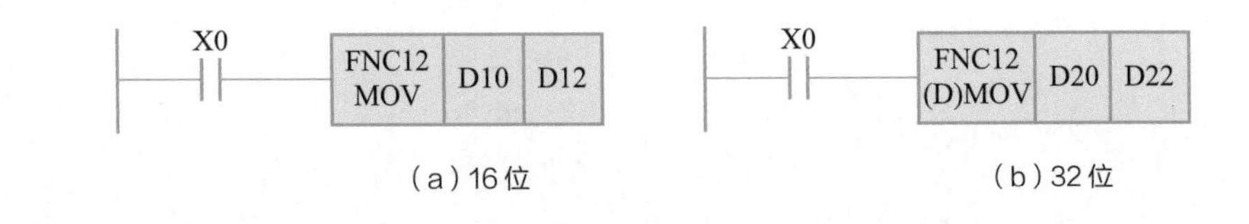

（a）16 位　　（b）32 位

图 6-3
16 位 32 位数据传送指令

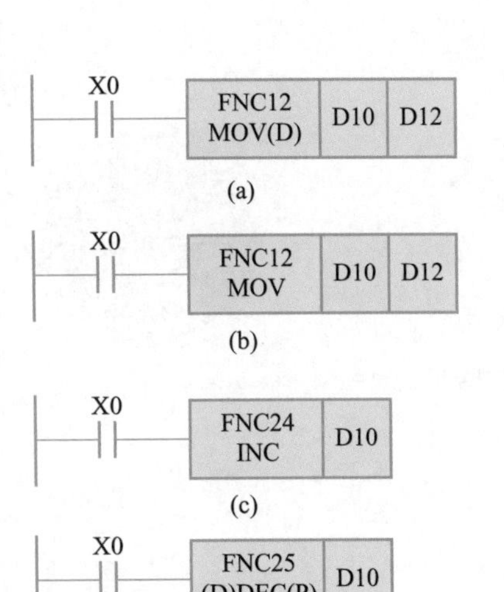

图 6-4
脉冲型、连续执行型指令示例

④ 为脉冲 / 连续执行指令标志（P）。指令中有（P）表示为脉冲执行指令，当条件满足时执行一个扫描周期。指令中无（P）表示连续执行。以图6-4来解释此指令。

传送指令，当X0从OFF→ON时，执行一次送数，其他时刻不执行，即（D10）→（D12）。

传送指令，当X0从OFF→ON时，在每个扫描周期都执行数据传送一次，即（D10）→（D12）。

加1指令，当X0从OFF→ON时，（D10）内容加1再送入（D10），每扫描一次加1，即（D10）+1→（D10）。

减1指令，当X0从OFF→ON时，（D11，D10）-1→（D11，D10），只执行一次操作且为32位数据操作。

⑤ 为操作数。为应用指令所涉及的数据。S1、S2为源操作数，分别是数据寄存器（D10，D12）中的内容（数据）。D是目标操作数，即D14中的内容（数据），目标操作数指的是应用指令执行后数据结果所在的数据寄存器。源操作数在指令执行后数据不变，而目标操作数在指令执行后可发生变化。操作数也可以是常数，常数以K或H开始，K表示十进制数，H表示十六进制数。

6.2 应用指令的分类与操作数说明

6.2.1 应用指令的分类

FX_{3U}系列PLC的应用指令有18类，下面列出其中12类：

（1）程序流程指令

如CJ（条件转移）、CALL（子程序调用）、EI（中断允许）、DI（中断禁止）等。

（2）数据传送指令

如MOV（传送）、BMOV（成批传送）等。

（3）比较指令

如CMP（比较）、ZCP（区间比较）等。

（4）四则运算指令

如ADD（二进制加法）、SUB（二进制减法）、MUL（二进制乘法）、INC（二进制加法）等。

（5）循环指令

如ROR（循环右移）、ROL（循环左移）等。

笔 记

（6）移位指令

如SFTR（位右移）、SFTL（位左移）等。

（7）数据处理指令

如ZRST（批次复位）、DECO（译码）、MEAN（平均值）、SUM（浮点处理）等。

（8）数据转换指令

如BCD（BCD码转换）、BIN（二进制转换）、FLT（整数转浮点数）、INT（浮点数转整数）等。

（9）特殊函数指令

如SQR（开方）、EXP（指数）、SIN（正弦）等。

（10）脉冲输出/定位指令

如ZRN（原点回归）、DRVA（绝对定位）、PLSY（脉冲输出）等。

（11）特殊功能模块控制指令

如FROM（BFM读）、TO（BFM写）、RD3A（模拟量模块读）、WR3A（模拟量模块写）等。

（12）其他方便指令

如ALT（交替输出）、PWM（脉宽调制）、IST（初始化状态）、PID（PID运算）等。

6.2.2 应用指令操作数说明

下面重点介绍应用指令处理数据和运算过程中均要用到的数据寄存器、变址寄存器、中断指针和特殊辅助继电器。

1. 数据寄存器与位组合数据

（1）数据寄存器（D）

数据寄存器用于存储数值数据，它属于字元件（X、Y、M、S属于位元件），其值可通过应用指令、数据存取单元及编程装置（编程器）进行读出或写入。如图6-5所示，每个数据寄存器都是16位，最高位为符号位，0：正数，1：负数。

如图6-6所示，两个相邻的数据寄存器（如D10、D11）可组成32位数据寄存器。亦是最高位为符号位。

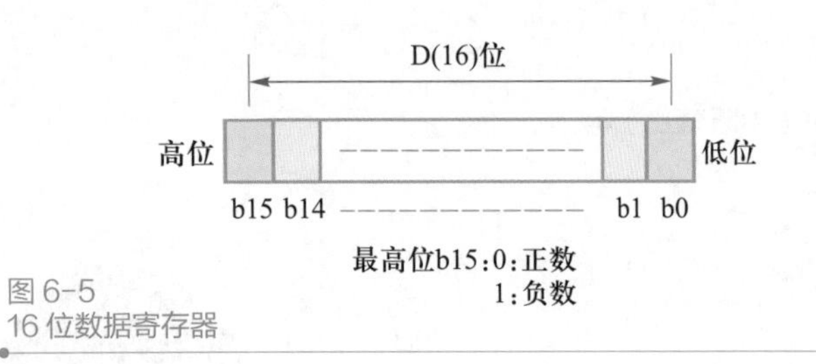

图 6-5
16 位数据寄存器

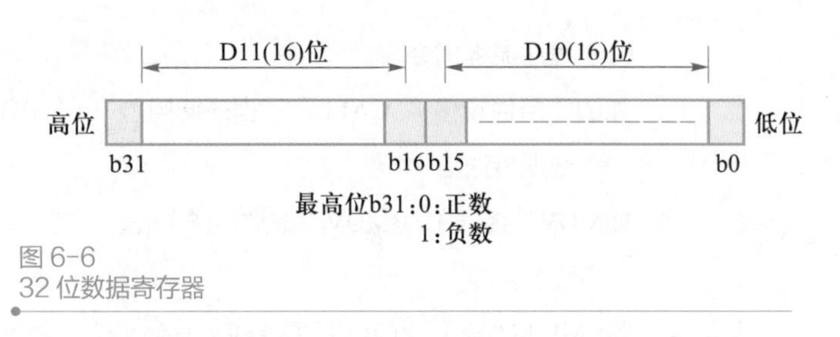

图 6-6
32 位数据寄存器

数据寄存器分一般型、停电保持型和特殊型。FX_{3U}系列PLC数据寄存器D0～D199为一般型共200个（点），D200～D511为停电保持型共312点，特殊型D8000～D8511共512点。一般型数据寄存器一旦写入数据，只要不再写入其他数据，其内容就不会变化，但PLC停止运行或停电时所有数据将清零。但在M8033被驱动时例外，即数据可以保持。

（2）位组合数据

FX系列PLC中，是使用4位BCD码表示1位十进制数据。用位元件表示，4位一个组合，表示1个十进制数。所以在应用指令中，常用KnX、KnY、KnM、KnS位组合数据形式，表示1个十进制数。

例如：

K1X0表示由X3～X0 4个输入继电器的组合。

K2X0表示由X7～X0 8个输入继电器的组合。

K3Y0表示由Y13～Y0 12个输出继电器的组合。

K4Y0表示由Y17～Y0 16个输出继电器的组合。

2. 变址寄存器（V、Z）

（1）变址寄存器的形式

变址寄存器也是可进行读、写的寄存器，字长为16位，共有16个，分别为V0~V7和Z0~Z7。

变址寄存器也可以组成32位数据寄存器，组合状态如图6-7所示，最多可组合18个32位变址寄存器。

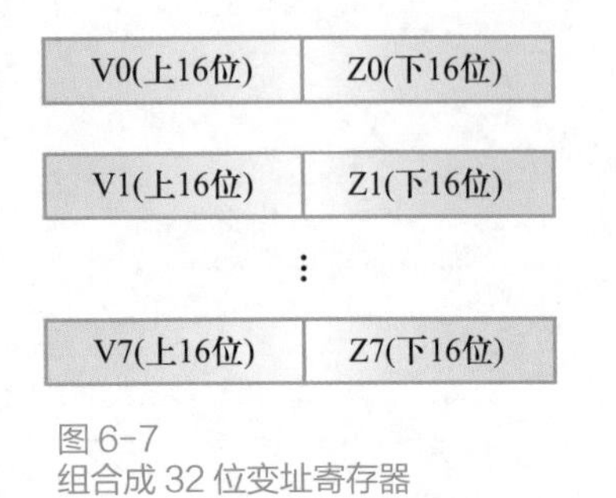

图 6-7
组合成 32 位变址寄存器

变址寄存器的使用如图6-8所示。

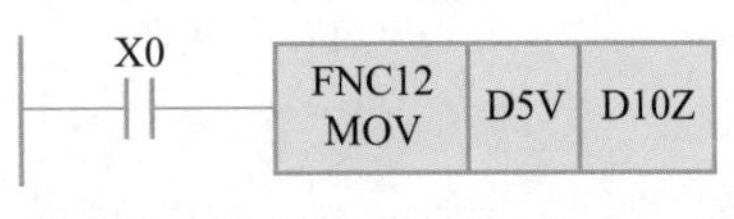

图 6-8
变址寄存器使用实例

当V=9、Z=12时，D5V=D5＋9=D14；D10Z=D10＋12=D22。

当X0=1时，则D14→D22。

当V=8时，则D5＋8=D13，D13→D22。

注意：在处理16位指令时，可以任意选用V或Z变址寄存器；而在处理32位应用指令中的软元件或处理超过16位范围的数值时，必须使用Z0～Z7。

（2）变址寄存器有关参数的修改

① 数据寄存器编号的修改：

a. 16位指令操作数的修改实例，如图6-9（a）所示。当X0=1或X0=0时，则将K0或K10向变址寄存器V0传送。若X1=1接通，当V0=0时，则K500向D0（D0＋0=D0）传送。当V0=10时，则将K500向D10（D0+10=D10）传送。

b. 32位指令操作数的修改实例，如图6-9（b）所示。因为（D）MOV指令是32操作指令，所以在该指令中使用的变址寄存器也必须指定为32位。在32位指令中应指定变址寄存器的Z侧（低位用Z0～Z7），实际上就暗含指定了与低位组合的高位侧V侧（V0～V7）。

笔 记

② 常数K的修改。常数K的修改情况也同软元件编号D、Z等修改一样。如图6-9（c）所示，若X5=1接通，当V5=0时，则K6V5=K6（K6+0=K6），将K6向D10传送；当V5=20时，则K6V5=K26（K6+20=K26），将K26向D10传送。

③ 输入／输出继电器八进制软元件编号的修改，如图6-9（d）所示。用MOV指令变址，改变输入，使输入变换成X7～X0或X17～X20送到输出端Y7～Y0。

当X10=1时，K0→V3；当X11=1时，K8→V3；当X12=1时，K16→V3。这种变换是将变址值0、8、16，通过八进制的运算（X0+0=X0）、（X0+8=X10）、（X0+16=X20），确定软元件编号，使输入端子发生变化。之所以在X编号中使用的是八进制，是因为FX_{3U}系列PLC中X号为X0～X7，X10～X17，X20～X27，…，不能用十进制出现X8、X9、X18、X19等错误编号。

④ 定时器当前值的修改，如图6-10所示，若要对T0～T9定时器当前值进行显示，可以利用变址寄存器简单地构成。

3. 指针（P/I）

指针用作跳转、中断等程序的入口地址，与跳转、子程序、中断程序等指令一起应用。其地址号用十进制数分配。按用途可分为分支指针（P）和中断指针（I）两类。FX_{3U}系列PLC分支用指针P有P0～P62共63点，结束跳转用P63共1点；输入中断用I00□（X0），I10□（X1），…，I50□（X5）共6点，定时器中断用I6□□～I8□□共3点，计数器中断用I010～I060共6点。

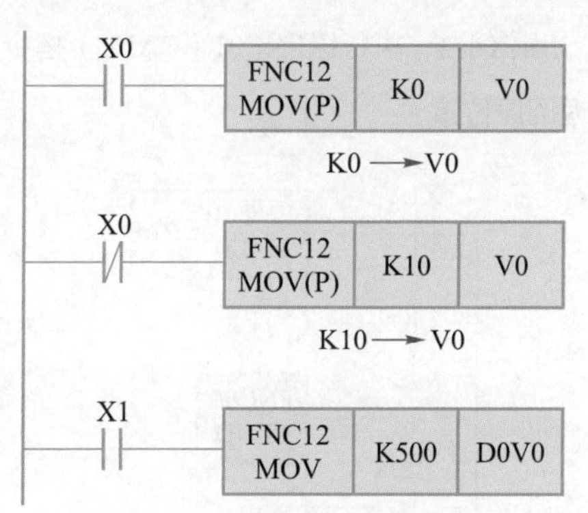

（a）16位指令操作数的修改实例

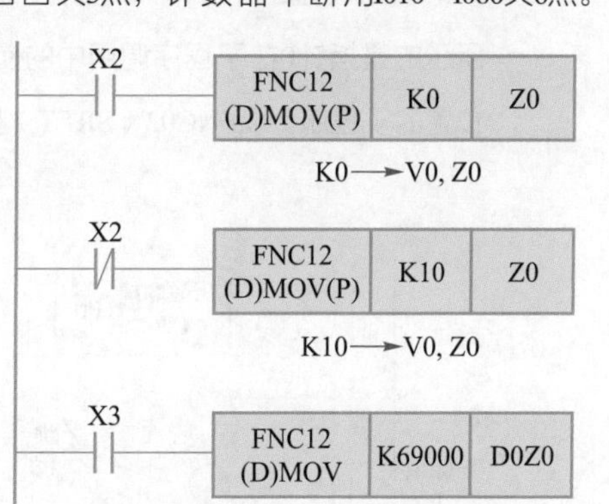

（b）32位指令操作数的修改实例

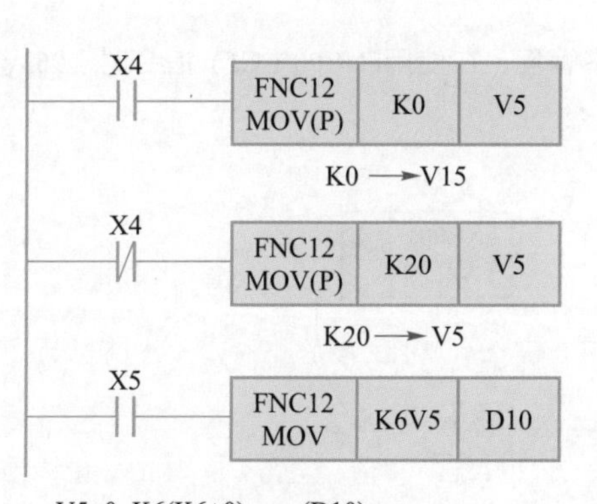

（c）常数K的修改实例

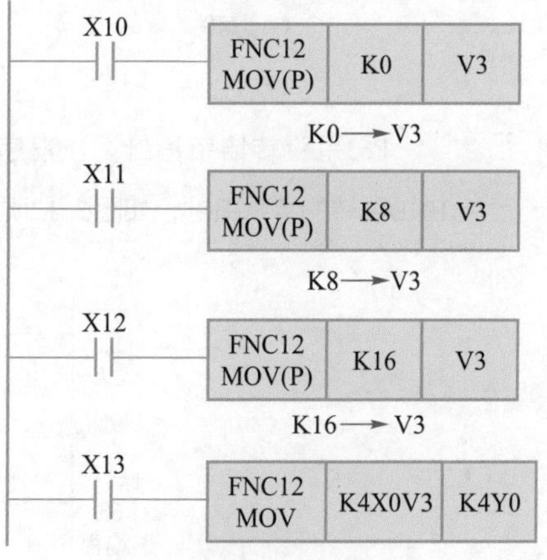

（d）输入／输出继电器八进制软元件编号的修改实例

图6-9 变址寄存器参数修改实例之一

笔 记

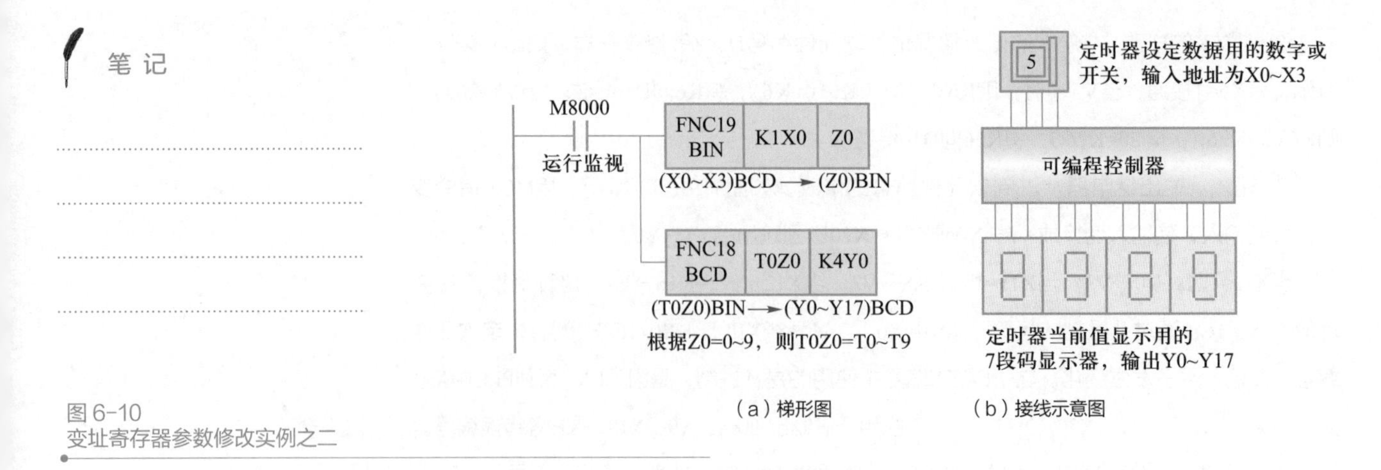

（a）梯形图　（b）接线示意图

图6-10
变址寄存器参数修改实例之二

（1）分支用指针P

分支用指针P用于条件跳转指令、子程序调用指令，地址号P0～P62（FX_{3U}）共63点，而P63则相当于END指令，表示跳转结束。

注意：在编程时，指针号不能重复使用。

图6-11为分支用指令P的应用实例。图6-11（a）所示的是指针P在条件跳转中的使用，如果X1=1，通过FNC00（CJ）指令跳转到指定的标号P0位置，执行随后的程序。图6-11（b）所示的是指针P在子程序调用中的使用，如果X1=1，执行以FNC01（CALL）指令的标号P1位置的子程序，以FNC02（SRET）指令返回原位置。

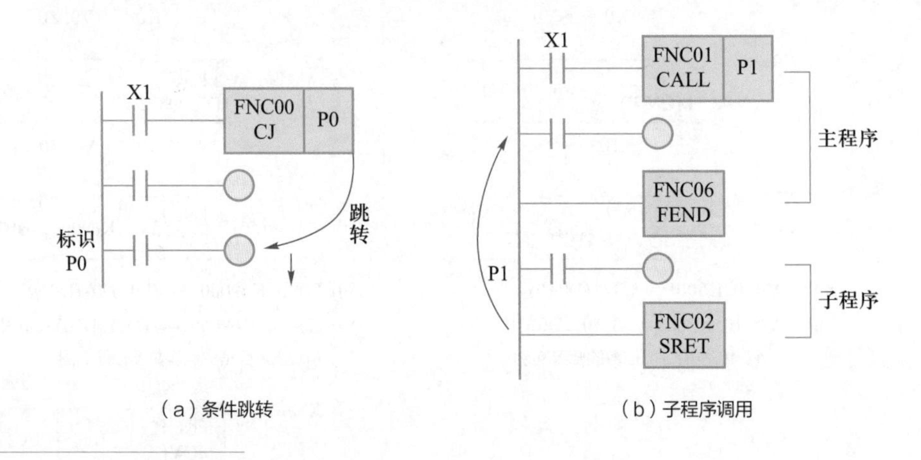

（a）条件跳转　（b）子程序调用

图6-11
分支用指针P的应用实例

P63是跳转结束指针，在程序中不编程。在使用FNC00（CJ）指令时，P63意味着向END跳转的特殊指针，如图6-12所示。

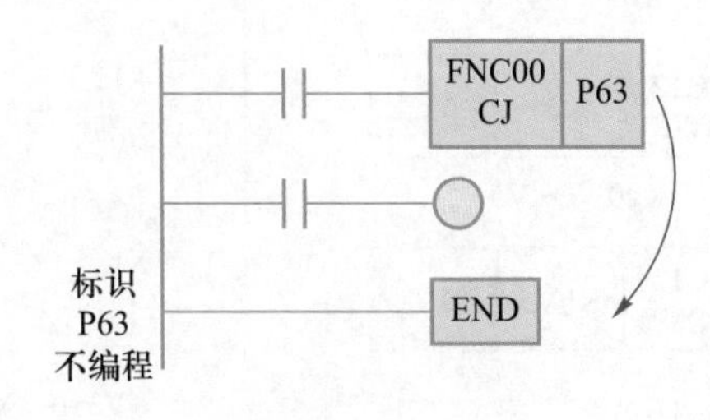

图6-12
P63指针功能

（2）中断指针I

中断指针I有以下三种类型，与应用指令FNC03（IRET）中断返回、FNC04（EI）允许中断、FNC05（DI）禁止中断一起组合使用。

① 输入中断I。I00□～I50□共6点，指针格式表示如下：

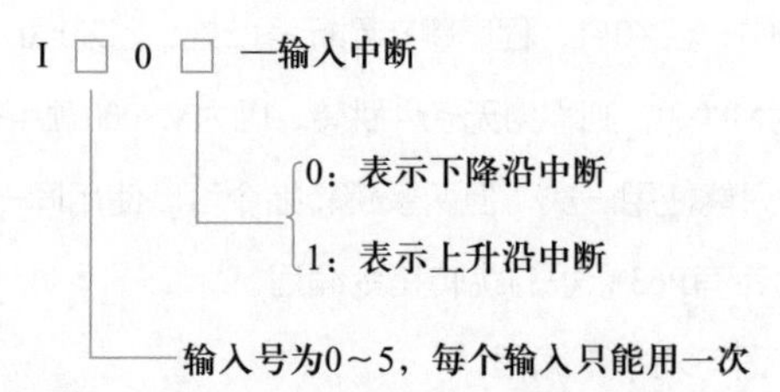

中断指针I001为X0在上升沿时执行。输入中断是接收外界信号（X0～X5）所引起的中断，它是不受可编程控制器的扫描周期影响。触发该输入信号，则执行中断子程序。

② 定时器中断。FX_{3U}有3点定时器中断，I6□□～I8□□。定时器中断为机内信号中断，使PLC以指定的周期定时执行中断子程序，循环处理某些任务。由编号为6～8的3个专用定时器控制。例如I820表示每隔20 ms就执行标号为I820后面的中断程序一次，在IRET指令执行时返回。

注：详情关注6.3.3节中断指令。

笔 记

I □ □ □ 定时器中断

10～99ms

定时器中断号为6～8，每个定时器只能用一次

6.3 程序流向控制指令

本节将对程序流向的一些应用指令作简要介绍。

程序跳转及中断指令共有10条，表6-1列出了这10条程序流程指令含义。

教学课件：程序流向控制指令

表6-1 程序流程指令含义

FNC□□	指令助记符	指令名称及功能
00	CJ	条件跳转，程序跳到P指针标号处
01	CALL	子程序调用，调用P指针标号处程序，可嵌套5层
02	SRET	子程序返回，从CALL调用的子程序返回主程序
03	IRET	中断返回，从中断程序返回主程序
04	EI	中断允许（允许中断）
05	DI	中断禁止（禁止中断）
06	FEND	主程序结束
07	WDT	监视定时器刷新
08	FOR	循环，可嵌套5层
09	NEXT	循环结束

6.3.1　条件跳转指令 [CJ（FNC00）]

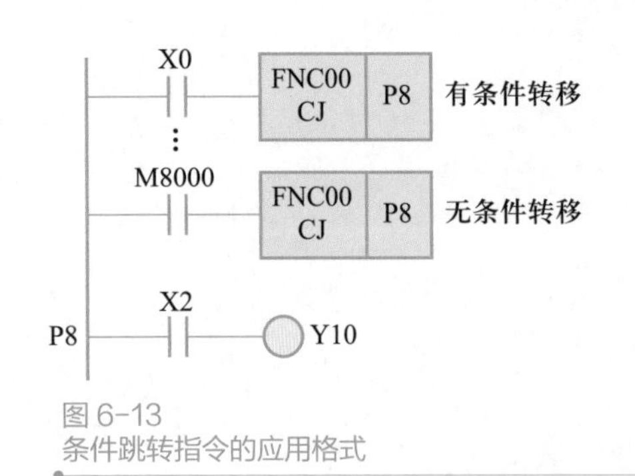

图 6-13
条件跳转指令的应用格式

1. 指令使用

图6-13为条件跳转指令在梯形图中的具体应用格式。

① 在图6-13中，若X0=1，程序跳转到标号P8处；若X0=0，顺序执行程序，这是有条件转移。若执行条件为M8000，则称为无条件跳转，因为M8000触点在PLC通电运行时就自动接通。

② 一个标号只能使用一次，但两条跳转指令可以使用同一标号。编程时，标号占一行。

③ 图6-14为带有P63标号的跳转指令编程。

注意：P63在语句表中不编程。

笔 记

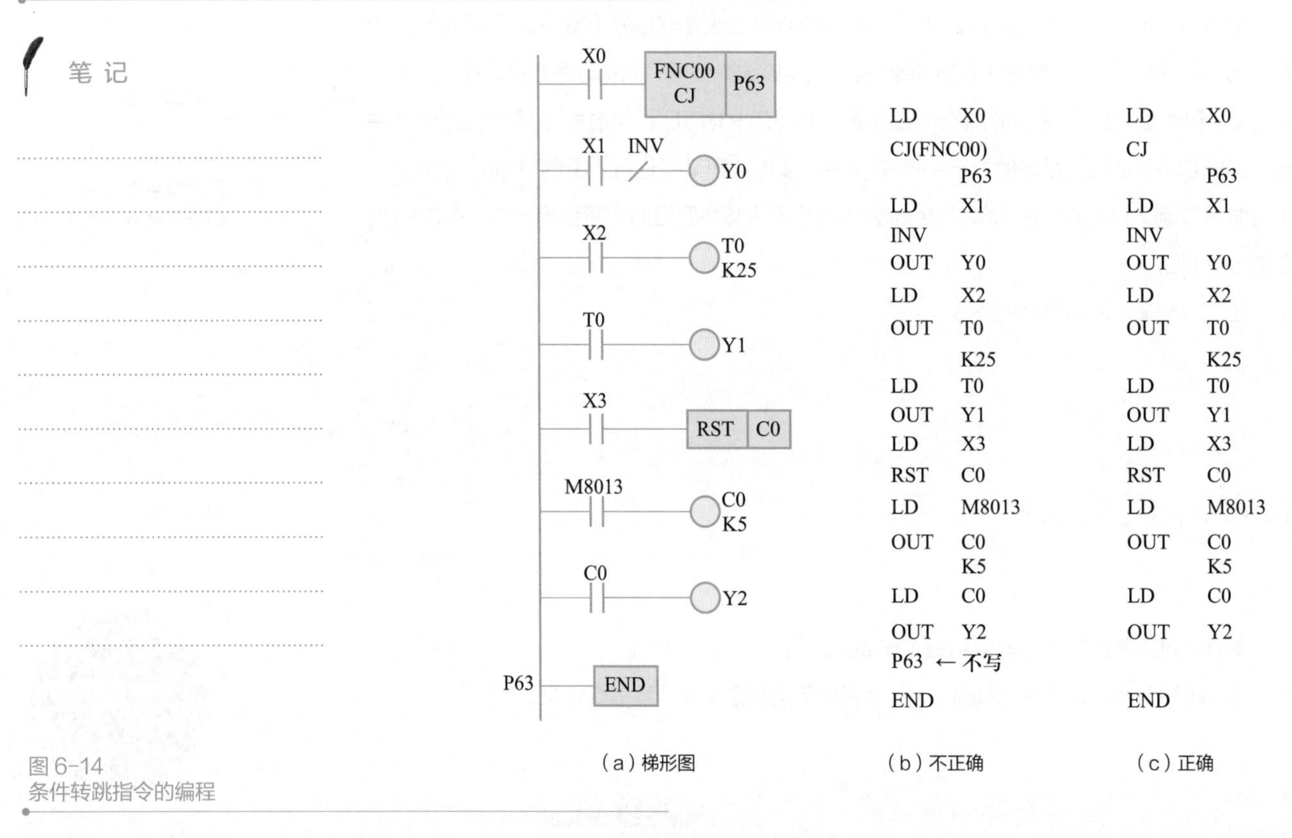

图 6-14
条件转跳指令的编程

当X0为OFF时，程序正常运行，X1=0，Y0=1，X2=1，T0定时2.5 s，Y1=1，X3=0，C0计5次，Y2=1。若X0为ON，则跳到P63处，使继电器输出，定时器、计数器值均保持不变。此时若X0为OFF时，又继续执行程序，继电器输出根据输入条件动作，而定时器、计数器继续往下定时或计数。

2. 应用举例

工业控制中经常用到手动和自动控制电路，两种电路程序要切换。图6-15所示即为采用CJ指令完成自动/手动方式程序切换，X0为切换方式开关，X1为手动计数脉冲，M8013为秒脉冲，X10为清零开关。

当X0为OFF时，执行手动程序，X1输入5个脉冲信号，Y0有输出。当X0为ON时，执行自动程序，Y1为观察秒脉冲的输出，C1对秒脉冲（M8013）计数，计满10个数时，Y2有输出。

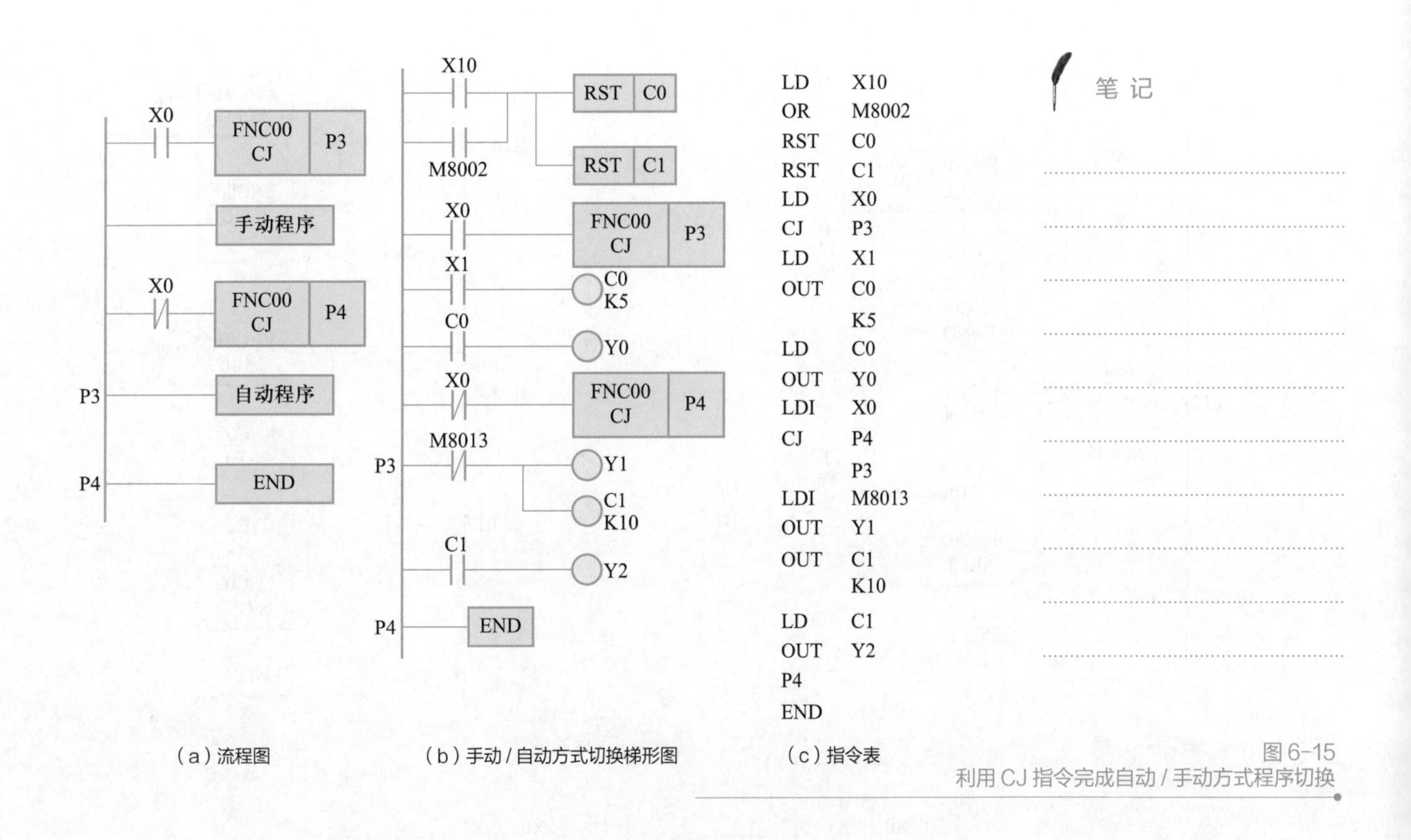

（a）流程图　（b）手动/自动方式切换梯形图　（c）指令表

图6-15 利用CJ指令完成自动/手动方式程序切换

6.3.2 子程序调用指令[CALL-SRET（FNC01、FNC02）]

1. 指令使用

① 图6-16所示为CALL指令在程序中的基本使用格式。指针号在程序中只能用一次。

② CALL指令一般安排在主程序中，主程序的结束有FEND指令。子程序开始端有PXX指针号，最后由SRET返回主程序。

③ 图6-16中X0为调用子程序条件。当X0为ON时，调用P10～SRET子程序并执行；当X0为OFF时，不调用子程序，主程序按顺序运行。

④ 子程序调用指令可以嵌套，最多为5级。图6-17所示是一嵌套例子。子程序P11的调用因采用CALL（P）指令，是脉冲执行方式，所以在X0由OFF→ON时，仅执行一次。即当X0从OFF→ON时，调用P11子程序。P11子程序执行时，若X11=1，又要调用P12子程序执行，当P12子程序执行完毕，又返回到P11原断点处执行P11子程序，当执行到SRET①处，返回主程序。

2. 应用举例

采用子程序调用指令，可以优化程序结构，提高编程效果。图6-18所示为一个子程序调用应用实例。当X1为OFF、X0为OFF时，调用P1（2S）子程序执行，若X0为ON、X1为OFF时，调用P0（1S）子程序执行；当X1为ON时，就不能调用P0、P1子程序，而应调用P2（4S）子程序并执行。

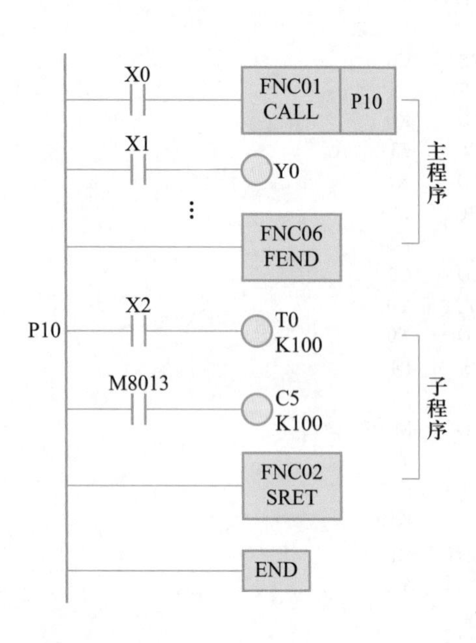

图 6-16
子程序调用指令的基本应用

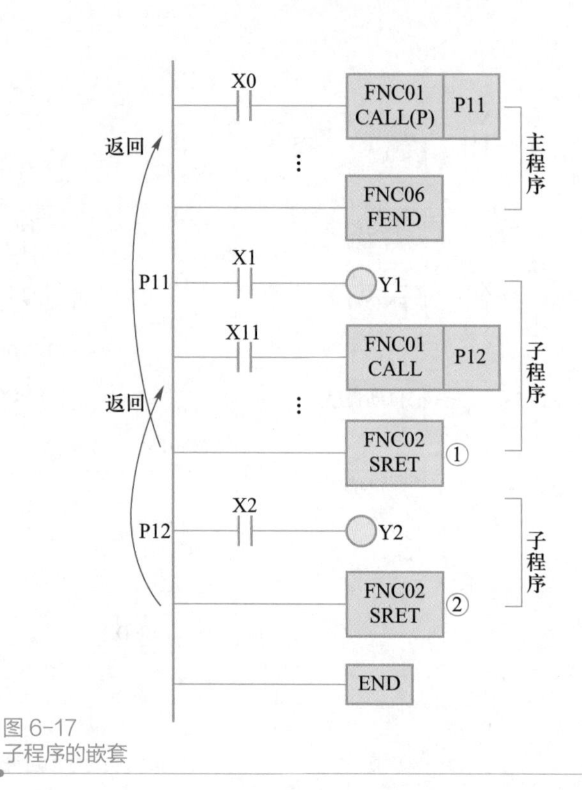

图 6-17
子程序的嵌套

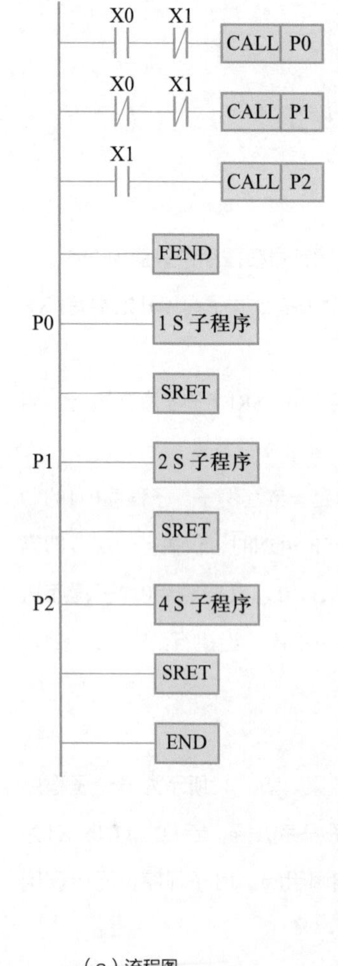

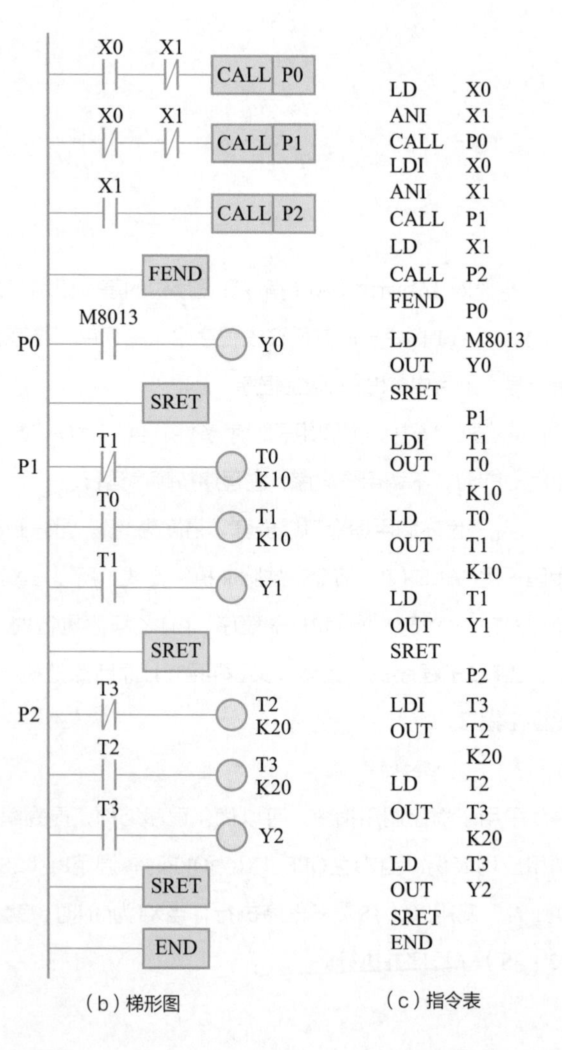

图 6-18
子程序调用应用实例

（a）流程图　　（b）梯形图　　（c）指令表

6.3.3 中断指令 [IRET、EI、DI（FNC03、FNC04、FNC05）]

笔 记

1. 中断指令的使用说明

① IRET：中断子程序返回主程序；EI：允许中断；DI：禁止中断。图6-19所示为中断指令使用说明。EI～DI为允许中断区间，当中断条件出现在主程序此区间内则转向执行有中断标号的子程序。

② 中断子程序开始有中断标号，由IRET返回。中断子程序一般出现在主程序后面。中断标号必须对应允许中断的条件。

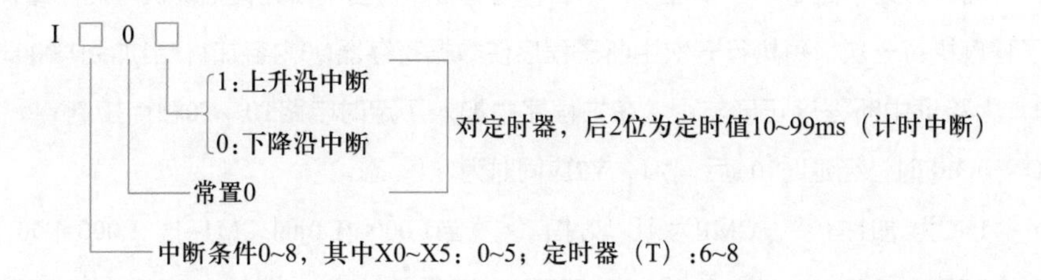

在中断条件0～8中，0～5表示与输入条件X0～X5对应，在图6-19中中断标号I001表示X0为1在上升沿执行中断子程序 I，I101表示X1为1在上升沿执行子程序 II；6～8为定时器中断条件（标号），如I610表示指定由定时器6每计时10 ms执行一次中断子程序。同理I899表示由定时器8每计时99 ms执行一次中断子程序。

③ 中断子程序可嵌套最多二级，多个中断信号同时出现，中断标号低的有优先权。

④ 对中断标号为I00□～I50□的输入中断，对应M8050～M8055为1时中断被禁止。对中断标号为I6□□～I8□□的定时器中断，对应M8056～M8058为1时中断被禁止。

⑤ 在特殊场合主程序设计中采用中断指令，可以有目的地预先应付突发事件。中断指令也适用于一些必须定时监控诊断的主程序中。

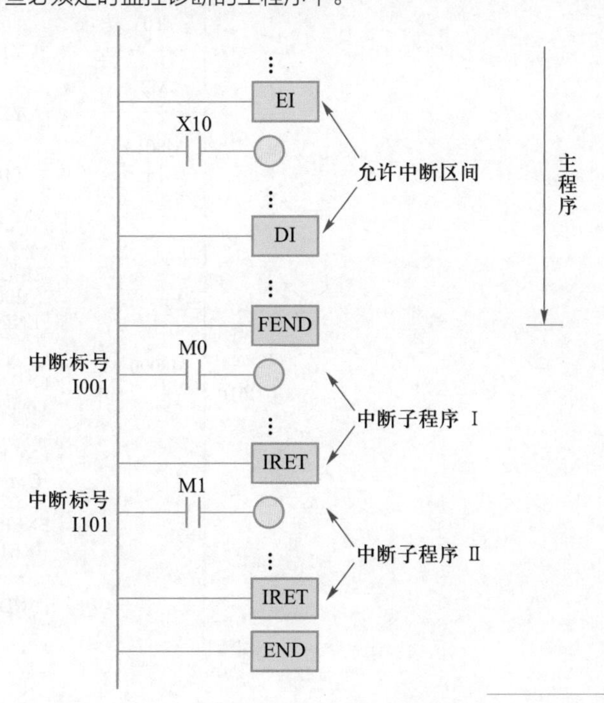

图 6-19
中断指令使用说明

笔 记

2. 应用举例

（1）外部输入中断子程序

图6-20为一外部输入中断子程序。在主程序执行时，当特殊辅助继电器M8050=0时，标号I001的中断子程序允许执行。当PLC外部输入信号X0有上升沿信号时，执行中断程序一次，执行完毕返回主程序。Y10由M8013驱动每秒内一次，而Y0输出是当X0在上升沿脉冲时，驱动其为"1"信号，此时Y11输出就由M8013当时状态所决定。若X10=1，则M8050=1，I001中断子程序禁止执行。

（2）定时中断子程序

图6-21为一定时中断子程序。中断标号为I610，当中断允许指令执行后，每10 ms中断子程序执行一次。每执行一次中断子程序使数据寄存器D0内容加1，当加到1 000时使Y2置1。为验证中断程序正确与否，在主程序中加入了定时电路T0，T0触点控制Y1，当X10由ON→OFF时，经延时10 s后，Y1，Y2应同时为"1"态。

INC为 加1指 令，CMP为 比 较 指 令， 当1 000>[D0]时，M1=1；1 000=[D0]，M2=1；1 000<[D0]，M3=1。当X10=1时，M8056=1，中断被禁止。这时M0～M2复位（ZRST），K0（数据为0）传送（MOV）到D0中。

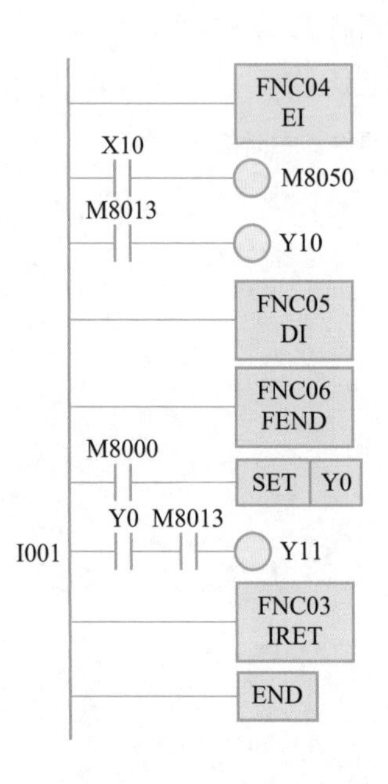

图6-20
外部输入中断子程序

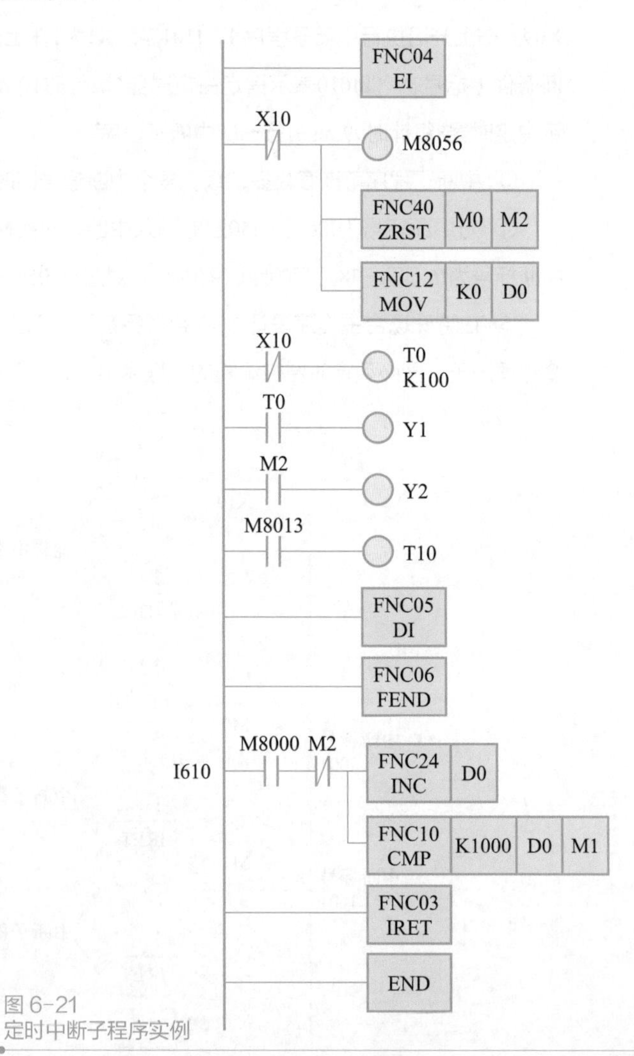

图6-21
定时中断子程序实例

6.3.4 主程序结束指令 [FEND（FNC06）]

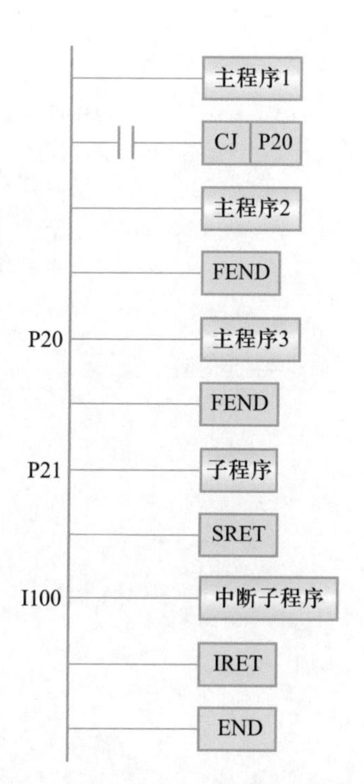

图 6-22
结束指令 FEND 的使用

FEND指令表示主程序结束。程序执行到FEND时，进行输入、输出处理，监视定时器和计数器刷新，全部完成以后返回到程序的00步。

使用该指令时应注意，子程序和中断子程序必须写在主程序结束指令FEND和END指令之间。

在有跳转（CJ）指令的程序中，用FEND作为主程序和跳转程序的结束。在调用子程序（CALL）中，子程序、中断子程序应写在FEND之后且用SRET和IRET返回指令。当主程序中有多个FEND指令，CALL或中断子程序必须写在最后一个FEND及END之间。图6-22所示为结束指令的使用。

注意：在主程序1、2、3中可以使用CALL指向P21，设置中断区间EI～DI指针I100。

6.3.5 监视定时指令 [WDT（FNC07）]

在程序的执行过程中，如果扫描的时间（从第00步到END或FEND语句）超过了200 ms（FX_{3U}系列PLC监视定时器为200 ms），则PLC将停止运行。在这种情况下使用WDT指令可以刷新监视定时器，使程序执行到END或FEND。

WDT为连续型执行指令，WDT（P）为脉冲型执行指令。图6-23所示是两种工作状态的梯形图、工作波形图。

要改变监视定时器时间，可通过改变D8000的数值进行。图6-24所示是将监视定时值设为300 ms。

利用监视定时指令WDT可以将超过200 ms（FX_{3U}系列PLC）的程序（假设240 ms）一分为二。这样前后两个部分都在D8000规定的200 ms以下，程序可正常运行。图6-25所示为监视定时器指令WDT的应用。

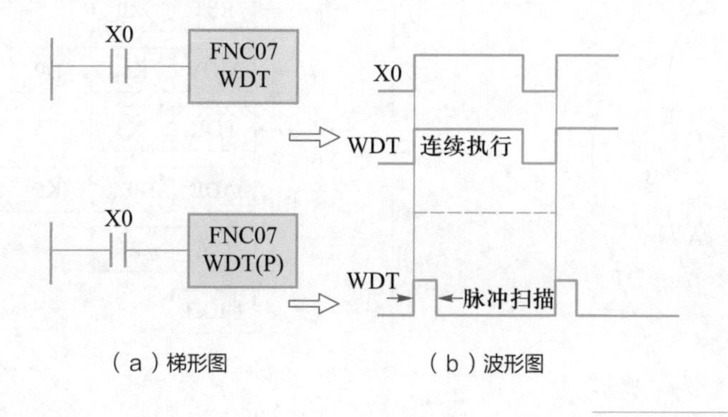

图 6-23
WDT 两种工作状态

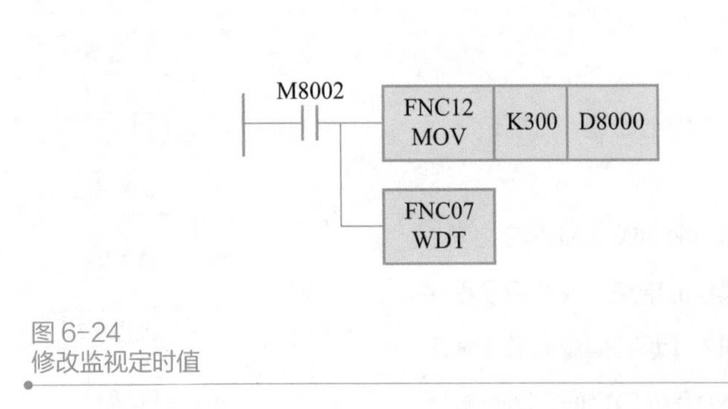

图 6-24
修改监视定时值

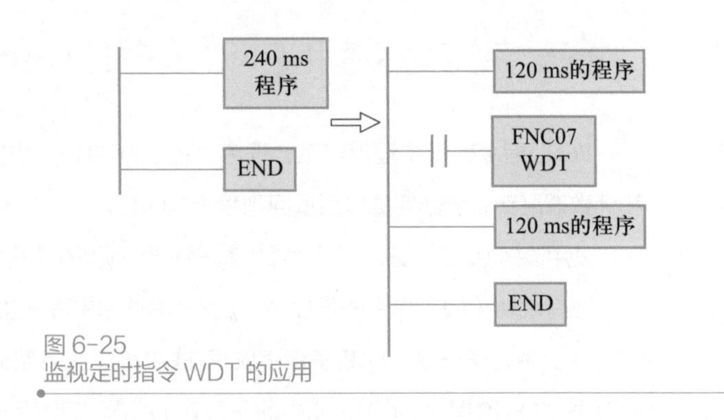

图 6-25
监视定时指令 WDT 的应用

6.3.6 循环指令 [FOR、NEXT（FNC08、FNC09）]

FOR、NEXT为循环开始和循环结束指令。循环指令的使用如图6-26所示，在程序运行时，位于FOR-NEXT间的程序可循环执行几次后，再执行NEXT指令后的程序。循环次数*n*由FOR后跟操作数指定，循环次数值范围为1～32 767。

FOR、NEXT指令可嵌套使用，最多允许5级嵌套。图6-26（b）所示为3级嵌套循环。D0中可送入数据，如果是5，则B程序循环执行5次。FOR、NEXT必须成对使用，否则出错。NEXT指令不允许写在END、FEND指令的后面。

图6-27所示为一个小的循环指令应用例子。

在X20的上升沿，X0接通时，把10、15、20、25分别送到D0、D1、D2、D3。

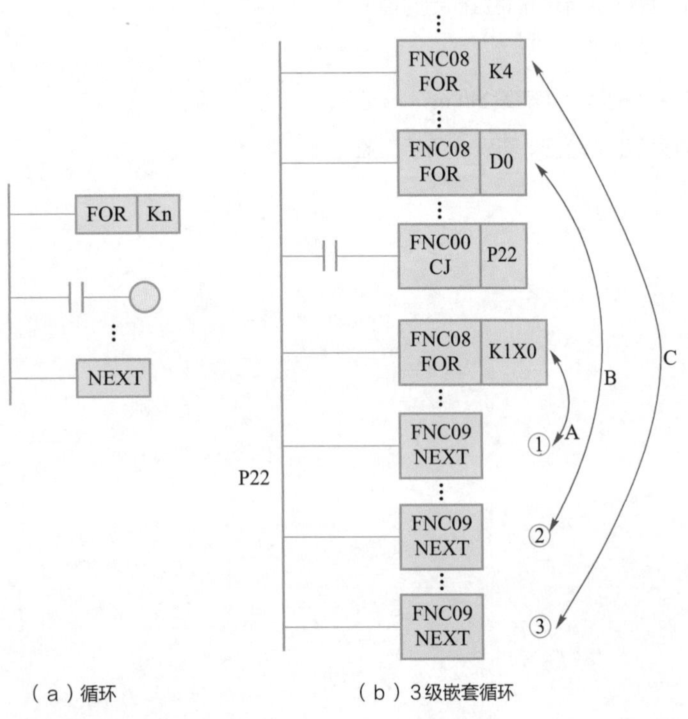

（a）循环 （b）3级嵌套循环

图 6-26
FOR、NEXT 指令的使用

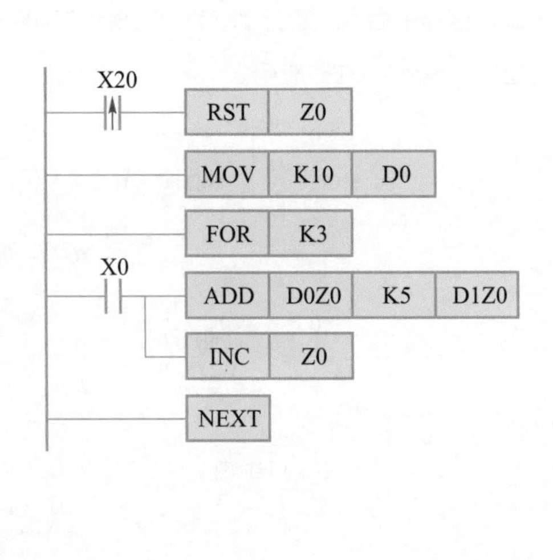

图 6-27
FOR、NEXT 应用实例

6.4 比较与传送指令

比较与传送指令在程序中使用是十分频繁的。本节将重点介绍其中的几条。

6.4.1 比较指令 [CMP、ZCP（FNC10、FNC11）]

1. 指令说明

CMP为比较指令，ZCP为区间比较指令。要清除比较结果，用复位指令。

（1）比较指令CMP

比较指令CMP的使用及复位如图6-28所示。比较指令是将源操作数[S1]、[S2]中的数据进行比较，比较结果影响目标操作数[D]的状态。当X0=OFF时，CMP指令不执行。M0、M1、M2保持不变；当X0=ON时，[S1]、[S2]比较，即C20计数值与K100比较。若C20<100，则M0=1，Y0=1；若C20=100，则M1=1，Y1=1；若C20>100，则M2=1，Y2=1。可使用复位指令对M0~M2进行复位操作。

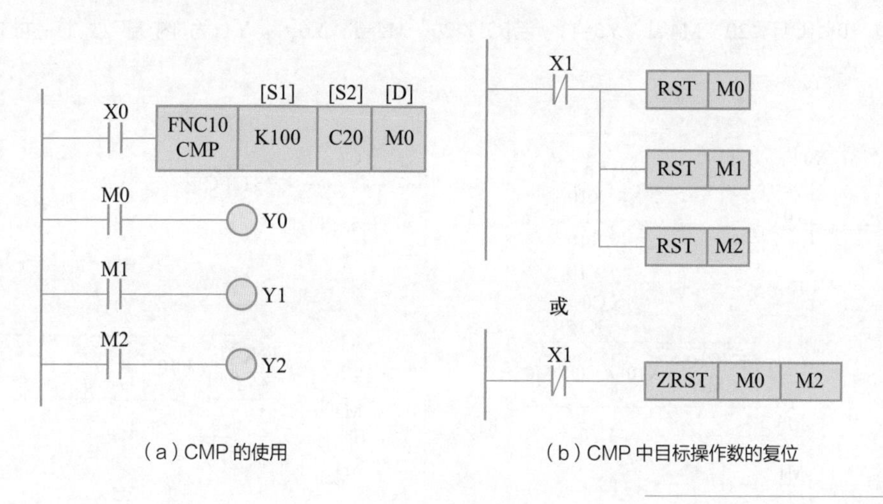

（a）CMP 的使用　（b）CMP 中目标操作数的复位

图 6-28 比较指令 CMP 的使用及复位

（2）区间比较指令ZCP

区间比较指令ZCP的使用如图6-29所示，该指令是将一个数[S]与两个源操作数[S1]、[S2]进行代数比较，比较结果影响目标操作数[D]的状态。X0=ON时，C30计数值与K100和K120比较，若[C30]<100，则M3=1，Y0=1；若100≤[C30]≤120，则M4=1，Y2=1；若[C30]>120，M5=1，Y2=1。

注意：M3、M4、M5复位必须用RST指令。

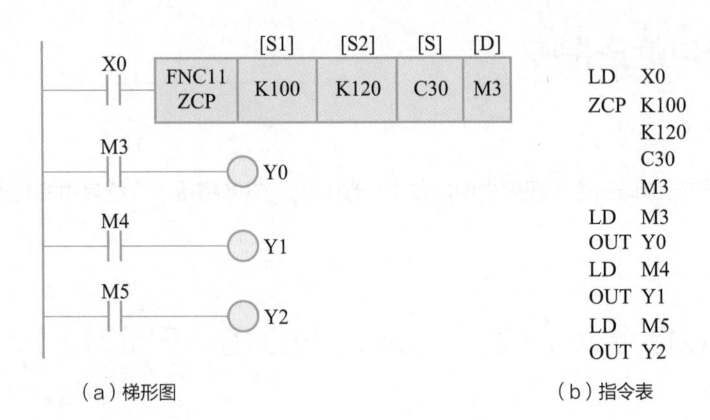

（a）梯形图 （b）指令表

图 6-29
区间比较指令 ZCP 的使用

笔 记

2. 应用实例

图6-30（a）所示为CMP的应用。当X0=1时，若[C0]<10，M0接通，Y0=1；若[C0]=10，M1接通，Y1=1；若[C0]>10，M2接通，Y2=1。如在Y10端接一指示灯，可以看到该指示灯在X0=ON后不停闪烁，这是由T0、T1定时电路决定的，亮及灭的时间都为1 s，C0计数该灯（Y10）闪烁次数，C0计数到15次，Y3=1。

图6-30（b）所示为ZCP指令的应用。当X1=ON时，若[C1]<10，M3=1，Y4=1；若10≤[C1]≤20，M4=1，Y5=1；若[C1]>20，M5=1，Y6=1。Y11为内部秒脉冲M8013的输出。

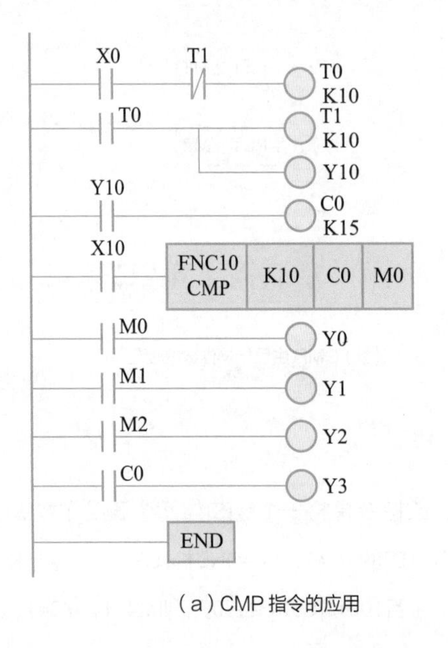

（a）CMP 指令的应用

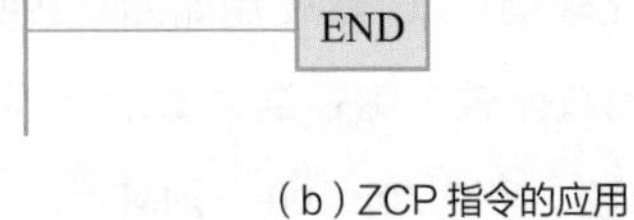

（b）ZCP 指令的应用

图 6-30
比较指令的应用实例

6.4.2 传送指令 [MOV（FNC12）]

笔 记

1. 指令说明

MOV指令分16位传送和32位传送，如图6-31（a）中带（P）表示脉冲执行16位数传送。图6-31（b）中MOV不带（P）但带有（D）表示连续执行32位数传送，数据从（D1，D0）→（D11，D10），D0、D10只写出了数据寄存器的低位。

2. 应用举例

图6-32所示是MOV指令的两个应用。图6-32（a）是读计数器C0的当前值，送到数据寄存器D20中。图6-32（b）是将数K200传送给D12，而D12中数值（200）作为定时器T20的定时值。图6-33所示是将PLC输入端X0～X3的状态送到输出端Y0～Y3，用应用指令MOV变得更简单。

注意：在MOV指令中K1X0，K1Y0是位组合数据，分别表示X0～X3，Y0～Y3。

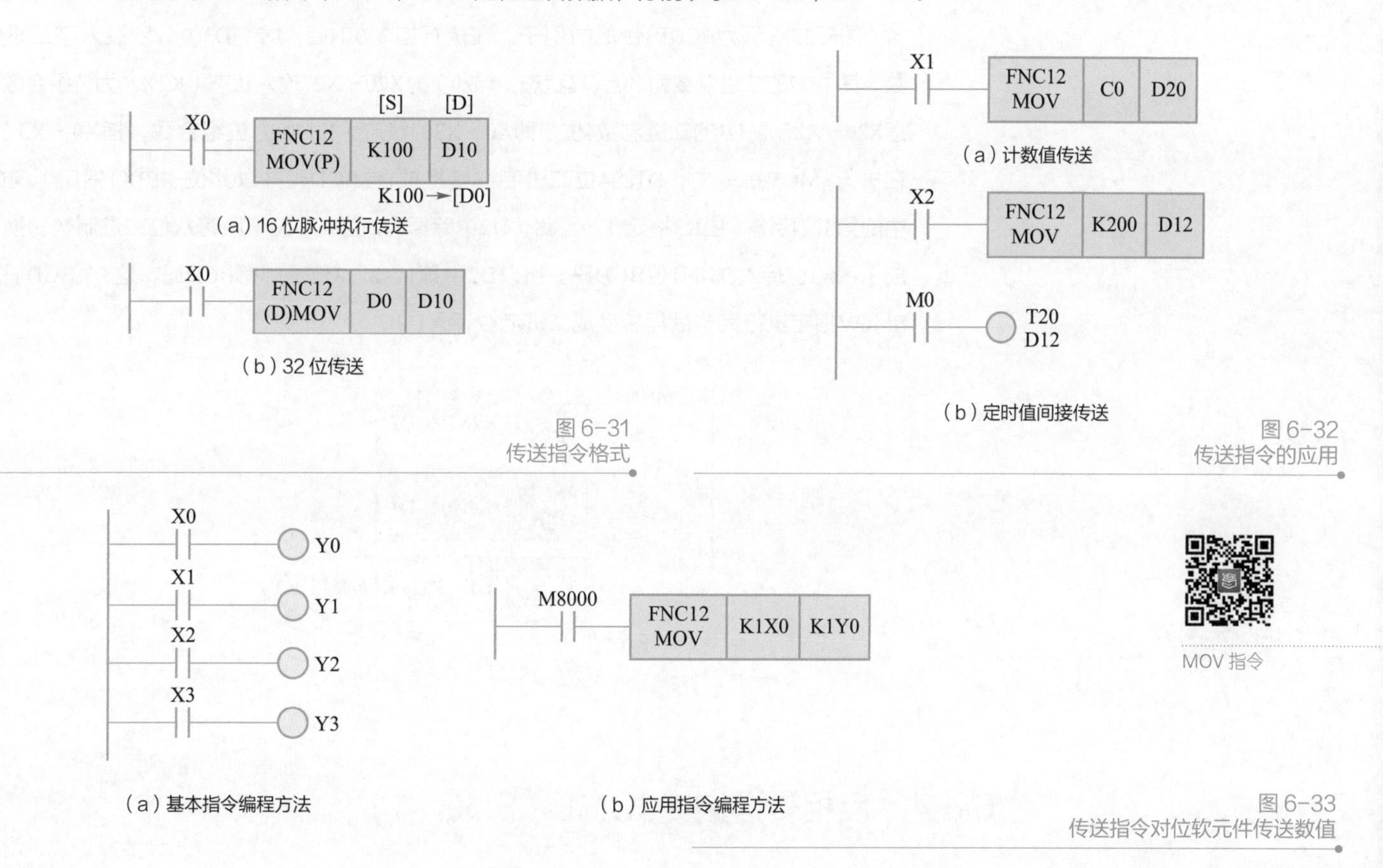

（a）16位脉冲执行传送

（b）32位传送

图6-31 传送指令格式

（a）计数值传送

（b）定时值间接传送

图6-32 传送指令的应用

（a）基本指令编程方法

（b）应用指令编程方法

图6-33 传送指令对位软元件传送数值

MOV 指令

6.4.3 位传送指令 [SMOV（FNC13）]

1. 指令说明

位传送指令SMOV的格式与功能如图6-34所示，当X0为ON时，将源操作数[S]即（D1）中的二进制数先转换成BCD码（4位二进制数转换成1位BCD码），假设（D1）中的二进制数转换成BCD为4265，再把（D1）中的BCD码传送到（D2）中，最后（D2）中的BCD码转换成二进制数。

在图6-34中，（D1）中BCD码的第4位（由M1的K4指定）起的2位数即4与2（由M2的K2指定）向目标（D2）中的第3位和第2位传送（由n的K3指定送到第3位起依次送2个），（D2）中的其他位数据保持原数不变。传送完毕后，（D2）中BCD码转换成二进制数。

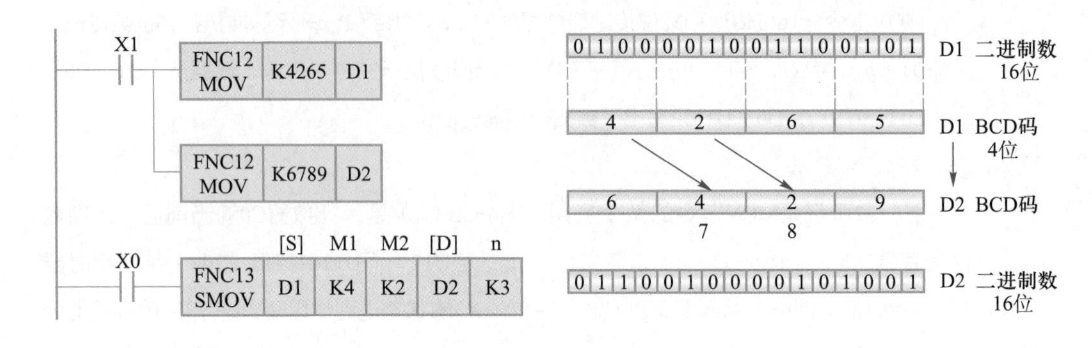

图6-34 位传送指令

2. 应用举例

图6-35所示为BCD码合成的例子。在执行指令BIN后，D2、D1中分别装入了二进制数，其中D2的二进制数为8位，其状态（1或0）为X20～X27输入状态（K2X20为位组合数，指X20～X27）。D1的二进制数4位，即X0～X3的状态（K1X0为位组合数，指X0～X3）。在执行SMOV指令中，D1的4位二进制数转换成1位BCD码并以此位（由K1指定）向D2中的第3位传送（由K3指定）。因此，D2中除原有2位BCD码（原有八位二进制数转换而成），第3位传入D1的1位BCD码。所以D2中第1、2、3位上都有BCD码，这3个BCD码在SMOV指定执行完毕后再转换成二进制数存入D2中。

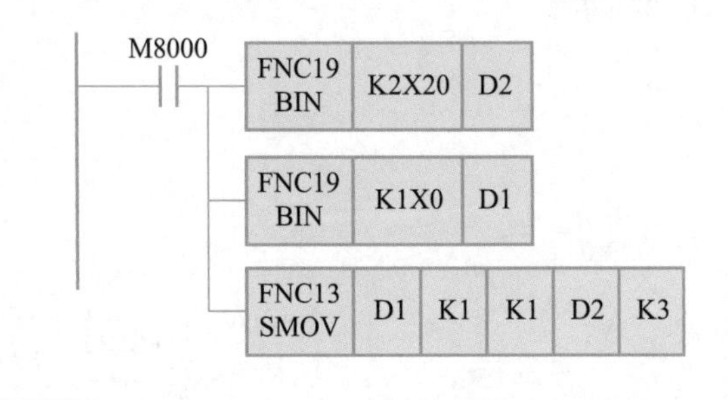

图6-35 BCD码合成的例子

6.4.4 反相传送指令[CML（FNC14）]

1. 指令说明

反相传送指令CML的功能如图6-36所示。当条件X0为ON时，将源操作数D0中二进制数每位取反然后送到目标操作数中。D中若为常数，则自动地先转换成二进制数。

2. 应用举例

本例为CML作反相输入或输出指令。如图6-37所示，把X0～X3的状态取反然后传送给M0～M3，程序在使用CML指令后更简单（INV为取反指令）。

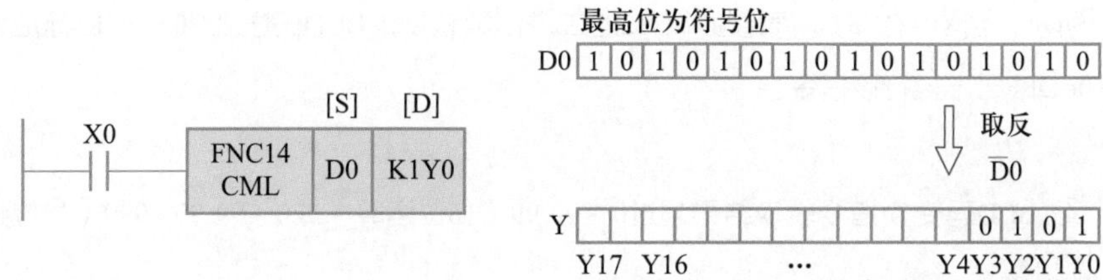

图 6-36
CML 指令格式与功能

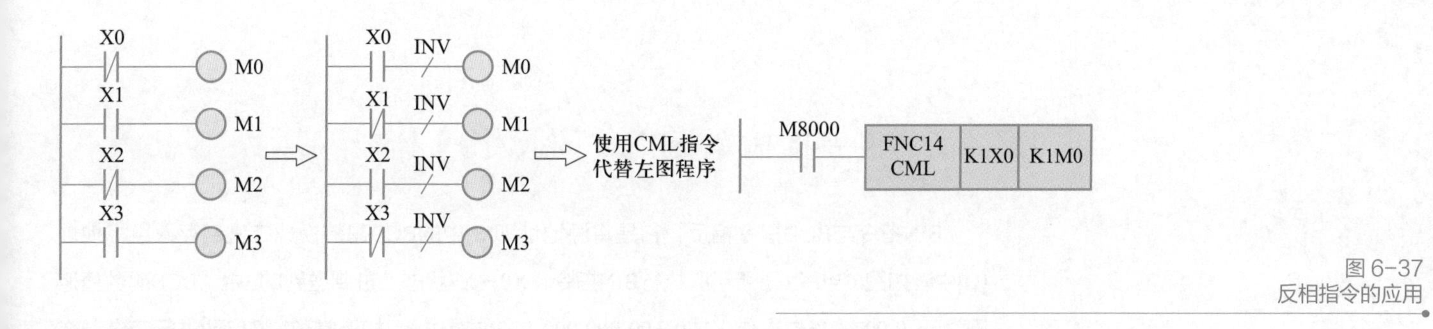

图 6-37
反相指令的应用

6.4.5　数据交换指令 [XCH（FNC17）]

如图6-38所示，当X0=ON时，则操作数中[D1]、[D2]即（D10）、（D11）中的数据进行交换。如果（D10）=150，（D11）=200，执行该指令XCH后（D10）=200，（D11）=150。

该指令用脉冲执行型指令较好，即[XCH（P）]可达到一次交换数据的效果。若采用连续执行型[XCH]指令，则每个扫描周期均在交换数据，这样最后的交换结果就不能确定，在编程时应引起注意。

若[D1]、[D2]为同一地址号时，在特殊继电器M8160接通后，表示数据的高8位与低8位交换，同理用[（D）XCH]指令，在该条件下表示高16位与低16位交换，如图6-39所示。

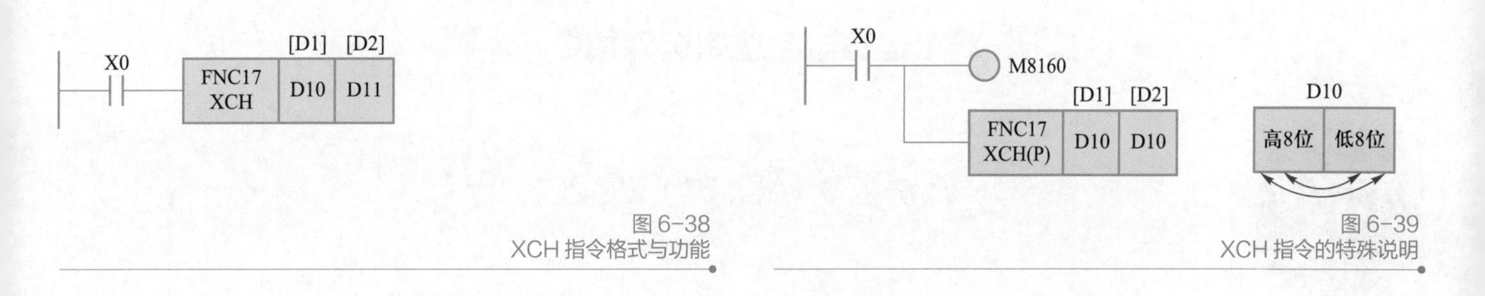

图 6-38
XCH 指令格式与功能

图 6-39
XCH 指令的特殊说明

6.4.6　BCD 码变换指令 [BCD（FNC18）]

1. 指令说明

BCD码变换指令是将源地址中的二进制数转换成BCD码后送到目标地址中。如图6-40

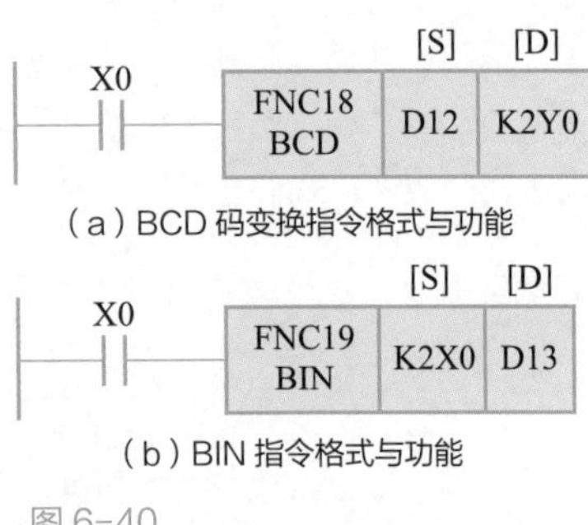

图6-40
BCD、BIN 指令格式与功能

（a）所示，当X0=ON时，源地址中D12的二进制数转换成BCD码送到Y0～Y7目标地址中。在X0=OFF时不执行该指令。

2. 注意事项

① BCD码变换指令转换结果超过0～9 999（16位运算）或0～99 999 999（32位运算）时，则出错。

② 若将PLC的二进制数据转换成BCD码并用LED七段显示器显示，可使用BCD码变换指令。

6.4.7 二进制变换指令 [BIN（FNC19）]

BIN指令与BCD指令相反，它是将源地址即[S]中的BCD码转换成二进制存入目标地址[D]中。如图6-40（b）所示，执行BIN指令，X0～X7状态二进制送到D13中。BCD码数值范围为0～9 999（16位操作）或0～99 999 999（32位操作），如遇常数K将自动进行二进制变换处理。

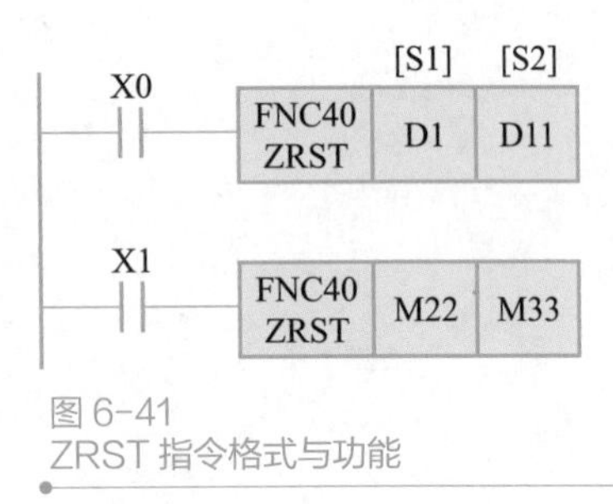

图6-41
ZRST 指令格式与功能

6.4.8 成批复位指令 [ZRST（FNC40）]

成批复位指令ZRST将指定的同类元件成批的复位。目标操作数可以取T、C、D（字元件），也可以是Y、M、S（位元件）。图6-41中的[S1]、[S2]为从标号为S1到S2的元件清零。当X0接通将把D1到D11中的内容归零。当X1接通将把M22到M33复位。注意标号小的写在前面。

6.5 算术运算与字逻辑运算指令

教学课件：
算术运算与字
逻辑运算指令

动画：
数学运算 ADD

6.5.1 加法指令 [ADD（FNC20）]

1. 指令说明

加法指令是将指定源地址中的二进制数相加，其结果送到指定目标地址中。如图6-42所示，当X0=ON时，源地址[S1]、[S2]的两个数据寄存器D10、D12中的二进制数相加后送到目标地址[D]即D14中，即（D10）+（D12）→（D14）。ADD为二进制代数运算，如5+（－8）=－3。

2. 注意事项

加法操作指令影响3个常用标志，即零标志M8020、借位标志M8021、进位标志M8022。

如果运算结果为0，则零标志M8020置1；如果运算结果超过32 767（16位运算）或2 147 483 647（32位运算），则进位标志M8022置1；如果运算结果小于-32 767或-2 147 483 647，则借位标志M8021置1。源地址[S1]、[S2]中可以写常数K。

6.5.2 减法指令 [SUB（FNC21）]

动画：
数学运算 SUB

减法指令是将源元件中[S1]、[S2]的二进制数相减，结果送至目标元件[D]中。如图6-43所示，当X0=ON时，两个源元件D10、D12中的数相减，即（D10）-（D12）→（D14）。（D）SUB为32位数相减，即（D11，D10）-（D13，D12）→（D15，D14）。

SUB指令的操作对标志位元件的影响与加法指令相同。

图6-42
ADD 指令格式与功能

图6-43
SUB 指令格式与功能

6.5.3 乘法指令 [MUL（FNC22）]

乘法指令是将指定的源操作元件中的二进制数相乘，结果送到指定的目标操作元件中去。乘法指令分为16位和32位两种运算。

如图6-44所示，为16位运算。当X0=ON时，（D0）×（D2）→（D5，D4）。虽源操作数是16位，目标操作数却是32位。当（D0）=8，（D2）=9时，（D5，D4）=72。最高位为符号位，0为正，1为负。

如为32位运算，指令为（D）MUL。在图6-44中，有（D1，D0）×（D3，D2）→（D7，D6，D5，D4），源操作数为32位，目标操作数为64位。当（D1，D0）=150，（D3，D2）=189时，（D7，D6，D5，D4）=28 350。

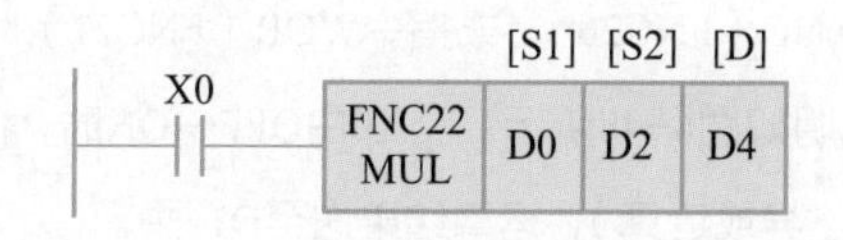

图6-44
MUL 指令格式与功能

6.5.4 除法指令 [DIV（FNC23）]

除法指令是将指定的源地址中二进制数相除，[S1]为被除数，[S2]为除数，商送到指定的目标地址[D]中，余数送到[D]的下一个目标地址[D+1]中。DIV指令格式与功能如图6-45所示。除法指令也分16位和32位操作，如图6-46所示运算情况。

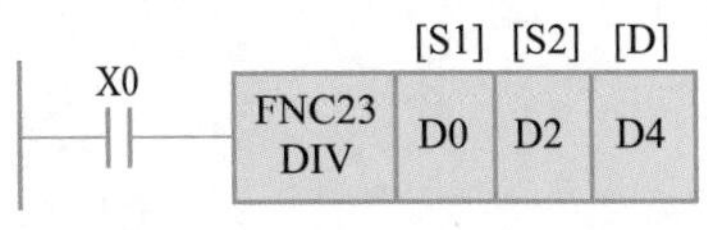

图 6-45
DIV 指令格式与功能

若为16位运算。执行条件X0由OFF→ON时，（D0）÷（D2）→（D4）。当（D0）=19，（D2）=3时，（D4）=6，（D5）=1。若为32位运算，X1由OFF→ON时，（D1，D0）÷（D3，D2）→（D5，D4），余数在（D7，D6）中。

除数为0时，运算出错，V、Z不能指定在[D]中。位组合元件（如K1Y0）用于[D]中，但得不到余数。商和余数的最高位为符号位。

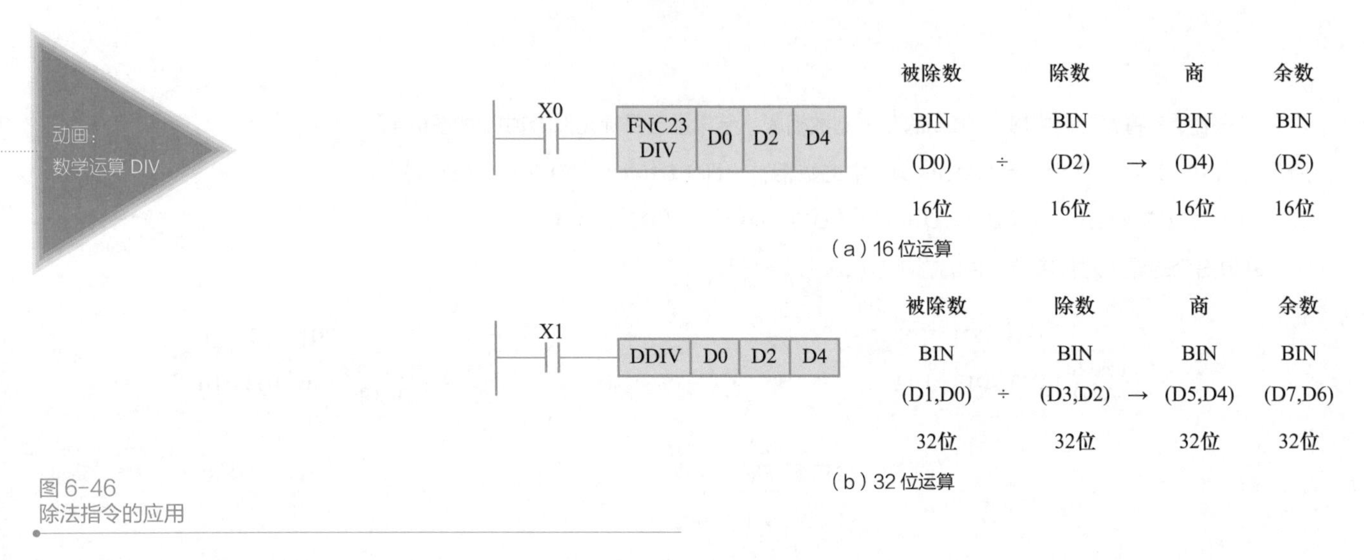

图 6-46
除法指令的应用

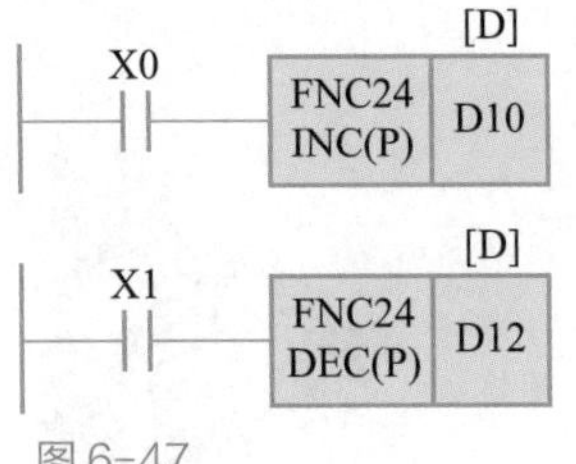

图 6-47
加 1 指令和减 1 指令

6.5.5　加 1 指令和减 1 指令 [INC（FNC24）、DEC（FNC25）]

如图6-47所示，当条件X0由OFF→ON时，D10中的数自动加1；X1由OFF→ON时，D12中的数自动减1。这两条指令在图6-47中都是脉冲执行型，X0、X1在ON时，只执行一次自动加1或减1。若用连续指令[不带（P）]，则X0、X1在ON时，每个扫描周期都会自动加1或减1。

6.5.6　字逻辑与、或、异或指令

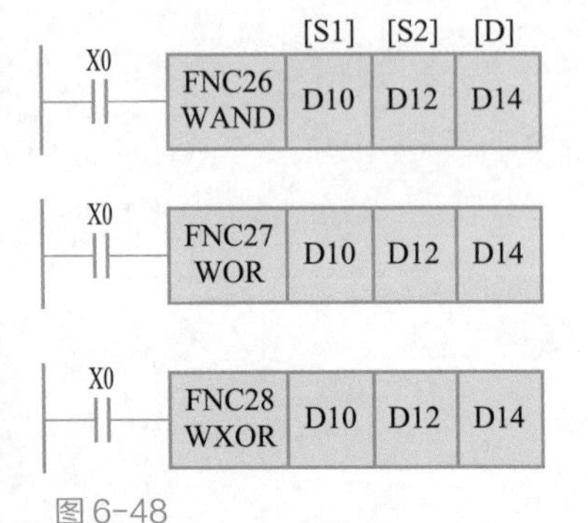

图 6-48
字逻辑与、或、异或指令

字逻辑**与**指令WAND（FNC26）、**或**指令WOR（FNC27）、**异或**指令WXOR（FNC28），其基本格式及使用说明如图6-48所示。当X0由OFF→ON时，[S1]、[S2]中的D10、D12各位进行**与**运算（**或**运算、**异或**运算），运算结果送至D14中。

注意：使用上述指令要注意采用连续执行型还是脉冲执行型，16位操作还是32位操作。

上述例中当D10=59、D12=37对应D14运行的结果用表6-2表示：

表 6-2 各指令运行结果表

源操作数S1	D10=59 二进制为11 1011
源操作数S2	D12=37 二进制为10 0101
与的结果（WAND）	D14=33 二进制为10 0001
或的结果（WOR）	D14=63 二进制为11 1111
异或的结果（WXOR）	D14=30 二进制为01 1110

笔 记

6.5.7 算术运算指令应用实例

1. 四则运算式的实现

若某程序中运算$\frac{38X}{255}+2$，式中X为输入端K2X0（X0～X7）送入的二进制数，运算结果送输出端K2Y0（Y0～Y7）端。

四则运算应用实例如图6-49所示。X20为起停输入端控制开关。

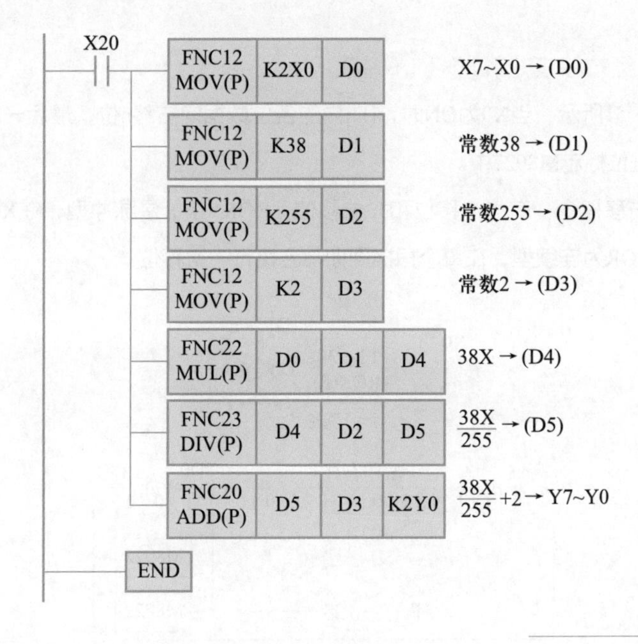

图 6-49
四则运算应用实例

2. 利用乘、除法实现移位控制

有一组灯15盏，接于输出点Y0～Y16上（Y0～Y7，Y10～Y16），要求灯每隔1 s单个移位，并循环。

上述程序梯形图设计如图6-50所示，当X0为ON时，Y0先置1，灯亮经M8013（秒脉冲），K4Y0（Y0～Y16）×2即1×2=2，二进制2为00 000 010送K4Y0，这时Y1为1，灯亮。在M8013第二个秒脉冲时，K4Y0=2，由K4Y0×2=4的二进制为00 000 100，这时Y2为1，灯亮。一直到Y16端灯亮，到Y17（未接灯）为1时，SET使Y0重新置1，第2次循环开始从Y0灯亮到Y16灯亮。

同样可以用DIV除法指令实现一个由Y16到Y0灯亮反向循环程序。请读者自己设计。

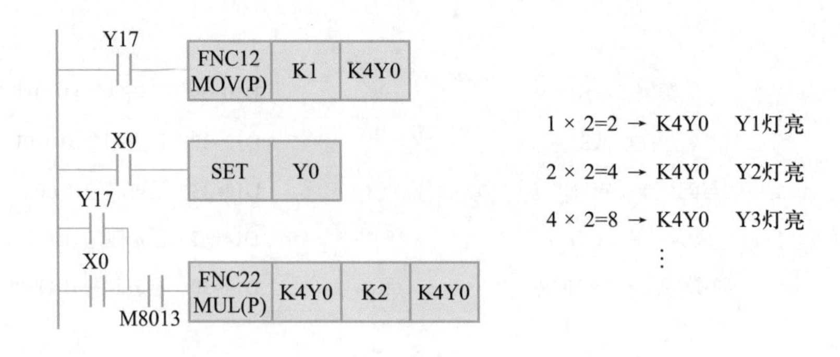

图 6-50
灯组移位控制

6.6 循环移位与移位指令

6.6.1 循环移位指令

1. 循环右移指令 [ROR（FNC30）]

如图6-51所示，当X0为ON时，[D]内的各位数据向右移n位，最后一次从最低位移出的状态存于进位标志M8022中。

循环右移指令：有16位移位和32位移位。ROR（P）是脉冲型，在X0为ON状态下只执行一次；ROR为连续型，在每个扫描周期都会执行一次移位。

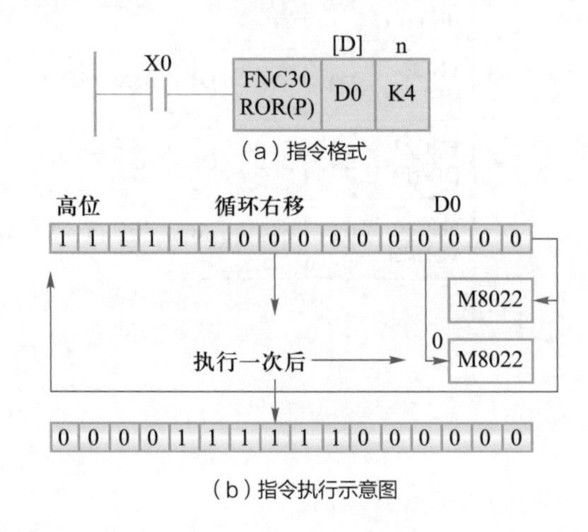

图 6-51
ROR 指令格式与功能

2. 循环左移指令 [ROL（FNC31）]

指令格式如图6-52所示，当X0由OFF变为ON时，[D]内D0的数据向左移n位（K4表示移4位）。

X0 [D] n FNC31 ROL(P) D0 K4

图 6-52
ROL 指令格式

6.6.2 带进位的循环右移、左移指令 [RCR、RCL（FNC32、FNC33）]

笔 记

如图6-53所示为RCR指令格式与功能。当X0为ON时，（D0）中各位数据向右移4位（K4），此时移位是带着进位一起移位的。RCL带进位循环左移指令功能说明类似RCR指令，只是左移而已，不再复述。

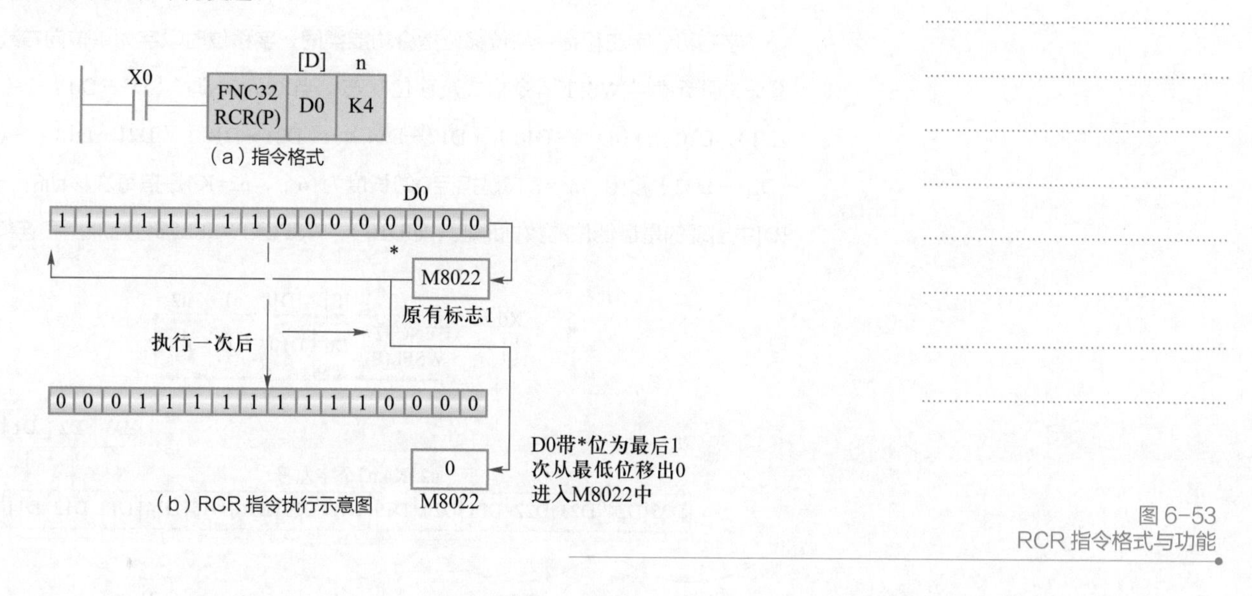

图 6-53
RCR 指令格式与功能

6.6.3 位右移、位左移指令 [SFTR、SFTL（FNC34、FNC35）]

如图6-54所示为SFTR指令格式与功能说明。n1为指定位元件长度，n2为指定移位位数，且有n2<n1<1 024。当X0为ON时，执行该指令，向右移位。每次4位向前一移，其中X3～X0→M15～M12，M15～M12→M11～M8，M11～M8→M7～M4，M7～M4→M3～M0，M3～M0移出，即从高位移入，低位移出。

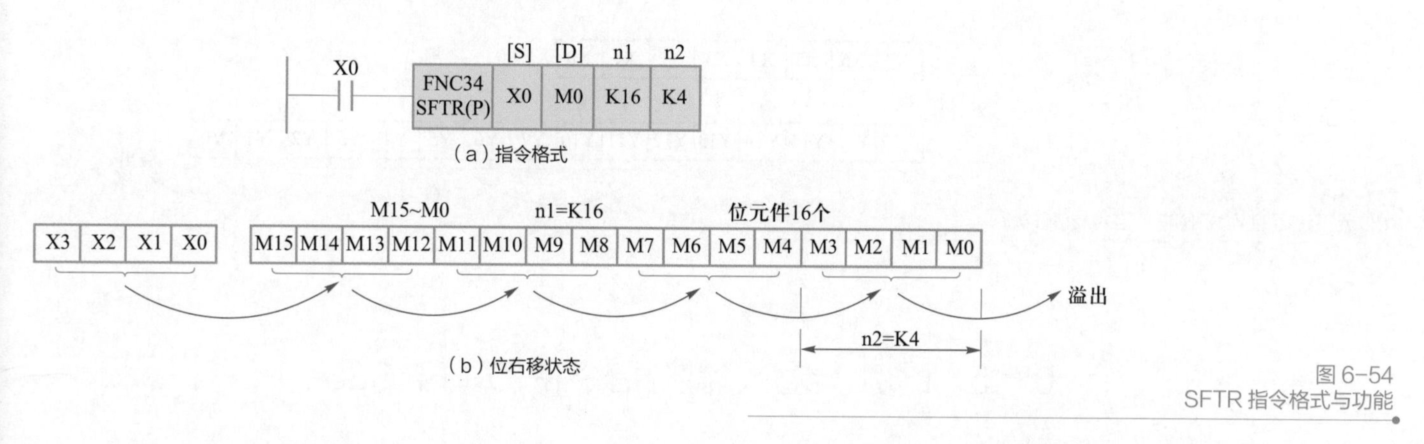

图 6-54
SFTR 指令格式与功能

SFTR（P）为脉冲型指令，仅执行一次。用SFTR为连续型指令，移位操作每个扫描周期执行一次。

笔 记

SFTL为位左移指令，指令格式与功能说明与SFTR类同，只是向左移位。SFTL（P）为脉冲型指令，SFTL为连续型指令，不再重复。

6.6.4　字右移、字左移指令 [WSFR、WSFL（FNC36、FNC37）]

字右移、字左移指令与位移位指令功能类同，字移位时以字为单位向右或向左移位。如图6-55所示为字WSFL指令格式及移位状态。当X0为ON时，（D3～D0）→（D13～D10），（D13～D10）→（D17～D14），（D17～D14）→（D21～D18），（D21～D18）→（D25～D22），（D25～D22）移出。n1=K16是指定D的长度为16个，n2=K4是指每次移动的一组数据长度，[D]中出现的是最低位的数据地址（如D10）。WSFL和WSFR都分脉冲型和连续型指令。

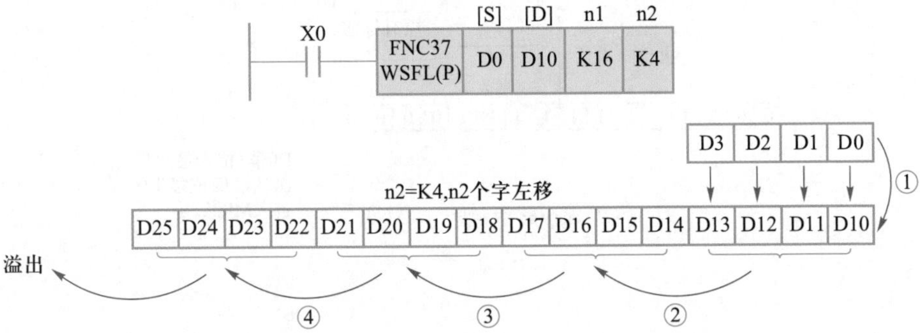

图 6-55
WSFL 指令格式及移位状态

用位元件进行字移位指令，是以4位为一组进行的。如K1X0代表X3～X0，K2X0代表X7～X0，图6-56所示为用位元件进行的WSFR指令格式及移位状态。

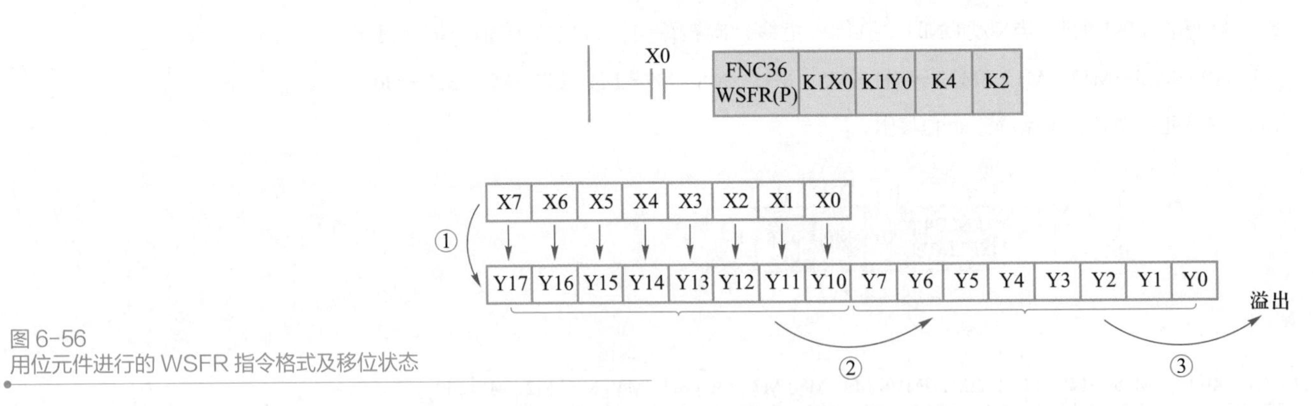

图 6-56
用位元件进行的 WSFR 指令格式及移位状态

6.6.5　比例、积分、微分指令 [PID（FNC88）]

比例、积分、微分调节（即PID调节）是闭环模拟量控制中的传统调节方式，它在改善控制系统品质，保证系统偏差ε[给定值（SP）和过程变量（PV）的差]达到额定指标，使系统实现稳定状态方面具有良好的效果。PID调节控制的原理基于下面的方程式，它描

笔 记

述了输出$M(t)$作为比例项、积分项和微分项的函数关系，即输出=比例项+积分项+微分项。

$$M(t)=K_e\varepsilon+K_e\int\varepsilon dt+\text{Minitial}+K_e d\varepsilon/dt$$

式中，$M(t)$——PID回路的输出，是时间的函数；

K_e——PID回路的增益，也称比例常数；

ε——PID回路的偏差（给定值与过程变量之差）；

Minitial——PID回路输出的初始值。

当然在可编程控制器中进行上式相关的运算还需对上式进行许多处理，这些此处将不再讨论。近年来许多PLC厂商在自己的产品中增加了PID指令，以完成一些工业控制中的PID调节。三菱FX系列PLC的PID运算指令表如表6-3所示。

表 6-3　三菱 FX 系列 PLC 的 PID 运算指令表

指令名称	指令代码数	助记符	操作数				程序步
			S1	S2	S3	D	
PID运算	FNC88（16）	PID	D目标值SV	D测定值PV	D参数0～975	D输出值MV	PID 9步

PID运算指令梯形图如图6-57所示。图中[S1]为设定调节目标值，[S2]为当前测定值，参数[S3]占用从S3开始的29个数据寄存器，其中[S3]～[S3]+6为设定控制参数，执行PID运算的输出结果存于[D]中。对于[D]最好选用非电池保持的数据寄存器。否则应在PLC开始运行时使用程序清空旧存的数据。

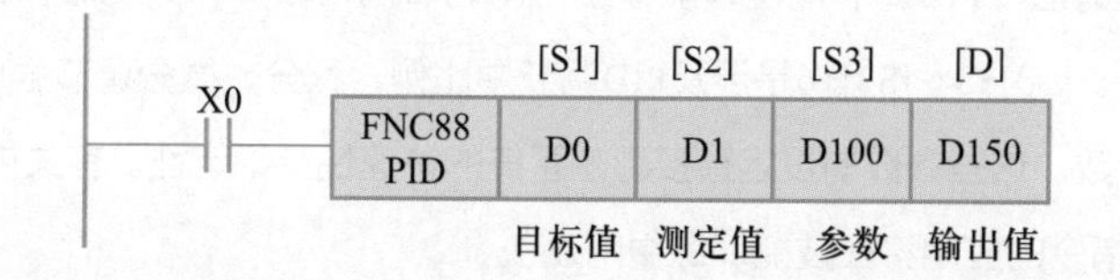

图 6-57
PID 运算指令梯形图

在使用PID指令前，需事先对目标值、测定值及控制参数进行设定。其中测定值是传感设备反馈量在PLC中产生的数字量值，因而目标值则也为结合工程实际值、传感器测量范围、模数转换字长等参数的量值，它应当是控制系统稳定运行的期望值。控制参数则为PID运算相关的参数。表6-4给出了控制参数[S3]常用的25个数据寄存器的名称及参数的设定内容。

表 6-4　控制参数 [S3] 数据寄存器设定表

寄存器	参数名称或定义	设定值参考	
[S3]	取样时间（Ts）	设定范围 1~32 767 ms	
[S3]+1	动作方向（ACT）	b0=0　正向动作 b1=0　无输入变化量报警 b2=0　无输出变化量报警 b3　不可参数设置 b4=0　不执行自动调节 b5=0　不设定输出上下限 b6=0　阶跃响应法 b7=b15　不可使用 注：b2、b5不能同时为ON	b0=1　反向动作 b1=1　输入变化量报警有效 b2=1　输出变化量报警有效 b4=1　执行自动调节 b5=1　输出上、下限设定有效 b6=1　极限循环法

笔 记

续表

寄存器	参数名称或定义	设定值参考
[S3]+2	输入滤波常数（α）	0~99%，设定为0时无滤波
[S3]+3	比例常数（KP）	1~32 767%
[S3]+4	积分时间（Tt）	0~32 767（×100 ms），设定为0时无积分处理
[S3]+5	微分增益（KD）	0~100%，设定为0时无微分增益
[S3]+6	微分时间（Tt）	0~32 767（×100 ms），设定为0时无微分处理
[S3]+7~[S3]+19		PID运算内部占用
[S3]+20	输入变化量（增加方向）报警设定值	0~32 767 动作方向（ACT）的b1=1有效
[S3]+21	输入变化量（减少方向）报警设定值	0~32 767 动作方向（ACT）的b1=1有效
[S3]+22	输出变化量（增加方向）报警设定值 输出上限设定值	0~32 767 动作方向（ACT）的b2=1、b5=0有效 −32 768~32 767 动作方向（ACT）的b2=0、b5=1有效
[S3]+23	输出变化量（减少方向）报警设定值 输出下限设定值	0~32 767 动作方向（ACT）的b2=1、b5=0有效 −32 768~32 767 动作方向（ACT）的b2=0、b5=1有效
[S3]+24	报警输出	b0=1　输入变化量（增加方向）溢出报警 动作方向（ACT）的b1=1、b2=1有效 b1=1　输入变化量（减少方向）溢出报警 b2=1　输出变化量（增加方向）溢出报警 b3=1　输出变化量（减少方向）溢出报警

表6-4中[S3]+1参数为PID调节方向设定，一般来说大多数情况下PID调节为反方向，即测量值减少时应使PID调节输出增加。正方向调节用得较少，即测量值减少就使PID调节的输出值减少。[S3]+3 ~ [S3]+6是涉及PID调节中比例、积分、微分调节强弱的参数，是PID调节的关键参数。这些参数的设定直接影响系统的快速性及稳定性。有关内容请读者查找有关书籍（PID指令的应用将在技能训练中阐述）。

6.7 程序设计举例

本节介绍几个程序设计应用实例，使读者对应用指令的使用有更进一步的认识。

软件仿真：
不良部件的分拣控制

6.7.1 电动机的 Y-Δ 起动控制程序

图6-58（a）所示为异步电动机Y－Δ起动控制电气主电路，图6-58（b）所示为PLC I/O接线图，图6-58（c）为PLC控制程序梯形图。H3、H4、H5为十六进制数即为0011、0100、0101。起动按钮X0，停止按钮X1，热继电器过载停机动合触点X2。电路主电源接触

器KM1接于输出接口Y0，电动机Y形接法的接触器KM2接于输出接口Y1，电动机Δ形接法的接触器接于输出接口Y2。按SB1（X0），电动机Y形起动（传送常数H3，Y0、Y1为1）；当转速上升到一定程度，即起动延时6 s后，断开Y0、Y1，接通Y2（传送常数H4，Y0、Y1为0，Y2为1）。1 s后又接通Y0、Y2（传送常数5，Y0、Y2为1），这时电动机接于Δ形运行。按下SB2（X1），电动机停止（传常数为0，Y0、Y1、Y2为0），在过载时，热继电器触点FR（X2）接通，电动机也停止。K1Y0为位组合数，表示Y0～Y3。

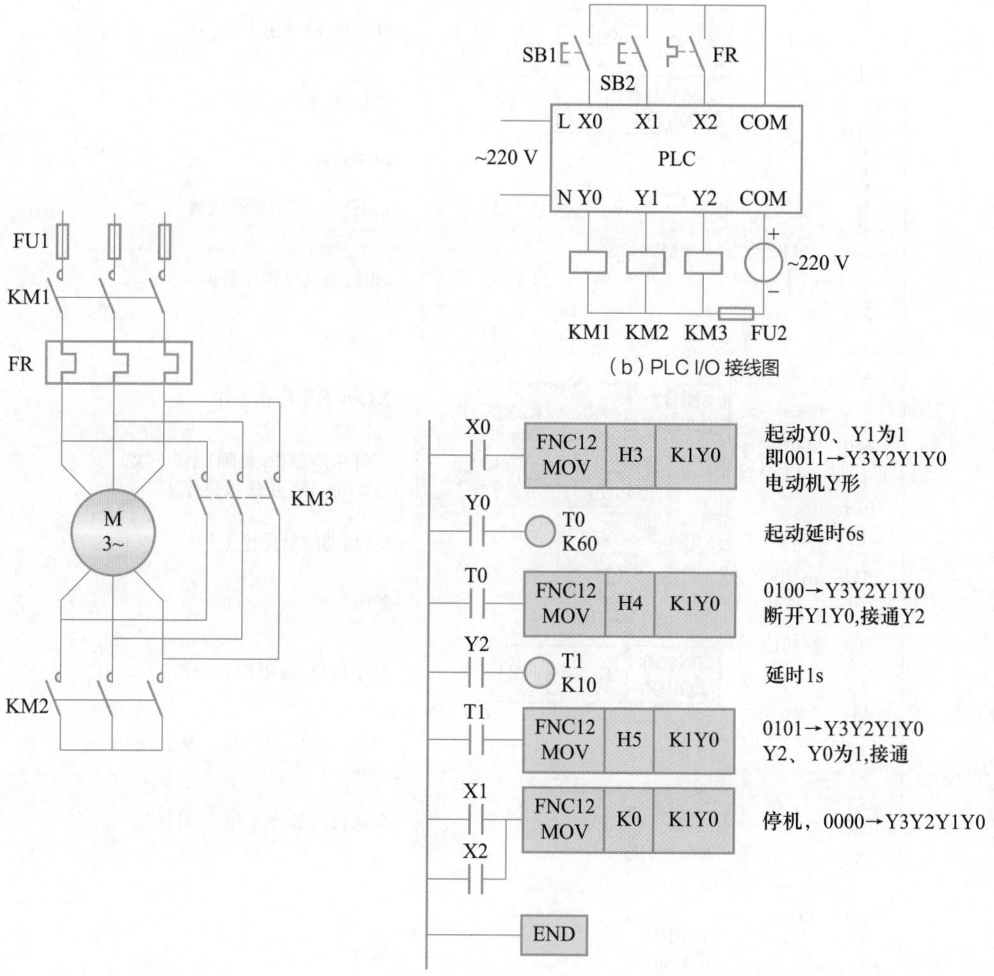

笔 记

（a）主电路

（b）PLC I/O接线图

（c）PLC控制程序梯形图

图6-58
异步电动机Y-Δ起动控制

6.7.2 子程序调用彩灯控制

现有彩灯16盏，分两组，每组8盏。比如一组为红灯，另一组为绿灯。红灯组接于输出接口Y0～Y7，绿灯组接于输出接口Y10～Y17。红灯组以Y0→Y7正序每隔0.5 s轮流点亮0.5 s，当Y7亮后，停5 s；然后，反序每隔0.5 s轮流点亮0.5 s，当Y0亮后，停5 s。这时轮到绿灯组工作。绿灯组先以Y10→Y17正序逐一点亮至全部亮，又反序Y17→Y10逐一熄灭到全部熄灭。接着又轮到红灯组工作，如此循环。

笔 记

X0是起动控制开关，当X0→ON时灯组开始工作。X1是停止开关，X1→ON时灯组停止工作。因此在工作状态必须使X0=ON，X1=OFF。Z为变址寄存器。如图6-59所示为子程序调用彩灯控制程序梯形图。

此控制电路用（FOR）循环语句与主程序调用子程序语句编写会使程序简单，希望同学们可以进行尝试。

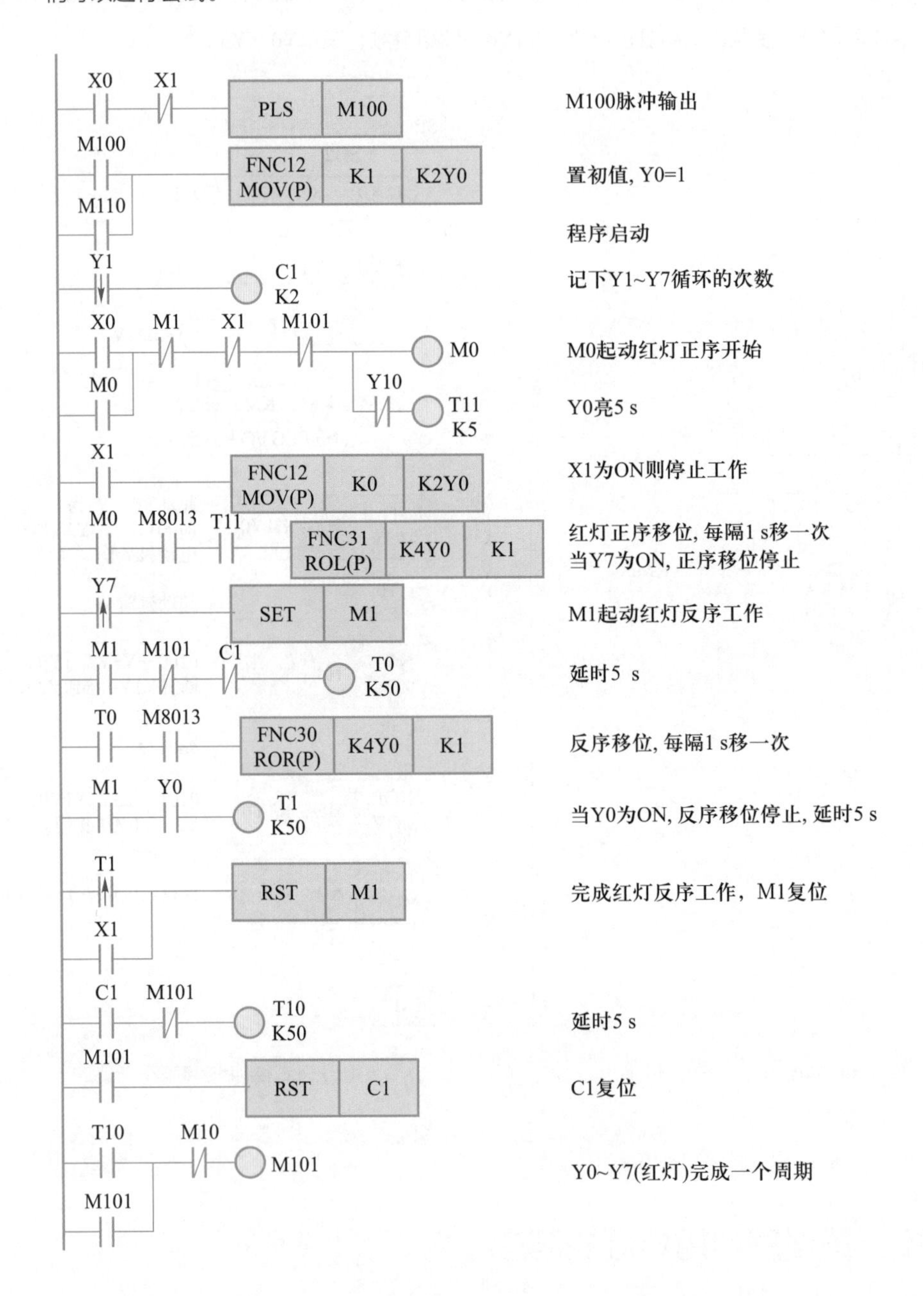

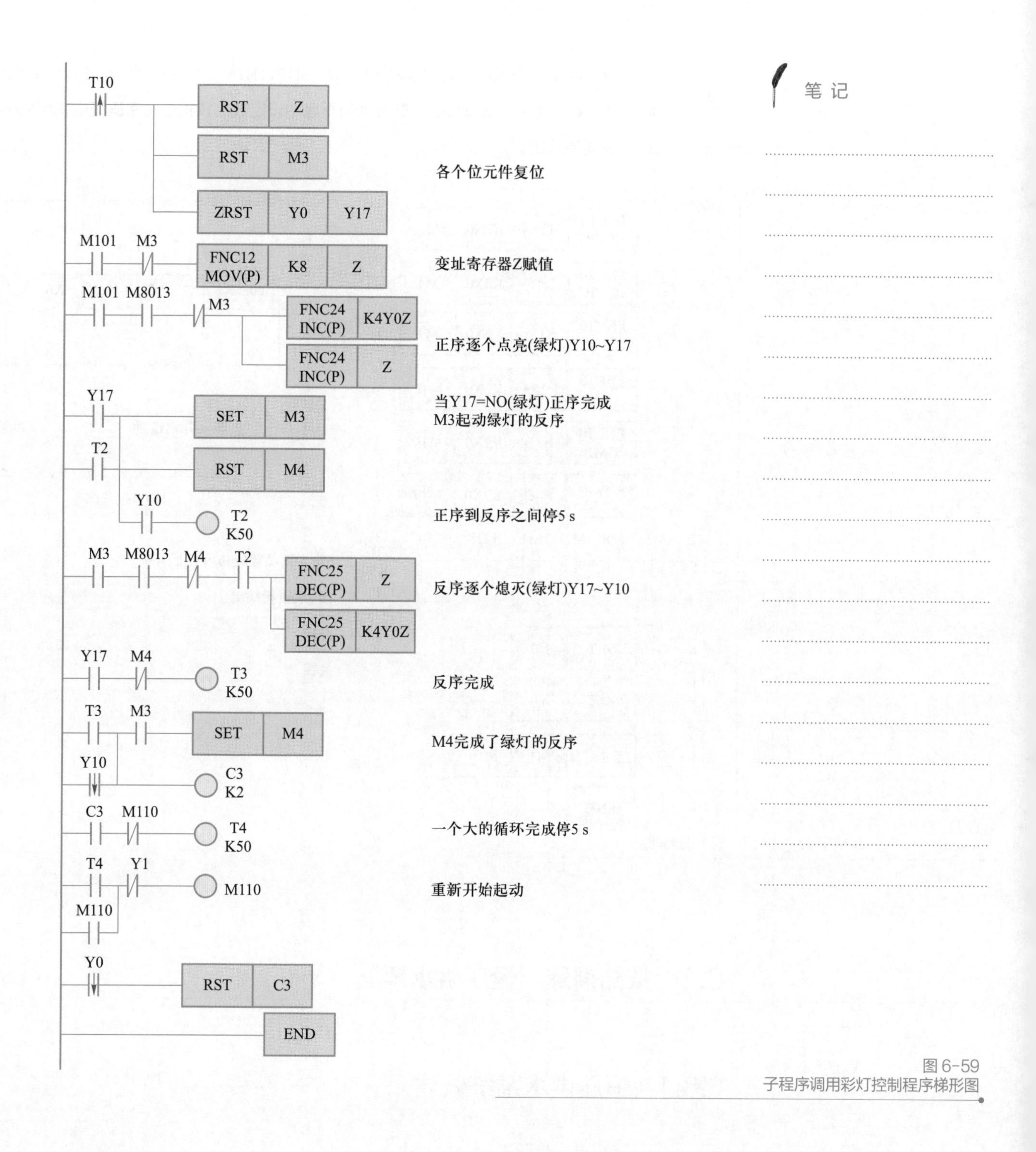

图 6-59
子程序调用彩灯控制程序梯形图

6.7.3 密码锁程序

用比较器构成密码锁系统。如图6-60所示为6位键输入密码锁控制程序梯形图及I/O口接线图，如用12位键、16位键组成输入密码数，则具有更好的保密性和实用性。输入按钮可分别接于X0～X17，键入数据必须与程序设定的各位数据比较，数据完全相同时密码锁才能开启。

本程序中的6个程序预先设定数为H2A4、H1E、H151、H18A、H3B、H4C。K2X0表示输入X0～X7，由X0～X7输入6个数必须与程序中设定数比较相等时密码锁由输出Y0开锁，10 s后又重新锁定。

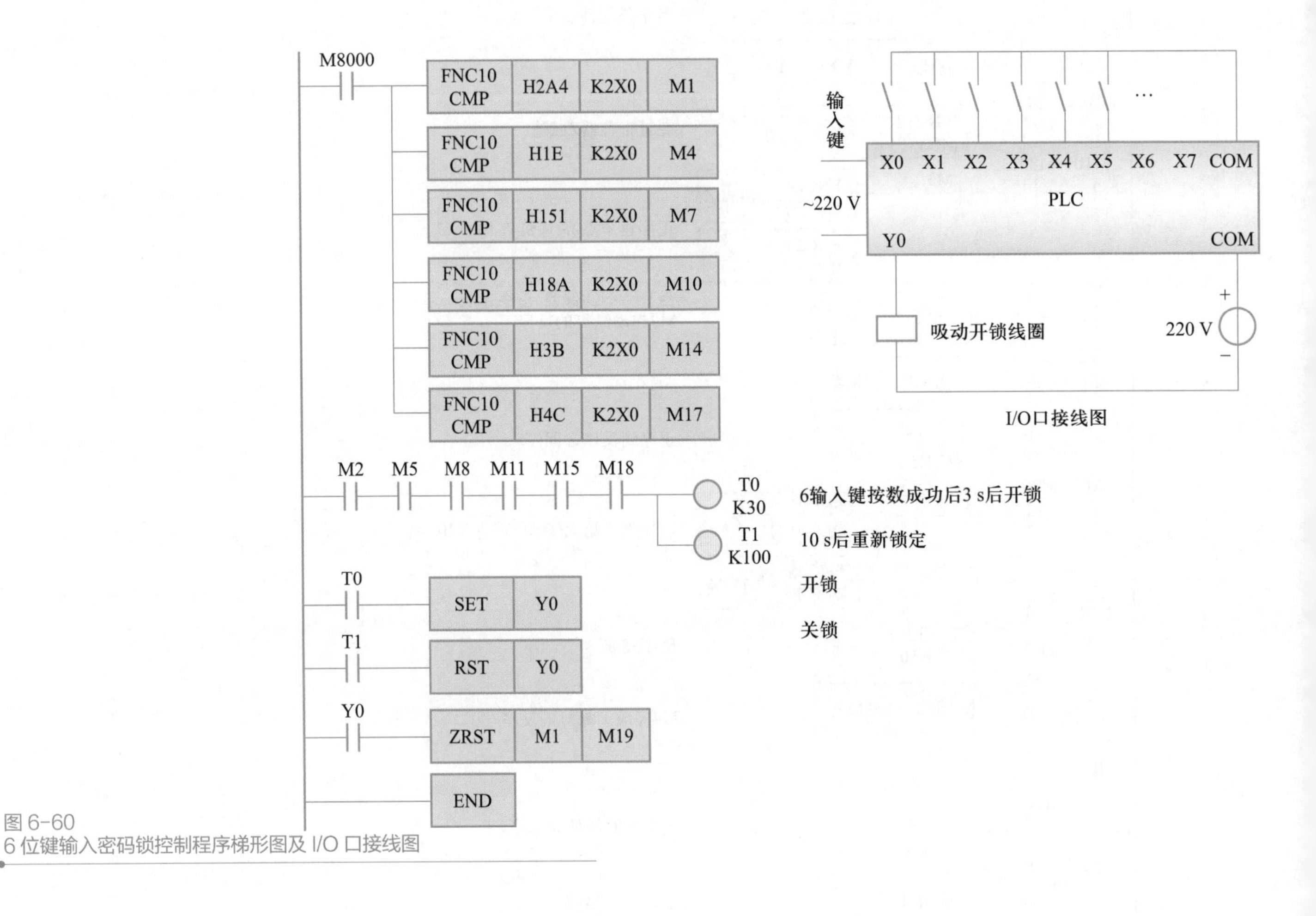

图 6-60
6 位键输入密码锁控制程序梯形图及 I/O 口接线图

6.8　技能训练　恒压供水泵站

6.8.1　恒压供水系统概述

1. 恒压供水系统的基本构成

采用变频器变频调速为水泵电动机供电，达到节能、经济，同时实现恒压供水的功能。图6-61为恒压供水系统示意图。

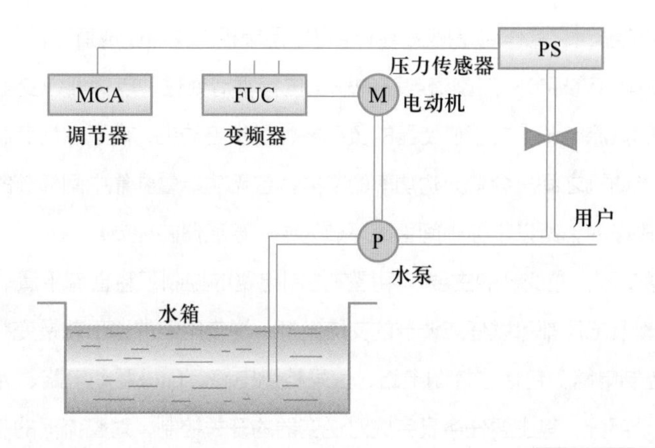

图 6-61
恒压供水系统示意图

2. 控制要求

① 设定水管水压的压力给定值。恒压供水的水压高低依需要设定。供水距离越远，用水地点越高，系统所需供水压力越大。给定值就是系统工作的恒压值，代替调节器实现水压给定值与反馈的综合与调节，实现PID控制。

② 控制水泵的运行与切换。在多水泵组恒压供水泵站中，为了使设备均匀地磨损，水泵及电动机是轮换工作的。

③ 变频器的驱动控制。要求将水压传感器送来的模拟信号经过PID处理后，将此信号的变化改变为变频器的输出频率。

④ 水泵的其他逻辑控制，如：手动、自动操作转换、水泵站的工作状态指示、报警、系统自检等。

调节器的输出信号一般是模拟信号，4 ~ 20 mA变化的电流信号或0 ~ 10 V变化的电压信号。信号的量值与前边提到的差值成比例，用于驱动执行设备工作。

6.8.2 变频器及其控制

1. 变频器的结构及工作原理

送入电动机的电流频率 f 与电动机的速度成正比，因此调节电动机电源频率对交流电动机的调速是有效的方法。

通用变频器多是交-直-交变频器。其基本结构如图6-62所示，其主电路包括整流器、中间直流环节、逆变器和控制电路组成，现将各部分的功能分述如下：

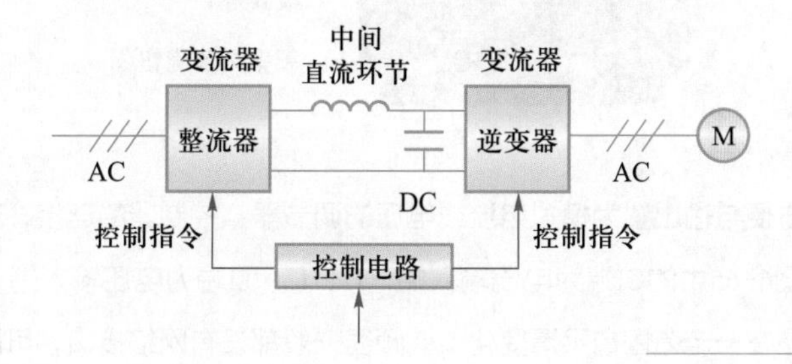

图 6-62
交 - 直 - 交变频器基本结构

① 整流器：它的作用是把三相（也可以是单相）交流整成直流。

② 中间直流环节：对整流电路的输出进行平滑处理，以保证逆变电路及控制电源得到质量较高的直流电源。由于逆变器的负载多为异步电动机，属于感性负载。因此，在中间直流环节和电动机之间总会有无功功率的交换。这无功能量要靠中间环节的储能元件（电容或电抗器）来缓冲，所以常称中间直流环节为中间直流储能环节。

③ 逆变器：逆变器的主要作用是在控制电路的控制下将直流平滑输出电路的直流电源转换为频率及电压都可以任意调节的交流电源。逆变电路的输出就是变频器的输出。

④ 控制电路：包括主控制电路、信号检测电路、门极驱动电路、外部接口电路及保护电路等几个部分，其主要任务是完成对逆变器的开关控制，对整流器的电压控制及完成各种保护功能。控制电路是变频器的核心部分，图6-63为电压型变频器和电流型变频器主电路基本结构示意图。

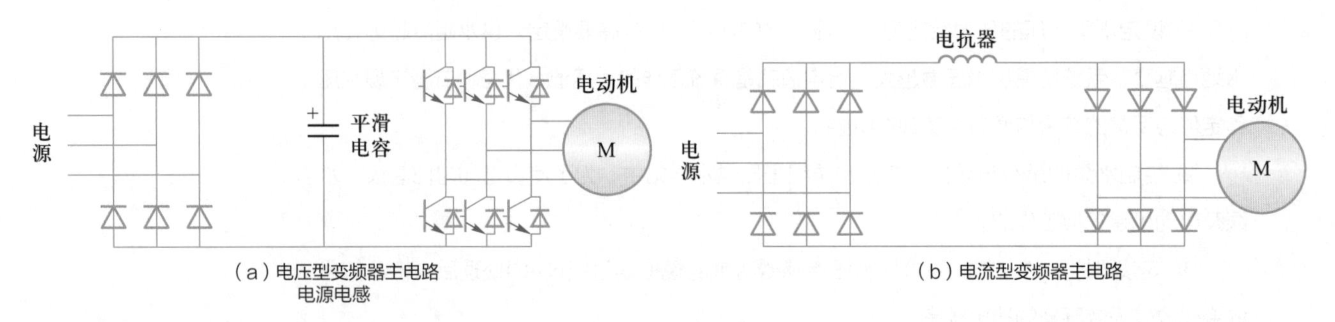

图6-63
电压型变频器和电流型变频器主电路基本结构示意图

2. 通用变频器的工作方式、操作面板及端子接线

变频器的工作方式分类有：U/f 控制、转差频率控制、矢量控制。它与PLC一样，是一种可编程的电气设备。在变频器接入电路工作前，要根据通用变频器的实际应用修订变频器的功能码。功能码一般有数十甚至上百条，涉及调速操作端口指定、频率变化范围、力矩控制、系统保护等各方面，功能码在出厂时已按默认值存储。修订是为了使变频器的性能与实际工作更匹配。图6-64为通用变频器的操作面板图，图6-65为通用变频器的接线端子图。

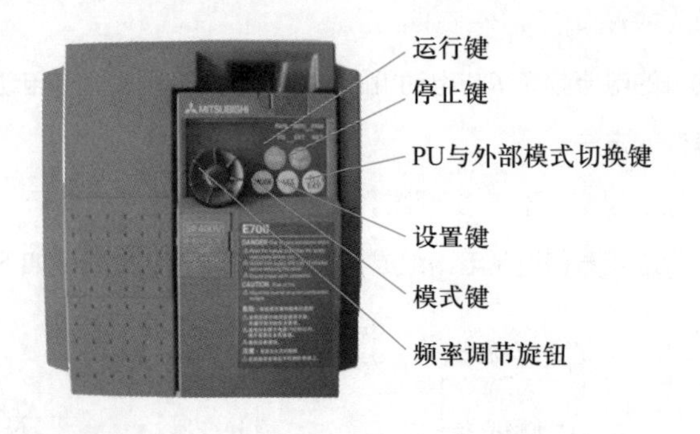

图6-64
通用变频器的操作面板图

为了方便与输出量为模拟电流或电压的调节器、控制器的连接，变频器还设有模拟量的输入端。图6-65中的CI端为电流输入端，I1、I2、I3端为电压输入端，接在这些端口上的电流或电压量在一定范围内平滑变化。变频器一般都设有网络接口，可以通过通信方式接受频

率控制指令，不少变频器生产厂家还为自己的变频器与PLC通信设计了专用的协议，如西门子公司的USS协议即是西门子为变频器等驱动装置开发的专用通信协议。

笔 记

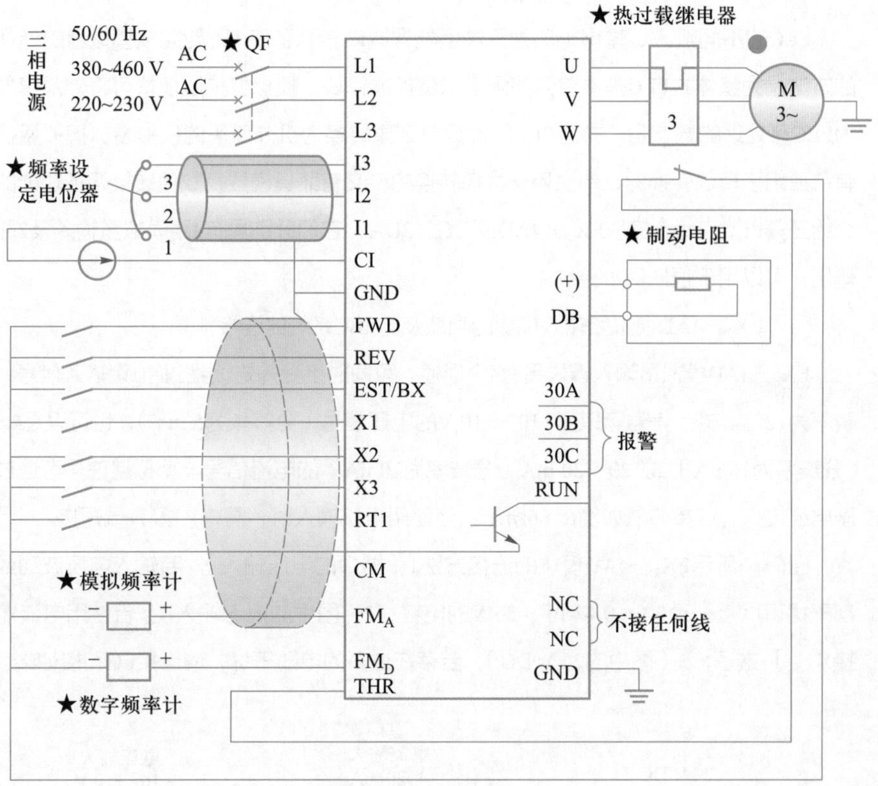

图 6-65
通用变频器的接线端子图

6.8.3 PLC 在恒压供水泵站中的应用

1. PLC 在恒压供水泵站中的主要任务

① 代替调节器实现水压给定值与反馈值的综合与调节工作，实现数字式PID调节。一台传统调节器往往只能实现一路PID设置，用PLC作调节器可同时实现多路PID设置，在多功能供水泵站的各类工况下PID参数可能不一样，使用PLC做数字式调节器就十分方便。

② 控制水泵的运行与切换，在多泵组恒压供水泵站中，为了使设备均匀地磨损，水泵及电动机是轮换工作的。在单一变频器的多泵组中，如称和变频器相连接的水泵为变频泵，变频泵也是轮流担任的。变频泵在运行中达到最高频率时，增加一台工频泵投入运行，PLC则是泵组管理的执行设备。

③ 变频器的驱动控制，恒压供水泵站中变频器常常采用模拟量控制方式，这需采用具有模拟量输入、输出的PLC或采用PLC的模拟量扩展模块，水压传感器送来的模拟信号输入PLC或模拟量模块的模拟量输入端，而由输出端送出，经给定值与反馈值比较并经过PID处理后得出的模拟量控制信号。并将此信号的变化改变为变频器的输出频率。

④ 泵站的其他逻辑控制，除了泵组的运行管理工作外，泵站还有许多逻辑控制工作，

笔 记

如手动、自动操作转换，泵站的工作状态指示，泵站工作异常的报警，系统的自检等，这些都可以在PLC的控制程序中安排。

2. PLC模拟量扩展模块的配置及应用

PLC的不同输入、输出端口为开关量处理端口，为了使PLC能完成模拟量的处理，常见的方法是为整体式PLC基本单元加配模拟量扩展模块。模拟量扩展模块可将外部模拟量转换为PLC可处理的数字量，并将PLC内部运算结果转换为机外所需的模拟量。模拟量扩展模块有单独用于模数转换的，单独用于数模转换的，又有兼具模数及数模转换两种功能的。以下介绍三菱PLC的两个模块FX_{2N}-4AD及FX_{2N}-2DA，它们分别具有4路模拟量输入及2路模拟量输出，可以用于恒压供水控制中。

（1）FX_{2N}-4AD模拟量输入模块的功能及与PLC系统的连接

FX_{2N}-4AD模拟量输入模块具有4个通道，可同时接受并处理4路模拟量输入信号，最大分辨率为12位。输入信号可以是-10～+10 V的电压信号（分辨率为5 mV），也可以是4～20 mA（分辨率为16 μA）或-20～20 mA（分辨率为20 μA）的电流信号。模拟量信号可通过双绞屏蔽电缆接入，连接方法如图6-66所示，当使用电流输入时，需将V+及I+端短接。

图6-66所示FX_{2N}-4AD模块的连接方法1（图中的电压输入）：若输入电压波动或存在外部干扰可以接一个0.1～0.47 μF、25 V的电容；2（图中的电流输入）：若使用电流输入需短接V+、I+端子；3（图中的24 V DC）：若存在过多的电器干扰，请连接FG和接地端。

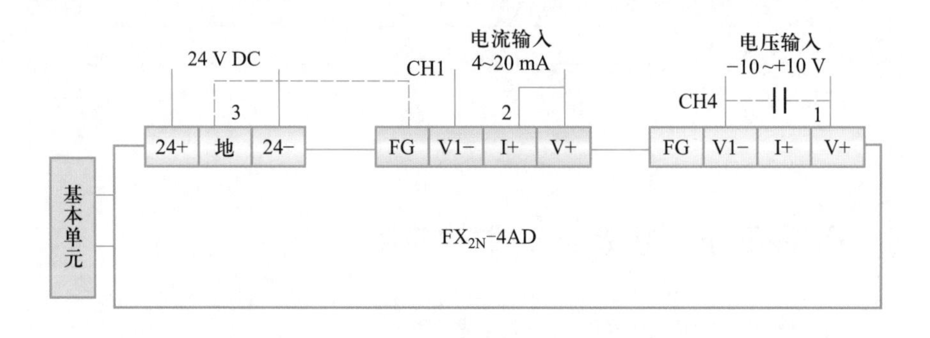

图6-66
FX_{2N}-4AD模块的连接方法

FX_{2N}-4AD的宽及高与FX_{3U}相同，在安装时装在FX_{3U}基本单元的右边，将总线连接器接入左侧单元的总线插孔中。FX系列PLC与其连接的特殊功能扩展模块位置从左至右依次编号（扩展单元不占编号），如图6-67所示。

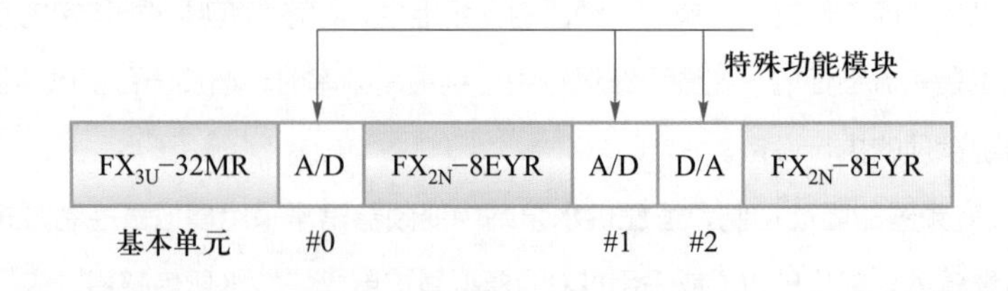

图6-67
特殊功能模块编号

FX_{2N}-4AD将消耗基本单元或电源扩展单元的+5 V DC电源（内部电源）30 mA电流，+24 VDC电源（外部电源）55 mA电流。其通常转换速度为15 ms/通道，高速转换速度为6 ms/通道。

（2）FX_{2N}-4AD 4模拟量输入模块缓冲存储器（BFM）的分配

为了能适用于多种规格的输入、输出量，模拟量处理模块被设计成可编程的。FX_{2N}-4AD模块利用缓冲存储器的设置完成编程工作。FX_{2N}-4AD模拟量输入模块共有32个缓冲存储器，但目前只使用了以下21个BFM。

① BFM#0：0号BFM用于通道的选择。4个通道的模拟输入信号范围用4位十六进制数字表示。具体地讲，十六进制数字“0～3”分别表示“-10～+10 V、4～20 mA、-20～+20 mA、通道关闭”。例如：BFM#0中的4位十六进制数字为“H3310”则表示通道CH4、CH3关闭（未使用），CH2的输入信号范围为4～20 mA，CH1的输入信号范围为-10～+10 V。

② BFM#1～#4：1～4通道的取样次数（设定范围为1～4 096），默认值为8。

③ BFM#5～#8：1～4通道的取样平均值。

④ BFM#9～#12：1～4通道的取样当前值。

⑤ BFM#15：选择A/D转换的速度。若设为0则为正常转换速度，即15 ms/通道（默认值）；设为1，则选择高速转换，即6 ms/通道。

⑥ BFM#20：若将BFM#20设为1，则模块的所有设置都将复位成默认值。用它可以快速消除不希望的增益和偏置值。BFM#20的默认值为0。

⑦ BFM#21：若BFM#21的b1、b0分别置为（1、0），则禁止调整增益和偏置；若BFM#21的b1、b0分别置为（0、1）（为默认值），则可改变增益和偏置。增益和偏置的意义可由图6-68说明，图中偏置为横轴上的截距，表示数字量输出为0时的模拟量输入值。增益为输出曲线的斜率，数字输出为+100时的模拟量输入值。

笔 记

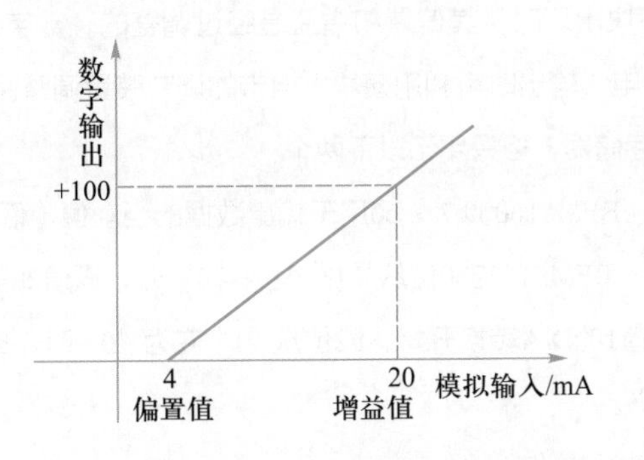

图 6-68
FX_{2N}-4AD 的偏置与增益

⑧ BFM#22：为增益与偏置整定的指定单元。BFM#22的b0～b7由低到高两两为一组，分别用于通道1～4的调整指定，当置1时调整，置0时不调整。两位中低位指定偏置，高位指定增益。通道的偏置及增益可分别调整。

⑨ BFM#23、BFM#24：为偏置值与增益值存储单元，单位为mV、μA。BFM#23（偏置）的默认值为0，BFM#24（增益）的默认值为500。当BFM#22指定单元中的某些位置1时，偏置值及增益值会送入相应通道的增益和偏置寄存器中。

⑩ BFM#29：其中各位的状态是FX_{2N}-4AD错误状态信息。其中，b0为ON时表示有错误；b1为ON时表示存在偏置及增益错误；b2为ON时表示存在电源故障；b3为ON时，表示存在硬件错误等。

笔 记

⑪ BFM#30：其中存的是模块的识别码K2010。用户在程序中可以方便地利用这一识别码在传送数据前先确认该特殊功能模块。

3. 模拟量输出模块的功能及与PLC系统的连接

FX_{2N}-2DA模块用于将12位数字信号转换成模拟量电压或电流输出。它具有2个模拟量输出通道。这两个通道都可以输出0～10 V DC（分辨率为2.5 mV）、0～5 V DC（分辨率为1.25 mV）的电压信号或4～20 mA（分辨率为4 μA）的电流信号。模拟量输出可通过双绞屏蔽电缆与驱动负载相连，连接方法如图6-69中的2所示，当使用电压输出时，需将IOUT端和COM端短接。若电压存在波动或有大量的噪声时，可以接个电容，如图6-69的1所示。FX_{2N}-2DA安装时装在FX_{3U}基本单元的右边。FX_{2N}-2DA将消耗基本单元或电源扩展单元的5 V DC电源（内部电源）20 mA和24 V DC电源5 mA电流。D/A转换时间为4 ms/通道。

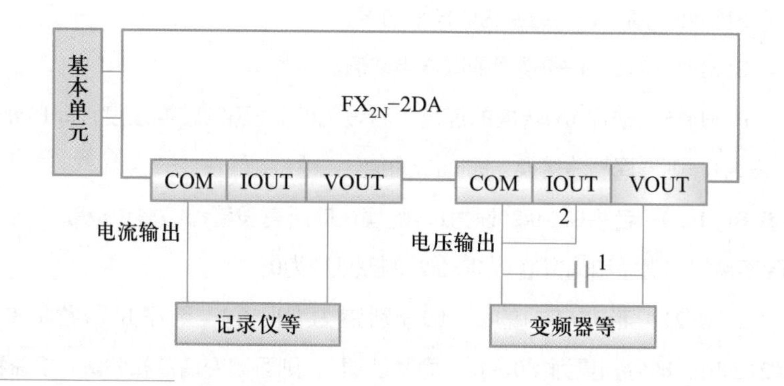

图6-69
FX_{2N}-2DA模块的连接方法

4. FX_{2N}-2DA模拟量输出模块的偏置、增益及BFM分配

FX_{2N}-2DA模块出厂时，其偏置和增益是经过调整的，数字值为0～4 000，电压输出为0～10 V。若用于电流输出时可利用模块上自带的调节装置调整偏置与增益值。FX_{2N}-2DA模块共有32个缓冲存储器，但只用了以下两个：

① BFM#16：BFM#16的 b7～ b0用于输出数据的当前值（低8位数据）。

② BFM# 17：BFM#17的b0位从“1”变成“0”时，通道2的D/A转换开始；b1位从“1”变成“0”时，通道1的D/A转换开始；b2位从“1”变为“0”时，D/A转换的低8位数据保持。其余各位没有意义。

5. 模块的读写操作及程序实例

扩展模块与主机的数据联通需借助FROM（读出）指令及TO（写入）指令。FROM指令用于将模块BFM中的数据读入PLC，TO指令可将数据写入模块的缓冲存储器。FROM指令及TO指令可用于模块的配置、偏置及增益调整、模拟量转换生成的数字量或待转换为模拟量的数字量的传递等。表6-5中为BFM读出/写入指令要素，图6-70与图6-71分别为FX_{2N}-4AD及FX_{2N}-2DA模块的应用程序，图中也涉及了读出及写入指令的使用。

表 6-5 BFM 读出 / 写入指令要素

指令名称	指令代码位数	助记符	操作数				程序步
			m1	m2	D（·）/S（·）	n	
BMF读出	FNC78（16/32）	FROM FROM（P）	K、H m1=0～7特殊单元，特殊模块号	K、H m2=0～31（BFM）号	KnY、KnM、KnS、T、C、D、V、Z	K、H N=（1～32）/32位 N=（1～16）/16位 传送字点数	FROM 9步 FROM（P）17步
BMF写入	FNC79（16/32）	TO TO（P）			K、H、KnX、KnY、KnM、KnS T、C、D、V、Z		TO9步 TO（P）17步

注：1. BFM读出；将特殊单元缓冲存储器（BMF）的n点数据读到[D（·）]；m1=0～7，特殊单元特殊模块号；m2=0～31，缓冲存储器（BFM）号码；n=1～32，传送点数。

2. BFM写入；将可编程控制器[S（·）]的n点数据写入特殊单元缓冲存储器（BFM），m1=0～7，特殊单元模块号；m2=0～31，缓冲存储器（BFM）；n=1～32，传送点数。

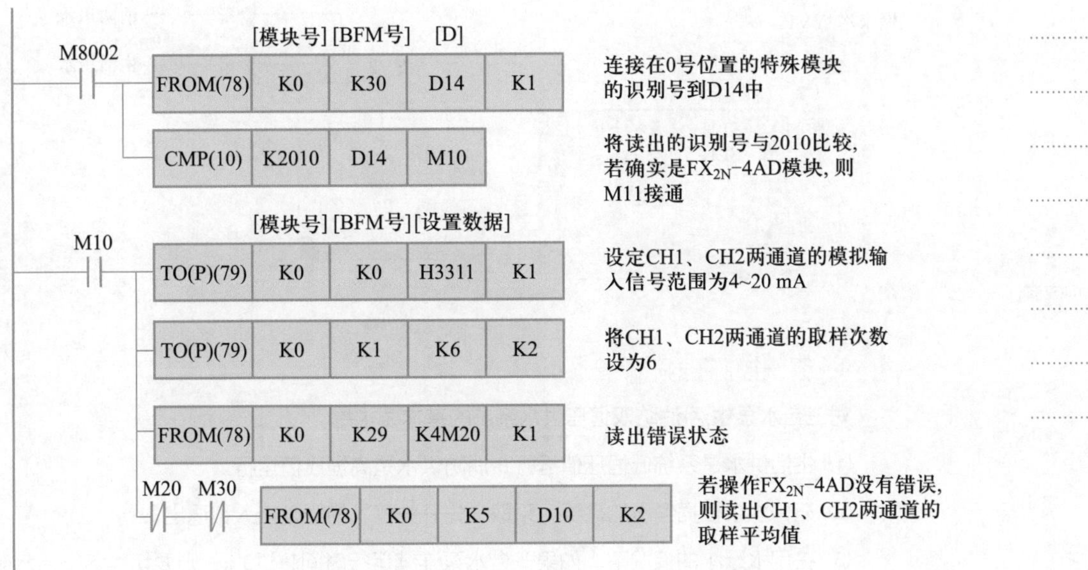

图 6-70 FX_{2N}-4AD 模块的应用程序

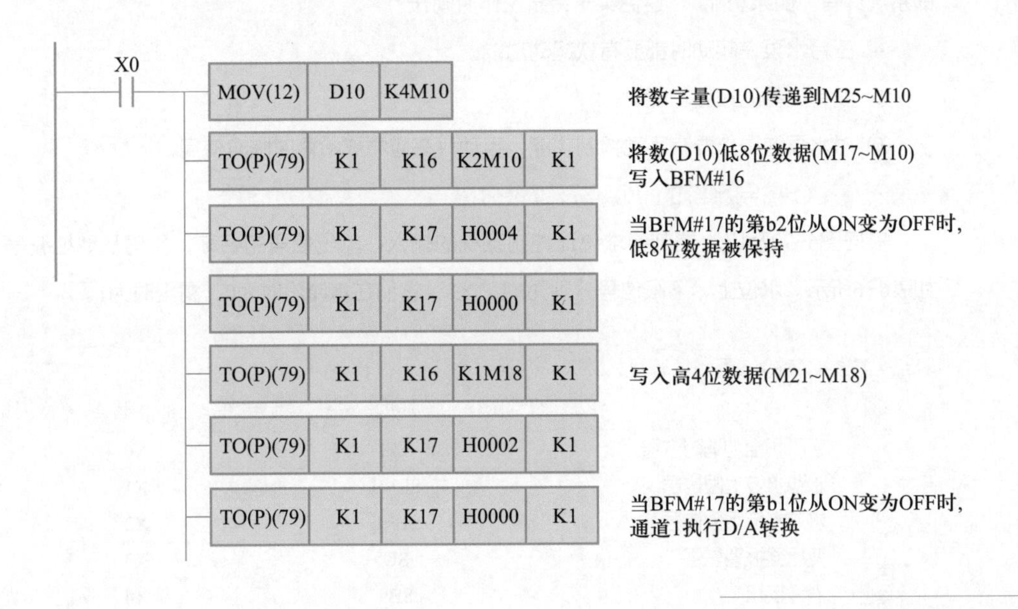

图 6-71 FX_{2N}-2DA 模块的应用程序

笔记

6.8.4 PLC 控制的恒压供水泵站实例

三台泵组成的生活/消防双恒压供水泵站的实例，如图6-72所示。市网自来水用高/低水位控制器EQ来控制注水阀YV1，自动把水注满储水池，只要求水位低于高水位，则自动往水箱注水。水池的高/低水位信号也直接送入PLC，作为高 / 低水位报警，为了保证供水的连续性，水位上、下限传感器高低距离较小。生活用水和消防用水共用三台泵，平时电磁阀YV2处于失电状态，维持生活用水低恒压。当有火灾发生时，电磁阀YV2得电，关闭生活用水管网，三台水泵供消防用水使用，并维持消防用水的高恒压值。火灾结束后，三台水泵再改为生活供水使用。

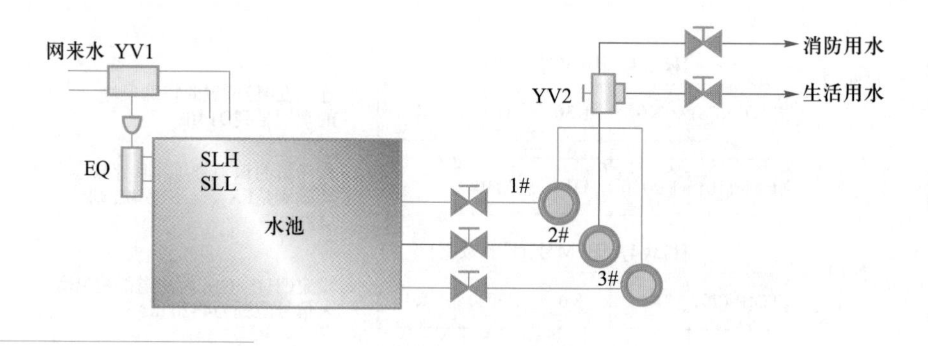

图 6-72
生活 / 消防双恒压供水系统构成图

笔 记

1. 系统控制要求

对三台水泵生活/消防双恒压供水系统的基本要求是：

① 生活供水是系统低恒压值运行，消防供水是高恒压值运行。

② 三台水泵根据恒压的需要，采取“先开先停”的原则接入和退出。

③ 在用水量小的情况下，如果一台水泵连续运行时间超过3 h，则要切换下一台水泵，即系统具有“倒泵功能”，避免某一台泵工作时间长。

④ 三台水泵在起动时都要有软起动功能。

⑤ 要有完善的报警功能。

⑥ 对水泵的操作要有手动控制功能，手动只在应急或检修时临时使用。

2. PLC 控制系统的 I/O 点及地址分配

根据图6-72及以上控制要求统计控制系统的输入、输出信号的名称、代码及地址编号如表6-6所示。水位上、下限信号分别为X1、X2，它们在水淹没时为0，露出时为1。

表 6-6 输入、输出点及地址编号

名称		代码	地址编号
输入信号	手动和自动消防信号	SA1	X0
	水池水位上限信号	SL-H	X1
	水池水位下限信号	SL-L	X2
	变压器报警信号	SU	X3
	消铃按钮	SB9	X4
	试灯按钮	SB10	X5
	压力传感器模拟量电流值	UP	模拟量输入模块1通道

笔 记

续表

名称		代码	地址编号
输出信号	1#水泵工频运行接触器及指示灯	KM1，HL1	Y0
	1#水泵变频运行接触器及指示灯	KM2，HL2	Y1
	2#水泵工频运行接触器及指示灯	KM3，HL3	Y2
	2#水泵变频运行接触器及指示灯	KM4，HL4	Y3
	3#水泵工频运行接触器及指示灯	KM5，HL5	Y4
	3#水泵变频运行接触器及指示灯	KM6，HL6	Y5
	生活/消防供水转换电磁阀	YV2	Y10
	水池水位下限报警指示灯	HL7	Y11
	变频器故障报警指示灯	HL8	Y12
	火灾警报指示灯	HL9	Y13
	报警电铃	HA	Y14
	变频器频率复位控制	KA	Y15
	控制变频器频率用电压信号	VF	模拟量输出模块电压通道

3. PLC 系统选型及构成

从上面分析可知，系统共有开关量输入点6个、开关量输出点12个；模拟量输入点1个、模拟量输出点1个。选用三菱 FX_{3U}-32 MR 1台、模拟量输入模块FX_{2N}-4AD1台、模拟量输出模块FX_{2N}-2DA1台构成系统。整个双恒压供水系统中的PLC系统配置如图6-73所示。

图 6-73
PLC 系统配置

4. 电气控制系统原理图

电气控制系统原理图包括控制主电路图、电控系统控制电路图及PLC外围接线图。

（1）控制系统主电路图

图6-74所示为主电路控制系统。三台电动机分别为M1、M2、M3。接触器KM1、KM3、KM5分别控制M1、M2、M3的工频运行；接触器KM2、KM4、KM6分别控制M1、M2、M3的变频运行；FR1、FR2、FR3分别为三台水泵电动机过载保护用的热继电器；QS1、QS2、QS3、QS4分别为变频器和三台水泵电动机主电路的隔离开关；FU1为主电路的熔断器；VVVF为通用变频器。

（2）电控系统控制电路图

图6-75所示为电控系统控制电路图。图中SA为手/自动转换开关，SA打在1的位置为手动控制状态；打在2的位置为自动控制状态。手动运行时，可用按钮SB1～SB8控制三台水泵的起/停和电磁阀YV2的通/断；自动运行时，系统在PLC程序控制下运行。

图6-75中的HL10为自动运行状态电源指示灯。对变频器频率进行复位时只提供一个触点信号，由于PLC 4个输出点为一组共用一个COM端，而本系统又没有剩下单独的COM端，所以通过一个中间继电器KA的触点对变频器进行复频控制。图6-75中的Y0～Y5及Y10～Y15为PLC的输出继电器触点，它们旁边的4、6、8等数字为接线编号。

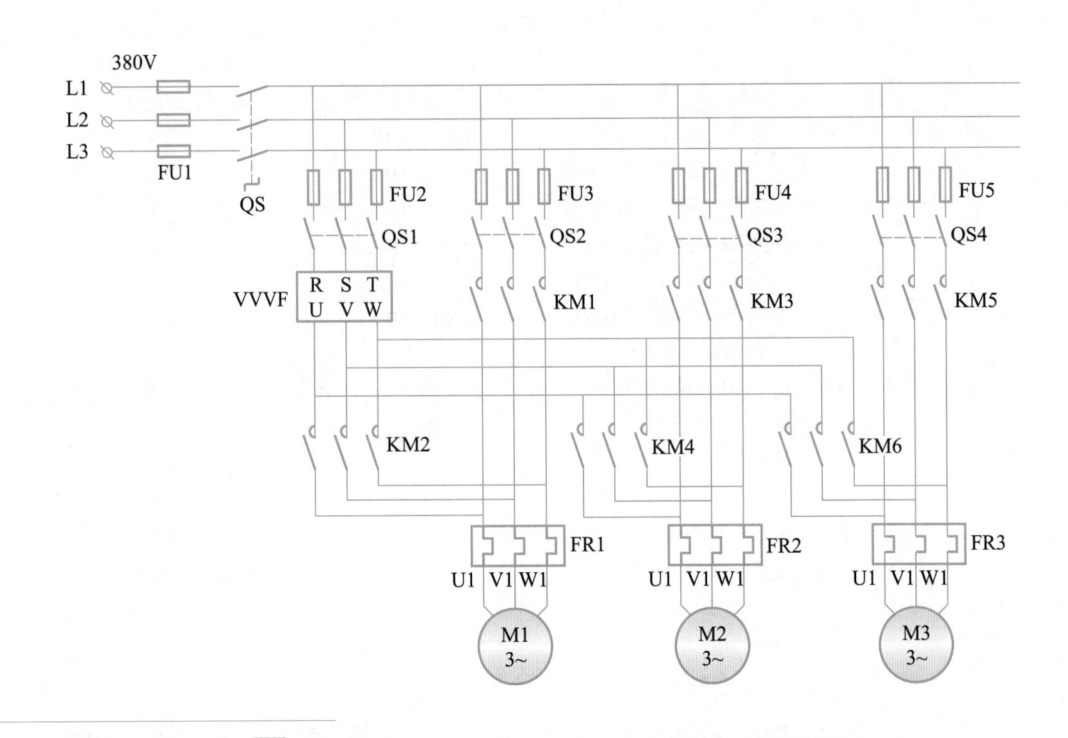

图 6-74
控制系统主电路

笔 记

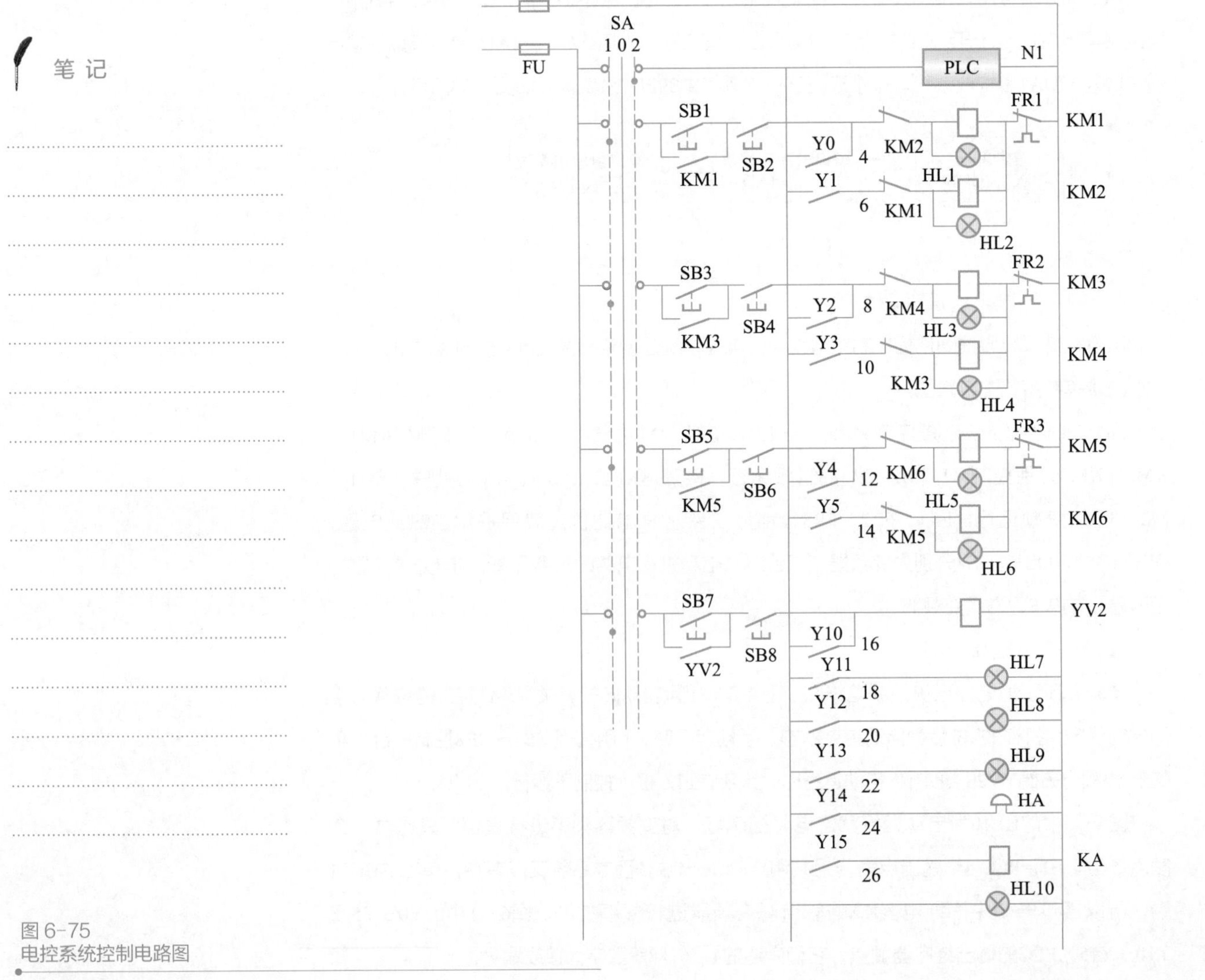

图 6-75
电控系统控制电路图

（3）PLC外围接线图

图6-76为PLC及扩展模块外围接线图。火灾时，火灾信号SA1被触动，X0为1。

本例因篇幅的关系，以下几方面的因素不加以考虑，重点在PLC软件的设计。

① 系统中要求的直流电源容量。

② 系统电源方面的抗干扰措施。

③ 系统保护措施，如输出方面的保护措施等。

笔记

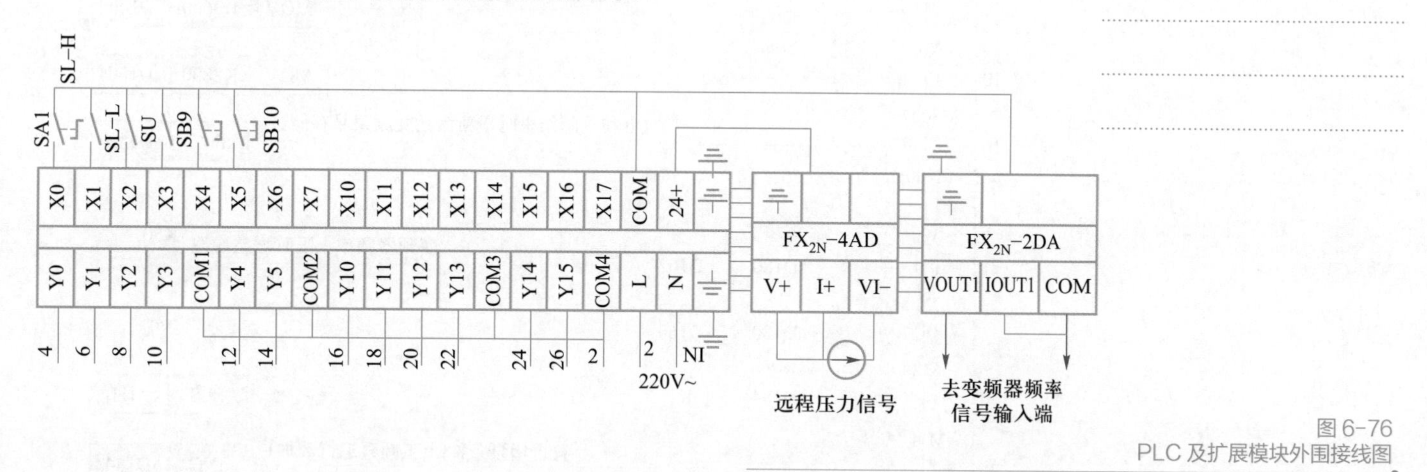

图6-76
PLC及扩展模块外围接线图

5. 元件地址及其功能

表6-7为PLC元件地址及其功能表。

表6-7 PLC元件地址及其功能表

元件地址	功能	元件地址	功能
D100	目标值	T37	工频泵增泵滤波时间控制
D102	测定值	T38	工频泵减泵滤波时间控制
D110	取样时间	T39	工频/变频转换逻辑控制
D111	动作方向	M10	故障结束脉冲信号
D112	输入滤波常数	M11	泵变频起动脉冲
D113	比例增益	M12	减泵脉冲
D114	积分时间	M13	倒泵变频起动脉冲
D115	微分增益	M14	复位当前变频泵运行脉冲
D116	微分时间	M15	当前泵工频运行起动脉冲
D150	变频运行频率下限值	M16	新泵变频起动脉冲
D160	生活供水变频运行上限	M20	泵工频/变频转换逻辑控制
D162	生活供水变频运行上限	M21	泵工频/变频转换逻辑控制
D180	PI调节结果存储单元	M22	泵工频/变频转换逻辑控制
D182	变频工作泵的泵号	M30	故障信号汇总
D184	工频运行泵的总台数	M31	泵水池水位下限故障
D190	倒泵时间存储器	M32	泵水池水位下限故障消铃
T33	变频器频率软起动准备时间	M33	变频器故障消铃
T34	变频器频率软起动准备时间	M34	火灾消铃

笔 记

6. 参考梯形图

生活/消防双恒压供水系统的参考梯形图及程序注释如图6-77所示。因为程序较长，所以读图时请按语句号的顺序进行。

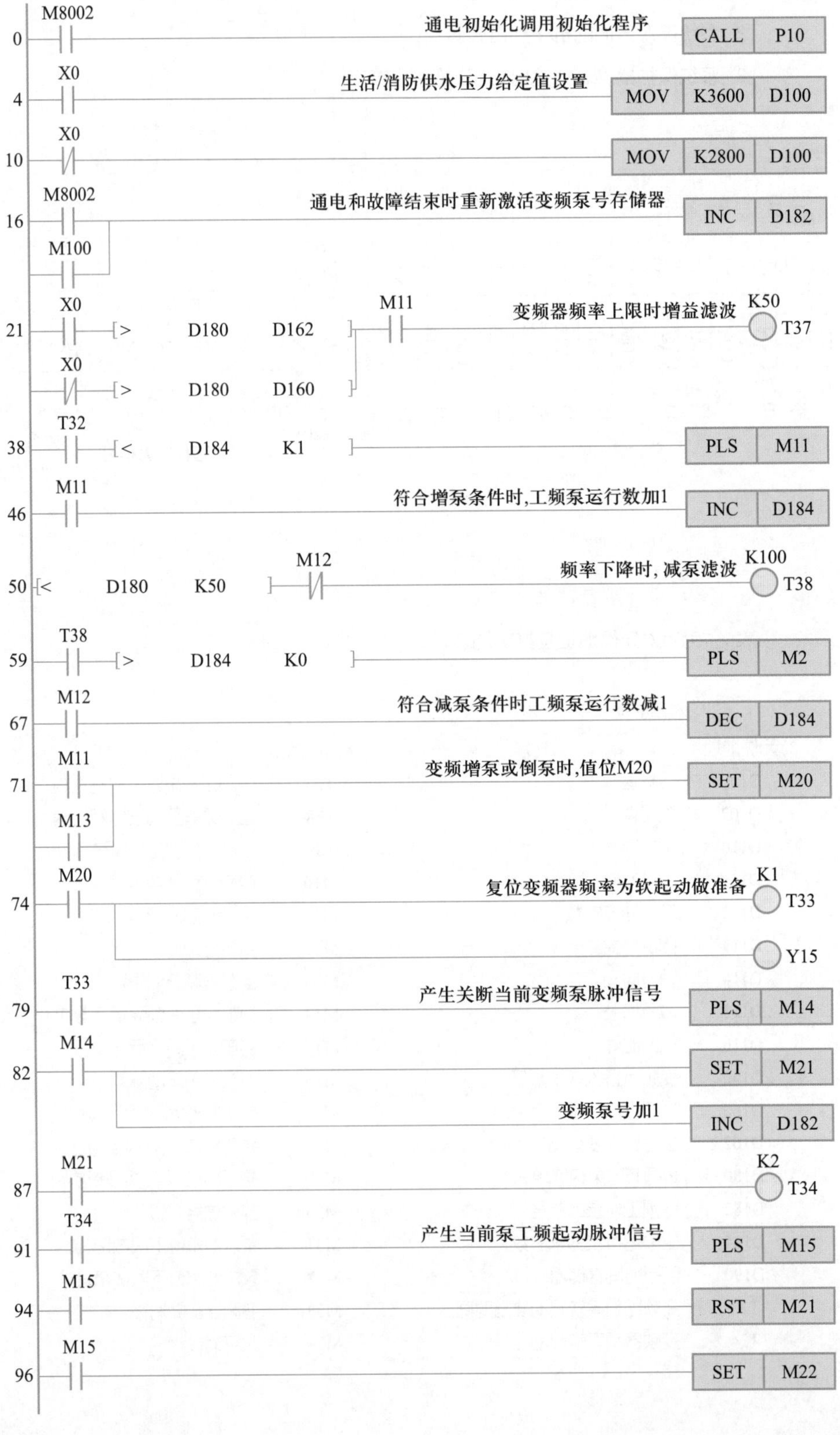

0 M8002 通电初始化调用初始化程序 CALL P10

4 X0 生活/消防供水压力给定值设置 MOV K3600 D100

10 X0 MOV K2800 D100

16 M8002 M100 通电和故障结束时重新激活变频泵号存储器 INC D182

21 X0 [> D180 D162] X0 [> D180 D160] M11 变频器频率上限时增益滤波 K50 T37

38 T32 [< D184 K1] PLS M11

46 M11 符合增泵条件时,工频泵运行数加1 INC D184

50 [< D180 K50] M12 频率下降时, 减泵滤波 K100 T38

59 T38 [> D184 K0] PLS M2

67 M12 符合减泵条件时工频泵运行数减1 DEC D184

71 M11 M13 变频增泵或倒泵时,值位M20 SET M20

74 M20 复位变频器频率为软起动做准备 K1 T33 Y15

79 T33 产生关断当前变频泵脉冲信号 PLS M14

82 M14 SET M21 变频泵号加1 INC D182

87 M21 K2 T34

91 T34 产生当前泵工频起动脉冲信号 PLS M15

94 M15 RST M21

96 M15 SET M22

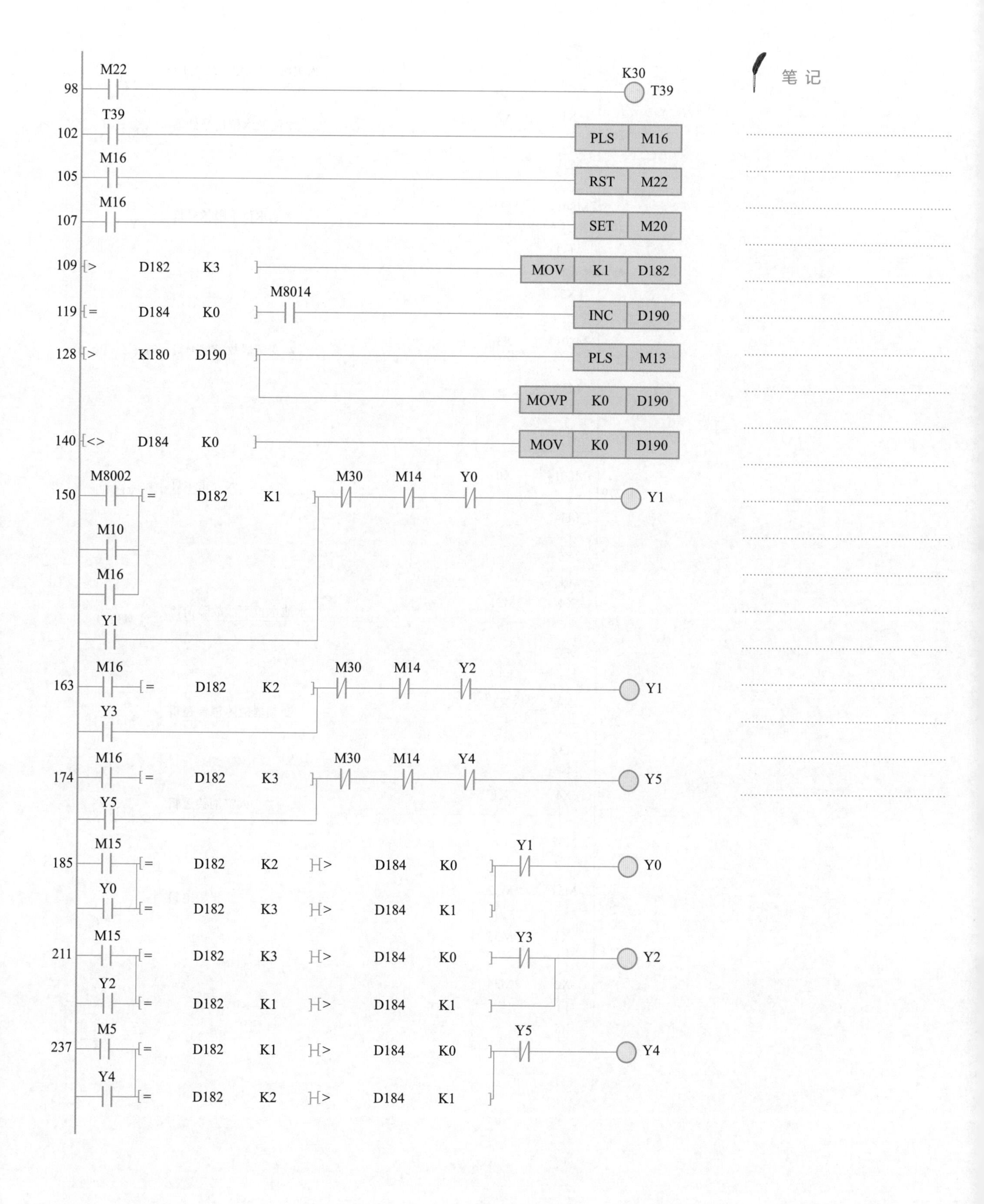
98 M22 K30 T39
102 T39 PLS M16
105 M16 RST M22
107 M16 SET M20
109 > D182 K3 MOV K1 D182
119 = D184 K0 M8014 INC D190
128 > K180 D190 PLS M13
MOVP K0 D190
140 <> D184 K0 MOV K0 D190
150 M8002 = D182 K1 M30 M14 Y0 Y1
M10
M16
Y1
163 M16 = D182 K2 M30 M14 Y2 Y1
Y3
174 M16 = D182 K3 M30 M14 Y4 Y5
Y5
185 M15 = D182 K2 > D184 K0 Y1 Y0
Y0 = D182 K3 > D184 K1
211 M15 = D182 K3 > D184 K0 Y3 Y2
Y2 = D182 K1 > D184 K1
237 M5 = D182 K1 > D184 K0 Y5 Y4
Y4 = D182 K2 > D184 K1
笔 记

笔 记

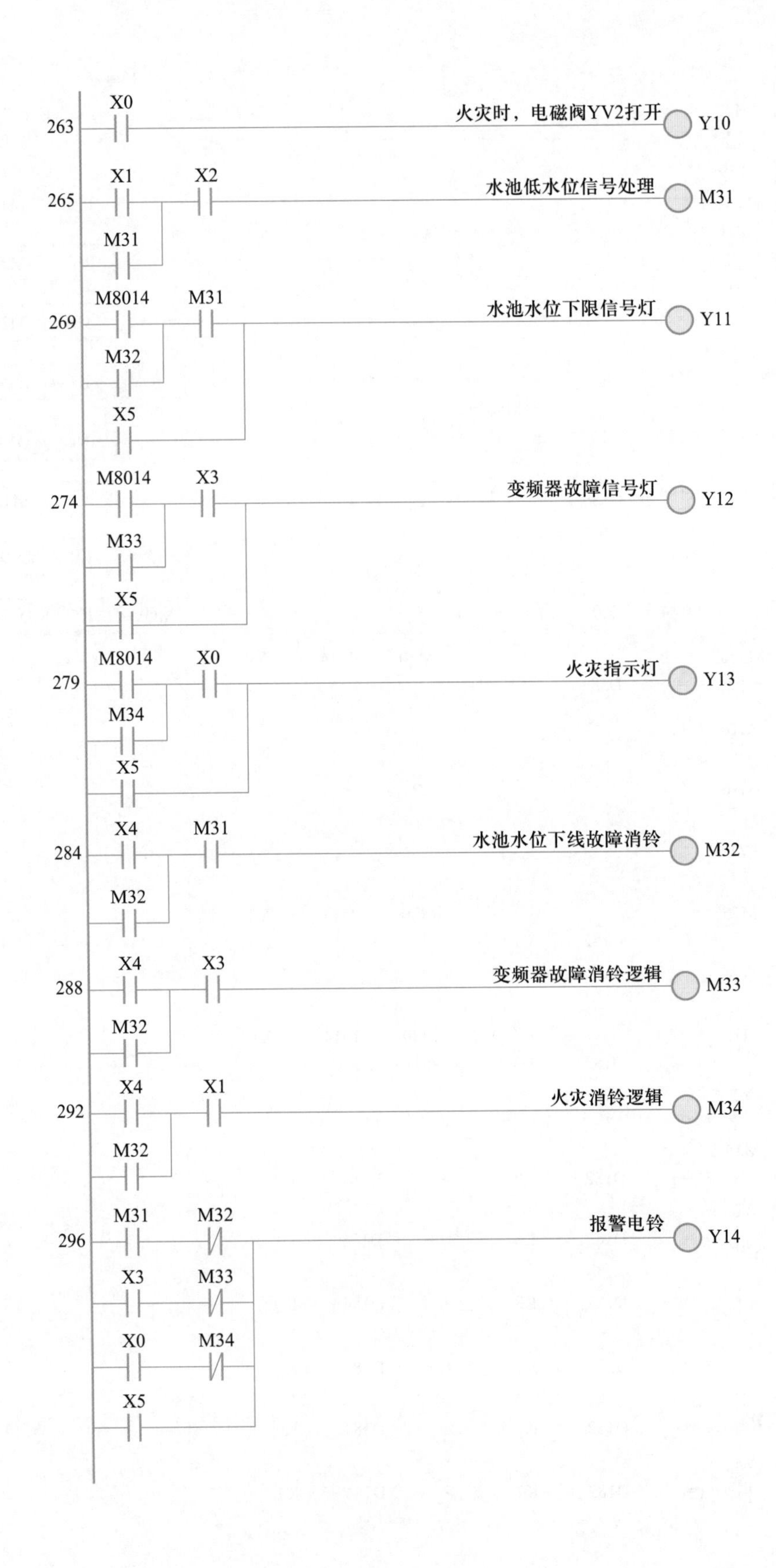

263
X0
火灾时，电磁阀YV2打开
Y10
265
X1
X2
M31
水池低水位信号处理
M31
269
M8014
M31
M32
X5
水池水位下限信号灯
Y11
274
M8014
X3
M33
X5
变频器故障信号灯
Y12
279
M8014
X0
M34
X5
火灾指示灯
Y13
284
X4
M31
M32
水池水位下线故障消铃
M32
288
X4
X3
M32
变频器故障消铃逻辑
M33
292
X4
X1
M32
火灾消铃逻辑
M34
296
M31
M32
X3
M33
X0
M34
X5
报警电铃
Y14

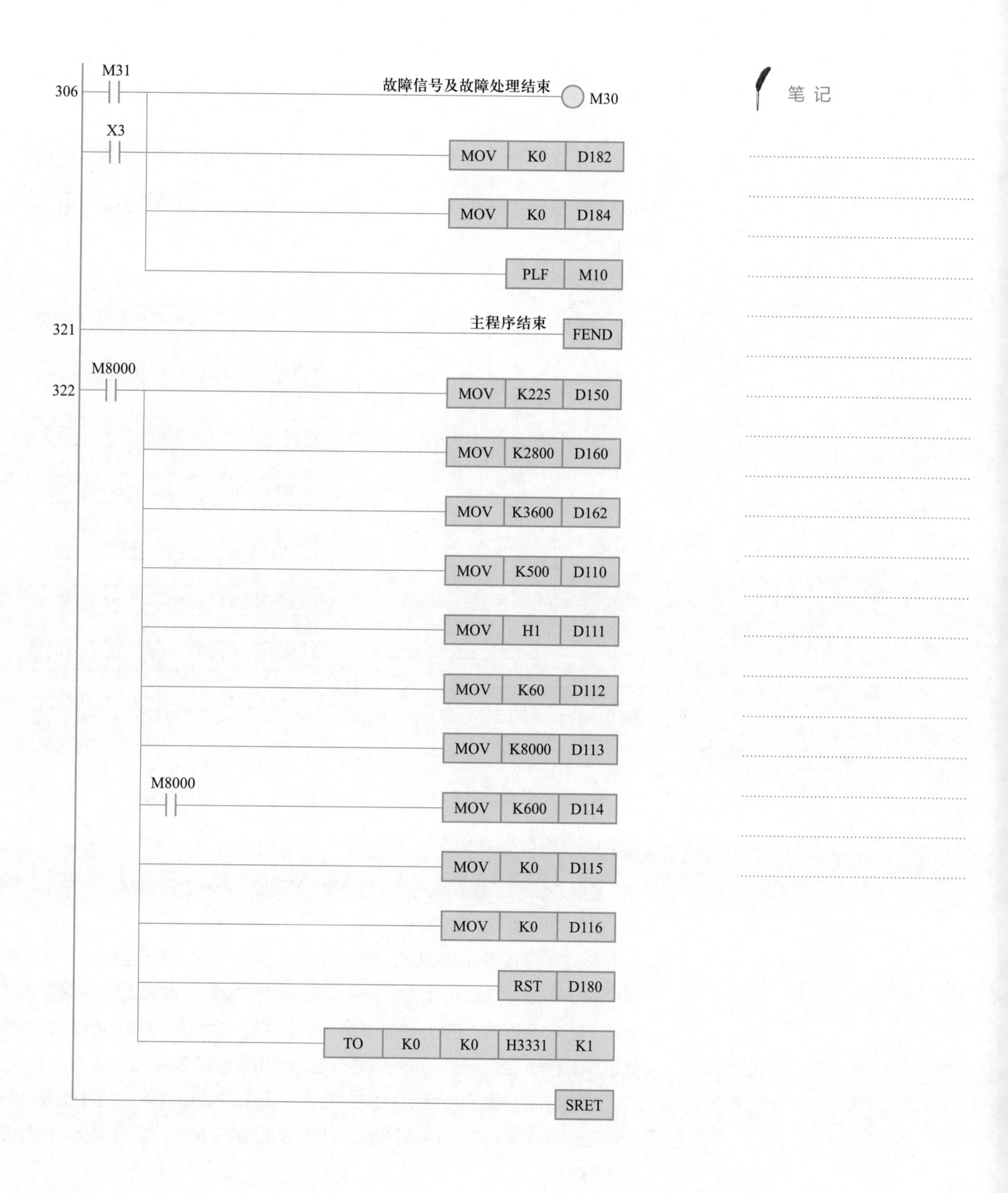
306
M31
故障信号及故障处理结束
M30
X3
MOV K0 D182
MOV K0 D184
PLF M10
321
主程序结束
FEND
322
M8000
MOV K225 D150
MOV K2800 D160
MOV K3600 D162
MOV K500 D110
MOV H1 D111
MOV K60 D112
MOV K8000 D113
M8000
MOV K600 D114
MOV K0 D115
MOV K0 D116
RST D180
TO K0 K0 H3331 K1
SRET

笔 记

笔 记

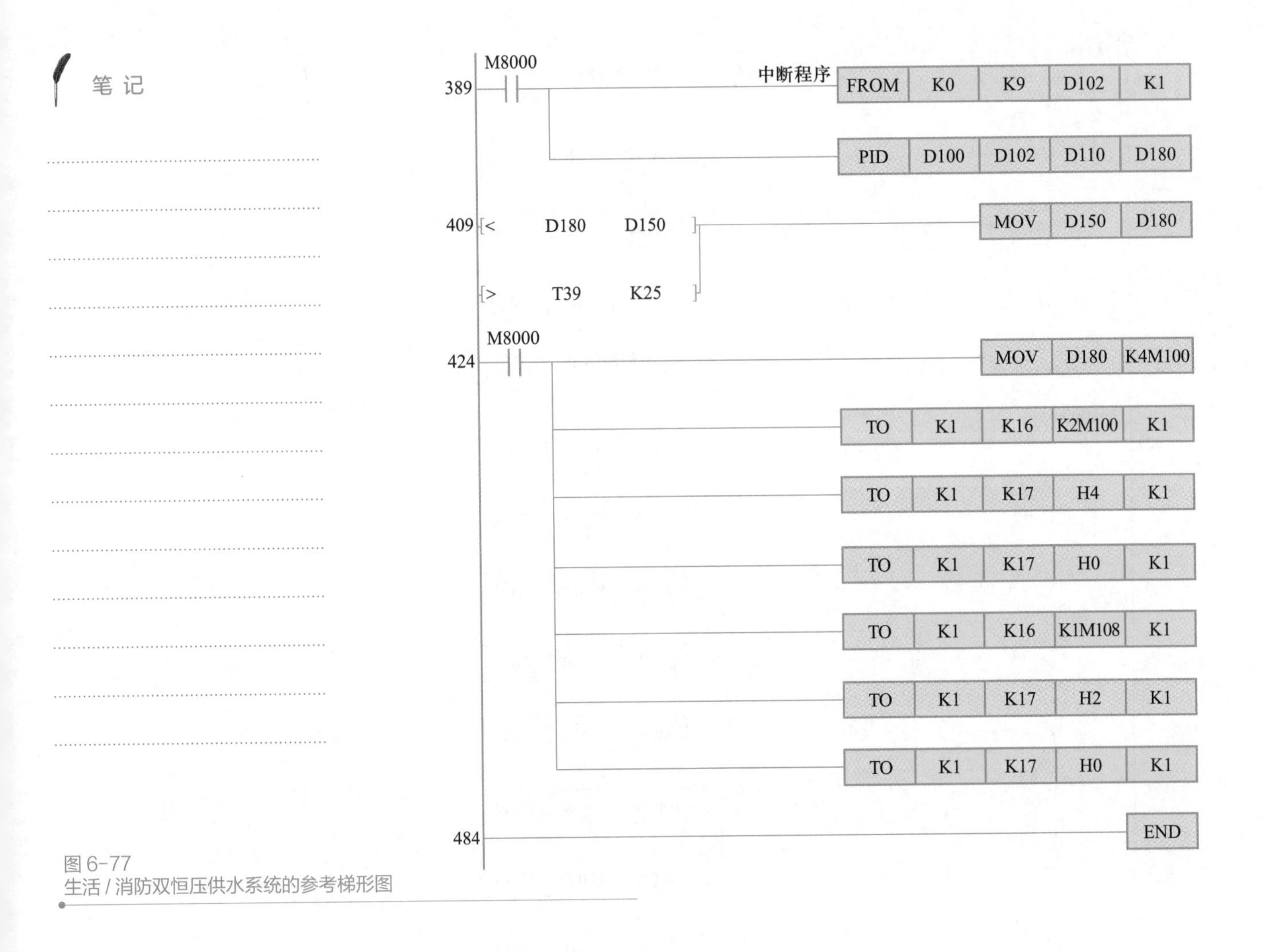

图6-77
生活/消防双恒压供水系统的参考梯形图

【本章小结】

应用指令的使用能简化程序，使程序功能明确，特别适用于复杂结构的工业应用程序中，扩展了PLC编程的使用范围。

本章介绍了应用指令的格式、含义、分类及功能，列举了各应用指令的一些应用实例。其中的转移、子程序调用、比较、传送、移位等应用指令十分频繁地应用在实际编程中，因此作了重点介绍和实例示范。在附录指令表中对FX_{3U}的295条功能指令都做了简介的介绍。通过本章的学习使读者能结合附录中的介绍，自学其余的应用指令。

在技能训练中详细地对恒压供水站的原理、设计、实施作了叙述，包括对部分要用到而与课程相关不大的内容，如变频器的工作原理及接线作了阐述，以便学生对实际的工程有整体的了解。

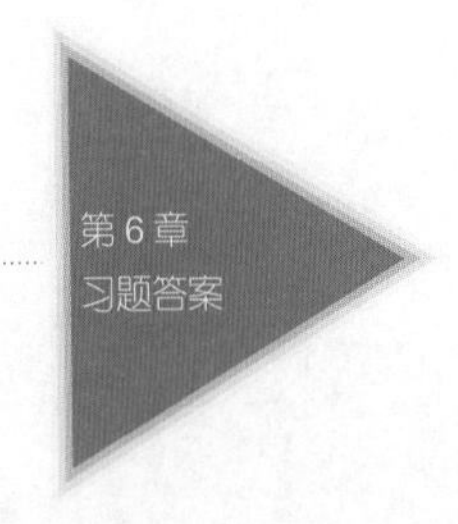

【习题】

6-1　什么是应用指令？应用指令共有几大类？

6-2　什么是位组合元件？

6-3　应用指令中，32位数据寄存器如何组成？

6-4 在图6-78所示应用指令中，X0、(D)、(P)、D10、D14其含义分别是什么？该指令有什么功能？

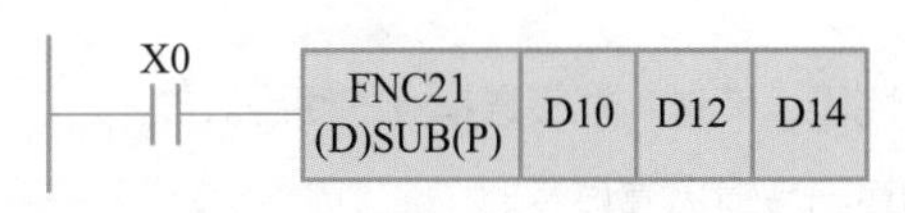

图6-78 习题6-4图

6-5 两数相减之后得出其绝对值，试编一段程序。

6-6 设计一段程序，当输入条件满足时，依次将计数器的C0～C9的当前值转换成BCD码送到输出元件K4Y0中，试画出梯形图。

6-7 试设计一个彩灯交叉显示程序，要求8盏灯隔灯显示，每1 s变换一次，反复进行。

6-8 试用传送指令等设计一台异步电动机反接制动控制程序。

6-9 如何用双按钮控制5台电动机的ON/OFF？

6-10 某酒店八个字如“东方酒店，欢迎光临”，试用字移位实现其循环显示。

6-11 某街道十字路口交通灯，纵、横方向各有绿、黄、红三个灯，试用循环移位指令设计程序，实现如下要求：假设纵向，绿亮30 s后，黄闪烁3次，每次1 s，再红亮30 s。这时横向灯正好与纵向相反即红亮30 s后黄闪烁3次（每次1 s），再绿亮30 s，以这种方式反复纵横交叉进行。

6-12 试编运算式（70*Y*−10）/25+15的程序，*Y*为输出口Y0～Y7的二进制数。

6-13 设计一个控制系统，对某车间的成品和次品进行计数统计。当产品数达到1 000件，若次品数大于50件，则报警并显示灯亮，同时停止生产产品的机床主电机运行（用CMP指令）。

6-14 A/D转换得到8个12位二进制数据存放在D0～D7中，A/D转换得到的数值0～2 000对应的温度值0～1 200 ℃；在X0的上升沿，用循环指令将它转换为对应的温度值，存放在D20～D27中，试设计梯形图程序。

6-15 用时钟运算指令控制路灯的定时接通和断开，20：00开灯，06：00关灯，试设计梯形图程序。

6-16 用X0～X17这16个键输入十六进制数0～F，将它们用二进制数的形式（Y0～Y3）保存并显示出来，用应用指令设计满足上述要求的电路。

6-17 50个16位数存放在D10～D59中，求出最大的数，放在D100中，编写出程序。

6-18 用应用指令实现一个恒温控制系统控制程序。加热采用电加热，温度控制在30～80 ℃。用温度传感器检测温度并输入超过80 ℃及低于30 ℃两个开关信号来控制电加热电源是否启停。要画出梯形图及I/O口接线图。

6-19 试设计三层楼电梯控制程序的梯形图。

笔 记

【实验】

实验7　应用指令的使用

一、实验目的

1. 熟悉跳转、比较、传送、批传送指令的使用。

2. 理解四则运算与逻辑运算指令。

3. 掌握右移位、左移位指令的编程使用方法。

4. 熟悉GX Works2编程软件的使用。

二、实验设备

1. 三菱FX_{3U}系列可编程控制器。　1台

2. 装有PLC软件的计算机。　1台

3. 模拟开关板。　1块

三、实验内容

1. 按图6-79所示梯形图输入程序，观察运行结果，画出波形图。

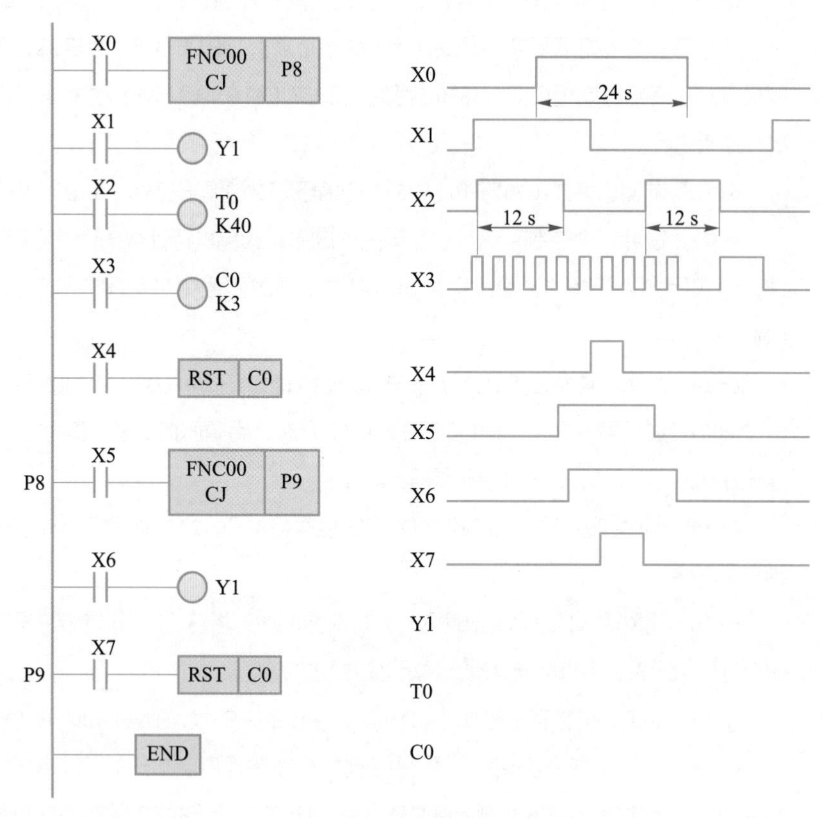

图6-79　梯形图1

2. 按图6-80所示梯形图分别输入程序，观察比较指令FNC10（CMP）、区间比较指令FNC11（ZCP）运行结果。

笔 记

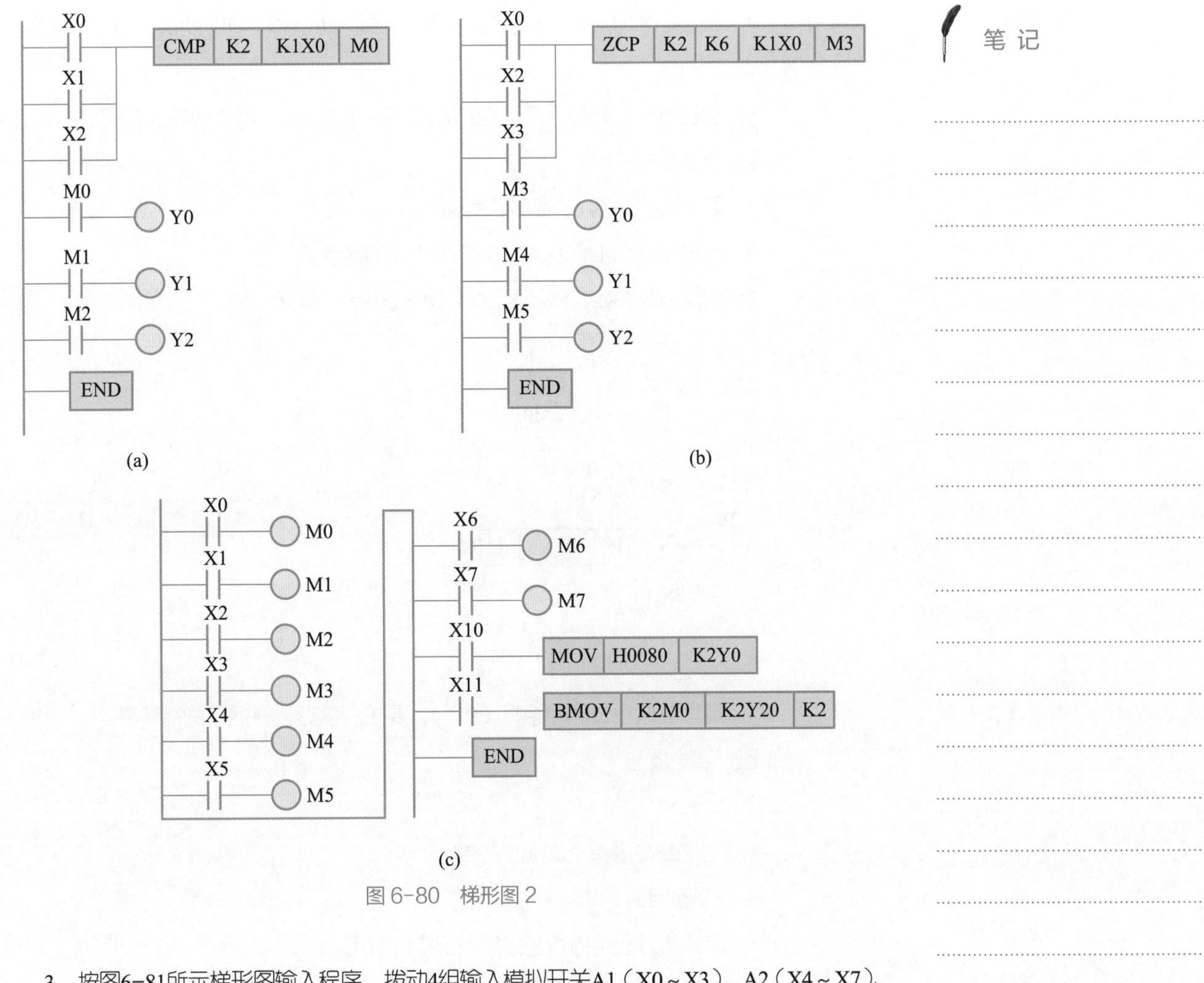

图6-80　梯形图2

3. 按图6-81所示梯形图输入程序，拨动4组输入模拟开关A1（X0～X3），A2（X4～X7）、A31（X10～X13）、A4（X14～X17），观察输出，并写到实验报告中。

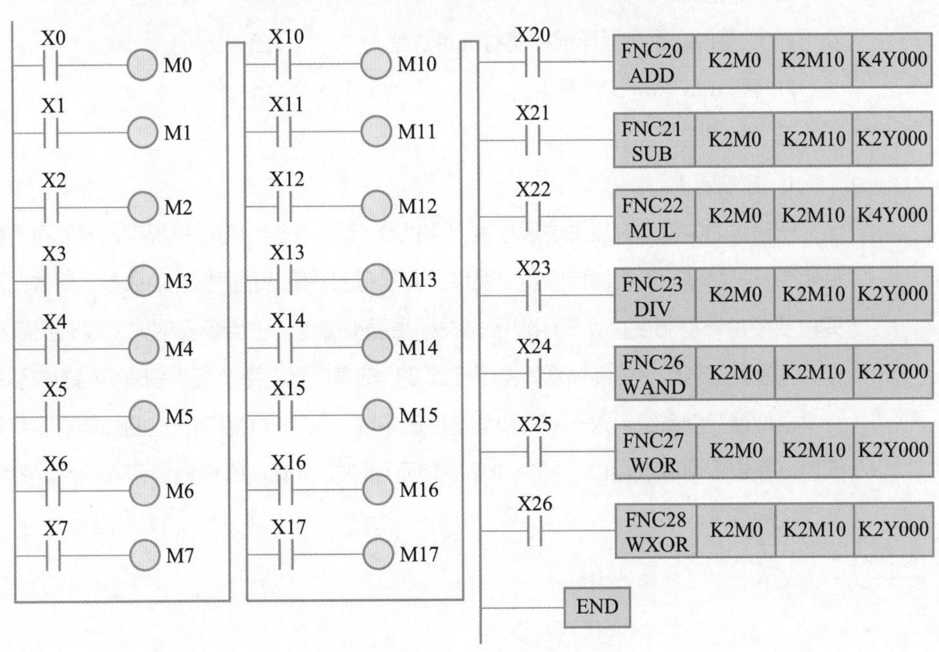

图6-81　梯形图3

笔 记

4. 按图6-82所示梯形图输入程序，拨动X0（ON、OFF变换）八次。观察现象并填入表中。

5. 自己设计左移位程序。拨动X0对应的开关8次，观察现象，并记录在实验报告中。

四、思考题

1. 解释实验内容1中观察到的图形。

2. 比较指令CMP与区间比较指令ZCP的区别。

解释图6-83中K2、K6、K1X0、M3代表什么意义？

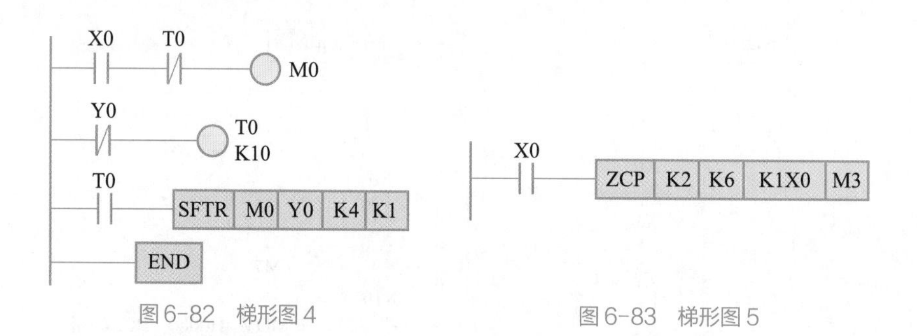

图6-82　梯形图4　　　图6-83　梯形图5

3. 用移位指令设计一组灯（8个），要求一盏灯、一盏灯的循环亮。

五、实验报告

实验8　制冷中央空调温度控制

一、实验目的

1. 掌握部分应用指令在控制系统中的应用。

2. 熟悉GX Works2编程软件的使用。

二、实验设备

1. 三菱FX_{3U}系列可编程控制器或实验台。　　1台

2. 装有PLC软件的计算机。　　1台

三、实验内容

1. 控制要求。

日常生活中的中央空调温度控制可用PLC实现。在这个控制系统中，温度点的检测可以使用带开关量输出的温度传感器来完成，但是有的系统的温度检测点很多，或根据环境温度变化要经常调整温度点，要用很多开关量温度传感器，占用较多的输入点，安装布线不方便，把温度信号用温度传感器转换成连续变化的模拟量，那么这个制冷机组的控制系统就是一个模拟量控制系统。对于一个模拟量控制系统，采用PLC控制，控制性能可以得到极大的改善。在这里可以选用FX_{3U}-32MR基本单元与FX_{2N}-4AD-PT模拟量输入单元，就能方便地实现控制要求。

2. 硬件设计：I/O分配表及接线图。

四、实验报告

五、参考程序

制冷中央空调温度控制系统参考梯形图如图6-84所示。

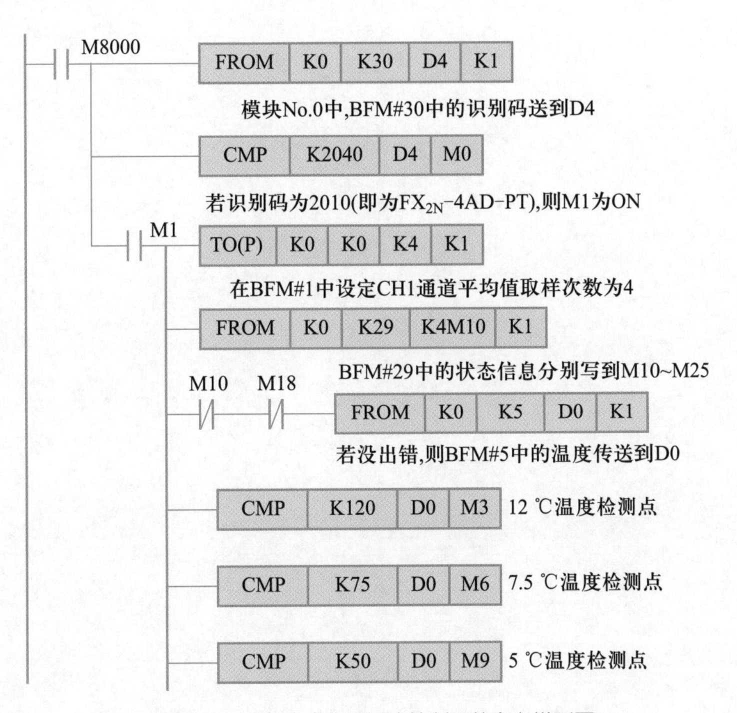

图6-84 制冷中央空调温度控制系统参考梯形图

笔 记

[重点难点]

本章的应用程序取自工程资料。这些程序段在工程应用中能解决某种特定应用，提供某些提示性的方法，使初学者提高PLC控制系统编程应用及设备安装、维护能力。文中所列程序，并不一定是编写所需要程序的最短、最快、最好或唯一的途径。这些程序是按三菱公司FX系列PLC机型列写出来的，因此，在实际应用中应根据所选机型的PLC编程指令对这些程序进行转换或移植，实现对控制系统的要求。

第 7 章 PLC 工程应用

第 7 章
学习指导

7.1 工程应用上如何选择 PLC 的型号和确定 PLC 的硬件配置

教学课件：
工程应用上如何选择PLC的型号和确定PLC的硬件配置

7.1.1 PLC 的选型

首先应了解有关的工艺，通过机械技术人员和操作、维修人员，详细了解被控设备的工作原理、功能，工作过程和各种操作方式。必要时还应画出系统的工作流程图。然后详细列出PLC所有的输入量和输出量，注明它们的名称和性质（是开关量还是模拟量，是交流量还是直流量，以及电压等级），输入的开关量信号一般使用24 V的直流电源。有的PLC为用户提供了输入用的24 V直流电源。输出电路的负载电压最好能选用220 V的交流电压。将I/O信号分类列表后，求出各类I/O信号的点数。

在以上工作的基础上，可以初步确定被控设备对PLC性能的要求，根据所了解的各种型号PLC的性能和价格，选定PLC的型号。根据输入、输出信号的数量和性质，可以确定PLC的硬件配置。例如对于整体式的小型PLC，可以确定基本单元和扩展单元的型号和数量。PLC的I/O点数应比需要的稍多一些，备用的I/O端子可供调试和使用期间对系统修改和扩充之用。

7.1.2 PLC 的硬件配置

有模拟量PID控制功能的PLC比仅用开关量控制功能的PLC价格高得多。对于小型控制系统，应考虑是否能将模拟量控制转换为开关量控制，或者用模拟电路来实现对模拟量的控制，若PLC只用来控制开关量信号，则可使系统的性价比有效的提高。

小型的整体式PLC比模块式PLC便宜，体积一般也比模块式的小。但是整体式PLC的硬件配置不如模块式的灵活。整体式PLC的输入信号点数与输出信号点数之比一般为6：4（例如FX_{3U}-64MR PLC的输入点数为32点，输出点数为32点），而工程实际中的输入信号点数与输出信号点数之比可能与这个比值相差较远。配置模块式PLC，系统扩展和维修就显得更为方便。

7.2 继电－接触器控制电路转换成 PLC 梯形图过程中应注意的几个问题

7.2.1 动断触点的处理

如果把图7-1（a）直接转成图7-1（b）所示的梯形图，那么在执行时，会发现KM并不动作，原因是输入继电器X0一直处于接通状态，其动断触点使电路处于断开状态，只需将原SB1在图7-1（c）所示的动断触点改为动合触点，不必改动梯形图就可解决这个问题。

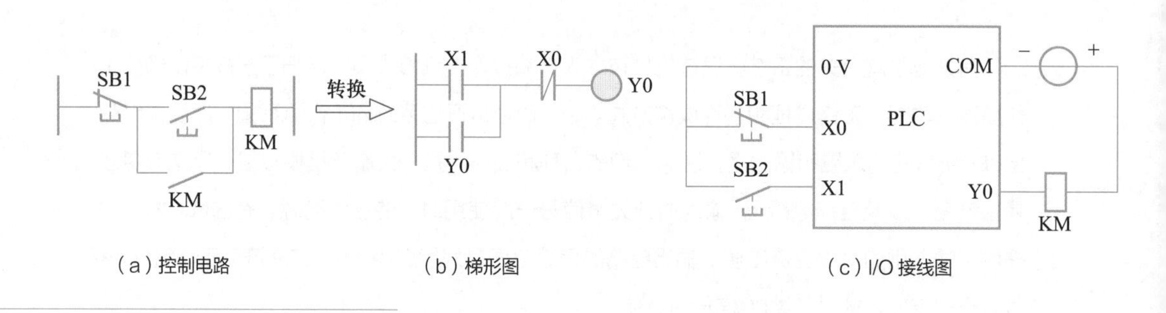

图 7-1
动断触点的处理

7.2.2 电动机过载保护信号处理

电动机的过载保护应作为信号输入PLC，不像继电-接触器控制电路那样串联在输出控制回路中，因为在继电-接触器控制电路中，热继电器保护动作会使控制电路失去自保护功能，系统必须重新启动方能运行。而PLC不一样，如果FR保护触点串联在输出回路中，虽然从动作的角度来看，它同样可使电动机停止运行，但由于PLC内部仍继续运行，其输出并未切断，一旦FR冷却或因其他的原因使FR触点接通，电动机会立即起动，这样极易造成事故。正确的接法如图7-2所示。

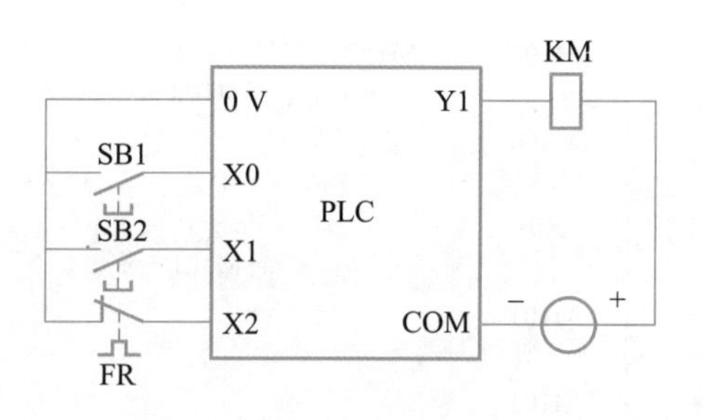

图 7-2
过载保护触点的正确接法

7.2.3 联锁触点的处理

在Y-Δ转换或可逆运行的控制电路中，为防止因触点熔焊或相间电弧引起的短路，常加入电气联锁触点。在继电–接触器电路转换成PLC梯形图时，除了在梯形图中加入软联锁外，在输出回路中仍应加入硬联锁，如图7-3所示。

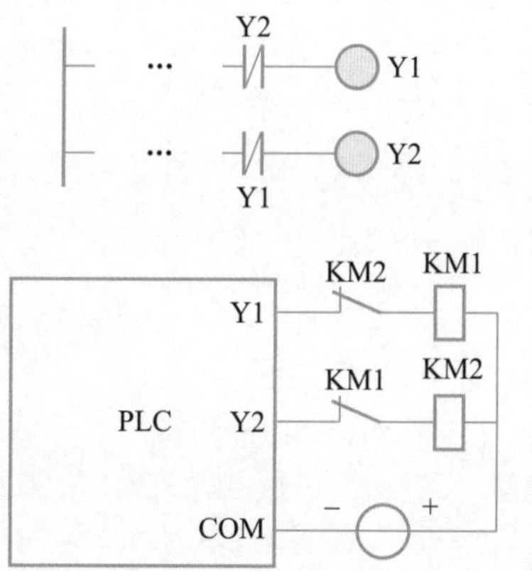

图 7-3
内外联锁触点的处理

7.2.4 多地控制触点的处理

与动断触点处理一样，梯形图无变化，动断触点全部改成动合触点。在外部输入接线方式上采用图7-4的接法，因为这种接法占用PLC输入点数少，而且梯形图也较简单。

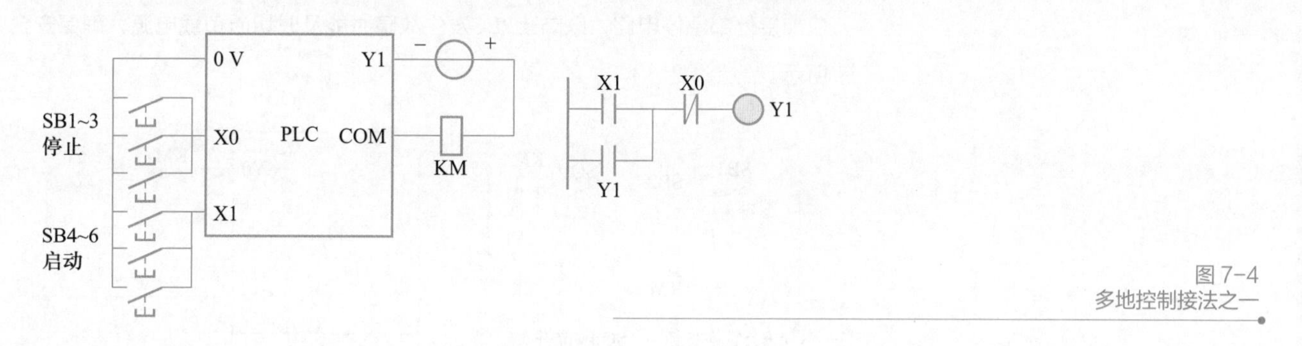

图 7-4
多地控制接法之一

7.2.5 梯形图的编程次序

由于继电–接触器控制与PLC的工作方式截然不同，在继电–接触器控制系统中，各触点之间处于相互制约的状态。而PLC是以串行循环扫描的方式工作，任一时刻，它只执行一条指令，因此在继电–接触器控制电路转换成梯形图时要特别注意梯形图的编程次序，否则会出现错误。图7-5（a）所示是部分继电–接触器控制电路图，从图中可以看出当按下SB按钮时K1得电并自锁，继而K0、K2相继得电。如果按照图7-5（a）所示的顺序把它转换成梯形图7.5（b），情况就不一样，当X0（SB）有信号输入，M101导通并自锁，由于PLC是串行循环扫描，接着执行下一条指令（LD　M101，OUT　M102），此时串联在线圈M100

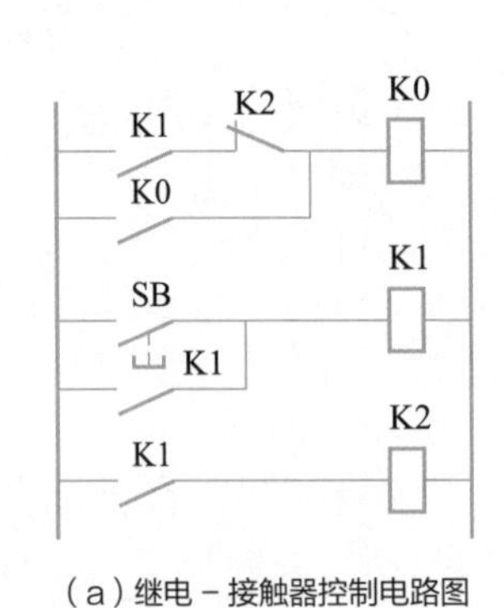

(a) 继电－接触器控制电路图

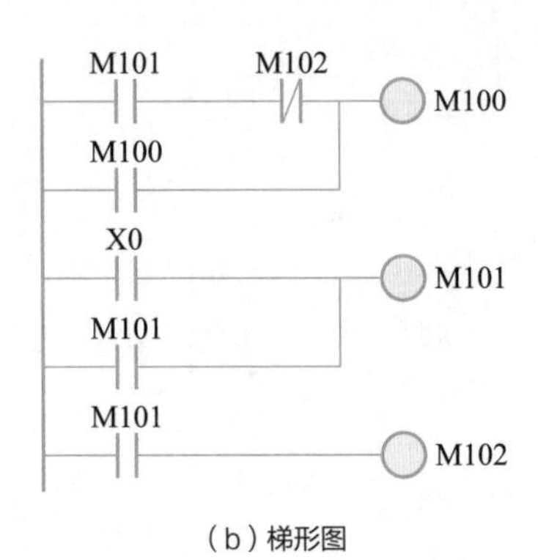

(b) 梯形图

图7-5
部分继电－接触器控制电路的梯形图转换

回路中的M101触点并未导通，当执行完指令后M102导通，接着依次执行下面的指令，直到最后一条指令END。当PLC完成一次循环扫描后，接着又从头开始第二次扫描，当执行到LD M101，ANI M102时，由于此时线圈M101、M102都处于接通状态，线圈M100仍没有输出，也就是说M100将永远不会导通，正确的方法应将梯形图中线圈M100的位置移至线圈M101与M102之间。

7.2.6 PLC外部急停电路

对于能使用户直接造成伤害的负载，不能把外部急停信号作为PLC的输入信号，而应加接外部急停电路，以防止PLC发生故障时能及时切断负载电源，确保安全，如图7-6所示。

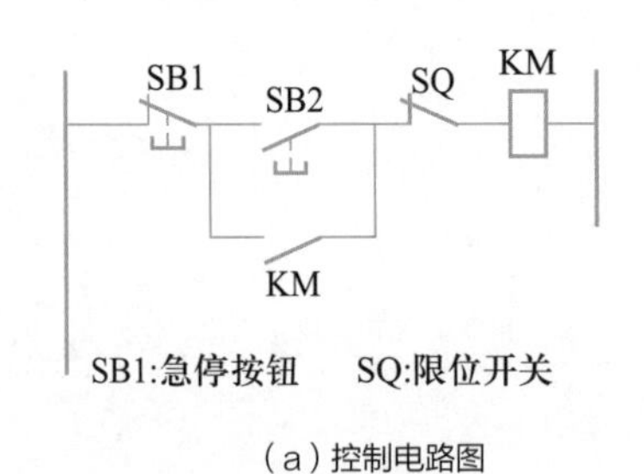

(a) 控制电路图

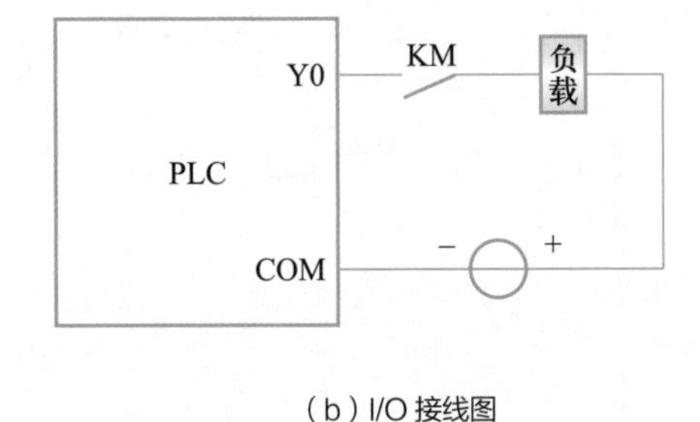

(b) I/O接线图

图7-6
PLC外部急停电路

7.3 PLC电气控制系统故障诊断的编程与显示

为了保证电气控制系统运行的可靠性，利用PLC编程控制的优点，对电气设备运行中各种可能出现的故障进行逻辑组合，编制故障诊断程序，并给予显示及反馈控制，可提高电气控制系统运行的可靠性。

7.3.1 设备故障诊断状态的设置与编程

教学课件：PLC电气控制系统故障诊断的编程与显示

一台电气控制设备在运行中可能出现各种各样的故障，一旦这些故障发生就应停止运行或发出报警信号，因此，除了用PLC编制正常的工作程序外，还需编制故障诊断程序。故障诊断点的设置应根据具体情况而定，可以是一部分电气电路的组合，也可以是一个电气元件。

例如某机床主电机采用Y-Δ起动控制，在主电路中有接触器KM、KM_Y、KM_Δ组成Y-Δ起动控制电路，可作为一组正常的工作状态。表7-1中列出了Y-Δ起动控制电路在正常工作时KM、KM_Y和KM_Δ的三种工作状态，其结果用辅助继电器M200表示。而故障状态用辅助继电器M101表示，它也可用M200取非表示，即M101=$\overline{\text{M200}}$。由表7-1可知工作状态只有三种，其余均为故障状态。例如KM_Δ触头熔焊或卡住，在停止时状态为100，又如KM_Y线圈断线，在起动时，状态为001，均为故障状态。

表7-1 Y-Δ 起动控制电路工作状态

工作状态	X12（KM_Δ）	X11（KM_Y）	X10（KM）	M200
停止	0	0	0	1
起动	0	1	1	1
运行	1	0	1	1

对诊断故障的电路，其触点或检测元件需接至PLC的输入端，如图7-7（a）所示。

根据图7-7（a）画出故障诊断梯形图如图7-7（b）所示，M101为Y-Δ起动故障，M102为电动机过载保护，它由热继电器单独设置。

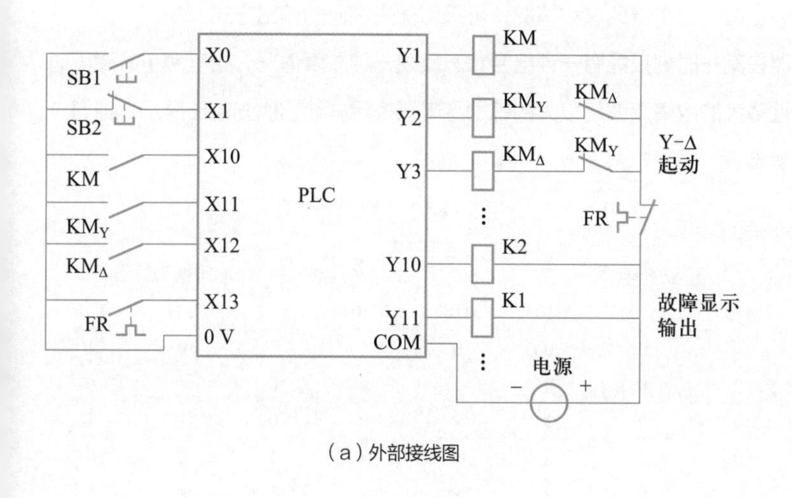

（a）外部接线图

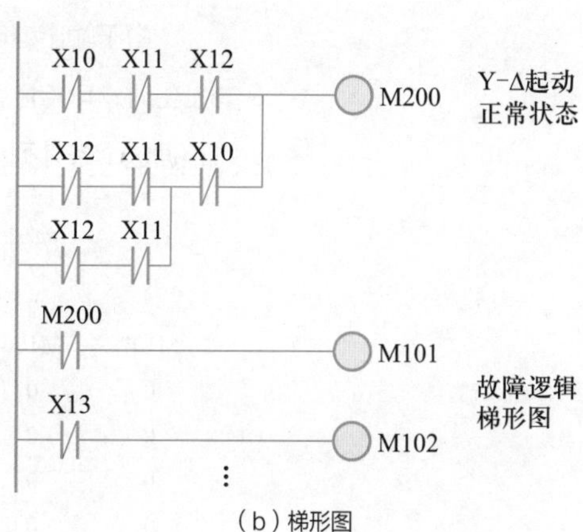

（b）梯形图

图7-7 故障诊断电路

7.3.2　故障点输出方式

在一个控制系统中，要诊断的故障点往往很多，如果每个诊断点都要一个输出端，将会使控制成本增加，为了节约PLC输出端子，可以将全部故障点进行逻辑组合，把每个故障点用一个二进制数表示，这样用n个端子可表示$2n-1$个故障点，见表7-2。在表7-2中用辅助继电器M101～M107表示7个故障点，每个故障点用输出继电器Y10～Y12组成的3位二进制数表示。

根据表7-2写出Y10～Y12的逻辑表达式：

$$Y10=M101+M103+M105+M107$$

$$Y11=M102+M103+M106+M107$$

$$Y12=M104+M105+M106+M107$$

表7-2　故障点的二进制表示

辅助继电器（M）	输出继电器		
	Y12	Y11	Y10
M101	0	0	1
M102	0	1	0
M103	0	1	1
M104	1	0	0
M105	1	0	1
M106	1	1	0
M107	1	1	1

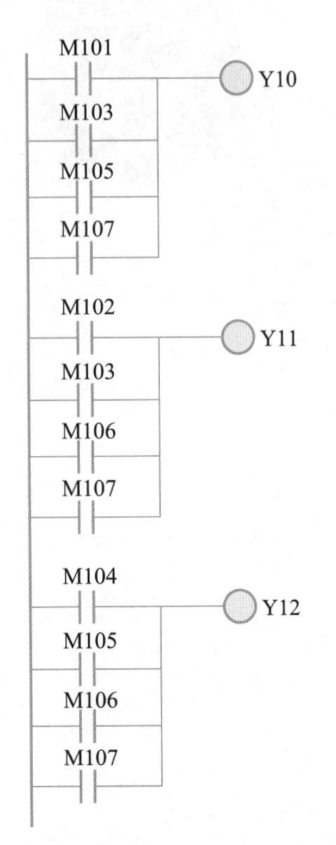

图7-8
故障诊断二进制编码梯形图

由上式画出故障诊断二进制编码梯形图，如图7-8所示。

二进制编码梯形图可用于在同一时刻只有一个故障点的情况，当有两个及两个以上的故障出现时，输出将会出错。为了避免这种情况，可采用优先编码的输出方式。

由于输出继电器在某一时刻只能有一种组合状态反映一种故障情况，当有两个故障同时发生时，可将危害性最大的故障用编号较大的辅助继电器表示，让它优先输出显示、报警，根据这个条件列出状态表，见表7-3。

表7-3　优先编码输出方式

辅助继电器							输出继电器		
M107	M106	M105	M104	M103	M102	M101	Y12	Y11	Y10
0	0	0	0	0	0	1	0	0	1
0	0	0	0	0	1	×	0	1	0
0	0	0	0	1	×	×	0	1	1
0	0	0	1	×	×	×	1	0	0
0	0	1	×	×	×	×	1	0	1
0	1	×	×	×	×	×	1	1	0
1	×	×	×	×	×	×	1	1	1

注：“×”表示取任意值。

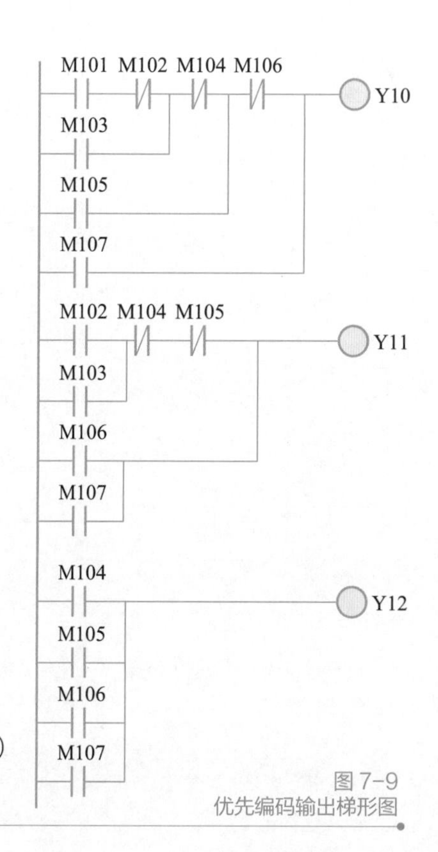

图 7-9
优先编码输出梯形图

由表7-3写出输出继电器的逻辑表达式：

$$
\begin{aligned}
Y10 &= M101\cdot\overline{M102}\cdot\overline{M103}\cdot\overline{M104}\cdot\overline{M105}\cdot\overline{M106}\cdot\overline{M107}+\\
&\quad M103\cdot\overline{M104}\cdot\overline{M105}\cdot\overline{M106}\cdot\overline{M107}+M105\cdot\overline{M106}\cdot\overline{M107}+M107\\
&= [(M101\cdot\overline{M102}+M103)\cdot\overline{M104}+M105]\cdot\overline{M106}+M107
\end{aligned}
$$

$$
\begin{aligned}
Y11 &= M102\cdot\overline{M103}\cdot\overline{M104}\cdot\overline{M105}\cdot\overline{M106}\cdot\overline{M107}+\\
&\quad M103\cdot\overline{M104}\cdot\overline{M105}\cdot\overline{M106}\cdot\overline{M107}+M106\cdot\overline{M107}+M107\\
&= (M102+M103)\cdot\overline{M104}\cdot\overline{M105}+M106+M107
\end{aligned}
$$

$$
\begin{aligned}
Y12 &= M104\cdot\overline{M105}\cdot\overline{M106}\cdot\overline{M107}+M105\cdot\overline{M106}\cdot\overline{M107}+M106\cdot\overline{M107}+M107\\
&= M104+M105+M106+M107
\end{aligned}
$$

根据上述逻辑式画出故障诊断二进制优先编码输出梯形图，如图7-9所示。

7.3.3　故障点显示方式

对于二进制编码和优先编码输出方式，可对每一种故障用一个指示灯（或光字牌）等来显示，以增加其直观性。

报警显示方式很多，限于篇幅，有兴趣的读者可参考电子电路中有关章节。

7.4　PLC 控制程序的模块化设计

近年来，可编程控制器（PLC）技术已广泛地应用于各种工业控制领域。工业生产在PLC的控制下，可高精度地加工材料和部件，使生产具有更高的速度和效率。PLC的功能取决于编程语言的开发和拓展，其应用范围的扩大，主要受程序设计者或电气工程师编制软件的能力，而这一切则需PLC程序的精心编制。程序的优化，要求设计者不但要熟练掌握许多控制设备类型及硬件配置，而且更要掌握PLC的各种语言及编程方法，使PLC技术的应用既能满足用户短期产品开发的需要，又能最终给用户带来所期望的最佳经济效益。

教学课件：PLC控制程序的模块化设计

7.4.1　PLC 的模块化程序设计思想

小型PLC的操作系统（系统管理软件）是建立在逻辑运算基础上的，并不具备系统管理能力。而大多数PLC使用梯形图语言来编制程序，该语言与继电器控制系统图相似，比较直观，易于理解和掌握。但对于一个较复杂的控制系统而言，若其内部的联锁及互动关系较为

笔 记

复杂，应用梯形图编程就显得非常繁琐，逻辑关系不清，难以将程序进行优化。如果将计算机高级语言的编程算法和模块化、结构化的程序设计思想应用到PLC软件设计中，则对于复杂的控制系统就能制订一个合理的总体方案，根据系统控制要求，将要完成的任务转变成能适合于编程的有限步骤，进行模块化编程。这种程序不仅清晰，且通用性很强，是PLC程序设计的一种新颖的方法。

7.4.2 PLC 控制软件的模块化设计举例

将计算机高级语言的编程算法和程序设计思想，应用到工业控制系统的PLC中，设计出功能较强、性能优化的模块化应用程序，对PLC在自动化领域的应用具有借鉴意义。

应用系统的软件由主程序和子程序构成，进行模块化设计。主程序充分利用PLC的内核：单片机强大的位运算和逻辑比较功能，将一组可位寻址的内存单元作为控制对象，采用地址虚拟技术，将所选的可位寻址单元的每一个位映射为一个唯一的子程序。主程序作为控制台，只需对所选位单元进行控制，即可实现对各模块子程序的全局控制，从而体现了主程序真正的控制台功能。系统效率比采用传统的继电-接触器控制系统的设计思想设计的程序高出若干倍，避免了各功能之间的相互干扰，保证了系统的可靠性和稳定性。

主程序采用扫描方式，按分配的位地址和权限，对各子程序进行调用。全套系统的整体结构采用典型的计算机网络拓扑模型：环形拓扑模型，非常适合大型复杂工业控制系统的设计。

子程序完成单一的任务，为一个独立的模块，与其他子程序和主程序共享系统资源，可实现子程序的参数调用和传值处理，程序精简可靠、处理速度快。进入子程序时，保存现场参数到公共单元，返回时，从公共单元取出数据恢复现场。保证程序中不存在因其他子程序运行而留下的垃圾数据使软件误动作，设计者不用考虑其他模块的影响和干扰，每个模块相对独立。只需约定公共单元及私有数据单元，即可将一个大型的控制系统软件分为多人同时设计开发，每人只需考虑本模块的内部数据及运行过程，安排接口数据便可提交，由主程序设计者将所有的模块分配一个唯一的端口，整个控制系统软件的开发过程便可完成。设计过程思路清晰明了、开发周期短、费用低。

应用程序流程图，如图7-10所示。主程序梯形图，如图7-11所示。

以上PLC程序设计的方法，由于采用了算法语言的模块化设计思想，故程序具有通用性，只要将该程序稍做移植，即可用于其他复杂的控制系统中，该设计方法有很好的推广性。

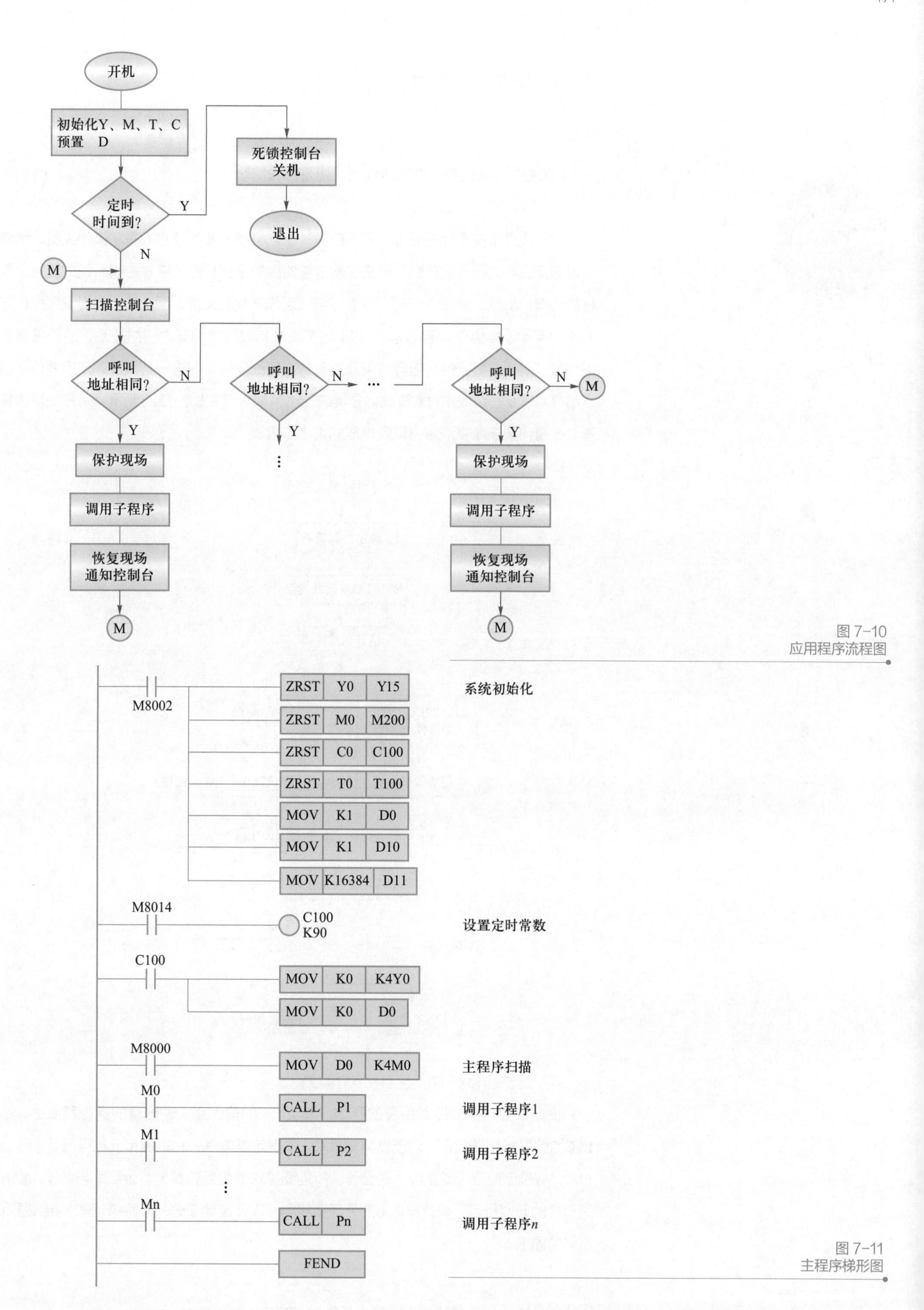

图 7-10
应用程序流程图

图 7-11
主程序梯形图

7.5 PLC控制系统的设计调试步骤

教学课件：PLC控制系统的设计调试步骤

笔 记

PLC控制系统的设计调试流程图，如图7-12所示。

1. 了解熟悉控制系统

这一步是系统设计的基础，首先应通过工艺机械方面的技术人员、操作人员、维修人员对设备及资料进行仔细研究，详细了解被控对象的全部功能和它对控制系统的要求。例如机械的动作：机械、液压、气动、仪表、电气系统之间的关系；系统是否需要设置多种工作方式（如自动、半自动、手动等）；PLC与系统中其他智能装置之间的关系，是否需要通信联网功能；是否需要报警；电源停电及紧急情况的处理等。在这一阶段应确定哪些信号需要输入给PLC，哪些负载由PLC驱动。分类统计出各输入量和输出量的性质，是开关量还是模拟量，是直流量还是交流量，以及电压的大小等级。

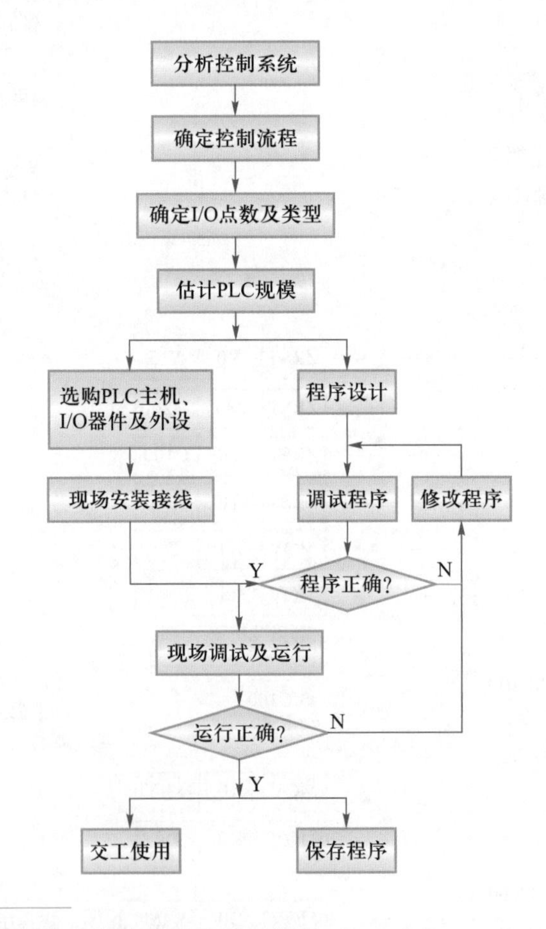

图7-12 PLC控制系统的设计调试流程图

2. 确定硬件配置，设计外部接线图

根据被控对象对控制系统的要求，以及PLC的输入量、输出量的类型和点数，确定出PLC的型号和硬件配置。对于整体式PLC，应确定基本单元和扩展单元的型号。对于模块式PLC，应确定框架（或基板）的型号，所需要模块的型号和数量。分配好与各输入量和输出量对应的元件号后，设计出PLC的外部接线图，以及其他部分的电路原理图，接线图和安装所需的图纸。

笔 记

3. 设计梯形图程序

较简单的系统梯形图可以用经验设计法。对于比较复杂的系统，一般采用顺序控制设计法。

4. 模拟调试程序

将设计好的程序写入PLC后，首先逐条检查程序，并改正写入时出现的错误。

用户程序一般先在实验室模拟调试，实际的输入信号可以用钮子开关和按钮来模拟，各输出量的通/断状态用PLC上有关的发光二极管来显示，一般不用接PLC实际的负载（如接触器、电磁阀等）。实际的反馈信号（如限位开关的接通）可以根据功能表图，在适当的时候用开关或按钮来模拟。

对于顺序控制程序，调试程序的主要任务是检查程序的运行是否符合功能表图的规定。即在某一转换条件实现时，是否发生步的活动状态的正确变化，即该转换所有的前级步是否变为不活动的，所有的后续步是否变为活动的，以及各步被驱动的负载是否接通。

在调试时应先充分考虑各种可能的情况：系统不同的工作方式，有选择序列功能表图中每一条支路，各种可能的进展路线，都应逐一检查，不能遗漏。发现问题后及时修改梯形图和PLC中的程序，直到在各种可能的情况下输入量与输出量之间的关系完全符合要求。

如果程序中某些定时器或计数器的设定值过大，为了缩短调试时间，可以在调试时将它们减小，模拟调试结束后再写入它们的实际设定值。

在设计和模拟调试程序的同时可以设计、制作控制台或控制柜，PLC之外的其他硬件的安装，接线工作也可以同时进行。

5. 现场调试

完成以上工作后，将PLC安装到控制现场，进行联机总调试，并及时解决调试时发现的软件和硬件方面的问题。

系统交付使用后，应根据调试的最终结果，整理出完整的技术文件，如硬件接线图、功能表图、带注释的梯形图，以及必要的文字说明等。

7.6 可编程控制器的安装和维护

教学课件：可编程控制器的安装和维护

工业生产现场的环境条件一般比较恶劣，干扰源众多。例如大功率用电设备的起动或者停止引起电网电压的波动形成低频干扰；电焊机、电火花加工机床、电机的电刷等会产生高频电火花干扰；各种动力电源线会通过电磁耦合产生工频干扰等。这些干扰都会影响可编程控制器的正常工作。

尽管可编程控制器是专门在生产现场使用的控制装置，在设计制造时已采取了很多措施，使它的环境适应力比较强。但是为了确保整个系统稳定可靠，还是应当尽量使可编程控制器有良好的工作环境条件，并采取必要的抗干扰措施。

笔 记

1. 可编程控制器的安装

可编程控制器适用于大多数工业现场，但它对使用场合、环境温度等还是有一定要求的。控制可编程控制器的工作环境可以有效地提高它的工作效率和使用寿命。在安装可编程控制器时要避开下列场所：

① 环境温度超过0~55 ℃的范围。

② 相对湿度超过85%或者存在露水凝聚（有温度突变或其他因素所引起的）。

③ 太阳光直接照射。

④ 有腐蚀和易燃的气体，例如氯化氢、硫化氢等。

⑤ 有大量铁屑及灰尘。

⑥ 频繁或连续的振动，振动频率为10~55 Hz，幅值为0.5 mm（峰-峰值）。

⑦ 超过10 g（重力加速度）的冲击。

小型可编程控制器外壳的四个角上均有安装孔，有两种安装方法，一种是用螺钉固定，不同的单元有不同的安装尺寸。另一种是DIN（德国工业标准）轨道固定，DIN轨道配套使用的安装夹板左右各一对，在轨道上先装好左右夹板，装上可编程控制器，然后拧紧螺钉。为了使控制系统工作可靠，通常把可编程控制器安装在有保护外壳的控制柜中，以防止灰尘、油污水溅；为了保证可编程控制器在工作状态下其温度保持在规定环境温度范围内，安装机器应有足够的通风空间、基本单元和扩展单元之间要有30 mm以上间隔。如果周围环境超过55 ℃，要安装电风扇强迫通风。

为了避免其他外围设备的电干扰，可编程控制器应尽可能远离高压电源线和高压设备，可编程控制器与高压设备和电源线之间应留出至少200 mm的距离。

当可编程控制器垂直安装时，要严防导线头、铁灰尘等从通风窗掉入可编程控制器内部，损坏可编程控制器印制电路板，使其不能正常工作。

2. 电源、接线

可编程控制器的供电电源为50 Hz、220 V ± 10%交流电。

FX系列可编程控制器有直流24 V输出接线端，该接线端可为输入传感器（如光电开关或接近开关）提供直流24 V电源。

如果电源发生故障，中断时间少于10 ms，可编程控制器工作不受影响。若电源中断超过10 ms或电源下降超过允许值，则可编程控制器停止工作，所有的输出点均同时断开。当电源恢复时，若RUN输入接通，则操作自动进行。

对于电源线来的干扰，可编程控制器本身具有足够的抵制能力。如果电源干扰特别严重，可以安装一个变比为1∶1的隔离变压器，以减少设备与地之间的干扰。

3. 接地

良好的接地是保证可编程控制器可靠工作的重要条件，可以避免偶然发生的电压冲击危害。接地线与机器的接地端相接，基本单元接地，如果要用扩展单元，其接地点应与基本单元的接地点接在一起。

为了抑制附加在电源及输入端、输出端的干扰，应给可编程控制器接以专用地线，接地点应与动力设备（如电动机）的接地点分开。若达不到这种要求，则也必须做到与其他设备公共接地，禁止与其他设备串联接地。接地点应尽可能靠近可编程控制器。

笔 记

4. 直流24 V接线端

使用无源触点的输入器件时，可编程控制器内部24 V电源通过输入器件向输入端每点提供7 mA的电流。

可编程控制器上的24 V接线端子还可以向外部传感器（如接近开关或光电开关）提供电流。24 V端子作传感器电源时，COM端子是直流24 V地端，即0 V端。如果采用扩展单元，则应将基本单元和扩展单元的24 V端连接起来。另外，任何外部电源都不能接到这个端子。

如果有过载现象发生，电压将自动跌落，该点输入对可编程控制器不起作用。

每种型号的可编程控制器其输入点数量是有规定的。对每一个尚未使用的输入点，它不耗电，因此在这种情况下24 V电源端子外供电流的能力可以增加。

FX系列可编程控制器的空位端子在任何情况下都不能使用。

5. 输入接线

可编程控制器一般接受行程开关、限位开关等输入的开关量信号。输入接线端子是可编程控制器与外部传感器负载转换信号的端口，输入接线一般指外部传感器与输入端口的接线。

输入器件可以是任何无源的触点或集电极开路的NPN型管。输入器件接通时，输入端接通，输入电路闭合，同时输入指示的发光二极管亮。

输入端的一次电路与二次电路之间采用光电耦合隔离。二次电路带*RC*滤波器，以防止由于输入触点抖动或从输入电路串入的电噪声引起可编程控制器的误动作。

若在输入触点电路串联二极管，在串联二极管上的电压应小于4 V。若使用带发光二极管的舌簧开关时，串联二极管的数目不能超过两只。

输入接线还应特别注意：

① 输入接线一般不要超过30 m，但如果环境干扰较小，电压降不大时，输入接线可适当长些。

② 输入、输出线不能用同一根电缆。输入、输出线要分开布线。

③ 可编程控制器所能接受的脉冲信号的宽度应大于CPU扫描周期的时间。

6. 输出接线

① 可编程控制器有继电器输出、晶闸管输出、集电极开路的晶体管输出三种形式。

② 输出端接线分为独立输出和公共输出。当可编程控制器的输出继电器或晶闸管动作时，同一号码的两个输出端接通。在不同组中可采用不同类型和电压等级的输出电压。但在同一组中的输出，只能用同一类型、同一电压等级的电源。

③ 由于可编程控制器的输出元件被封装在印制电路板上，并且连接至端子板，若将连接输出元件的负载短路，将烧毁印制电路板，因此需要用熔丝保护输出元件。

④ 采用继电器输出时承受的电感性负载大小影响到继电器的工作寿命，因此应在感性负载两端并联阻容抑制保护电路。

⑤ 可编程控制器的输出负载可能产生噪声干扰，因此要采取措施加以抑制。

此外，对于能使用户造成伤害的危险负载，除了在控制程序中加以考虑之外，应设计外

笔 记

部紧急停车电路，使得可编程控制器发生故障时，能将引起伤害的负载电源切断。

交流输出线和直流输出线不要用同一根电缆，输出线应尽量远离高压线和动力线，避免并行。

7. PLC 输出端的保护

当可编程控制器的输出负载为电感性负载时，为了防止负载关断产生的高电压对可编程控制器输出点的损害，应对输出点加以保护电路，保护电路的主要作用是抑制高电压的产生。

（1）直流（DC）输出型的保护电路

① 二极管抑制保护。

当负载为直流感性负载时，可在负载R_L两端并联续流二极管加以抑制，如图7-13所示。续流二极管可选额定电流为1 A左右的二极管，其反向耐压为负载电压的3倍以上。图7-13是PNP型晶体管输出端保护电路，使用NPN型晶体管输出单元时把直流电压U_{DC}的极性颠倒一下。

② 齐纳二极管齐纳保护。

当负载为直流感性负载时，也可采用齐纳二极管作齐纳保护，如图7-14所示。

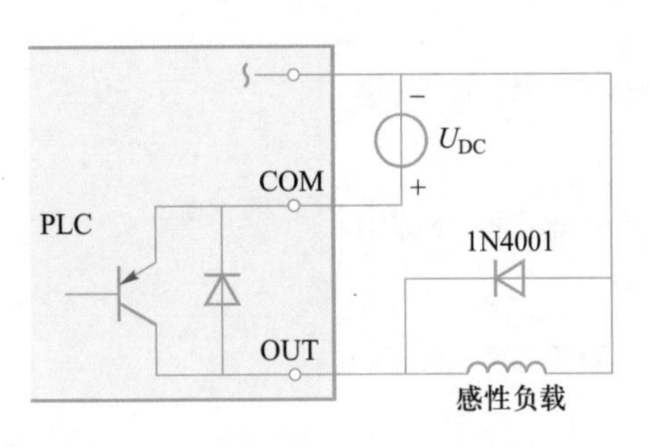

图 7-13
二极管抑制保护

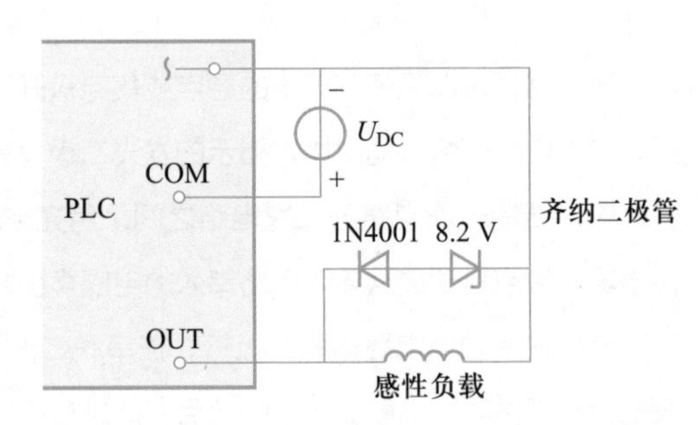

图 7-14
齐纳二极管齐纳保护

（2）继电器输出型的保护电路

① 接直流负载时。

输出接直流负载的阻容抑制保护电路如图7-15所示。图中：$R=U_{DC}/I_L$，这是最小电阻值。$C=I_L \times K$，I_L：感性负载电流。

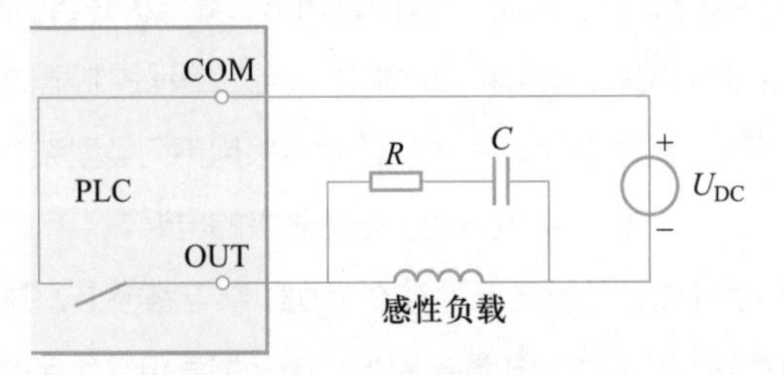

（也可使用图 7-13、图 7-14 的电路）

图 7-15
输出接直流负载的阻容抑制保护电路

② 接交流负载时。

输出接交流负载的阻容抑制保护电路如图7-16所示。

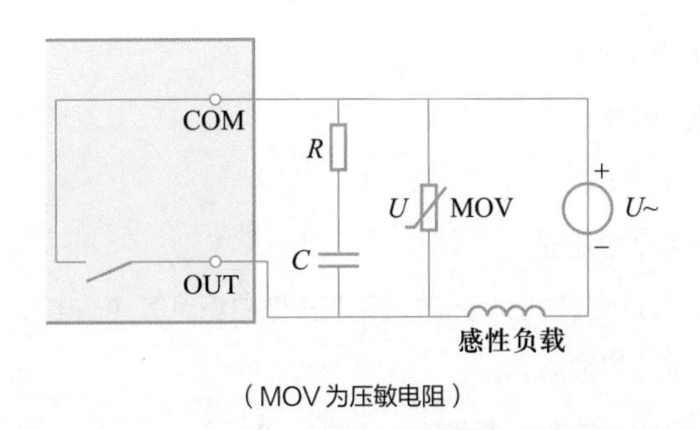

COM
R
U
MOV
U~
+
−
C
OUT
感性负载
（MOV为压敏电阻）

图 7-16
输出接交流负载的阻容抑制保护电路

笔 记

对于继电器输出：$R > 0.5 \times U_{ON}$（U_{ON}为外接交流电压额定值）；

对于交流输出：R最小为10 Ω。

对于每10 V · A的稳压负载，电容值选用：C=0.002~0.005 μF。

（3）PLC通信口保护

① 选择相同的接地点，或选用RS-485/RS-232转换器。

② 当不具备共同电气参考地的设备构成网络时，可在网络中加入RS-485/RS-485中继器。

（4）抗干扰措施

① 系统应正确良好接地。

② 强、弱电分开布线。

③ 将PLC上DC 24 V（传感器电源）的COM端接地。

（5）输出短路保护

当连接在输出端子上的负载短路时，会把输出元件、印制电路板等烧坏，因此要接入保护用的熔断器。

（6）输出与TTL电路连接时

当使用晶体管输出时，由于晶体管有残余电压，不能直接与TTL电路连接，这时应先与COMS-IC连接后，再与TTL电路连接。但晶体管输出时必须连接一个电源上拉电阻。

（7）漏电流的处理

使用晶体管输出或晶闸管输出时，由于漏电流可能使输出设备产生误动作，这时应采取接泄放电阻措施，如图7-17所示。

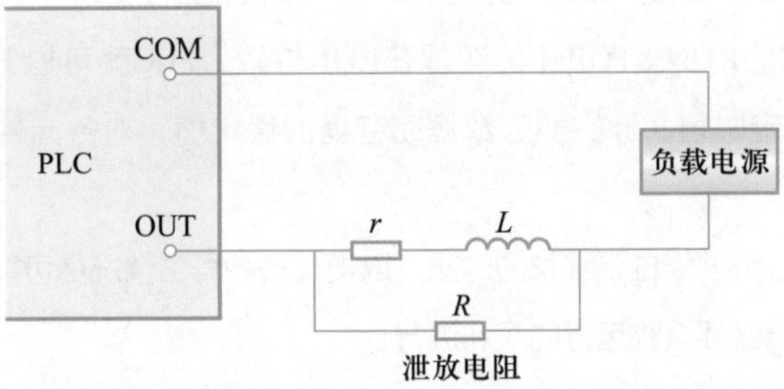

COM
PLC
负载电源
OUT
r
L
R
泄放电阻

图 7-17
漏电流的处理

泄放电阻的阻值由下式决定：

$R<U_{ON}/I$　U_{ON}：负载的额定电压（V）；

晶体管输出	DC 24 V	0 1 mA
晶闸管输出	AC 100 V	2 mA
	AC 220 V	5 mA

I：输出漏电流（mA）；

R：泄放电阻（kΩ）。

漏电流（*I*）的值：

（8）对冲击电流的处理

使用晶体管或晶闸管输出单元时，若连接像白炽灯等冲击电流大的负载时，必须考虑使输出晶体管或晶闸管不被损坏。

抑制冲击电流的方法有以下两种，如图7-18所示。

① 让白炽灯中流过负载额定值1/3的电流的方法，如图7-18（a）所示。

② 加限流电阻的方法，如图7-18（b）所示。

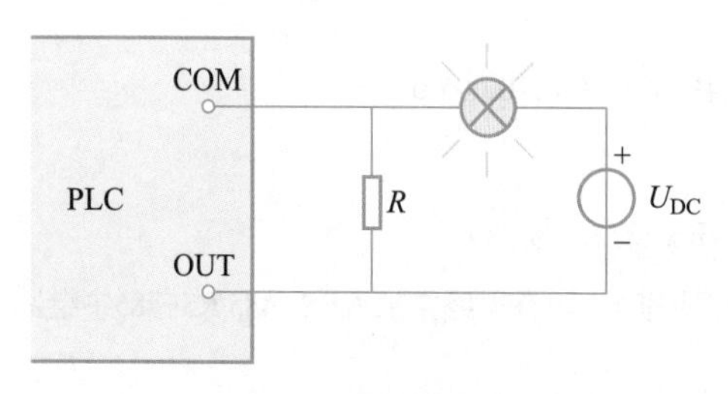

（a）让白炽灯中流过 1/3 负载额定电流

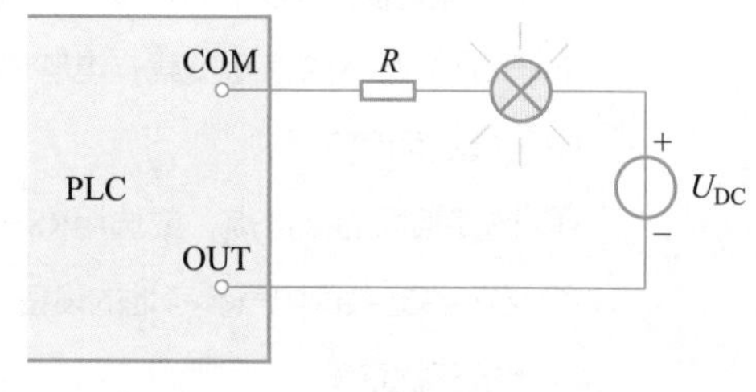

（b）加限流电阻

图 7-18
冲击电流的处理

笔 记

8. PLC 的试运行

PLC系统在正式投入使用之前，必须对其进行必要的检查与试运行，以确保其正式运行时安全可靠。其方法与步骤如下：

① 首先在接通电源之前，应检查电源、接地及输入/输出导线的连接情况是否正确，若电源端连接错误，输入端与电源端之间的短路或者是输出端负载的短路都会严重地损坏PLC。

② 检查PLC的绝缘电阻。先不接通工作电源，断开PLC的所有连线，然后在各端子与接地端子间用DC 500 V MΩ表测量绝缘电阻，其阻值应大于5 MΩ以上。

③ PLC接通工作电源，但暂处于STOP状态，使用手持编程器或其他外部设备写入程序，然后再将程序读出，检查程序是否能正确传输交换。同时用手持编程器实行对PLC各输出强制ON/OFF状态检查，检查程序功能，电路错误和语法错误等。

④ 将PLC的RUN/STOP开关设置在RUN位置，PLC就可以开始运行。即使在运行中也可以改变定时器、计数器、数据寄存器的设定值，对各元件进行强制ON/OFF状态检查。

系统试运行必须经过足够长的时间，以便让各种异常情况尽可能暴露出来，经过进一步完善处理，才能保证系统运行的顺利进行。

9. PLC 的维护与故障诊断

① PLC的可靠性很高，维护工作量极少。出现故障时通过PLC上的发光二极管（LED）和编程器能迅速查明故障原因。通过更换单元或模块，一般可以迅速排除故障。

a. 锂电池的更换。PLC断电时，RAM中用户程序由锂电池保持，它的使用寿命为2～5

笔 记

年。当它的电压降到规定值以下，PLC上的“BATTERY”（电池）LED亮，提醒操作人员更换锂电池。更换时RAM中内容是用PLC中电容充电保持的，应在说明书中规定的时间内更换好电池，否则PLC将失去停电时的记忆功能。

b. PLC的故障诊断。PLC的说明书一般都给出了PLC故障的诊断方法，诊断流程图和错误代码表。根据它们能够很容易检查出PLC的故障。

若有故障产生，首先断开电源，检查PLC及输入/输出元件的端子螺钉是否松动或被开路或短路。然后根据PLC装置上各种LED灯亮的情况。按以下的要领检查是PLC自身的异常，还是外部电路的故障。

② 利用FX系列PLC基本单元上的LED诊断故障的方法如下：

a. 若电源输入正常，“POWER”（电源）LED不亮，可以判定PLC工作不正常。PLC基本单元、扩展单元、扩展模块及特殊功能模块面板上的“POWER”LED是靠基本单元或扩展单元内的直流电源点亮的，当接通工作电源后，若该灯不亮，则取下PLC的24 V端子接线，这时若指示灯闪亮，表明传感器电源的负载过大（PLC给外部传感器供电时）。在这种情况下，应使用外接24 V直流电源给传感器供电。发现PLC内部的熔丝熔断时，可能是有导电性异物混入致使电路产生短路，或PLC内部电路损坏引起短路。

b. 编程器处于MONITOR状态，基本单元“RUN”运行时输入端接点接通，但是基本单元上的“RUN”LED不亮，是基本单元出了毛病。

c. “BATTERY”LED亮，应更换电池。

d. 某输入触点接通，相应LED不亮；或未输入信号时输入LED亮，可以判断是输入模块出了问题。

e. 输出LED亮，硬件输出继电器触点不动作，是输出模块的故障。

f. “CPU Error”LED闪亮，表示PLC用户程序的内容因外界原因发生改变。可能的原因有：锂电池电压下降、外部干扰的影响和PLC内部故障。写入程序时的语法错误也会使它闪亮。

g. “CPU Error”LED常亮，表示PLC的CPU运行失控或者扫描周期超过在D8000中所设定的警戒定时器常数值。这种故障可能由外部干扰和PLC内部故障引起。

h. “PROGRAM Error”LED闪烁，表示定时器、计数器的常数没有设定，或程序出错，程序存储器的内容不恰当。在这种情况下，应重新写入正确的程序。

“CPU Error”LED亮时，应查明原因，对症采取措施。

7.7 技能训练 可编程控制器在船舶上的应用

可编程控制器（PLC）在船舶工业中广泛应用，本节以PLC完成液位控制、过程变量越限报警控制为例。

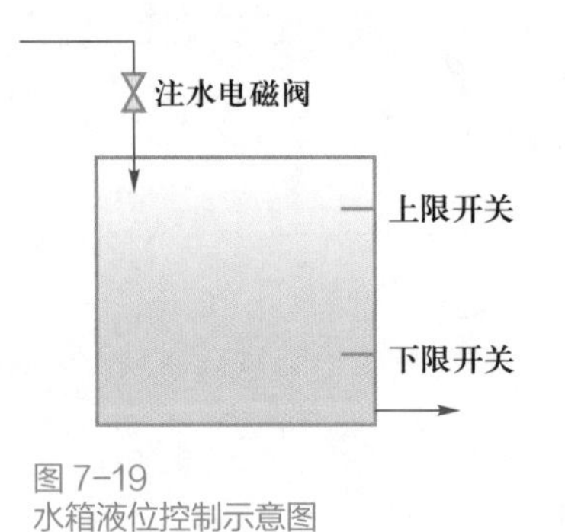

图 7-19
水箱液位控制示意图

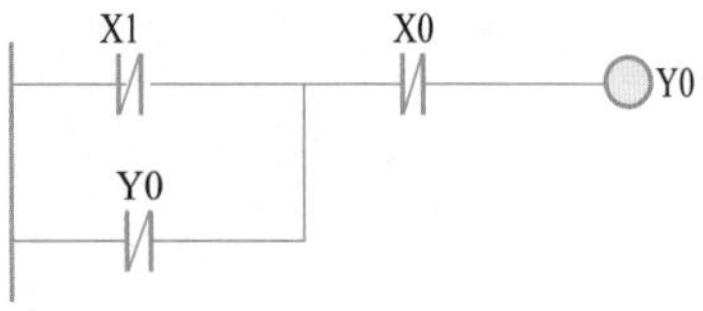

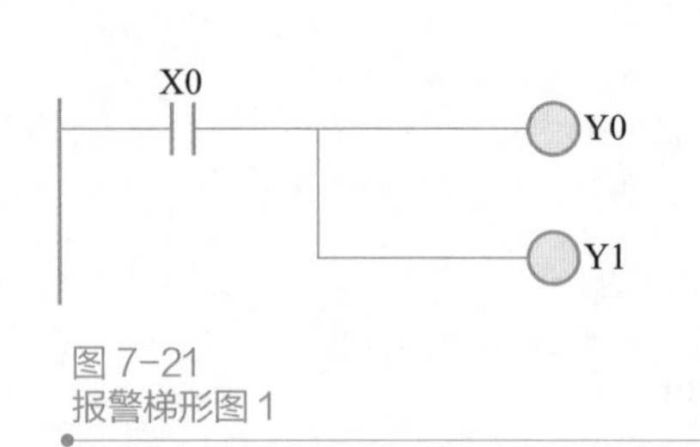

图 7-20
水箱液位控制梯形图

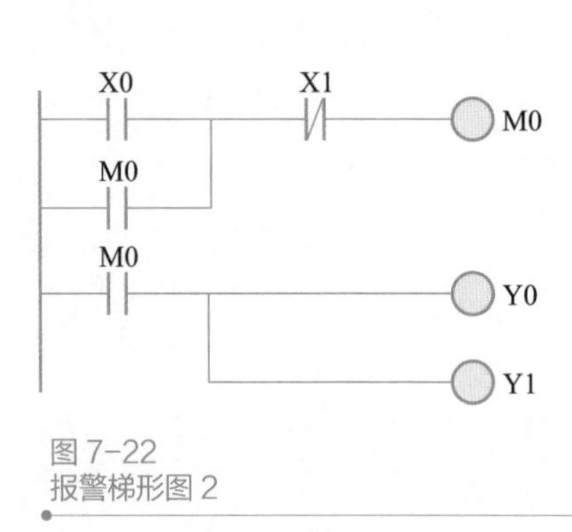

图 7-22
报警梯形图 2

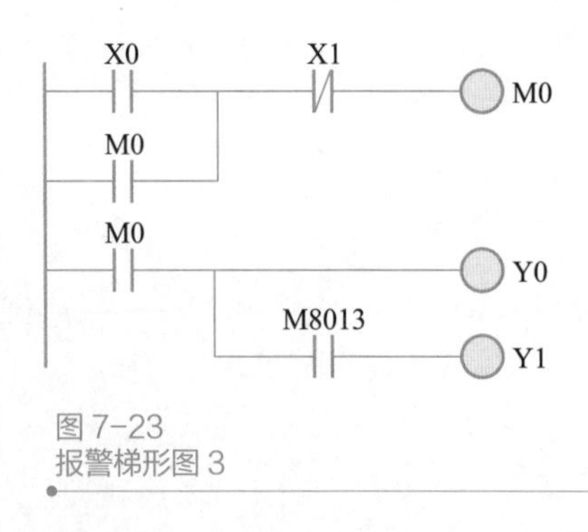

图 7-23
报警梯形图 3

1. 水箱液位控制

为了保证船用日用水泵中水箱液位保持在一定范围内，分别在控制的上限和下限设置检测传感器，用PLC控制注水电磁阀。当液位低于下限时，下限检测开关断开，打开注水电磁阀开始注水；当注水达到上限位置时，上限检测开关闭合，切断注水电磁阀。PLC采用三菱公司的FX系列小型机。

水箱液位控制示意图如图7-19所示，水箱液位控制梯形图如图7-20所示。当低于液位下限时，下限开关与上限开关均断开，X0与X1动断触点闭合，使输出继电器Y0导通，注水电磁阀打开；一旦超过液位下限，虽然X1触点断开，但由于Y0触点的自锁检测开关闭合，X0的动断触点断开，输出继电器Y0仍断开，注水电磁阀关闭。

输入、输出点分配如下：	上限检测开关	X0
	下限检测开关	X1
	注水电磁阀	Y0

2. 变量越限报警控制

PLC用于船舶电气故障报警控制中，对过程变量进行监视，当出现越限时，进行声光报警。下面根据不同报警要求，利用FX系列小型PLC依次介绍其控制梯形图。

（1）基本控制环节

系统要求控制过程变量越限后立即用指示灯和电笛报警，当控制变量恢复到正常之后报警自动解除。按此要求，设计梯形图如图7-21所示。如控制变量通过带电触点的压力仪表接到PLC的X0点，Y0接电笛，Y1接指示灯。

X0
Y0
Y1

图 7-21
报警梯形图 1

当压力表越限后，电触点闭合，PLC将该状态扫描储存在X0中，执行该段梯形图。由于X0存“1”（ON状态）。对应的动合触点闭合，Y0和Y1“通”，并将该结果刷新输出PLC输出触点，报警灯和电笛接通。

当压力表恢复到正常值后，其电触点断开，X0为“0”（OFF状态）。X0对应的动合触点断开，灯和电笛断开。

在实际中往往要求一旦变量超限，即便恢复到正常值，仍然进行声光报警，直到操作人员按下确定按钮后，报警才解除。图7-22采用自锁方法，一旦X0接通，中间辅助点M0接通，并通过它自己的动合触点锁住。只有当按下解除按钮（点动，接到X1动断触点上）且变量已经恢复到正常值后，由于X1的动断触点断开而自锁解除，报警灯和电笛才断开。

（2）指示灯闪亮

在（1）的要求基础上，要求一旦报警，指示灯闪亮。图7-23所示为报警梯形图3。

闪亮要求在通、断两个状态循环。一种方法是用两个定时器交叉连接来实现通断控制；另一种方法是利用PLC内部的特殊辅助继电器来实现。三菱FX系列小型PLC有不少脉冲继电器，其中特殊辅助继电器M8031为一秒脉冲发生器（0.5 s通、0.5 s断）。

在报警梯形图1、2、3的要求基础上，如果允许按下消音按钮（点动），则电笛断开，灯变成平光。报警梯形图4如图7-24所示。

消音按钮（接X2）是点动的，因此要保证松开后仍有效，需要在报警状态下记忆该动

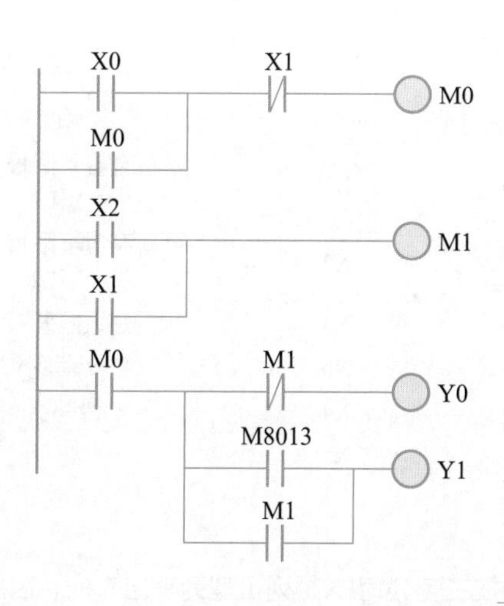

图 7-24
报警梯形图 4

笔 记

作。可采用自锁方法实现。按下X2使M1保持接通。M1的动断触点断开使电笛断开，其动合触点闭合使M8031被短路，灯变为平光。当按下解除按钮X1后，记忆擦除。

（3）闪光报警系统

如图7-25所示船用加热炉的安全联锁保护系统中，共有三个联锁报警点，分别为燃料流量下限、原料流量下限和火焰检测（熄火时检测装置触点导通）。要求用三个指示灯指示三个报警点。无论哪一个变量工艺超限，立即联锁，切断压缩空气，且指示灯闪光、蜂鸣器响，以示报警。当按下消音按钮后，灯光变为平光，蜂鸣器不响；只有在事故解除后，人工复位，才能解除联锁，灯光熄灭。按下试验按钮，灯变为平光，蜂鸣器响。

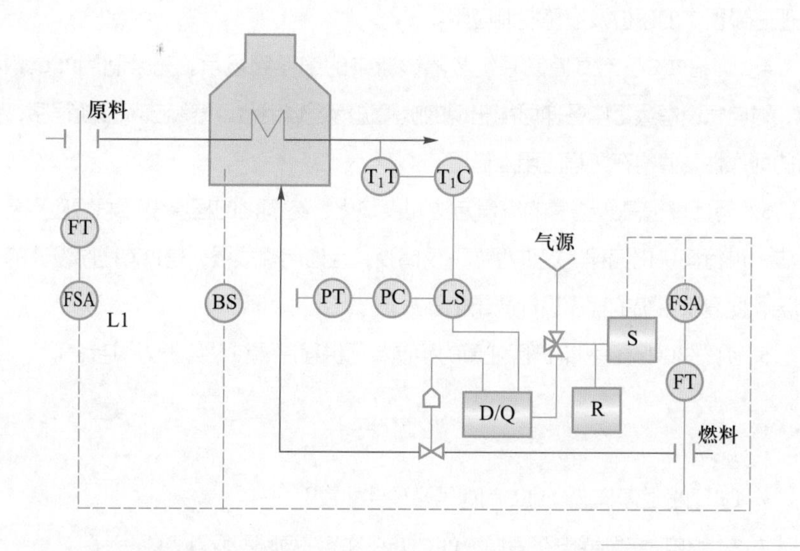

图 7-25
加热炉的安全联锁保护系统

整个系统中有三个工艺检测输入、一个复位按钮、一个试验按钮和一个消音按钮，输出有三个指示灯和一个电磁阀、一个蜂鸣器。若采用三菱FX_{3U}系列PLC来控制，则输入、输出点分配如表7-4所示。

控制梯形图较复杂，在此省略。

笔 记

表7-4　输入、输出点分配表

输入		输出	
燃料流量下限检测FL1	X1	燃料流量下限报警指示灯L1	Y1
原料流量下限检测FL2	X2	原料流量下限报警指示灯L2	Y2
火焰检测BS	X3	火焰熄灭报警指示灯L3	Y3
消音按钮AN1	X0	电磁阀V	Y0
复位按钮AN2	X4	蜂鸣器D	Y4
试验按钮AN3	X5		

以上这些程序是按三菱公司FX系列机型列写出来的，因此，在实际应用中应根据所选用不同机型PLC的编程指令对这些程序进行转换或移植，实现对控制系统的要求。

【本章小结】

本章从工程应用实例出发，讨论了PLC控制系统的实际应用方法。本章选例均采用FX系列PLC进行编程，若采用其他机型，只需要在熟悉PLC机的元素编号及指令功能的基础上将程序移植即可。

1. 介绍工程应用中PLC机的选型和硬件配置。

2. 介绍继电-接触器电路图转换成PLC梯形图过程中应注意的几个实际问题，并给出了解决方案，供实际应用时参考。

3. 通过工程应用实例，介绍了PLC替代（改造）继电-接触器控制系统的四步法和PLC在船舶设备中的液位及报警控制应用。

4. 介绍PLC在电气控制系统故障诊断中的编程与显示。充分利用PLC编程控制的优点，对电气设备运行中各种可能出现的故障进行逻辑组合，编制故障诊断程序，提高系统运行的可靠性，值得在工程应用上借鉴。

5. 将计算机高级语言的编程方法和模块化、结构化的程序设计思想应用到PLC程序设计中，进行模块化编程。这种程序不仅清晰，且通用性很强，是PLC程序设计的一种新颖的方法，使复杂系统的程序设计简单化。

6. 介绍PLC安装和维护应注意的事项，可供程序调试和维护人员参考。

【习题】

7-1　工程上怎样选择PLC的型号及硬件配置？

7-2　继电-接触器电路转换成PLC梯形图应注意哪些问题？

7-3　如何设计PLC控制系统故障诊断电路？

7-4　PLC的模块化程序设计的主要优点是什么？

7-5　使用PLC晶体管或晶闸管输出单元时，若连接像白炽灯等冲击电流大的负载时，使输出晶体管或晶闸管不受损坏，应如何考虑对它的保护？

7-6　如何利用FX系列PLC基本单元上的LED诊断故障。

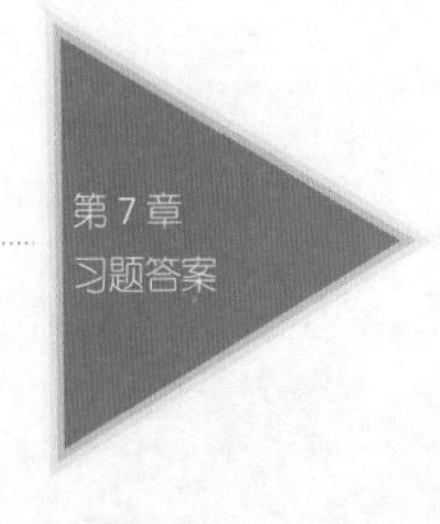

7-7 PLC通信口保护采取了哪些措施？

7-8 PLC系统在正式投入使用之前，必须对它进行哪几方面的检查？

7-9 PLC安装和维护应注意哪些事项？

笔 记

［重点难点］

可编程控制器是一种新型有效的工业控制装置，它已从单一的开关量控制功能发展到顺序控制、运算处理、连续PID控制等多种功能，从小型整体式结构发展到大中型模块式结构，从独立单台运行，发展到数台连成PLC网络。PLC网络既可作为独立集散控制系统运行，也可作为大型集散系统的子网运行。

第8章 PLC的通信及网络

第8章
学习指导

8.1 可编程控制器系统联网

8.1.1 可编程控制器的网络化趋势

把PLC与PLC、PLC与计算机或PLC与其他智能装置通过传输介质连接起来，就可以实现通信或组建网络，从而构成功能更强，性能更好的控制系统，这样可以提高PLC的控制能力及控制范围实现综合及协调控制，同时，还便于计算机管理及对控制数据的处理，提供人机界面友好的操控平台；可使自动控制从设备级发展到生产线级，甚至工厂级，从而实现智能化工厂（Smart Factory）的目标。

随着计算机技术、通信及网络技术的飞速发展，PLC在通信及网络方面的发展也极为迅猛，几乎所有提供可编程控制器的厂家都开发了通信模块或网络系统。三菱电机率先开发了MELSECNET网络，随着网络化控制及集散控制的不断普及，工业控制要求的不断提高，传统的PLC控制系统已朝网络化方向发展。

8.1.2 可编程控制器网络连接系统

每台FX系列的可编程控制器都具有联网功能，按照层次可把连接的对象分成三类：计算机与PLC之间的连接；PLC与PLC之间的连接；PLC主机与它的远程输入／输出单元的连接。它们简称为：上位连接（SYSWAY）、同位连接（PLC连接系统）和下位连接（SYSBUS）。

笔 记

1. 上位连接系统

① 作用：在三菱公司标准通信规约下的PLC与计算机的连接。按照此通信规约，所连接的小型机或个人计算机可以实现集中控制。通过中央计算机，工作人员可以起动/停止PLC的运行。监视PLC运行时I/O继电器和内部继电器的变化情况。

② 编程：PLC的程序不受计算机程序的约束。

③ 用途：控制和监视数据的发送/接收。

④ 结构：计算机通过标准的RS-232C或RS-422A（485）接口与适配器连接，然后接到各个PLC上，每个PLC装一个上位连接单元。

上位连接单元可使上位计算机监视PLC间的数据通信。

一个上位计算机最多可连接32台PLC。

2. 同位连接系统

① 作用：同位系统不采用上位计算机控制的网络方式。每台PLC都有能力要求使用并控制网络，以便发送或询问其他网络设备（PLC）的信息。

② 编程：使用标准梯形图。

③ 用途：每台同位PLC都可以根据需要请求使用通信网络，将数据传送给另一台同位装置。

④ 结构：各台同位PLC通过标准的RS-485接口连接。

⑤ 特点：同位系统中，当一个或多个设备脱离服务时，剩余的还依然能运行。并且在余下的在用设备之间依然可以继续通信。

3. 下位连接系统

① 作用：在三菱公司标准通信规约下，通过I/O单元使PLC之间相互连接。按照此通信规约，使用远程I/O主站和I/O连接单元，使数据在PLC之间传送。

② 编程：使用标准梯形图。

③ 用途：简单控制与远程数据的发送/接收。

④ 结构：三菱公司的下位连接系统由远程输入/输出主站单元（简称主站）、远程输入/输出从站单元（简称从站）、输入/输出连接单元（简称I/O连接单元）构成。

⑤ 特点：下位连接系统是一种灵活的分散控制系统，可按用户要求来增减控制的规模，便于设计和调试，而且排除故障省时容易。

8.1.3 三菱可编程控制器的通信类型

1. 串行通信接口标准

（1）RS-232C

RS-232C是美国EIA（电子工业协会）在1969年公布的通信协议，至今仍在计算机和可编程控制器中广泛使用。

RS-232C采用负逻辑，用-5～-15 V表示逻辑状态1，用+5～+15 V表示逻辑状态0。

RS-232C的最大通信距离为15 m，最高传输速率为20 kbps，只能进行一对一的通信。RS-232C可使用9针或25针的D形连接器，可编程控制器一般使用9针的连接器，距离较近时只需要3根线（见图8-1，第7脚为信号地）。RS-232C使用单端驱动、单端接收的电路（见图8-2），容易受到公共地线上的电位差和外部引入的干扰信号的影响。

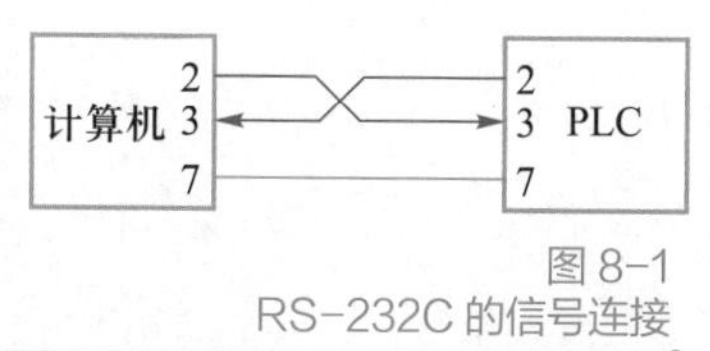

图 8-1
RS-232C 的信号连接

（2）RS-422A

美国EIA于1977年制定了串行通信标准RS-499，对RS-232C的电气特性做了改进，RS-422A是RS-499的子集。RS-422A采用平衡驱动、差分接收电路（见图8-3），从根本上取消了信号地线。平衡驱动器相当于两个单端驱动器，其输入信号相同，两个输出信号互为反相信号，图中的小圆圈表示反相。外部输入的干扰信号是以共模方式出现的，两根传输线上的共模干扰信号相同，因接收器是差分输入，共模信号可以互相抵消。只要接收器有足够的抗共模干扰能力，就能从干扰信号中识别出驱动器输出的有用信号，从而克服外部干扰的影响。

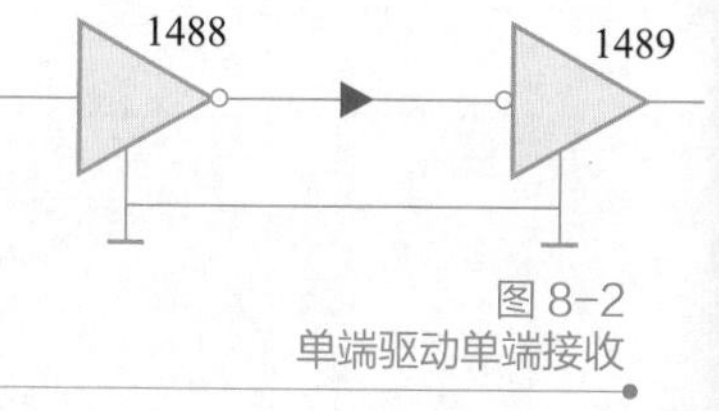

图 8-2
单端驱动单端接收

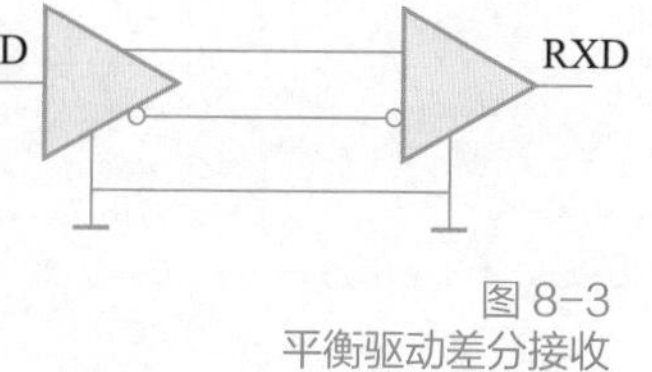

图 8-3
平衡驱动差分接收

RS-422A在最高传输速率（10 Mbps）时，允许最大通信距离为12 m。传输速率为100 kbps时，最大通信距离为1 200 m。一台驱动器可以连接10台接收器。

（3）RS-485

RS-485是RS-422A的变形，RS-422A是全双工。两对平衡差分信号线分别用于发送和接收。RS-485为半双工，只有一对平衡差分信号线，不能同时发送和接收。

使用RS-485通信接口和双绞线可组成串行通信网络（见图8-4），构成分布式系统，系统中最多可有32个站，新的接口器件已允许连接128个站。

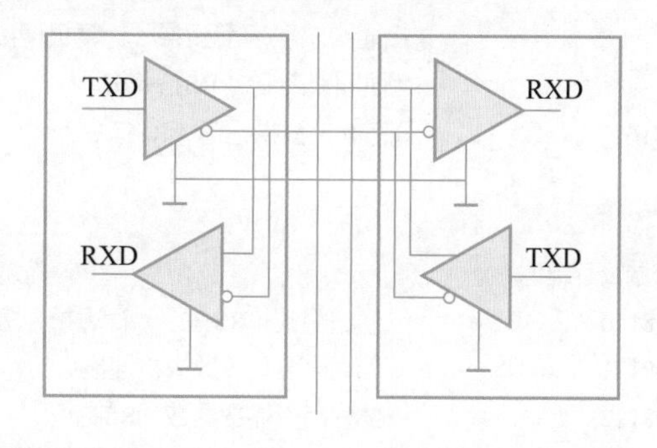

图 8-4
RS-485 网络

2. 网络通信类型

三菱主机FX系列支持以下五种类型的通信: *N*: *N*网络；并行连接；计算机连接；无协议通信（用RS指令进行数据传输）；MOD BUS通信。下面介绍有代表性的两种。

（1）*N*: *N*网络

三菱FX系列PLC之间数据交互的一种专用协议，它最多能实现8台FX系列PLC之间进行通信。*N*: *N*网络的通信协议是固定的，通信方式采用半双工通信或全双工通信，波特率固定为38400 bps；数据长度、奇偶校验、停止位等也都是固定的。本章中均以FX_{3U}-48MR主机为例讲述。

（2）计算机连接（用专用协议进行数据传输）

用RS-485（422）单元进行的数据可用专用协议在1：*N*（16）的基础上完成，最多可以连16台PLC。

笔 记

8.1.4　通信格式

1. 什么是通信格式

通信格式决定计算机连接和无协议通信（RS指令）间的通信设置（数据通信长度，奇偶校验和波特率等）。

通信格式可用可编程控制器中的特殊数据寄存器D8120来进行设置。根据所使用的外部设备来设置D8120。当修改了D8120的设置后，确保关掉可编程控制器的电源，然后再打开，否则无效。

2. 相关标志和数据寄存器

（1）特殊辅助继电器（见表8-1）

（2）特殊数据寄存器（见表8-2）

（3）通信格式（见表8-3）

表 8-1　特殊辅助寄存器

特殊辅助继电器	描述
M8121	发送待机标志（RS指令）
M8122	数据传输标志（RS指令）
M8123	接收结束标志（RS指令）
M8124	载波检测标志（RS指令）
M8126	全局标志（计算机连接）
M8127	接通要求握手标志（计算机连接）
M8128	接通要求错误标志（计算机连接）
M8129	接通要求字/字节变换（计算机连接）
	超时评估标志（RS指令）
M8161	8位/16位变换标志（RS指令）

表 8-2　特殊数据寄存器

特殊数据寄存器	描述
D8120	通信格式（RS指令，计算机连接）
D8121	站点号设定（计算机连接）
D8122	剩余待传输数据数（RS指令）
D8123	接收数据数（RS指令）
D8124	数据标题<初始值：STX>（RS指令）
D8125	数据结束符<初始值：ETX>（RS指令）
D8127	接通要求首元件寄存器（计算机连接）
D8128	接通要求数据长度寄存器（计算机连接）
D8129	数据网络超时计时器值（RS指令，计算机连接）
D8405	显示通信参数（RS指令）
D8419	动作方式（RS指令）

注：( ) 表示使用的应用场合。

表 8-3　通信格式

位号	名称	描述	
		0（位=OFF）	1（位=ON）
b0	数据长度	7位	8位

笔 记

续表

位号	名称	描述	
		0（位=OFF）	1（位=ON）
b1 b2	奇偶	（b2，b1） （0，0）：无 （0，1）：奇 （1，1）：偶	
b3	停止位	1位	2位
b4 b5 b6 b7	波特率/bps	（b7，b6，b5，b4） （0，0，1，1）：300 （0，1，0，0）：600 （0，1，0，1）：1 200 （0，1，1，0）：2 400	（b7，b6，b5，b4） （0，1，1，1）：4 800 （1，0，0，0）：9 600 （1，0，0，1）：19 200 （1，0，1，0）：38 400
b8	标题	无	有效（D8124）默认：STX（02H）
b9	终结符	无	有效（D8124）默认：ETX（03H）
b10 b11	控制线	无协议	（b11，b10） （0，0）：无作用<RS-232C接□> （0，1）：普通模式<RS-232C接□> （1，0）：互连模式<RS-232C接□>（FX_{2N}V2.00以上版本） （1，1）：调制解调器模式<RS-232C接□> <RS-485（422）接□>
		计算机连接	（b11，b10） （0，0）：RS-485（422）接□ （1，0）：RS-232C接□
b12	不可以使用		
b13	和校验	没有添加和校验码	自动添加和校验码
b14	协议	无协议	专用协议
b15	传输控制协议	协议格式1	协议格式4

举例：

```
 M8002
|--| |--[ MOV   H0C8E   D8120 ]--|

          b15                  b0
D8120=   0000   1100   1000   1110
          0      C      8      E
```

其通信设置见表8-4。

表 8-4 通信设置

数据长度	7位	协议	无协议
奇偶	偶	标题	未使用
停止位	2位	终结符	未使用
波特率	9 600 bps	控制线	普通模式

笔 记

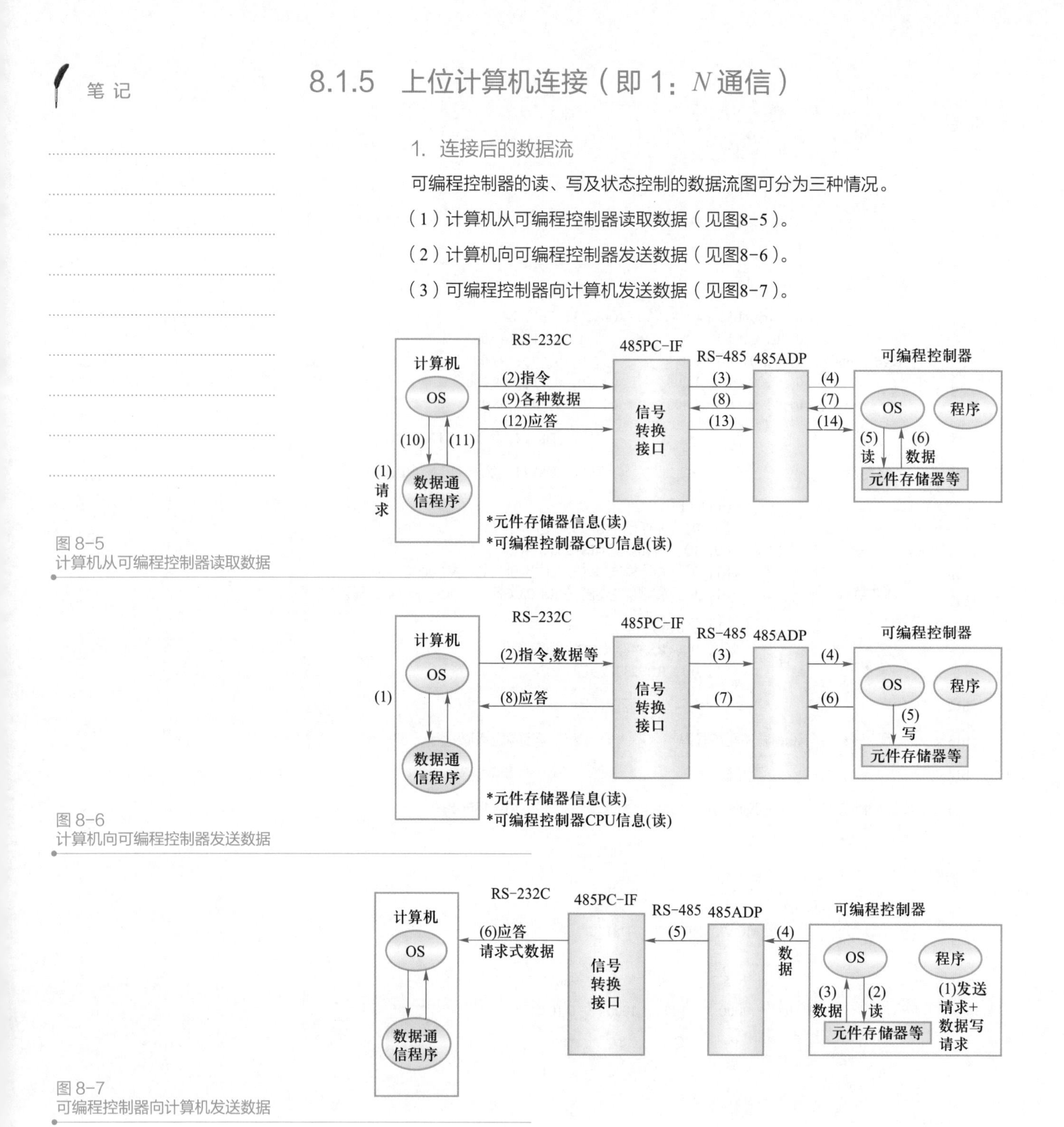

8.1.5 上位计算机连接（即 1：N 通信）

1. 连接后的数据流

可编程控制器的读、写及状态控制的数据流图可分为三种情况。

（1）计算机从可编程控制器读取数据（见图8-5）。

（2）计算机向可编程控制器发送数据（见图8-6）。

（3）可编程控制器向计算机发送数据（见图8-7）。

图 8-5
计算机从可编程控制器读取数据

图 8-6
计算机向可编程控制器发送数据

图 8-7
可编程控制器向计算机发送数据

2. 站号

站号即可编程控制器提供的数字，用来确定计算机在访问哪一个可编程控制器。在FX系列可编程控制器中，站号是通过特殊数据寄存器D8121来设定的。设定的范围是从00H到0FH。最多可以实现16台通信。PLC机上位连接系统框图如图8-8所示。

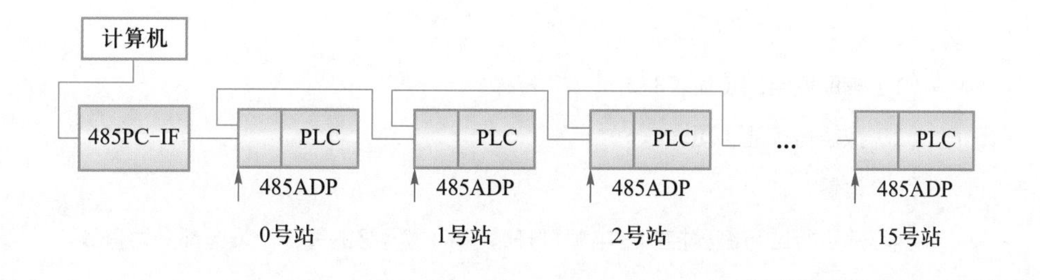

图 8-8
PLC 机上位连接系统框图

在以上系统中，可以用以下的指令来设定站号。如：0号站定义如下：

LD　　M8002

MOV　K0　D8121

站点设定程序梯形图如图8-9所示。

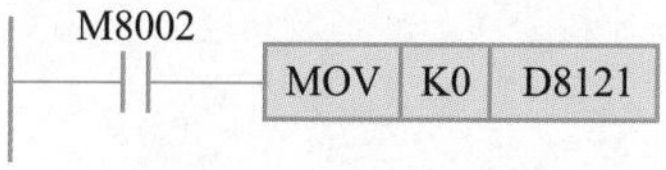

M8002　MOV　K0　D8121

图 8-9
站点设定程序梯形图

注意事项如下：

① 在设定站号时，不要为多个站设定相同的号码，否则，传送数据会混乱并引起通信的不正常。

② 站号不必按数字顺序来设定，在指定范围内（00H到0FH）可以自由设定。例如，按随机的顺序或跳过一些数字都是可以的，但总站数不能超过16。一般情况下16台机设定号为0到15。

3. 上位连接方法

计算机与PLC的上位连接采用一对导线连接，接线图如图8-10所示。

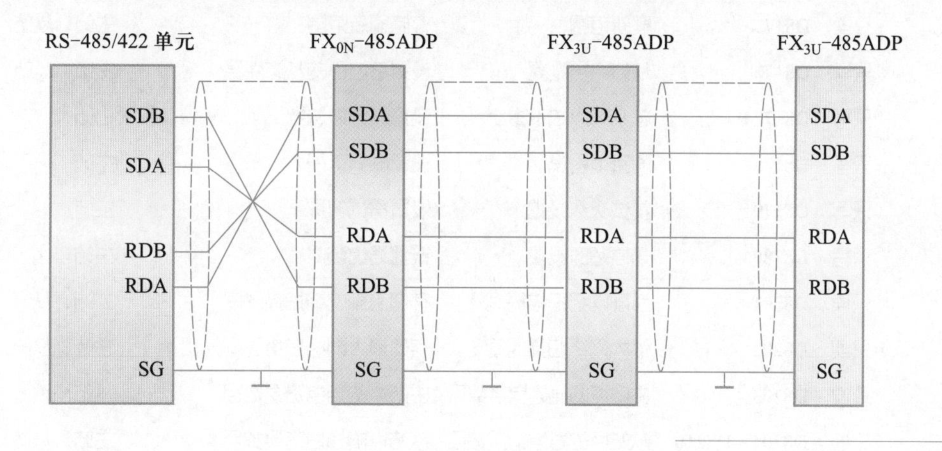

图 8-10
一对导线接线图

8.1.6 同位连接（PLC 与 PLC 连接系统 N∶N 网络）

同位连接系统框图如图8-11所示。

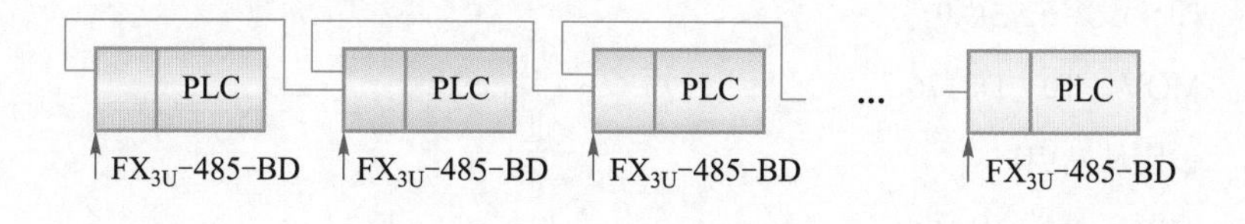

图 8-11
同位连接系统框图

笔 记

1. 相关标志和数据寄存器介绍

（1）辅助继电器（见表8-5）

（2）数据寄存器（见表8-6）

（3）设置

当程序运行或可编程控制器电源打开时，N：N网络的每一个设置都变为有效。

表 8-5　同位连接相关辅助继电器

特性	辅助继电器（FX_{3U}）	名称	描述	响应类型
只读	M8038	N：N网络参数设置	用来设置N：N网络参数	主站点，从站点
只读	M8183	主站点通信错误	当主站点产生通信错误时它是ON	从站点
只读	M8184～M8190	从站点通信错误	当从站点产生通信错误时它是ON	主站点，从站点
只读	M8191	数据通信	当与其他站点通信时它是ON	主站点，从站点

说明：在CPU错误、程序错误或停止状态下，对每一站点处产生的通信错误数目不能进行计数。

表 8-6　同位连接相关数据寄存器

特性	辅助继电器（FX_{3U}）	名称	描述	响应类型
只读	D8173	站点号	存储它自己的站点号	主站，从站
只读	D8174	从站点总数	存储从站点总数	主站，从站
只读	D8175	刷新范围	存储刷新范围	主站，从站
只写	D8176	从站点号设置	设置它自己的从站点号	主站，从站
只写	D8177	总从站点数设置	设置从站点总数	主站
只写	D8178	刷新范围设置	设置刷新范围	主站
只写	D8179	重试次数设置	设置重试次数	主站
只写	D8180	通信超时设置	设置通信超时	主站
只读	D8201	当前网络扫描时间	存储当前网络扫描时间	主站，从站
只读	D8202	最大网络扫描时间	存储最大网络扫描时间	主站，从站
只读	D8203	主站点的通信错误数目	主站点的通信错误数目	从站
只读	D8204～D8210	从站点的通信错误数目	从站点的通信错误数目	主站，从站
只读	D8211	主站点的通信错误代码	主站点的通信错误代码	从站
只读	D8212～D8218	从站点的通信错误代码	从站点的通信错误代码	主站，从站

① 设定站号（D8176）。

设定0～7的值到特殊数据寄存器D8176中，见表8-7。

如：设定主站点0：

MOV　K0　D8176；

设定从站点1：

MOV　K1　D8176；

表 8-7　站号的设定

设定值	描述
0	主站点
1到7	从站点号 例子：1是第1从站点，2是第2从站点

笔 记

② 设置刷新范围（D8178）。

设定0～2的值到特殊数据寄存器D8178中（默认值=0）。

从站点不需要此设置。

在0～2三种模式下使用的元件被N：N网络的所有点占用，其刷新范围见表8-8。

表 8-8 N:N 网络字、位软元件刷新范围

通信设备	刷新范围		
	模式0	模式1	模式2
位软元件（M）	0点	32点	64点
字软元件（D）	4点	4点	8点

在模式0的情况下，各站号的字、位软元件号见表8-9。

在模式1的情况下，各站号的字、位软元件号见表8-10。

表 8-9 各站号的字、位软元件号（模式 0）

站号	软元件号	
	位软元件（M）	字软元件（D）
	0点	4点
第0号	—	D0～D3
第1号	—	D10～D13
第2号	—	D20～D23
第3号	—	D30～D33
第4号	—	D40～D43
第5号	—	D50～D53
第6号	—	D60～D63
第7号	—	D70～D73

表 8-10 各站号的字、位软元件号（模式 1）

站号	软元件号	
	位软元件（M）	字软元件（D）
	32点	4点
第0号	M1000～M1031	D0～D3
第1号	M1064～M1095	D10～D13
第2号	M1128～M1159	D20～D23
第3号	M1192～M1223	D30～D33
第4号	M1256～M1287	D40～D43
第5号	M1320～M1351	D50～D53
第6号	M1384～M1415	D60～D63
第7号	M1448～M1479	D70～D73

在模式2的情况下，各站号的字、位软元件号见表8-11。

表 8-11 各站号的字、位软元件号（模式 2）

站号	软元件号		站号	软元件号	
	位软元件（M）	字软元件（D）		位软元件（M）	字软元件（D）
	64点	8点		64点	8点
第0号	M1000～M1063	D0～D7	第4号	M1256～M1319	D40～D47
第1号	M1064～M1127	D10～D17	第5号	M1320～M1383	D50～D57
第2号	M1128～M1191	D20～D27	第6号	M1384～M1447	D60～D67
第3号	M1192～M1255	D30～D37	第7号	M1448～M1511	D70～D77

③ 设定重试次数（D8179）。

设定重试次数0～10到数据寄存器D8179中（默认值=3）。

从站点不需要此设置。

④ 设置通信超时（D8180）。

设定5～255的值到数据寄存器D8180中（默认值=5）。

此值乘以10（ms）就是通信超时的持续时间，通信超时是主站与从站间的通信驻留时间。

例：*N*：*N*网络设置梯形图如图8-12所示。

应确保把以上的程序作为*N*：*N*网络参数设定程序第0步开始写入。

此程序不需要执行，因为当把其编入此位置时，它自动变为有效。

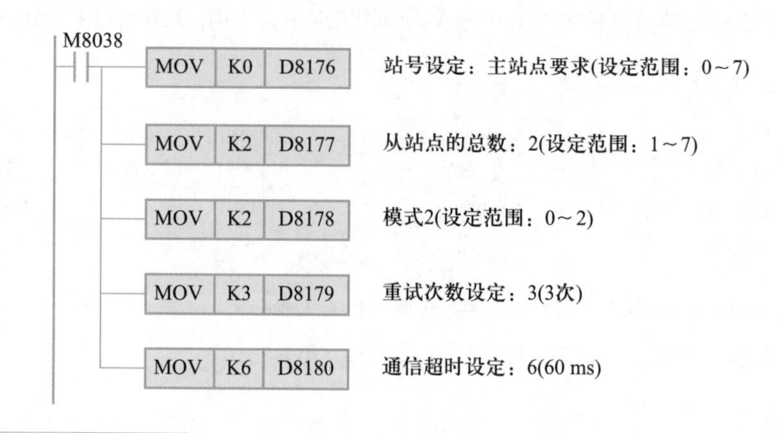

图8-12
N：*N*网络设置梯形图

2. 同位连接方法

PLC与PLC之间采用一对导线连接，接线图如图8-13所示。

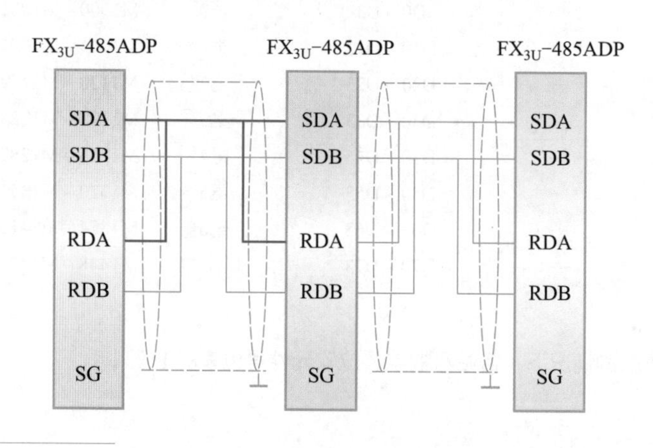

图8-13
N：*N*网络一对导线接线图

8.2 以计算机作为操作站的PLC网络

8.2.1 通信系统结构

在本系统中，上位机的作用是监控及操作，如读写PLC操作状态，读写I/O继电器和内部辅助继电器状态，读写定时/计数器当前值，读写PLC的错误信息，对指定点及通道强制ON/OFF等。PLC之间一般不需要通信。如果控制过程中一定需要从站间通信，PLC之间也不能直接通信。而必须由上位机中转。因此，本系统采用主从式通信结构作为系统通信主体，通信线路的工作方式采用全双工通信，上位机中的RS-232C异步通信接口经FX485PC-

IF转换为RS-485接口后与PLC的通信模块FX-485ADP相连，形成系统通信的物理通道，如图8-14所示。

笔 记

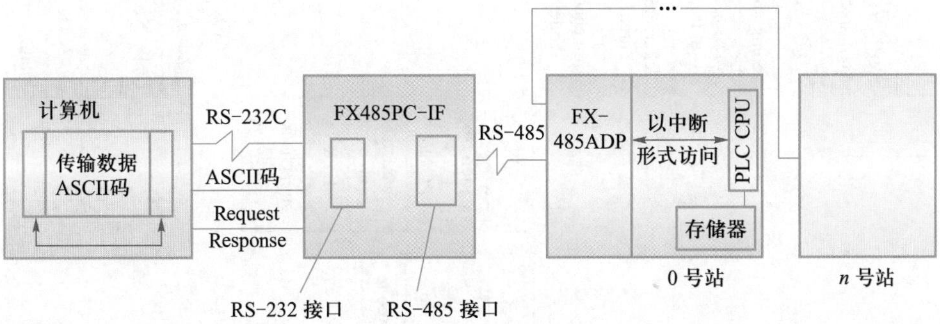

计算机
传输数据
ASCII码
RS-232C
ASCII码
Request
Response
FX485PC-IF
RS-232 接口
RS-485 接口
RS-485
FX-
485ADP
以中断
形式访问
PLC CPU
存储器
0 号站
n 号站

图 8-14
通信系统结构图

上位机提供一个25芯（或9芯）的RS-232C单端非平衡串行通信标准，其负载电容小于2 500 pF，传输距离短，通信电缆长度不能超过15 m。本系统中，通过FX485PLC-IF将串行口输出的RS-232C信号转换为RS-485信号，支持全双工通信，上位机与从站连接只需一对通信线，如图8-15所示。RS-485接口较RS-232C串行接口有很强的共模干扰抑制能力，不但提高了传输距离，可传输500 m，而且增强了负载能力，可直接连接16个从站（PLC）。

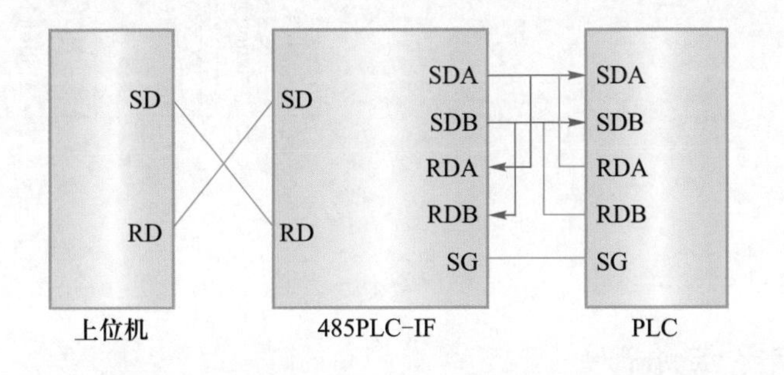

图 8-15
计算机与 PLC 连接示意图

8.2.2 监控系统通信模式

采用主从式系统的Request / Response存取控制方法，主动权在上位机。如果上位机要从从站读取信息，则以指令形式向该从站询问，尽管所有从站都可收到，但只有被主机点名的从站才响应主机指令。此时从站如果没有数据要发送，则以否定应答（NAK）来响应；如果有数据要发送，可立即发送数据，主机接收完数据检验正确后予以肯定应答（ACK）。主站从从站读取数据时传输控制协议图解如图8-16所示。

如果主机有数据要写入某一从站，主机向从站发出询问信号（ENQ），看它是否作好接收数据的准备。从站可以根据自己的情况（忙或闲）予以肯定（ACK）或否定应答（NAK）。主机收到肯定应答信号后就开始发送数据，在数据发送过程中，主机可能要在某一时刻停下来等待从站的响应，看它是否正确地接收到已发出的数据，从站则对已正确接收的数据予以肯定以答（ACK），对于校验出错的数据给予否定应答（NAK）。主机向从站写数据时传输

笔 记

控制协议图解如图8-17所示。

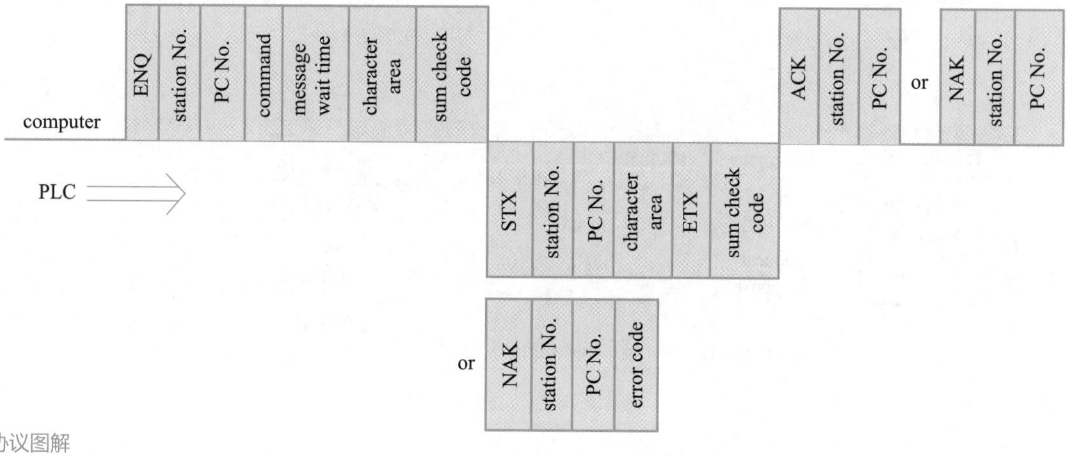

图8-16
主站从从站读取数据时传输控制协议图解

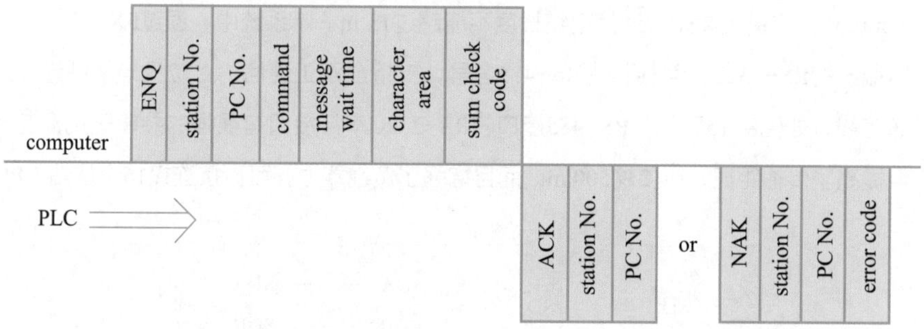

图8-17
主机向从站写数据时传输控制协议图解

8.2.3 系统通信协议

传输参数和传输控制协议设置在PLC内寄存器D8120中，改变参数设置，必须开、关一次电源使其生效。设置参数如下：

b0数据长度 b0=0：7位；b0=1：8位

（b1b2）奇偶校验 （b2，b1）=（0，0）：无校验 （b2，b1）=（0，1）：奇校验

（b2，b1）=（1，1）：偶校验

b3停止位 b3=0：1位；b3=1：2位

b4b5b6b7波特率（b7，b6，b5，b4）=（0，0，1，1）：300；

（0，1，0，0）：600；（0，1，0，1）：1 200

（0，1，1，0）：2400；（0，1，1，1）：4 800

（1，0，0，0）：9600；（1，0，0，1）：19 200

b8～b12没有使用，都置为0

b13和校验 b13=0：无和校验；b13=1：自动进行和校验

b14协议 b14=0：不采用专用协议；b14=1：采用专用协议

b15传输控制协议b15=0：采用专用协议方式1

b15=1：采用专用协议方式4

笔 记

8.2.4 帧结构

系统采用面向字符的通信协议，并规定数据传输以帧为单位，上位机和PLC之间每次只传送一帧信息。一台上位机可以与16台FX系列PLC连接，上位机为主站，PLC皆为从站。主站用命令帧发起通信，只有被访问的从站才能响应含有自己从站号的命令。每当一个从站发出一个响应帧，该从站就用响应帧通知主站与哪台从站通信。各信息帧格式如下：

命令帧

STX	站号	PLC No.	字符区	ETX	校验和

响应帧

ENQ	站号	PLC No.	命令	延时	字符区	校验和

确认帧

当传输数据正确时

ACK	站号	PLC No.

当传输数据错误时

NAK	站号	PLC No.

或

NAK	站号	PLC No.	Error Code

8.2.5 常用通信指令

1. 批读位指令 BR（Batch Read-Bit Unit）

以位的形式从一组位元件（X，Y，M，S，T，C）中读数据，所读的结果以1个位元件为单位。ASCII代码为42H，52H。

ENQ	站号	PLC型号	BR	延迟	头元件	元件数	校验和							ACK	站号	PLC型号
								STX	站号	PLC型号	数据	ETX	校验和			

2. 批读字指令WR（Batch Read-Word Unit）

以字的形式从一组位元件（X，Y，M，S）或字元件（D，T，C）读数据，所读的结果以16个位元件或1个字元件为单位。ASCII代码为57H，52H。

ENQ	站号	PC号	WR	延迟	头元件	元件数	校验和

STX	站号	PC号	数据	ETX	校验和

ACK	站号	PC号

3. 批写位指令BW（Batch Write-Bit Unit）

以位的形式向一组位元件（X，Y，M，S，T，C）中写数据，所写的数据以1个位元件为单位。ASCII代码为42H，57H。

ENQ	站号	PC号	BW	延迟	起始元件	元件数	初值	校验和

ACK	站号	PC号

4. 批写字指令WW（Batch Write-Word Unit）

以字的形式向一组位元件（X，Y，M，S）或字元件（D，T，C）写数据，所写数据以16个位元件或1个字元件为单位。ASCII代码为57H，57H。

ENQ	站号	PC号	WW	延迟	起始元件	元件数	初值	校验和

ACK	站号	PC号

5. 位元件置位/复位指令BT（Test-Bit Unit）

对选定的位元件（X，Y，M，S，T，C）以1个位元件为单位置位/复位。

ENQ	站号	PC号	BT	延迟	元件数	元件	1或0	~	元件	1或0	校验和

ACK	站号	PC号

6. 字元件写数据指令WT（Test-Word Unit）

对选定的位元件（X，Y，M，S，T，C）以16个位元件为单位置位/复位，或者以1个字元件为单位向字元件（D，T，C）中置数。

ENQ	站号	PC号	WT	延迟	元件数	元件	数据	~	元件	数据	校验和

ACK	站号	PC号

7. 远程控制PLC起动/停止指令RR / RS（Remote run/stop）

远程控制可编程控制器的起动，ASCII代码分别为52H，52H和52H，53H。

ENQ	站号	PC号	RR或RS	延迟	校验和

ACK	站号	PC号

8. 读 PLC 类型代码指令 PLC（PLC Type Read）

读可编程控制器类型的代码，ASCII代码为50H，43H。

ENQ	站号	PC号	PC	延迟	校验和

STX	站号	PC号	PLC类型	ETX	校验和

ACK	站号	PC号

9. Global 信号 ON/OFF 指令 GW（Global）

置位、复位Global信号标志（FX系列PLC的Global标志为M8126）。

ENQ	站号	PC号	GW	延迟	控制flag	校验和

10. 回送测试指令 TT（Loop Back Test）

将从计算机接收的字符回送给计算机，用于检测通信回路的连接情况。ASCII代码为54H，54H。

ENQ	站号	PC号	TT	延迟	字符数	字符	校验和

STX	站号	PC号	字符数	字符	ETX	校验和

8.2.6 系统通信软件

系统通信软件根据三菱专用的通信协议及通信指令编写。从通信线路收到的数据由异步串行口接收后，以字节为单位传输给通信程序所开的缓冲区，由程序发送的数据也是先送到通信缓冲区，然后由通信程序分别将数据从接收缓冲区交给用户程序和将其从发送缓冲区送到串行口。

8.3 技能训练 三菱FX系列PLC与三菱变频器通信应用（RS-485无协议通信）

设备名称：

① 三菱PLC：FX_{3U}+FX_{3U}-485-BD

笔 记

② 三菱变频器：A500系列、E500系列、E700系列、P700系列

③ 计算机

设备连接：

两者之间通过网线连接（网线的RJ45插头和变频器的PU插座接），使用两对导线连接，即将变频器的SDA与PLC通信单元（FX_{3U}-485-BD）的RDA对接，变频器的SDB与PLC通信单元（FX_{3U}-485-BD）的RDB对接，变频器的RDA与PLC通信单元（FX_{3U}-485-BD）的SDA对接，变频器的RDB与PLC通信单元（FX_{3U}-485-BD）的SDB对接，变频器的SG与PLC通信单元（FX_{3U}-485-BD）的SG对接。

变频器与PLC通信单元（FX_{3U}-485-BD）的连线如下所述，图8-18是连接水晶头引线排列图，图8-19为三菱A500、E500系列变频器PU端口排列图。

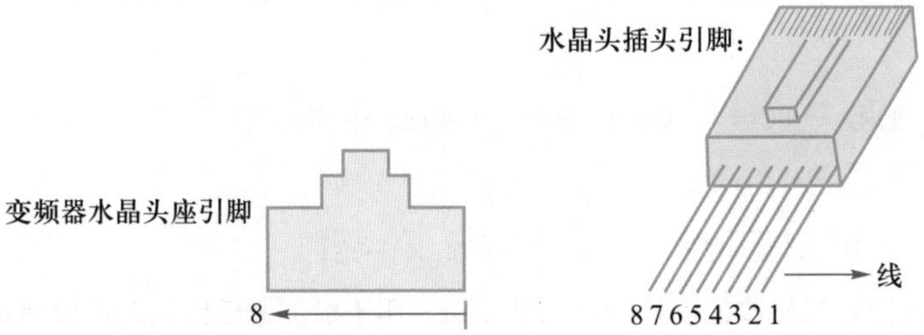

图 8-18
水晶头引线排列图

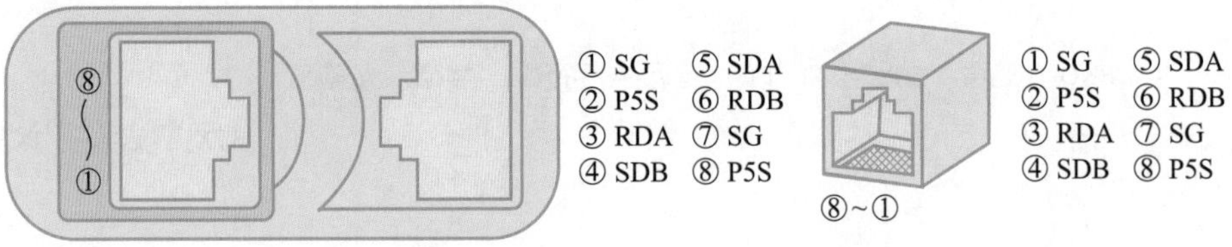

（a）A500 变频器 PU 端口　（b）E500 变频器 PU 端口

图 8-19
A500、E500 系列变频器 PU 端口排列图

8.3.1 三菱变频器的设置

PLC和变频器之间进行通信，通信规格必须在变频器的初始化中设定，如果没有进行初始化参数设定或有一个错误的设定，数据将不能进行传输。变频器初始化参数设定见表8-12。

注：每次参数初始化设定完以后，需要复位变频器。如果改变与通信相关的参数后，变频器没有复位，通信将不能进行。

表 8-12 变频器参数设定

参数号	名称	设定值	说明
Pr.117	站号	0	设定变频器站号为0
Pr.118	通信速率	96	设定波特率为9 600 bps
Pr.119	停止位长/数据位长	11	设定停止位2位，数据位7位
Pr.120	奇偶校验有/无	2	设定为偶校验

续表

参数号	名称	设定值	说明
Pr.121	通信再试次数	9 999	即使发生通信错误，变频器也不停止
Pr.122	通信校验时间间隔	9 999	通信校验终止
Pr.123	等待时间设定	9 999	用通信数据设定
Pr.124	CR、LF有/无选择	0	选择无CR、LF

笔 记

① Pr.122号参数一定要设成9 999，否则当通信结束以后且通信校验互锁时间到时，变频器会产生报警并且停止（E.PUE）。

② Pr.79号参数一定要设成1，即PU操作模式。

③ 以上参数设置适用于A500、E500、F500和F700系列。当在F500、F700系列变频器上要设定上述通信参数时，首先要将Pr.160设成0。

8.3.2 三菱 PLC 与外设通信的设置格式

通过特殊继电器M8161来选择数据处理为16位模式还是8位模式，当M8161=OFF时为16位模式；当M8161=ON时为8位模式。在此次设计中选择8位模式。

1. 三菱 FX 系列 PLC 与进行计算机通信连接

三菱FX系列PLC在进行计算机连接（专用协议）和无协议通信（RS指令）时均需对通信格式（D8120）进行设定，其中包含波特率、数据长度、奇偶校验、停止位和数据格式等。在修改了D8120设置后，确保关掉PLC的电源，然后再打开。

通过特殊寄存器D8120来设置通信格式，具体参见表8-13、表8-14。

D8120设置如下

b15 … b0

0000 1100 1000 1110

0 C 8 E

表 8-13 设置通信格式

位号	名称	内容	
		0（位OFF）	1（位ON）
b0	数据长	7位	8位
b1 b2	奇偶性	b1，b2 （0，0）：无 （0，1）：奇数（ODD） （1，1）：偶数（EVEN）	
b3	停止位	1位	2位
b4 b5 b6 b7	传送速率/bps	b7，b6，b5，b4 （0，0，1，1）：300 （0，1，0，0）：600 （0，1，0，1）：1 200 （0，1，1，0）：2 400	（0，1，1，1）：4 800 （1，0，0，0）：9 600 （1，0，0，1）：19 200

注：对位b8～b15的说明可参考FX系列PLC的编程手册。

表8-14 通信格式

数据长	8位
奇偶性	偶数（EVEN）
停止位	2位
传输速率	19 200 bps

即数据长度为7位、偶校验、2位停止位、波特率为9 600 bps、无标题符和终结符、没有添加和校验码、采用无协议通信（RS-485）。

2. 三菱FX系列PLC对变频器通信设置

使用十六进制数，数据在PLC和变频器之间使用ASCII码传输，以设置操作模式和设定频率为例作介绍。

（1）操作模式设置的通信格式

① PLC发给变频器的通信请求数据如图8-20所示。

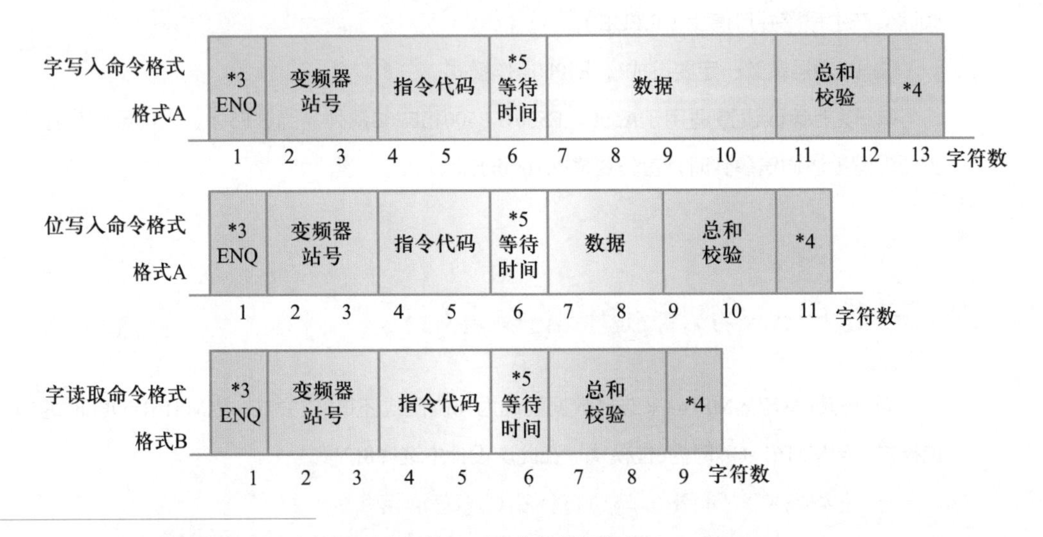

图8-20
PLC发给变频器的通信请求数据

② 数据写入时变频器返回给PLC的应答数据如图8-21所示。

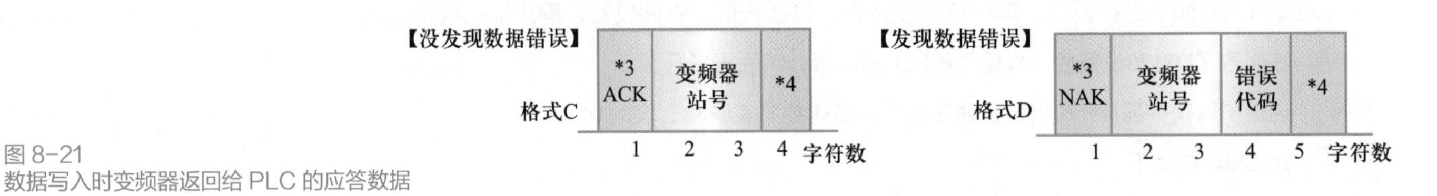

图8-21
数据写入时变频器返回给PLC的应答数据

③ 读取数据时变频器返回给PLC的应答数据如图8-22所示。

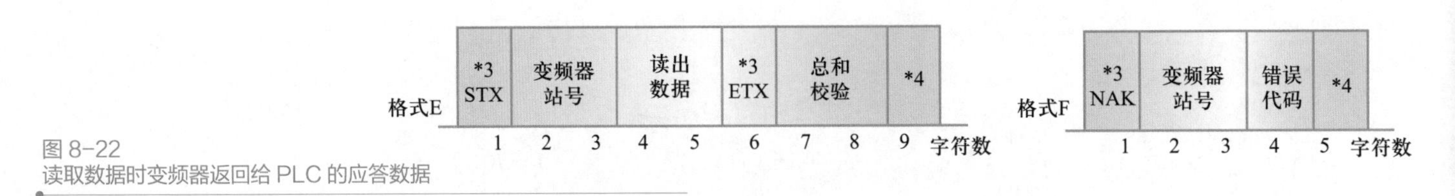

图8-22
读取数据时变频器返回给PLC的应答数据

④ 读出数据时从PLC到变频器发送数据如图8-23所示。

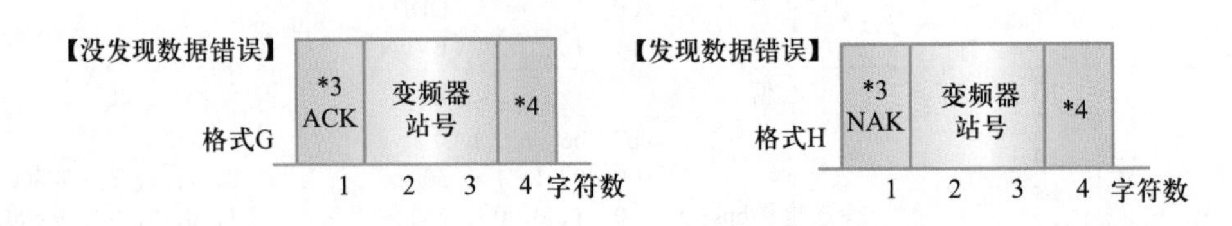

图8-23
读出数据时从PLC到变频器发送数据

（2）通信数据类型

所有指令代码和数据均以ASCII码（十六进制）发送和接收。例如：（频率和参数）依照相应的指令代码确定数据的定义和设定范围。

笔 记

8.3.3 软件设计

1. PLC 通信运行程序设计流程

要实现PLC对变频器的通信控制，必须对PLC进行编程；通过程序实现PLC对变频器的各种运行控制和数据的采集。PLC程序首先应完成FX_{3U}-485-BD通信适配器的初始化、控制命令字的组合、代码转换和变频器应答数据的处理工作。PLC通信运行程序设计流程图如图8-24所示。

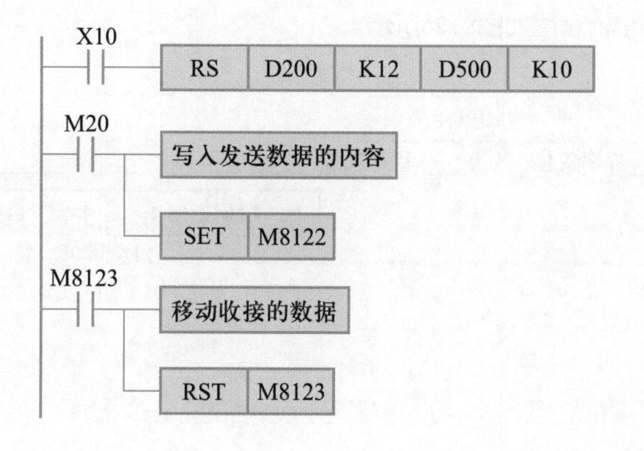

图 8-24
PLC 通信运行程序设计流程图

2. 通信数据定义

① 控制代码表如表8-15所示。

② 控制指令代码表如表8-16所示。

表 8-15 控制代码表

信号	ASLL码	说明
STX	H02	正文开始（数据开始）
ETX	H03	正文结束（数据结束）
ENQ	H05	询问（通信请求）
ACK	H06	承认（没发现数据错误）
LF	H0A	换行
CR	H0D	回车
NAK	H15	不承认（发现数据错误）

表 8-16 控制指令代码表

操作指令	指令代码	数据内容
正转	HFA	H02
反转	HFA	H04
停止	HEA	H00
频率写入	HED	H0000~H2EE0
频率输出	H6F	H0000~H2EE0
电流输出	H71	H0000~HFFFF
电压输出	H72	H0000~ HFFFF

③ 三菱FX系列PLC的通信指令格式如图8-25所示。

发送的数据准备好之后，通过程序（SET M8122），PLC开始按照RS指令进行发送和接收数据。当发送完成后，PLC自动复位（RST　M8122）。

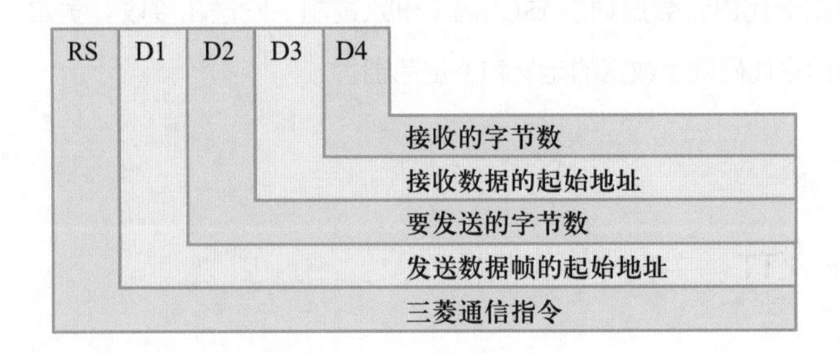

图 8-25
三菱 FX 系列 PLC 的通信指令格式

当PLC接收完数据后，将自动置位M8123（SET　M8123）。

用户要编写程序检测M8123的状态，当M8123 ON时，要及时处理通信返回的数据，并通过程序（RST　M8123），以便开始新一轮的通信。

每轮的通信流程图如图8-26所示。

数据准备　开始发送

M8122　程序置位　自动复位

数据返回　数据处理

M8123　自动置位　程序复位

图 8-26
通信流程图

3. 三菱变频器无协议与 PLC 进行通信的 PLC 程序

```
0    LD      M8002
1    MOV     H0C8E  D8120
  （初始化向D8120中写入通信参数）
6    FMOV    K0     D500     K10
13   BMOV    D500   D600     K10
20   ZRST    D203   D211
25   SET     M8161
  （8位数据处理）
27   LD      M8000
28   MOV     H05    D200
33   MOV     H30    D201
38   MOV     H30    D202
43   AND<=   Z0     D20
48   ADD     D21    D201Z0   D21
（计算和校验）
55   INC     Z0     （Z0为变址寄
  存器，在程序中作累加计数器用）
58   LD      M8000
59   ASCI    D21    D206Z1   K2
66   LD      M8000
67   RS      D200   K12      D500K10
（发送和接收数据）
  （D200是发送数据起始址；K12是发
  送数据长度；D500是接收数据起始
  址；K10为接收数据长度）
76   LDP     M10
78   ORP     M11
80   ORP     M1282  MOV H46  D203
87   MOV     H41    D204
92   MOV     H30    D205
97   MOV     H30    D206
102  RST     RST    Z0
105  MOV     K6     D20
110  MOV     K2     Z1
```

```
115 RST  D21
118 LDP  M10
120 MOV  H32  D207
125 LDP  M11
127 MOV  H30  D207
132 LDP  M12
134 MOV  H34  D207
139 LDP  M13
141 MOV  H36  D203
146 MOV  H46  D204
151 MOV  H30  D205
156 RST  Z0
159 MOV  K4   D20
164 MOV  K0   Z1
169 RST  D21
172 LDP  M14
174 MOV  H45  D203
179 MOV  H44  D204
184 MOV  H30  D205
189 ASCI  D400  D206  K4
196 RST   Z0
199 MOV   K8    D20
204 MOV   K4    Z1
209 RST   D21
212 LDF   M10
214 ORF   M11
216 ORF   M12
218 ORF   M13
220 ORF   M14
222 FMOV  K0    D500  K10
229 BMOV  D500  D600  K10
236 SET   M8122 （发送）
238 LD    M8123
239 BMOV  D500  D600  K10
246 RST   M8123
248 LD    M8000
249 HEX   D603  D700  K4
256 END
```

总和校验码是把被检验数据ASCII总和的最低一个字节（8位）表示2个ASCII数字（十六进制）。总和校验把地址从D200到D200+（Z1-1）数据寄存器值总和置入数据寄存器D21中，然后把低8位转换成ASCII码置入D200Z1和D200（Z1+1）中。

4. 梯形图

三菱变频器无协议与PLC进行通信的PLC程序梯形图如图8-27所示。

以下程序动作说明：当M10接通一次以后变频器进入正转状态，当M11接通一次以后变频器进入停止状态，当M12接通一次以后变频器进入反转状态，当M13接通一次以后读取变频器的运行频率（D700），当M14接通一次以后写入变频器的运行频率（D400）。

计算机通过RS-232C适配器与PLC通信板相接，PLC通过网线与变频器相接，通过改变频率对电机进行控制，用通信电缆把PU接口计算机FA等连接起来，使用户程序可以对变频器的运行、监视以及参数的读写进行操作（电缆必须是具有75℃铜线），变频器的操作面板可以设定运行频率、监视操作命令，设定参数是显示错误和参数拷贝。

笔 记

笔 记

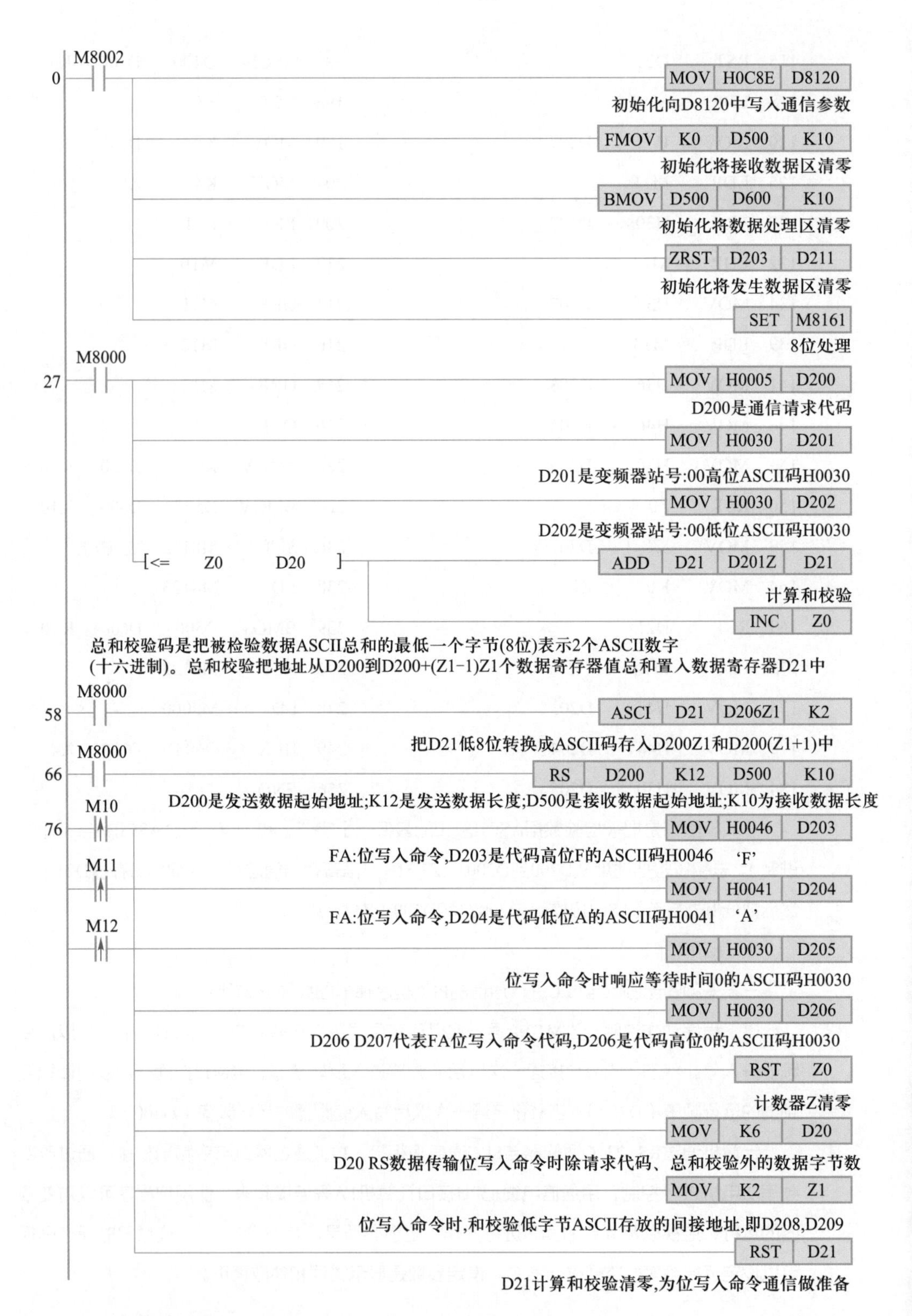

(Z是变址寄存器，在程序中做累加计数用。FX_{0S}，FX_{0N}只有Z，FX_{2N}有Z0～Z7共8个变址寄存器，功能是一样的）

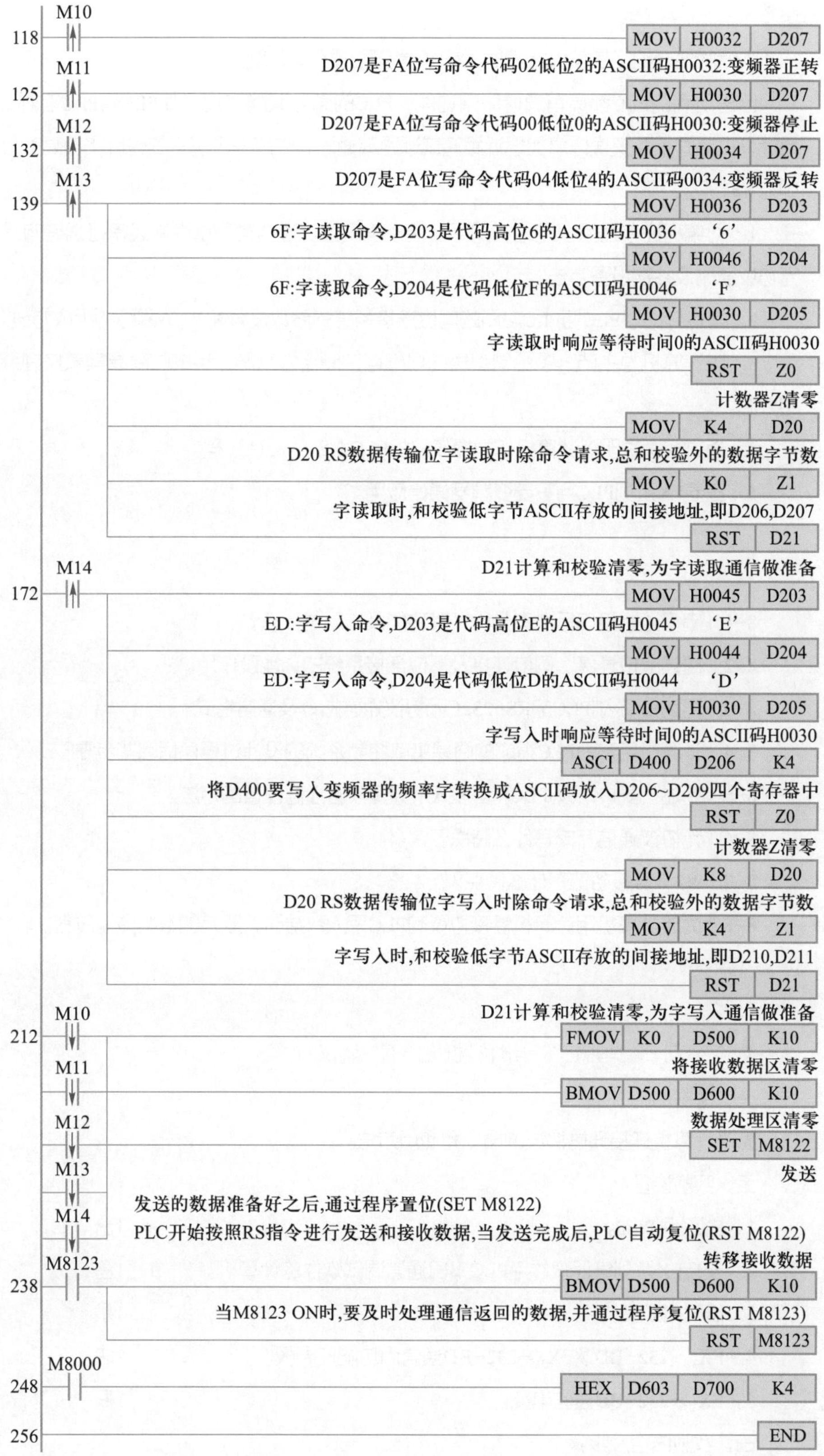

笔 记

118 M10 ↑ [MOV H0032 D207]

D207是FA位写命令代码02低位2的ASCII码H0032:变频器正转

125 M11 ↑ [MOV H0030 D207]

D207是FA位写命令代码00低位0的ASCII码H0030:变频器停止

132 M12 ↑ [MOV H0034 D207]

D207是FA位写命令代码04低位4的ASCII码0034:变频器反转

139 M13 ↑ [MOV H0036 D203]

6F:字读取命令,D203是代码高位6的ASCII码H0036 '6'

[MOV H0046 D204]

6F:字读取命令,D204是代码低位F的ASCII码H0046 'F'

[MOV H0030 D205]

字读取时响应等待时间0的ASCII码H0030

[RST Z0]

计数器Z清零

[MOV K4 D20]

D20 RS数据传输位字读取时除命令请求,总和校验外的数据字节数

[MOV K0 Z1]

字读取时,和校验低字节ASCII存放的间接地址,即D206,D207

[RST D21]

D21计算和校验清零,为字读取通信做准备

172 M14 ↑ [MOV H0045 D203]

ED:字写入命令,D203是代码高位E的ASCII码H0045 'E'

[MOV H0044 D204]

ED:字写入命令,D204是代码低位D的ASCII码H0044 'D'

[MOV H0030 D205]

字写入时响应等待时间0的ASCII码H0030

[ASCI D400 D206 K4]

将D400要写入变频器的频率字转换成ASCII码放入D206~D209四个寄存器中

[RST Z0]

计数器Z清零

[MOV K8 D20]

D20 RS数据传输位字写入时除命令请求,总和校验外的数据字节数

[MOV K4 Z1]

字写入时,和校验低字节ASCII存放的间接地址,即D210,D211

[RST D21]

D21计算和校验清零,为字写入通信做准备

212 M10 ↓ [FMOV K0 D500 K10]

将接收数据区清零

M11 ↓ [BMOV D500 D600 K10]

数据处理区清零

M12 ↓ [SET M8122]

发送

M13 ↓

M14 ↓

发送的数据准备好之后,通过程序置位(SET M8122)

PLC开始按照RS指令进行发送和接收数据,当发送完成后,PLC自动复位(RST M8122)

转移接收数据

238 M8123 [BMOV D500 D600 K10]

当M8123 ON时,要及时处理通信返回的数据,并通过程序复位(RST M8123)

[RST M8123]

248 M8000 [HEX D603 D700 K4]

256 [END]

图 8-27
三菱变频器无协议与 PLC 进行通信的 PLC 程序梯形图

笔 记

【本章小结】

本章简要介绍了三菱FX系列PLC的通信及网络的基本知识。

目前所有的PLC都具有通信联网功能，PLC的通信联网功能可使PLC与PLC之间，PLC与计算机之间相互交换信息实现近距离或远距离通信，形成一个统一的性价比较高的分散集中控制体系。

1. 可编程控制器系统网络，网络连接系统设置。通信类型重点讲述串行通信方式中的无协议通信及参数设置方法。

2. 重点介绍了PLC与PLC之间的同位连接系统的参数设置和*N*：*N*网络的组成方法。

3. 以计算机为主站，多台同型号的可编程控制器为从站，组成的简易集散控制系统网络介绍。

4. 通过实例说明以计算机作为操作站的PLC网络的设计过程。

5. 三菱FX系列PLC与三菱变频器通信应用。

【习题】

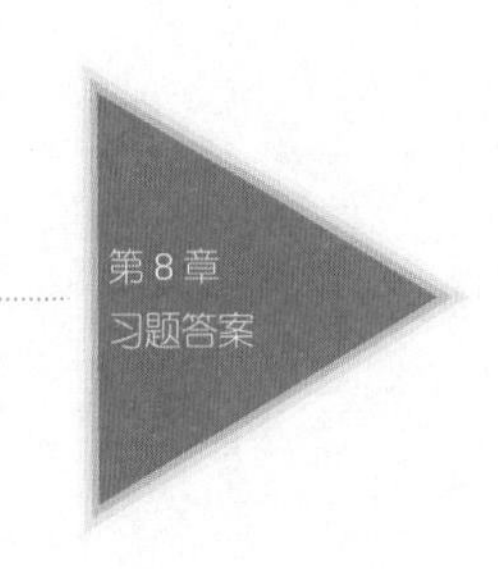

8-1 串行通信接口标准有几种？其功能及作用是什么？

8-2 简述上位连接、同位连接及下位连接系统的功能及作用。

8-3 简述FX系列PLC的RS-232C无协议通信指令及通信格式。

8-4 计算机与多台PLC组成的简易集散控制系统的设计过程包括哪些步骤？

8-5 简述三菱FX系列PLC与三菱A系列变频器通信设置的方法。

8-6 无协议通信方式有什么特点？

8-7 *N*：*N*链接各站有什么特点？

8-8 简述计算机用计算机链接协议向PLC写入数据时，双方的数据传输过程。

【实验】

实验9 计算机与PLC使用计算机连接通信协议的实验

一、实验目的

熟悉计算机连接通信协议的命令和使用方法。

二、实验设备

1. FX系列PLC。 1台

2. 安装FX系列编程软件与PLC串口通信调试软件的计算机。 1台

3. 编程电缆。 1条

4. FX_{3U}-232-BD或FX_{3U}-232-BD通信用功能扩展板。 1块

5. FX_{3U}-232-BD通信电缆。 1根

三、实验内容及步骤

1. 如果计算机有两个FX_{3U}-232C通信口，可以分别用编程电缆和FX_{3U}-232C通信电缆与PLC的编程口和通信用功能扩展板上的串口相连。

2. 通信格式如下：数据位为8位，无奇偶数校验，1个停止位，传输速率为9 600 bps，

笔 记

有校验和计算机连接协议，用控制线FX_{3U}-232C接口控制协议格式1。送入D8120的十六进制数为6081H。打开FX的编程软件，用菜单命令“PLC”→“端口设置”设置计算机与编程软件通信的传输速率。在编程软件中写入下面的通信初始化程序，并将它下载到PLC中。

```
LD      M8120
MOV     H6081          //通信参数设置
MOV     K2   D8121     //PLC的站号为2
MOV     K6   D8129     //超时检测时间为60 ms
END
```

3. 如果计算机只有一个通信口，关闭计算机和PLC的电源后，断开编程电缆与计算机串口的连接，用RS-232C电缆连接计算机的串口和通信用功能扩展板的串口。如果计算机有两个RS-232C通信口，接好PLC的编程电缆和RS-232C后，同时打开编程软件和串口通信调试软件，在用串口通信调试软件读写PLC存储区时，可以用编程软件监视和修改PLC的存储区。

4. 用位元件读取命令BR读取PLC的X0～X7。同串口通信调试软件生成BR命令报文，发送给PLC后，观察PLC返回的响应报文中X0～X7的状态，30H表示ON，31H表示OFF，检查是否符合PLC输入点的实际状态。改变X0～X7的状态，重发BR报文，观察PLC返回的报文是否随之变化。故意“制造”出一些错误，观察PLC是否返回以NAK开始的表示无法识别的报文，报文的错误代码是否正确。

5. 用位元件写入命令BW向Y0～Y7写入数据，观察写入的结果。

6. 用字元件写入命令WW向Y0～Y17写入数据，观察写入的结果。

用WW命令向D10和D11写入数据，通过PLC返回的报文观察写入是否成功。

7. 用字元件读出命令WR读取X0～X17 ON/OFF的状态，观察读取的数据与它们的实际状态是否相符。用WR命令读取D10和D11中的数据，观察它们是否与前面写入的数据一致。

8. 用位元件测试命令BT将Y0置位，然后用TB命令将它复位。

9. 在X0由OFF变为ON时，用请求式功能将D100和D101中的数据1234H和5678H发送给计算机，观察接收到的数据（低字节在前）是否正确。

10. 修改PLC的通信初始化程序，将D8120的值改为十六进制数HE081（由控制格式1变为控制格式4）。注意控制格式4的报文在结束时有回车、换行符（0DH和0AH），用串口通信调试软件向PLC发一个命令报文，观察PLC返回的报文是否用回车、换行结束。

四、实验报告

［重点难点］

要胜任可编程控制系统的设计工作，仅仅掌握PLC设计的基础知识是不够的，必须经过反复实践、深入生产现场，不断积累经验。课程设计正是为这一目的而安排的一个实践性教学环节，它是一项初步的工程训练。通过集中1～2周时间的设计工作，了解可编程控制系统的设计要求、设计内容、设计方法及具体的实施过程，使学习者初步达到能独立地完成简单的PLC系统的设计与实施。本书中实施的课程设计题目不太大，尽可能取自生产中实用的电气控制装置。

本章通过课程设计举例说明课程设计应达到的目的、要求、设计内容、课程及应完成的工作量。

第9章 PLC课程设计指导

第9章
学习指导

9.1 课程设计举例

教学课件：
课程设计举例

设计课题：三种液体混合装置系统的PLC控制

1. 三种液体混合装置简介

如图9-1所示为三种液体混合装置示意图，SL1、SL2、SL3和SL4为液面传感器，液面淹没，其动合触点接通，液体阀门A、B、C与混合液体阀门D由电磁阀线圈YV1、YV2、YV3、YV4分别控制，当电磁阀线圈通电时液体阀门打开，当电磁阀线圈断电时液体阀门关闭。M为混合液体搅匀三相交流异步电动机，H为电加热器，WK为温控器。

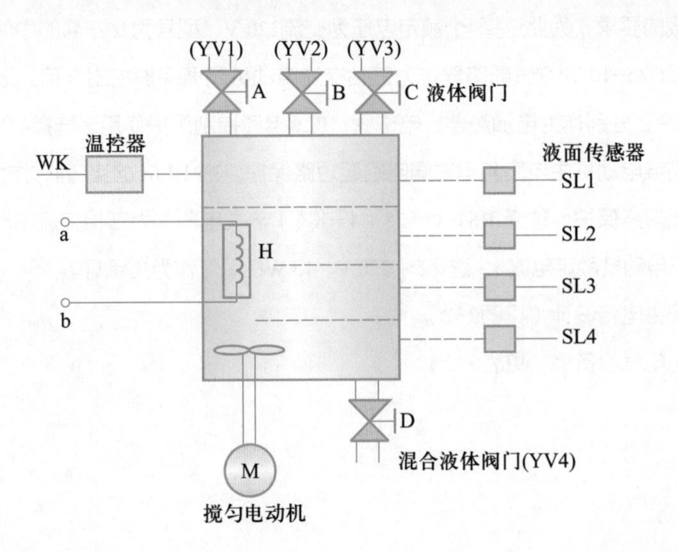

图9-1
三种液体混合装置示意图

笔 记

2. 三种液体混合装置系统控制要求

（1）初始状态

装置投入运行时，液体阀门A、B、C关闭，混合液体阀门打开20 s将容器放空后关闭。

（2）起动操作

按下起动按钮SB1，装置开始按下列给定规律运行。

① 液体阀门A打开，液体A流入容器，当液面达到SL3时，SL3接通，关闭液体阀门A，打开液体阀门B。

② 当液面达到SL2时，关闭液体阀门B，打开液体阀门C。

③ 当液面达到SL1时，关闭液体阀门C，搅匀电动机M开始搅拌，加热器H开始加热。

④ 搅匀电动机工作1 min后且温度上升到60℃时停止搅动，混合液体阀门D打开，开始放出混合液体（为使混合液体搅拌均匀，搅匀电动机周期性正、反转动）。

⑤ 当液面下降到SL4时，SL4由接通变断开，再经过20 s后，容器放空，混合液体阀门D关闭，开始下一周期工作。

（3）停止操作

按下停止按钮SB2，当前的混合操作处理完毕后，才会停止操作（停在初始状态）。

3. 三种液体混合装置主电路设计

主电路控制的对象分别为，1台Y100L1-4、2.2 kW三相交流异步电动机，1个WHZ4-PTC 1 kW流体电加热器，4个DF-50-AC 220 V电磁阀。根据三菱可编程控制器继电器输出型输出规格：PLC输出端可接最大负载为：2 A/点的直流负载，98 V · A的感性负载，100 W的灯负载，而三相交流电动机和流体加热器的额定电流分别为5.0 A和4.5 A。当采用交流接触器做直接起动控制时，选用3个CJ10-10 220 V交流接触器即可满足要求。因CJ10-10型、额定电压220 V的交流接触器的线圈起动消耗电功率为65 V · A，吸合功率为5 W，因此所选交流接触器的线圈可直接接在PLC输出端。而DF-50-AC 220 V的电磁阀起动时，功率大于PLC最大输出感性负载的要求，为此选择4个额定电压为交流220 V、型号为JZ7-44的中间继电器做间接控制。选择DZ5-10/3P空气断路器作为三相交流电动机隔离保护控制作用。选择DZ5-5/1P空气断路器3个，分别作为电加热器、电磁阀、PLC电源控制保护作用。选择4个RL6-10熔断器，对三相交流电动机主电路和电磁阀电路起短路保护；3个RL6-6熔断器，作为电加热和PLC电源及输出短路保护；选择JRS1-09-25（4～8 A）热继电器作为三相交流电动机过载保护（调整到等于电动机额定电流）；选择5个220 V、15 W白炽灯作为指示灯。

（1）主电路设计（见图9-2）

（2）电气设备表（见表9-1）

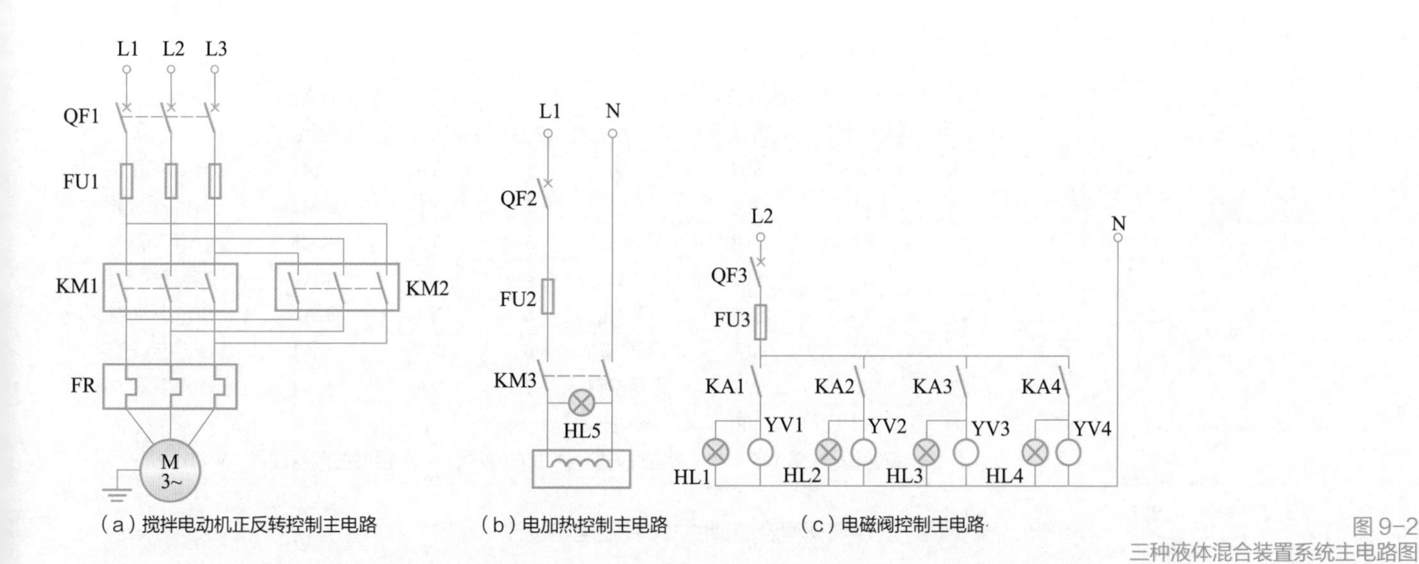

（a）搅拌电动机正反转控制主电路 （b）电加热控制主电路 （c）电磁阀控制主电路

图 9-2
三种液体混合装置系统主电路图

表 9-1 电气设备表

序号	符号	设备名称	型号、规格	单位	数量
1	M	三相交流	Y100L1-4，2.2 kW，1 400 r/min，380 V/5 A	台	1
2	DR	电加热器	WHZ4-PTC，1 kW，220 V/4.5 A	个	1
3	QF1	空气断路器	DZ5-10/3P	个	1
4	QF2 ~ QF4	空气断路器	DZ5-5/1P	个	3
5	FU1、FU3	熔断器	RL6-10	个	4
6	FU2	熔断器	RL6-6	个	1
7	FU4、FU5	熔断器	RL6-6	个	3
8	KM1 ~ KM3	交流接触器	CJ10-10，线圈额定电压220 V	个	3
9	FR	热继电器	JRS1-09-25（4 ~ 8 A）	个	1
10	KA	中间继电器	JZ7-44，线圈额定电压220 V	个	4
11	HL	指示灯	220 V/15 W	个	6

笔 记

4. 三种液体混合装置 PLC 选择与控制电路设计

（1）三种液体混合装置的PLC选择

根据控制要求，PLC输入控制有起动、停止控制，4个水位控制，热保护控制和温度控制，需占用8个输入点，而输出端连接有3个交流接触器和4个中间继电器，需占用7个输出，选用PLC时考虑到一定冗余，输入点数按8 × 1.2=9.6计算，10点选择，输出点数按7 × 1.2=8.4计算，9点选择（继电器输出型），因此选择三菱FX_{3U}-32MR PLC（其中输入16点，输出16点）可满足要求。

（2）I/O地址分配表（见表9-2）

笔 记

表 9-2 I/O 地址分配表

输入信号				输出信号			
序号	输入元件	控制电器	作用	序号	输出元件	控制电器	作用
1	X0	SB1	起动	1	Y0	KM1	电动机正转
2	X1	SB2	停止	2	Y1	KM2	电动机反转
3	X2	SL1	高水位	3	Y2	KM3	电加热
4	X3	SL2	中上水位	4	Y3	KA1	A电磁阀控制
5	X4	SL3	中下水位	5	Y4	KA2	B电磁阀控制
6	X5	SL4	下水位	6	Y5	KA3	C电磁阀控制
7	X6	WK	温度控制	7	Y6	KA4	D电磁阀控制
8	X7	FR	热保护				
按钮型号：LA25 液位开关型号：LV20系列 温度控制器型号：WZB系列							

（3）三种液体混合装置的PLC控制电路设计

在PLC控制电路中FU4起电源短路保护作用，FU5起输出短路保护作用，KM1动断辅助触点和KM2动断辅助触点起互锁作用，输入端连接两个按钮起起动和停止控制作用，连接4个水位开关动合触点起水位控制作用，连接1个热继电器动合辅助触点起过载保护作用。输出端连接交流接触器KM1和KM2线圈，起电动机正、反转控制作用，连接交流接触器KM3线圈起加热器控制作用，连接4个中间继电器分别对4个电磁阀线圈起控制通断作用。PLC的I/O接线图如图9-3所示。

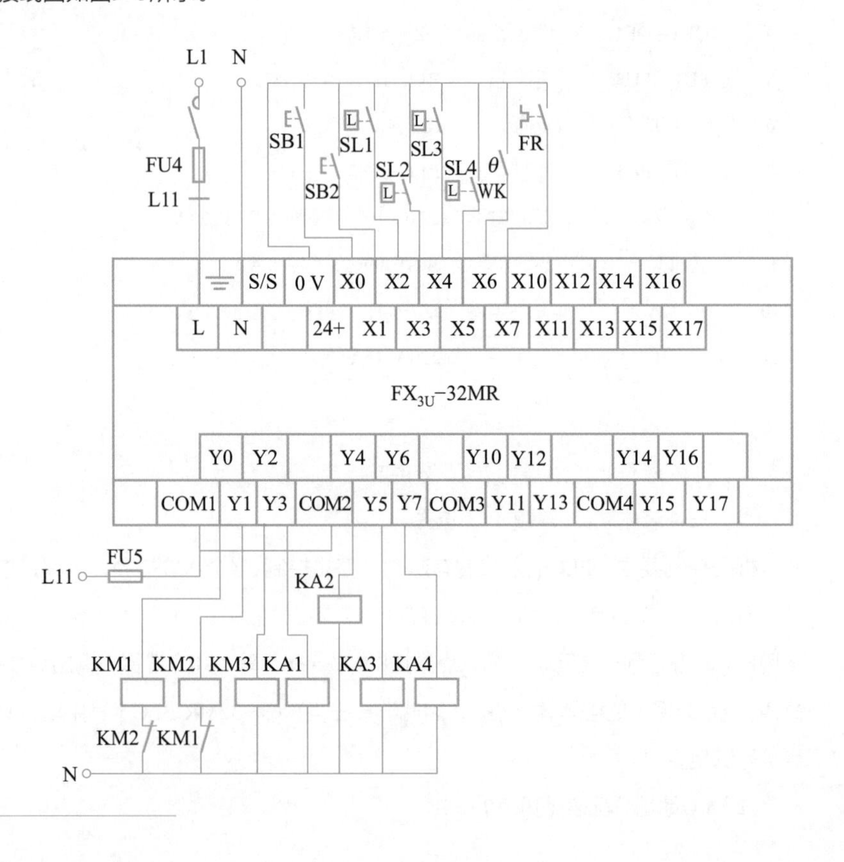

图 9-3
PLC 的 I/O 接线图

笔 记

5. 三种液体混合装置的PLC程序设计

（1）系统功能图的设计

三种液体混合系统控制是典型的步进顺序控制，功能图的设计用顺序控制设计，所设计梯形图程序直观简洁，根据要求设计控制功能图如图9-4所示，图中有一个并行顺序控制两个选择性顺序控制，图中的特殊辅助继电器M8002为初始化脉冲，PLC上电时S0～S31复位，并将S0置位，按下X1端停止按钮时，不论工作在哪一步，均需等到放液结束才能停止工作。

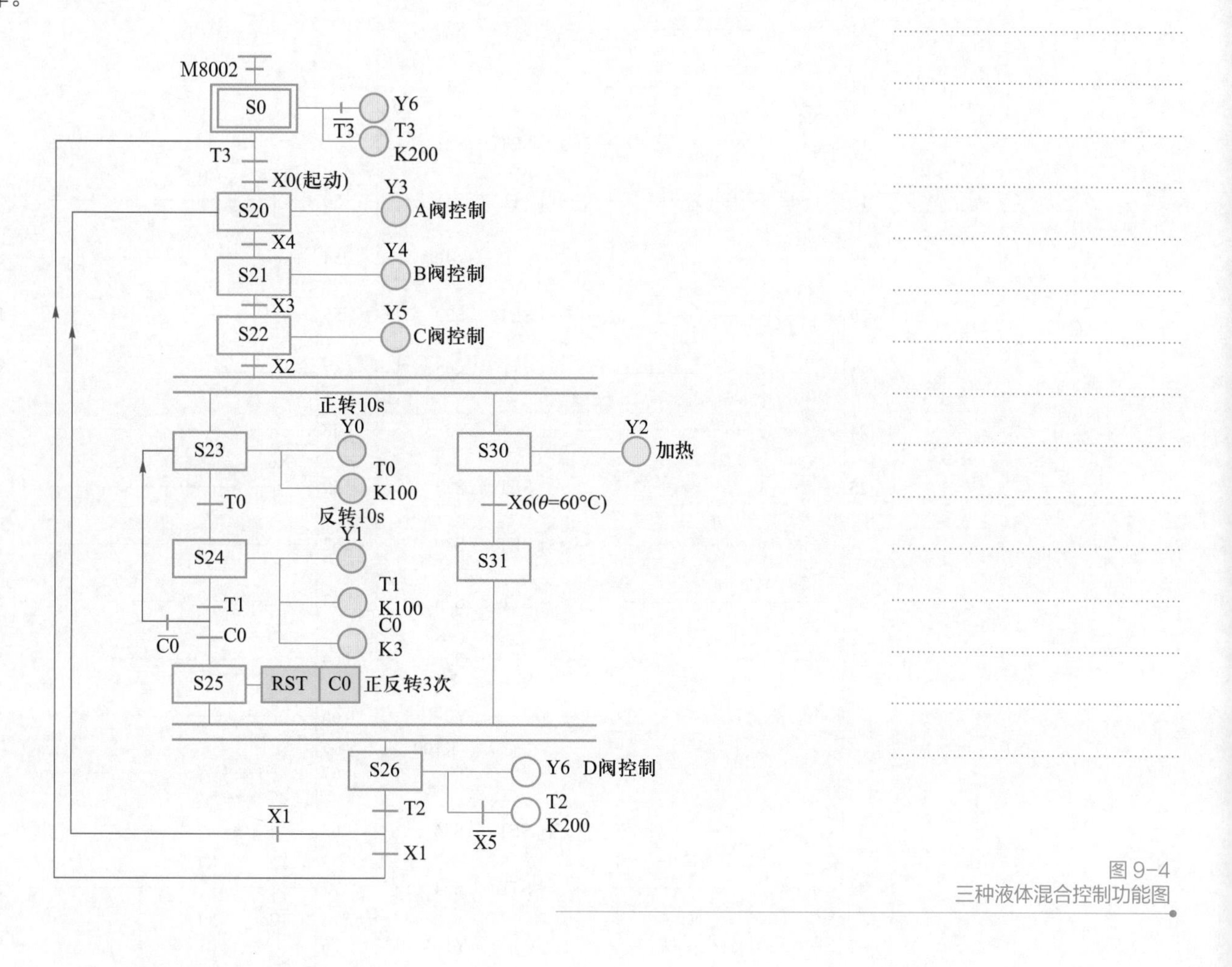

图9-4
三种液体混合控制功能图

（2）三种液体混合装置的梯形图设计

三种液体混合控制梯形图如图9-5所示。

6. 实训室进行调试

① PLC通电时，电源指示灯亮，将程序用PLC专用软件在计算机上装好（或用手持编程器编程），编辑好设计的程序，并检查无误后（注意用计算机软件编程时，CPU的工作状态开关设置在STOP状态），执行菜单中“PLC-写入”把程序写入PLC中。

② 将CPU开关设置在RUN状态，运行程序。

③ 用输入开关和输出指示灯检测程序控制功能。

笔 记

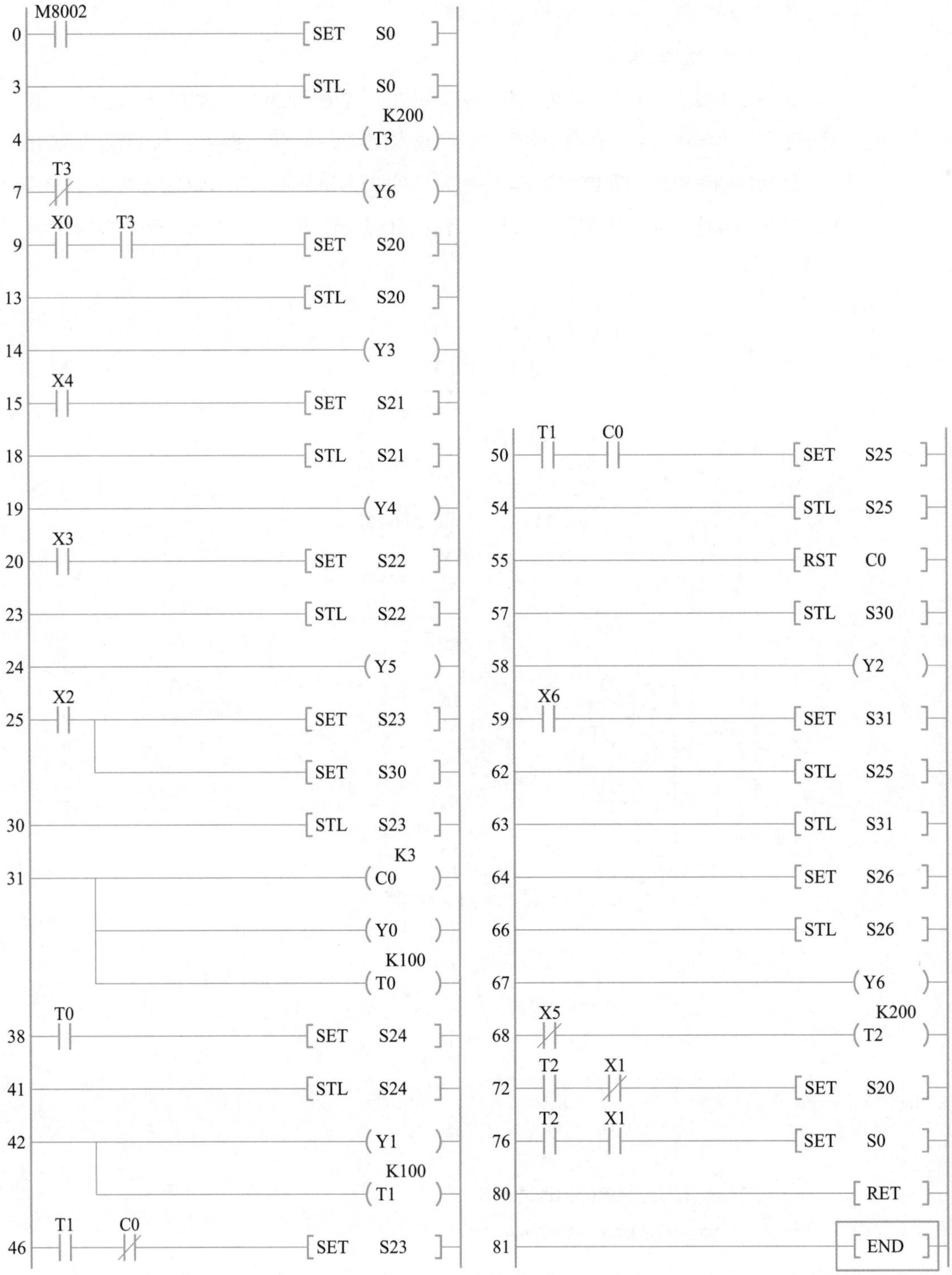

```
0   M8002 ─┤├─────────────[SET S0]
3   ──────────────────────[STL S0]
4   ──────────────────────(T3 K200)
7   T3 ─┤/├───────────────(Y6)
9   X0 ─┤├─ T3 ─┤├────────[SET S20]
13  ──────────────────────[STL S20]
14  ──────────────────────(Y3)
15  X4 ─┤├────────────────[SET S21]
18  ──────────────────────[STL S21]
19  ──────────────────────(Y4)
20  X3 ─┤├────────────────[SET S22]
23  ──────────────────────[STL S22]
24  ──────────────────────(Y5)
25  X2 ─┤├──┬─────────────[SET S23]
            └─────────────[SET S30]
30  ──────────────────────[STL S23]
31  ────────┬─────────────(C0 K3)
            ├─────────────(Y0)
            └─────────────(T0 K100)
38  T0 ─┤├────────────────[SET S24]
41  ──────────────────────[STL S24]
42  ────────┬─────────────(Y1)
            └─────────────(T1 K100)
46  T1 ─┤├─ C0 ─┤/├───────[SET S23]
50  T1 ─┤├─ C0 ─┤├────────[SET S25]
54  ──────────────────────[STL S25]
55  ──────────────────────[RST C0]
57  ──────────────────────[STL S30]
58  ──────────────────────(Y2)
59  X6 ─┤├────────────────[SET S31]
62  ──────────────────────[STL S25]
63  ──────────────────────[STL S31]
64  ──────────────────────[SET S26]
66  ──────────────────────[STL S26]
67  ──────────────────────(Y6)
68  X5 ─┤/├───────────────(T2 K200)
72  T2 ─┤├─ X1 ─┤/├───────[SET S20]
76  T2 ─┤├─ X1 ─┤├────────[SET S0]
80  ──────────────────────[RET]
81  ──────────────────────[END]
```

图 9-5
三种液体混合控制梯形图

a. 初始功能：Y6指示灯亮，表示D阀打开排空；20 s时Y6指示灯灭，表示D阀关闭，达到初始控制要求。

b. A液控制功能：当接通X0端开关时（或短接X0和COM），Y3指示灯亮，表示A阀打开，A液流入液体混合装置，再将X0端开关断开，Y3指示灯保持亮，表示A液继续流入液体混合装置。当接通X4端开关时，Y3指示灯灭，Y4指示灯亮，表示A阀关闭，B阀打开，B液

笔 记

流入液体混合装置，再将X4端开关断开，Y4指示灯保持亮，B液继续流入液体混合装置，达到A液控制要求。

c. B液控制功能：当接通X3端开关时，Y4指示灯灭，表示B阀关闭，Y5指示灯亮，表示C阀打开，C液流入液体混合装置，再将X3端开关断开，Y5指示灯保持亮，表示C液继续流入液体混合装置，达到B液控制要求。

d. C液控制功能：当接通X2端开关时，Y5指示灯灭，表示C阀关闭，Y0指示灯亮，表示搅匀电动机正转，Y2指示灯亮，表示电加热器工作，达到C液控制要求。

e. 搅匀电动机与加热功能：Y0、Y1指示灯轮流亮10 s，循环3次后全灭，表示搅匀电动机正、反转轮流工作10 s循环3次。当接通X6端开关时，Y2指示灯灭，表示电加热器加热温度达到设定值；Y6指示灯亮，表示D阀打开，混合液流出液体混合装置。当X5端开关接通且再延时20 s，Y6指示灯灭，表示混合液体流出到下限水位，D阀延时20 s关闭，如果未接通X1端开关，循环以上工作，达到电动机正、反搅拌混合液体和电加热混合液体温度的控制要求。

f. 待Y6指示灯灭后，如果接通X1端开关，回到初始状态，达到停止工作要求。

7. 三种液体混合装置的操作面板设计（如图 9-6 所示）

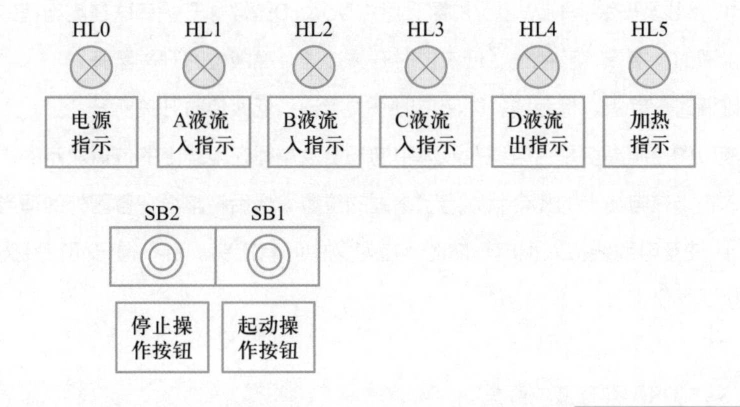

图 9-6
三种液体混合装置操作面板图

8. 整理完成课程设计报告

课程设计报告包括：封面、目录、课程设计题目、系统任务概述、控制要求、系统控制主电路设计和电气设备表、PLC选择和I/O分配表、PLC控制电路电气选择及控制电路图、PLC程序设计功能图、梯形图程序、指令表、运行结果分析、使用说明书、参考文献等。

9. 现场安装调试

① 选择安装电气控制柜（专门电气设备生产厂家制作）。

② 选择主电路导线连接设备（根据设备载流流量和距离及环境等）。

③ 检查电气设备的安装情况和检测电路连接正确与否。

④ 检查无误情况下通电运行调试。

⑤ 现场检测调试必须在确保安全的情况下进行。

10. 阅读材料

（A）浮球液位开关简介

浮球液位开关广泛应用于液位自动控制，下面介绍LV20浮子液位开关和UQX-D型电缆

图9-7
浮子液位开关

笔 记

浮球液位开关和UQK系列浮球液位开关

（1）LV20浮子液位开关

① 小型水平式浮子液位开关和小型垂直式浮子液位开关结构如图9-7所示。

此开关适用于简易、干净、非结层的液体，介质包括化学水和各种酸液。

② 特点：价格低廉，对纯净的、无结层的、悬浮液、小型储罐或储槽进行简便液位测量。提供立式或水平式两种组装以实现灵活安装；具有防腐蚀性的PP或PTA耐酸塑料外壳。

③ 安装接线：簧片开关输出可与PLC或继电器控制元件进行便捷接口，两引出线连在PLC的输入端和COM端或串联在控制电路中。

（2）UQX-D型电缆浮球液位开关

① 外形结构：该产品适用于生活污水池及生产废水池等容器的水位定点测量，主要包括浮漂体、设置在浮漂体内的大容量微动开关、驱动机构，以及与开关相连的三芯电缆。它性能稳定可靠，可与各种液泵配套，广泛用于给排水及含腐蚀性液体的液位自动控制。

② 特点：开关元件为微动开关，性能可靠、寿命长，具有无毒、耐腐蚀、安装方便价格低廉等。

③ 接线及安装：1 kW以上的泵，可将UQX-D型浮球开关串联在配电箱的控制电路中。

供液时，接黑、蓝色线，低液位时开关接通，高液位时开关断开；

排液时，接黑、棕色线，高液位时开关接通，低液位时开关断开。

液位的控制高度是由电缆在液体中的长度及重锤在电缆上的位置决定的。电缆从重锤一端穿入，卡在电缆上的扎带就限定了重锤的位置，最后将电缆在容器外的适当处固定。

④ 注意电缆线接入配电箱内时，应避免中间有接头。若不得已而有接头时绝不可将电缆线接头裸露。

注意：切勿撞击浮球。

（3）UQK型浮球液位开关

① 外形结构如图9-8所示。该系列开关适用于对各种容器内液体的液位控制，当液位到达上、下切换位置时，控制开关触发通断开关式信号。液位开关不适用于对不锈钢材质有较强腐蚀作用、具有导磁性的介质以及具有导磁性的介质场合。

图9-8
UQK型浮球液位开关

② UQK型浮球液位开关结构原理如图9-9所示。控制器由浮筒组与触头组两大部分组成。当被测液位升高或降低时，浮筒随之升降，其端部的磁钢上下摆动，通过磁力排斥安装在外壳内相同磁极的磁钢上下摆动。另一端的触头便在静触头1-1及2-2间连通或断开，随即在电路中的信号装置发出光或声的信号，或起闭电动泵供液或收液。由不锈钢制成的浮筒及部件，具有较好的耐腐蚀性，控制器的浮筒动作部分与触头组是隔离的，因此避免了一般液位继电，容易渗漏的缺陷。

笔记

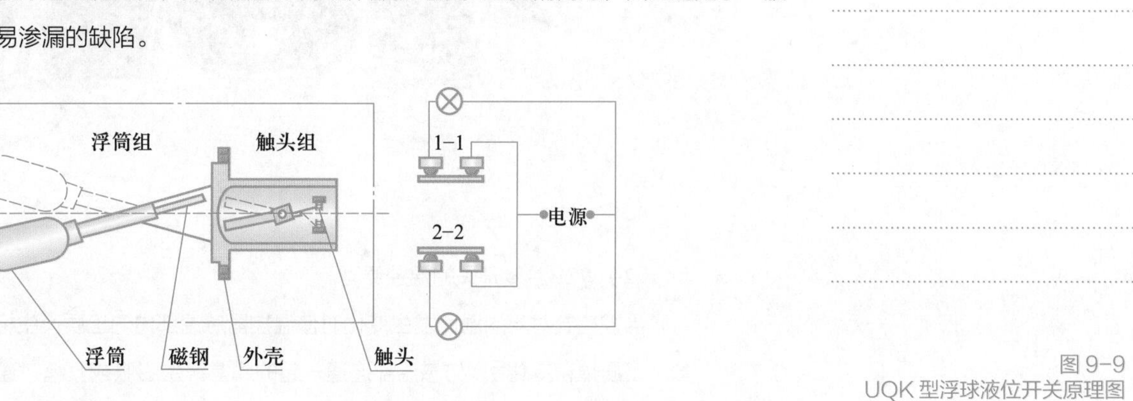

图 9-9
UQK 型浮球液位开关原理图

③ 安装注意事项。

UQK型浮球液位开关安装示意图如图9-10所示。

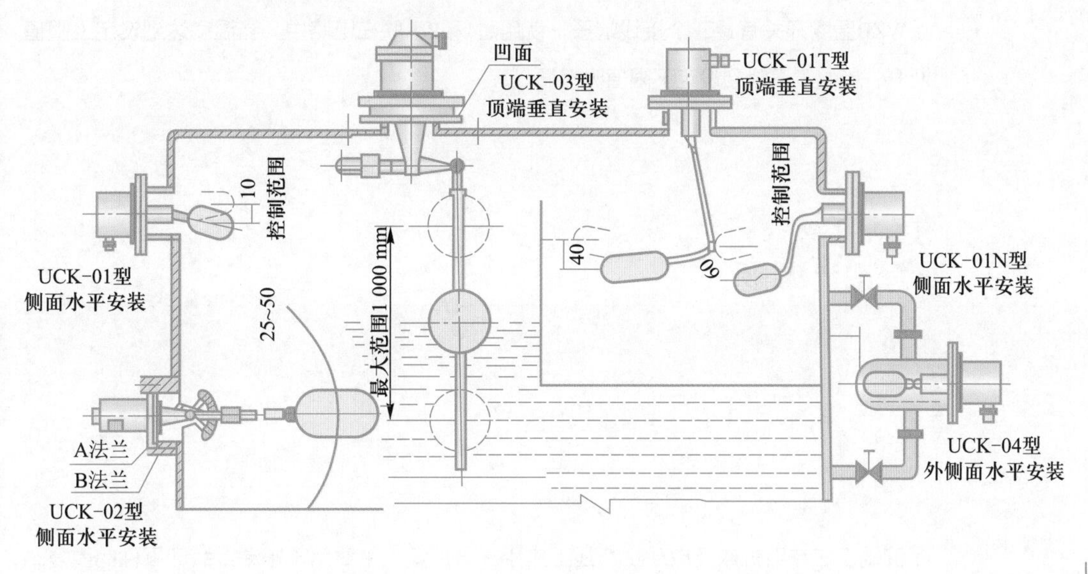

图 9-10
UQK 型浮球液位开关安装示意图

a. 安装时注意螺栓孔方位，用户自配凹面法兰。

b. 接线应采用外径10 mm五芯橡皮电缆，所有接线端子应连接可靠，出线螺帽，要妥善压紧，以防引线松脱。

c. 操作时应严格遵守电气设备使用规程，确保安全。

d. 被测介质液面的波动频率不能太大，并不应含有导磁杂质。

e. 触点容量均为阻性负载，如用非阻性负载，要用中间继电器转换。

（B）WZB温度开关简介

（1）WZB温度开关外形和技术指标

WZB温度开关外形图如图9-11所示，它适用于使用温度控制的任何场合和设备温控范围：50～300 ℃触点容量：AC 220 V，16 A（阻性）；传感器线长：150 cm左右。

图 9-11
WZB 温度开关外形图

（2）WZB温度开关的温控原理

当被控制对象的温度发生变化时使温控器感温部内的工质产生相应的热胀冷缩的物理现象（工质体积变化），与感温部连通一起的膜盒产生膨胀或收缩。通过杠杆原理，带动开关通断动作，达到恒温目的。WZ系列液胀式温控器具有控温准确，稳定可靠，开停温差小，控温调节范围大，过载电流大等特点。

（3）接线端子

WZB温度开关有1和P个接线端子，使用时1和P串联在电路中，当温度达到设定上限值时断开，当温度下降到设定下限值时接通。

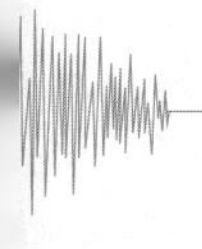

9.2　课程设计课题

课题 1：机械手 PLC 控制系统设计

1. 机械手结构、动作与控制要求

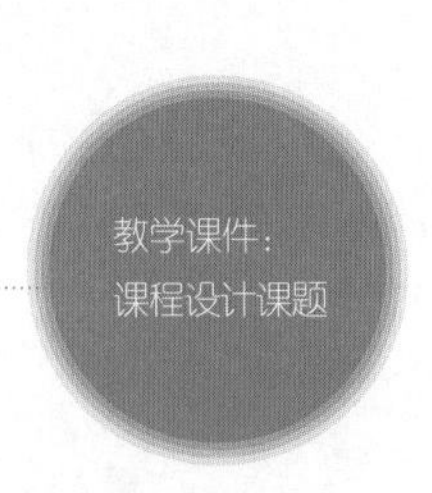

教学课件：
课程设计课题

机械手在专用机床及自动生产线上应用十分广泛，主要用于搬动或装卸零件的重复动作，以实现生产自动化。本设计中的机械手采用关节式结构。各动作由液压驱动，并由电磁阀控制。动作顺序及各动作时间的间隔采用按时间原则控制的电气控制系统。

机械手的外形与料架的配置如图9-12所示，主要由手指1、手腕2、小臂3和大臂5等几分部组成。料架6为旋转式，由料盘和棘轮机构组成。每次转动一定角度（由工件数决定）以保证待加工零件4对准机械手。

机械手各动作与相应电磁阀动作关系如表9-3所示。

机械手

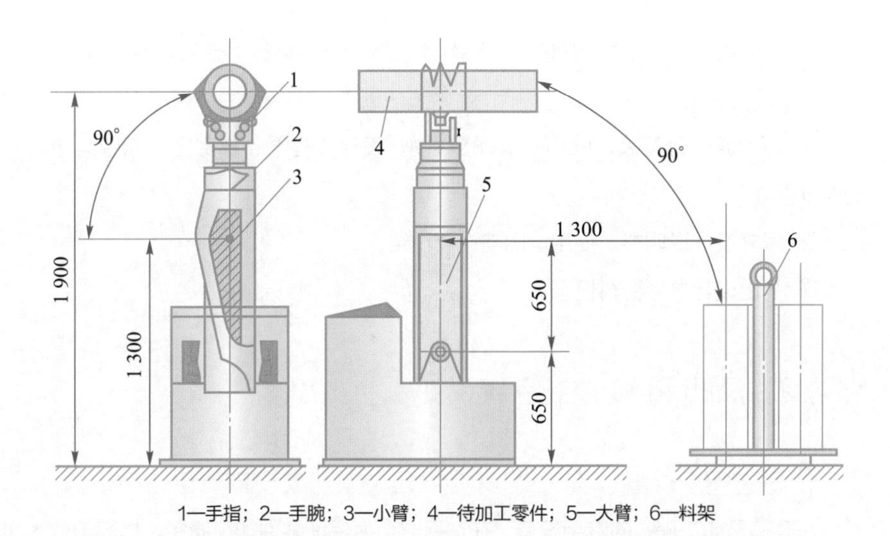

1—手指；2—手腕；3—小臂；4—待加工零件；5—大臂；6—料架

图 9-12
机械手的外形与料架的配置

表 9-3 机械手各动作与相应电磁阀动作关系

		YV1	YV2	YV3	YV4	YV5	YV6	YV7	YV8	YV9	YV10	YV11
手指的夹紧与放松	夹紧	+										
	放松		+									
手腕横向移动	左移			+								
	右移				+							
小臂的伸缩	伸					+						
	缩						+					
小臂上下摆动	上摆							+				
	下摆								+			
大臂上下摆动	上摆									+		
	下摆										+	
料架转动												+

以镗孔专用机床加工零件的上料、下料为例，机械手的动作顺序是：由原始位置将已加工好的工件卸下，放回料架，料架转过一定角度后，再将未加工零件拿起，送到加工位置，等待镗孔加工结束，再将加工完毕工件放回料架，如此重复循环。

具体动作顺序是：

原始位置（装好工件等待加工位置，其状态是大手臂竖立，小手臂伸出并处于水平位置，手腕横移向右，手指松开）→手指夹紧（抓住卡盘上的工件）→松卡盘→手腕左移（从卡盘上卸下已加工好的工件）→小手臂上摆→大手臂下摆→手指松开（工件放回料架）→小手臂收缩→料架转位→小手臂伸出→手指夹紧（抓住未加工零件）→大手臂上摆（取送零件）→小手臂下摆→手腕右移（将工件装到机床的主轴卡盘中）→卡盘收紧→手指松开，等待加工。

根据表9-3及各动作中机械的状态，便可自行列出各动作中对YV1～YV11线圈的通电要求。

2. 设计要求

① 加工中上料、下料各动作采用自动循环。

② 各动作之间应有一定的延时（由时间继电器调定）。

③ 机械手各部分应能单独动作，以便于调整及维修。

笔 记

④ 油泵电动机（采用Y100L2-4.3 kW）及各电磁阀运行状态应有指示。

3. 设计任务

① I/O通道分配表、PLC的I/O接线图、设计流程图、梯形图、指令语句表、操作板面布置图。

② 编制设计说明书、使用说明与设计小结。

③ 列出设计参考资料目录。

课题 2：深孔 PLC 控制系统设计

1. 设备概况介绍

深孔钻是加工深孔的专用设备。在钻孔时，为保证零件加工质量，提高工效，加工中钻头冷却和定时排屑是需要解决的主要问题。设备通过液压、电气控制的密切配合，实现定时自动排屑。为提高加工效率，液压系统通过电磁阀控制，使主轴有快进、慢进和工进等几种运动速度。图9-13是它的工作循环图。

液压泵电动机选用Y100L2-4，容量为3 kW。主轴电动机为Y100L-6，容量为1.5 kW。电磁阀采用直流24 V电源。表9-4列出了电磁阀动作节拍表。

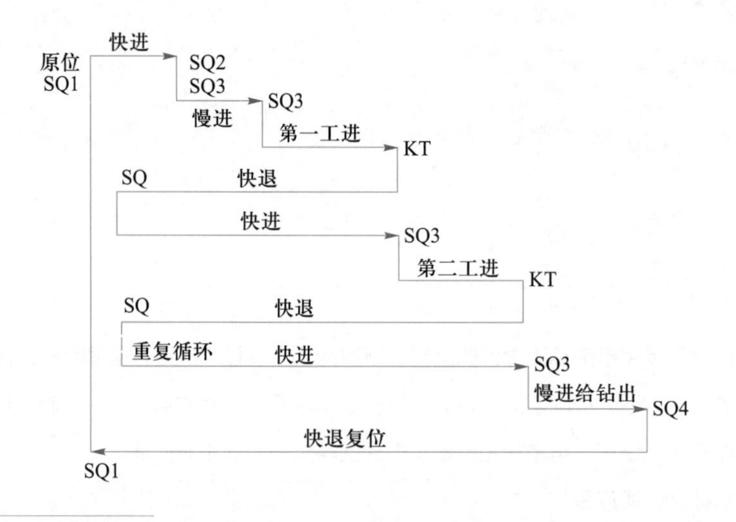

图 9-13
深孔钻工作循环图

表 9-4　电磁阀动作节拍表

电磁阀	快进	慢进	一工进	快退	快进	二工进	快退	快进	慢进钻出	快退复位
YV1	+	+	+		+	+		+	+	
YV2		+							+	
YV3		+	+			+			+	
YV4				+			+			+

图9-14是深孔钻的结构示意图。

其动作原理是：

① 原位：原位时，原位挡铁2压着原位行程开关SQ1，慢进给挡铁4支承在向前挡铁3上，终点复位挡铁8被拉杆9顶住。

② 快速前进：当发出起动信号，电磁阀YV1通电，三位五通换向阀右移，主轴快速前进，带着拉杆1及拉杆1上可滑动的工作进给挡铁5一起前进。

③ 慢进给。当快进到慢进给挡铁4压下SQ2，导致电磁阀YV2通电，与此同时，工作进给挡铁5也压下SQ3，使YV3通电，这样YV1、YV2、YV3均得电，于是主轴转为慢进给，并带着拉杆1及工作进给挡铁5同时慢进。此时，主轴电动机自动起动。

④ 工作进给。当慢进到工作进给挡铁5顶在死挡铁10上时，挡铁5不再前进。但由于拉杆1被主轴带着继续前进，于是工作进给挡铁5在拉杆上滑动，同时向前挡铁3将离开慢进给挡铁4，使SQ2松开，YV2断电。主轴转为正常工作进给速度加工（第一工进）。

⑤ 快退排屑。由时间继电器控制工作进给时间，由它发出信号，使YV1、YV3断电，同时接通YV4，使主轴快退排屑，在主轴带动下，拉杆1及工作进给挡铁5一起后退。

⑥ 再次快速前进。当快退到向前挡铁3压下原位开关SQ1时，YV4断电，并使YV1再次得电，主轴快进，但由于第一次工进时，已使工作进给挡铁5在拉杆1上后移一段距离（正好等于钻孔深度），所以慢进给挡铁4离开向前挡铁3，SQ2不会受压，因而快进不会转为慢进，而是一直快进到工作进给挡铁5顶在死挡铁10上。

笔 记

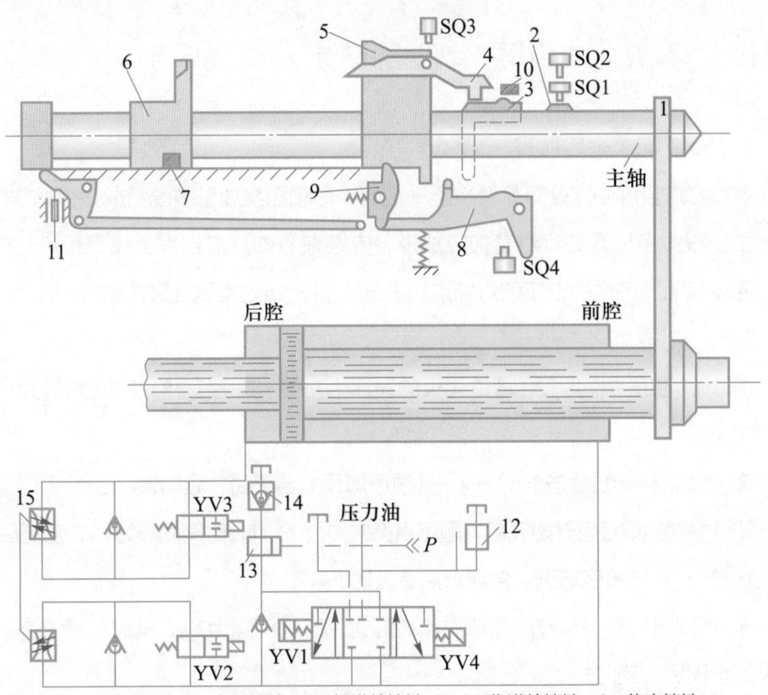

1—拉杆；2—原位挡铁；3—向前挡铁；4—慢进给挡铁；5—工作进给挡铁；6—终点挡铁；7—终点螺钉；8—终点复位挡铁；9—杠杆；10—死挡铁；11—复位推杆；12—安全阀；13—程序阀；14—反压阀；15—节流阀

图 9-14
深孔钻的结构示意图

笔 记

⑦ 重复进给。工作进给挡铁5再次压下SQ3，YV3又得电，转为工进（从上次钻孔深度处开始），由时间继电器控制进给时间，后又转为快退排屑，如此多次循环。

⑧ 慢进给钻出。每工进一次，工作进给挡铁5就在拉杆1上后移一段距离，经多次重复，使工作进给挡铁5逐渐向终点挡铁6靠拢，然后由终点挡铁6之凸块拨转慢进给挡铁4，使SQ2受压，主轴慢进给钻出，到达终点，并推动杠杆9，放开终点复位挡铁8，并压下SQ4，使YV1断电，YV4得电，主轴快退。

⑨ 复位。工作进给挡铁5后退一段距离，即被终点复位挡铁8钩住，使其沿拉杆1向前滑动，直到向前挡铁3通过SQ1（因SQ4受压，故压下SQ1不起作用），并顶开终点复位挡铁8，从而放开工作进给挡铁5和SQ4，终点复位挡铁8由杠杆9顶住，原位挡铁2压下SQ1，YV4断电，主轴停止后退，恢复原位。

在加工过程中，若出现故障，可按停止按钮，使主轴停止进给，然后再按动力头上的复位推杆11，拨动终点复位挡铁8，使SQ4受压发出快退复位指令，从而恢复到起始状态。

2. 设计要求

① 在工件夹紧及液压泵起动后，按下起动按钮，开始钻孔并能自动完成半自动循环。

② 主轴电动机在第一次快进时自动起动，加工完成，退回原位时自动停止。

③ 具有可靠的联锁、保护环节和必要的动作显示。

④ 具有点动调整环节，包括主轴电动机的起停、快退、慢进、工进等点动控制。

3. 设计任务（同课题1）

课题3：霓虹灯广告屏控制器的设计

1. 霓虹灯广告屏概述

霓虹灯广告屏由霓虹灯灯管按照一定的字形和图案加工装配而成，根据字形和图案的不同，由一根或多根霓虹灯灯管加热成形，安装在霓虹灯广告屏上，每根灯管连接一个起动器，通过起动器产生高电压使灯管点燃发光。图9-15为某霓虹灯广告屏分布图。

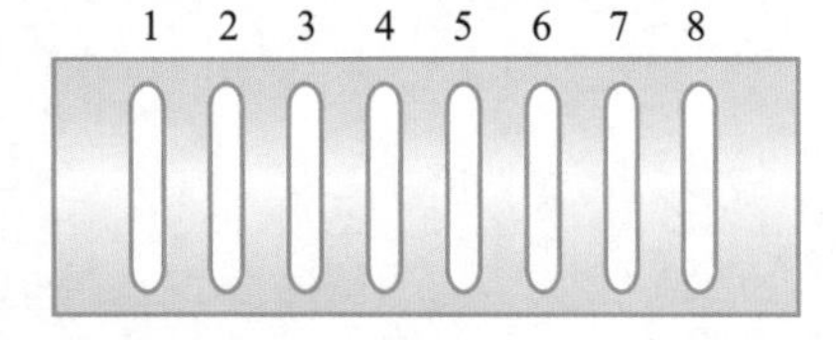

图9-15
霓虹灯广告屏分布图

2. 控制要求

① 该广告屏中间8个灯管，亮灭的时序为1→2→3→…→8，时间间隔为1 s，全亮后，显示10 s。

② 全亮显示10 s后按8→7→…→1顺序熄灭。全灭后，延时2 s。

③ 再从第8根灯管开始亮起，顺序点亮7→6→…→1，时间间隔为1 s，全亮后，显示20 s，再从1→2→…→8顺序熄灭。全熄灭后，延时2 s。

④ 再按照1→3→5→7顺序依次点亮灯管，时间间隔为2 s，延时5 s后按7→5→3→1顺序熄灭。全灭后，延时2 s。

⑤ 再按照2→4→6→8顺序依次点亮灯管，时间间隔为2 s，延时5 s后按8→6→4→2顺序熄灭。全灭后，延时2 s。

⑥ 重复以上要求工作。

⑦ 要求用一个按钮控制起动和停止。

⑧ 要求工作时间从晚19：00—次日6：00自动工作和停止工作。

3. 设计任务（同课题1）

课题4：自动售货机的PLC控制

1. 自动售货机概述

图9-16所示为自动售货机示意图，在自动售货机内部有两套液体控制装置，每套液体控制装置由液体储存罐和电磁阀门组成，液体储存罐中装入汽水和咖啡，由电磁阀门控制液体的流出，当电磁阀门线圈通电时液体流出。自动售货机内部的纸币识别装置由三个纸币检测传感器组成，用来检测1元、5元、10元纸币，传感器输出为开关信号，自动售货机核心控制装置是PLC，其内部还有退币和找零装置。

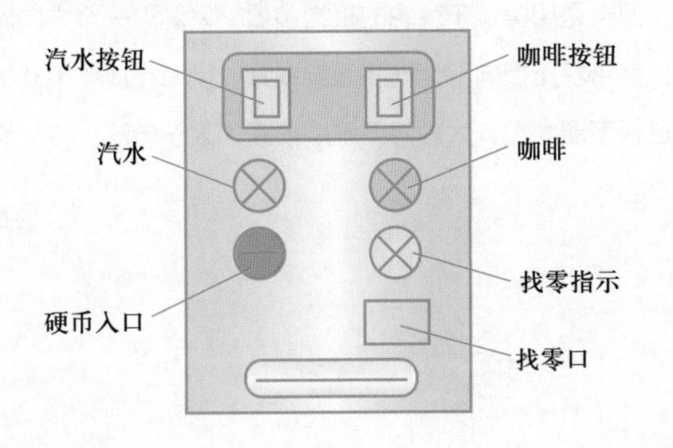

图9-16
自动售货机示意图

笔 记

2. 控制要求

① 此售货机可投入1元、5元或10元纸币。

② 当投入的纸币总值超过12元时，汽水按钮指示灯亮；当投入的纸币总值超过15元时，汽水及咖啡按钮指示灯都亮。

③ 当汽水按钮灯亮时，按汽水按钮，则汽水排出，7 s后自动停止，这段时间内，汽水指示灯闪动。

④ 当咖啡按钮灯亮时，按咖啡按钮，则咖啡排出，7 s后自动停止，这段时间内，咖啡指示灯闪动。

⑤ 若投入纸币总值超过按钮所需的钱数（汽水12元，咖啡15元）时，找钱指示灯亮，表示找钱动作，并退出多余的钱。

3. 设计任务（同课题1）

课题5：数控机床润滑系统和电动刀架换刀系统控制

1. 系统简介

数控车床的润滑系统主要包括机床导轨、传动齿轮、滚珠丝杠及主轴箱等的润滑，其形式有电动间歇润滑泵和定量式集中润滑泵等，电动间歇润滑泵用得较多。其自动润滑时间和

笔 记

每次泵油量可根据润滑要求进行调整或用参数设定。润滑系统在油泵电机作用下把油箱中润滑油通过密封油路输送到机床导轨、传动齿轮、滚珠丝杠及主轴箱等润滑部件，起冷却润滑作用，并由油路压力检测开关检测油路压力是否正常，由油位开关检测油箱中润滑油是否不足。

如图9-17所示，数控机床6刀位电动换刀系统主要包括刀架电动机、刀架座、刀台、联轴器和蜗杆轴、涡轮丝杠、换刀位霍尔传感器等。其换刀过程为当数控装置发出换刀指令后，刀架电动机与刀架内蜗杆相连，刀架电动机转动时与蜗杆配套的涡轮转动，此涡轮与一条丝杠为一体（称为“涡轮丝杠”），当丝杠转动时会上升（与丝杠旋合的螺母与刀架是一体的，当松开时刀架不动作，所以丝杠会上升），丝杠上升后使位于丝杠上端的压板上升即松开刀架；刀架松开后，丝杠继续转动刀架在摩擦力的作用下与丝杠一起转动即换刀；在刀架的每一个刀位上有一个霍尔传感器，当转到系统所需的刀位时，传感器发出信号，刀架电动机开始反转。刀架是用类似于棘轮的机构装置，只能沿一个方向旋转，当丝杠反转时刀架不能动作，丝杠就带着压板向下运动将刀架锁紧，换刀完成（电动机的反转时间是系统参数设定的，不能过长不能太短，太短刀架不能锁紧，太长电动机容易烧坏）。

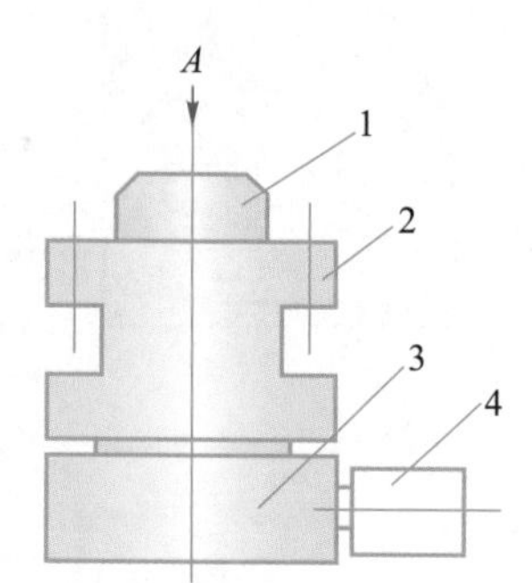

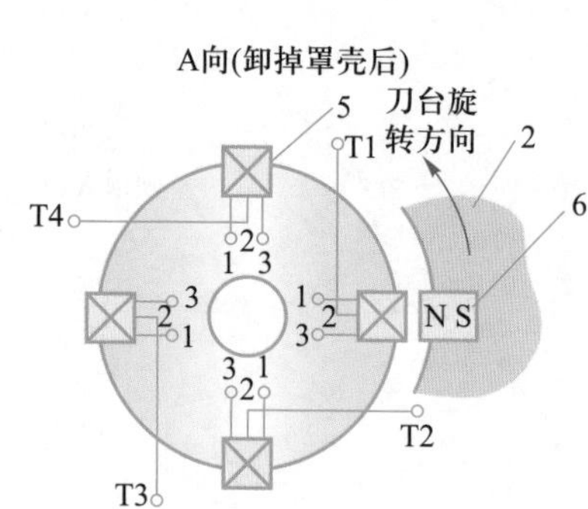

1—罩壳；2—刀台；3—刀架；4—刀架电动机；5—霍尔开关；6—永久磁铁；1端—DC24V电源；2端—OUT；3端—GND；T1—1SQ1；T2—2（SQ2）；T3—3（SQ3）；T4—4（SQ4）

图9-17
刀架结构原理图

2. 控制要求

① 油泵电动机为单向断续运转控制，功率为120 W，额定转速为1 440 r/m，按下起动按钮时，油泵电动机工作15 s后停止25 min，周期性工作。

② 当润滑油路出现泄漏或压力开关失灵时，油泵电动机停止工作，润滑故障报警指示灯以0.5 s周期闪烁。

③ 当润滑油不足或电动机过载时，断开电动机并且报警。

④ 手动换刀：当短促或长时间按手动换刀按钮时，刀架正转到相邻的一个工位或刀架正转一直保持到按钮松开，当工位检测霍尔传感器检测到刀架旋转到该工位时，刀架正转停止。

⑤ 自动换刀：对零件加工程序正转控制，当零件加工程序T1正转信号接通后，刀架正转一直保持到刀位与程序编码T1相等时，且当工位检测霍尔传感器检测到刀架旋转到该工位时，刀架正转停止；对零件加工程序反转控制，当零件加工程序T2反转信号接通后，刀架反转一直保持到刀位与程序编码T2相等时，且当工位检测霍尔传感器检测到刀架旋转到该工位时，刀架反转停止。

笔 记

⑥ 当手动换刀、自动换刀控制时间超过100 s时为换刀故障，换刀故障指示灯以1 s周期闪烁报警。

3. 设计任务（同课题1）

课题6：燃煤锅炉水循环供热系统PLC控制

1. 系统简介

燃煤锅炉水循环供热控制系统图如图9-18所示，主要由锅炉、循环水泵、补水泵、上煤机、推排机、除渣机等组成。系统的温度和压力由温度、压力传感器检测（分别安装在出水管道和回水管道上，另有补水压力传感器）。在系统运行过程中循环水泵、推排机、引风机、鼓风机、除渣机为连续工作，上煤机和补水泵为断续工作。上煤机为人工控制上料斗和下料斗，补水泵根据系统压力的大小工作和停止，推排机根据需要设置不同的运行时间和停止时间。

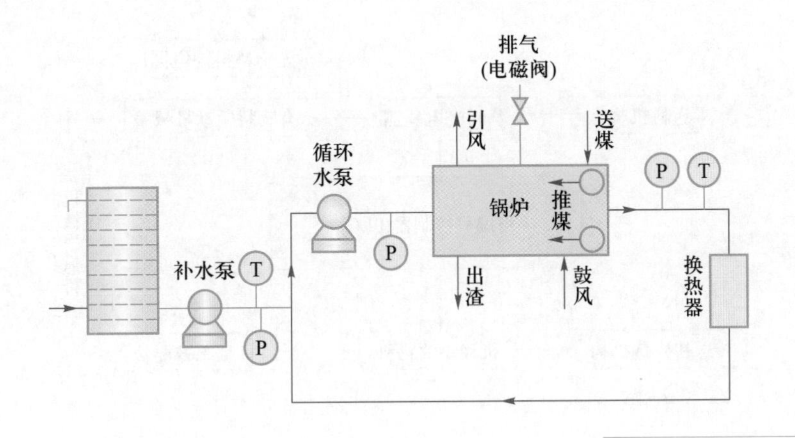

图9-18
燃煤锅炉水循环供热系统图

2. 控制要求

① 循环水泵电动机两台（一备一用）30 kW，1 440 r/min，380 V，采用Y-Δ降压起动控制，单向连续运转。

② 引风机电动机30 kW，1 440 r/min，380 V，采用Y-Δ降压起动。

③ 鼓风机电动机7 kW，1 440 r/min，380 V直接起动。

④ 引风机起动10 s后鼓风机起动，停机时鼓风机停机6 s后引风机才能停止运行。

⑤ 补水泵电动机2台（一备一用）4 kW，2 940 r/min，380 V。当系统压力小于4.15个大气压时工作，当系统压力达到4.2个大气压时停止工作（用压力开关控制有压力表指示，安装在出水管出口处）。

⑥ 上煤机电动机（1.7 kW，1 440 r/min，380 V）为手动控制正反转断续运行，当按下正转起动按钮时，煤斗上行到卸料位置卸料；当按下反转起动按钮时，煤斗下行到开始位置。

⑦ 推排机电动机工作时间可设定为10 s、20 s、1 min，运行停止时间均为20 s，分别由两个开关控制。按下起动按钮时开始工作，按下停止按钮时停止工作（推排机电动机1.7 kW，380 V，1 440 r/min，通过连杆曲轴减速机构使炉排平动）。

笔 记

⑧ 除渣机电动机（1.7 kW，1 440 r/min，380 V）为单向连续工作。

⑨ 当系统出水压力达到5.2个大气压时，排气阀打开，排气降温并报警。

⑩ 用一个温度传感器和压力传感器检测出水口温度和压力，并运用八位A/D和D/A模块控制。当出水度温度小于60 ℃时黄灯亮，60～70℃时绿灯亮，70℃以上时红灯亮。当压力小于等于3.5个大气压时输出3 V电压信号，当压力大于3.5个大气压小于4.2个大气压时输出5 V电压信号，当压力大于4.2个大气压时输出10 V电压信号。

3. 设计任务（同课题1）

课题7：光机电一体化自动控制装置PLC控制

1. 光机电一体化自动控制系统组成与工作流程

光机电一体化装置主要由物料传送机、搬运机械手、皮带输送机、物件分拣机构和各种传感器、警示灯和气动电磁阀等组成。工作流程如图9-19所示。

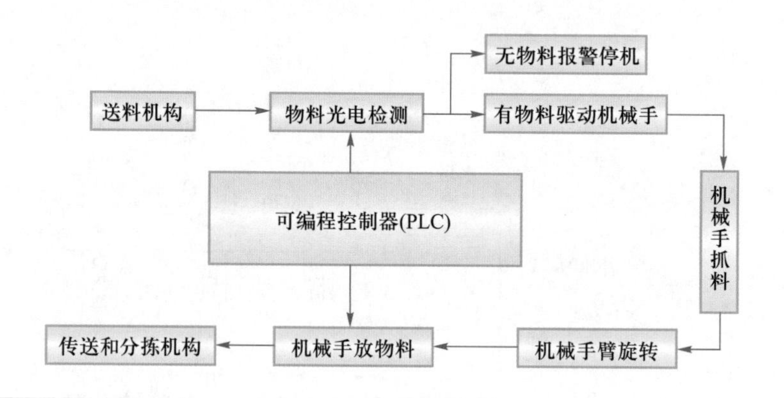

图9-19
光机电一体化装置工作流程

2. 机构组成及控制要求

（1）物料传送机构组成、功能与控制要求

① 光机电一体化自动控制机构主要组成如图9-20所示，由送料盘、光电传感器、存放料台、安装支架等组成。

② 光机电一体化自动控制装置机构功能：主要完成将工件依次送至存放料台上，没有工件时，报警装置发出告警声音，放入工件后告警声音自动停止。

光电传感器：物料检测为光电漫反射型传感器，料盘电动机旋转将物料送出，有物料时为PLC提供一个输入信号。

直流减速电动机：控制物料盘内部页扇的转动，存放料台有物料时，电动机停止。（直流24 V，50 W，6 r/min电动机）。

安装支架：用于安装物料盘和直流减速电动机。

警示灯：在设备停止时指示红色，在设备运行是指示绿色。

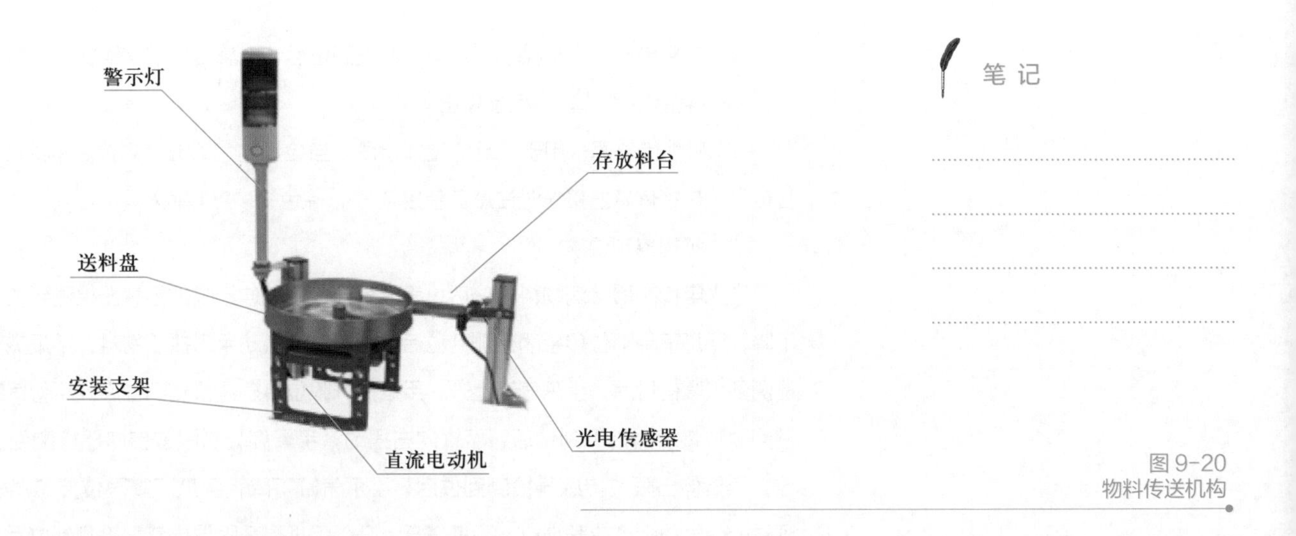

图 9-20
物料传送机构

③ 光机电一体化自动控制机构控制要求。

按动起动按钮，送料盘电机开始旋转，当送料检测光电传感器检测到有工件时，电动机停止；若送料盘电动机旋转4 s后，物料检测光电传感器仍未检测到物料，则说明送料盘已经无物料，这时停机并报警，放入物料后告警声音自动停止。

搬运机械手机构组成图如图9-21所示。

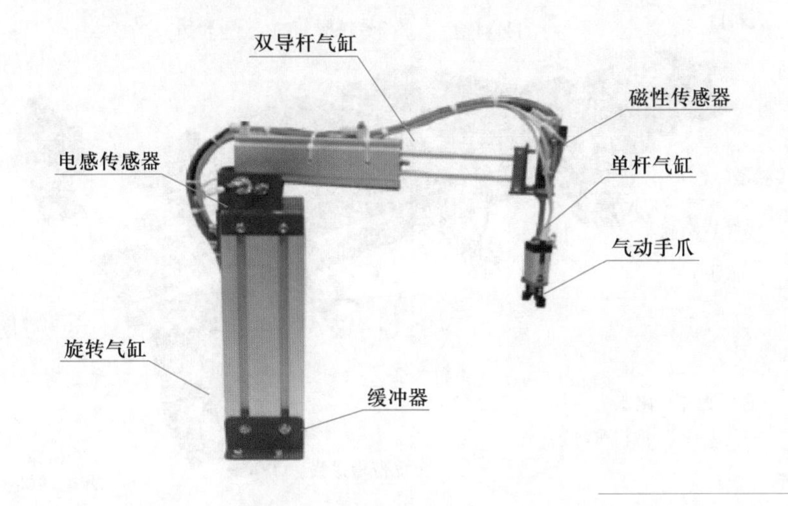

图 9-21
搬运机械手机构组成图

机构组成：搬运机械手机构由气动手爪、单杆气缸、双导杆气缸、旋转气缸、电感传感器、磁性传感器、缓冲器、多种类型电磁阀组成。

机构功能：机构主要完成通过气动机械手手臂前伸，前臂下降，气动手指夹紧物料，前臂上升，手臂缩回，手臂摆台右摆，手臂前伸，前臂下降，手爪松开将物料放入料口，机械手返回原位，等待下一个物料到位，重复上面的动作。

（a）气动手爪：完成工件的抓取动作，由双向电控阀控制，手爪夹紧时磁性传感器有信号输出，磁性开关指示灯亮。

（b）双导杆气缸：控制机械手臂伸出、缩回，由双向电控气阀控制。

（c）旋转气缸：控制机械手的左、右摆动，由双向电控气阀控制。

（d）单杆气缸：控制气动手爪的提升、下降，由双向电控气阀控制。

笔 记

（e）电感传感器：机械手臂左摆或右摆到位后，电感传感器信号输出（接线注意：棕色接“+”、蓝色接“-”、黑色接输出）。

（f）磁性传感器：用于气缸的位置检测。当检测到气缸准确到位后将给PLC发出一个到位信号（磁性传感器接线时注意蓝色接“-”，棕色接“PLC输入端”）。

（2）机构控制要求

当光电传感器检测物料到位后，手臂前伸，手臂伸出限位传感器检测到位后，手爪气缸下降，手爪下降限位传感器检测到位后，延时0.5 s气动手爪抓取物料；手爪夹紧限位传感器检测到夹紧信号后，手爪气缸上升，手爪提升限位传感器检测到位后，手臂气缸缩回；手臂缩回限位传感器检测到位后，手臂向右摆动，手臂旋转右限位传感器检测到位后，手臂前伸，手臂伸出限位传感器检测到位后，手爪气缸下降，手爪下降限位传感器检测到位后，延时0.5 s气动手爪放开物料，手爪气缸上升，手爪提升限位传感器检测到位后，手臂气缸缩回；手臂缩回限位传感器检测到位后，手臂向左摆动，等待下一个物料到位，重复上面的动作，在分拣气缸完成分拣后，再将物料放入输送线上。

3. 皮带输送与分拣机构组成、功能与控制要求

皮带输送与分拣机构构成图如图9-22所示。

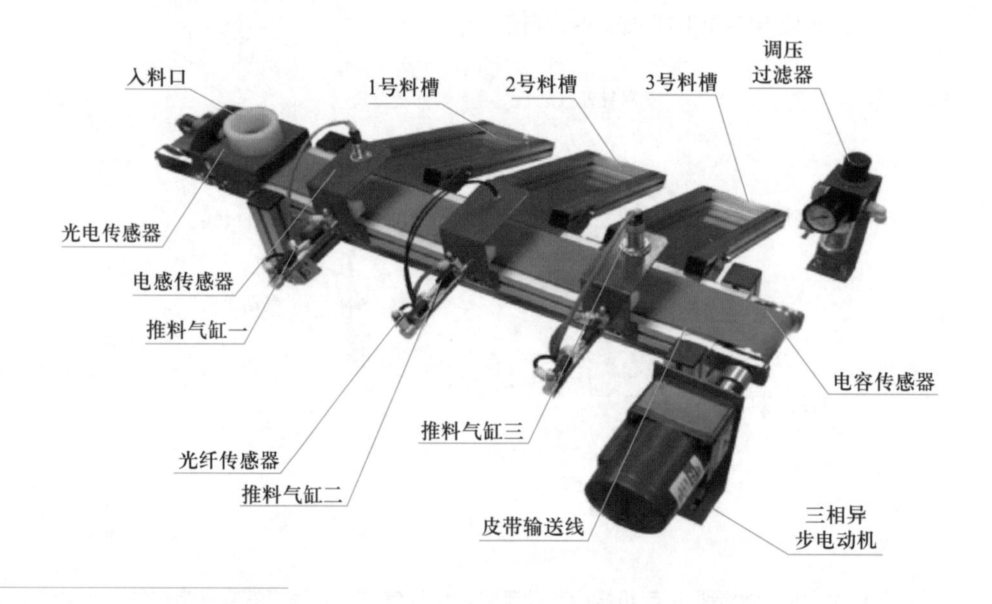

图9-22
皮带输送与分拣机构构成图

（1）机构组成

机构由直线皮带输送线、物料槽、单杆气缸、三相异步电动机、磁性传感器、光电传感器、电感传感器、光纤传感器、电容传感器及电磁阀等组成。

（2）机构功能

主要完成通过传感器检测实现物料的分拣任务，各部件功能如下：

① 光电传感器：当有物料到放入时，给PLC一个输入信号（接线注意棕色接“+”、蓝色接“-”、黑色接输出）。

② 入料口：物料入料位置定位。

③ 电感式传感器：检测金属材料，检测距离为2～5 mm（接线注意棕色接“+”、蓝色

笔 记

接“-”、黑色接输出）。光纤传感器：用于检测非金属的白色物料，检测距离为3～8 mm，通过传感器放大器的电位器可调（接线注意棕色接“+”、蓝色接“-”、黑色接输出）。

④ 电容式传感器：用于检测非金属，检测距离为3～8 mm，通过传感器顶端电位器可调（接线注意棕色接“+”、蓝色接“-”、黑色接输出）。

⑤ 1号料槽：对物料进行分拣时，用于放置金属物料。

⑥ 2号料槽：对白色尼龙和黑色尼龙进行分拣时，用于放置白色尼龙。

⑦ 3号料槽：对白色尼龙和黑色尼龙进行分拣时，用于放置黑色尼龙。

⑧ 分拣单杆气缸：将物料推入料槽，由单向电控气阀控制。

⑨ 三相交流异步电动机：380 V，50 W，输出轴转速40 r/min。

（3）机构控制要求

当入料口光电传感器检测到物料时，变频器接收起动信号，三相交流异步电动机以正转运行，皮带开始输送工件，当料槽一到位检测传感器检测到金属物料时，三相交流异步电动机停止运行，推料一气缸动作，将金属物料推入一号料槽，推料一伸出限位传感器检测到位后，气缸缩回，推料一缩回限位传感器检测到位；当料槽二到位检测传感器检测到白色物料时，三相交流异步电动机停止运行，推料二气缸动作，将白色物料推入二号料槽，推料二伸出限位传感器检测到位后，气缸缩回，推料二缩回限位传感器检测到位；当料槽三到位检测传感器检测到黑色物料时，三相交流异步电动机停止运行，推料三气缸动作，将黑色物料推入三号料槽，推料三伸出限位传感器检测到位后，气缸缩回，推料三缩回限位传感器检测到位。

4. 起动、停止、警示控制要求

① 点动起动按钮后系统自动复位，警示绿灯亮、放入工件后设备开始运行，不得人为干预执行机构，以免影响设备正常运行。

② 按停止按钮，所有部件停止工作复位到初始状态，同时停止红灯亮。

5. 突然断电处理控制要求

突然断电，设备停止工作。电源恢复后，将自动线上的工件取出后，再重新起动。

6. 设计任务（同课题1）

7. 相关传感器简介

（1）磁力式接近开关（简称磁性开关）简介

磁性开关是一种非接触式位置检测开关，这种非接触位置检测开关不易磨损和损伤检测对象，响应速度快。生产线上常用的接近开关还有感应型、电容型等接近开关。感应型接近开关用于检测金属物体的存在，电容型接近开关用于检测金属及非金属物体的存在，磁性开关用于检测磁石的存在；安装方式上有导线引出型、接插件式、接插件中继型；根据安装场所环境的要求接近开关可选择屏蔽式和非屏蔽式。其实物图及电气图形符号如图9-23所示。

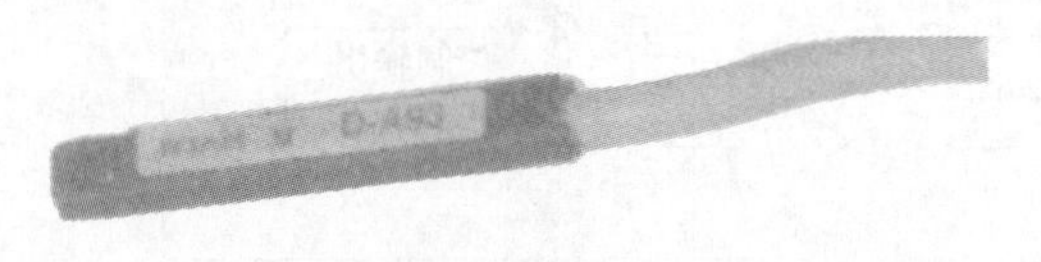

（a）实物图

（b）电气图形符号

图9-23 磁性开关图

磁性开关的内部电路图如图9-24中点画线框内所示，为了防止因错误接线损坏磁性开关，通常在使用磁性开关时都串联了限流电阻和保护二极管。这样，即使引出线极性接反，磁性开关也不会损坏。

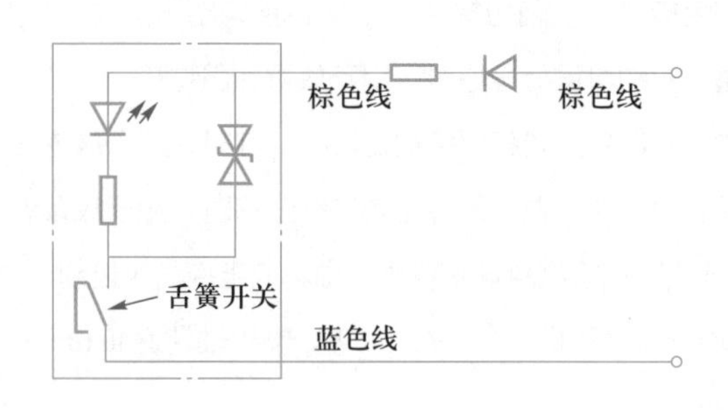

图 9-24
磁性开关的内部电路图

（2）漫反射型光电开关简介

① 漫反射型光电开关如图9-25所示。

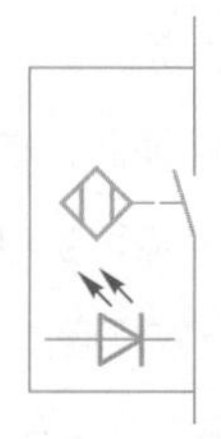

图 9-25
漫反射型光电开关

② 电气与机械安装。根据机械安装图将光电开关初步安装固定，然后连接电气接线。

③ 漫反射型光电开关电路原理图与接线如图9-26所示。

图9-27中光电开关具有电源极性及输出反接保护功能。它还具有自我诊断功能，当对设置后的环境变化（温度、电压、灰尘等）的余度满足要求，稳定显示灯显示（如果余度足够，则亮灯）。当接收光的光敏元件接收到有效光信号，控制输出的晶体管导通，同时动作显示灯显示。光电开关能检测自身的光轴偏离、透镜面（传感器面）的污染、地面和背景对其影响、外部干扰的状态等传感器的异常和故障，有利于进行养护，以便设备稳定工作，这也给安装调试工作带来了方便。在传感器布线过程中注意避免电磁干扰，不要被阳光或其他光源直接照射，不要在产生腐蚀性气体、接触到有机溶剂、灰尘较大的场所使用。

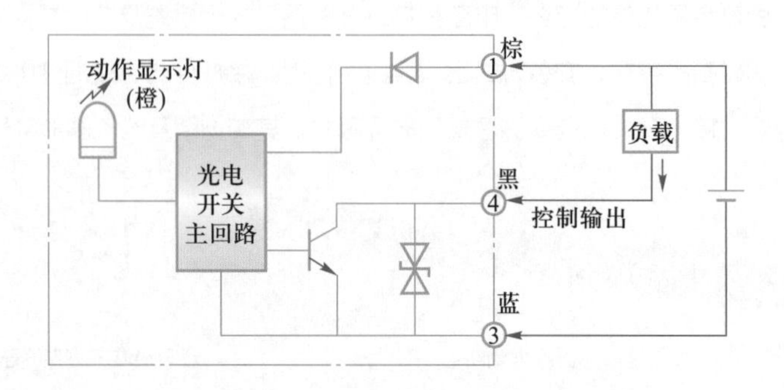

图 9-26
漫反射型光电开关电路原理图与接线

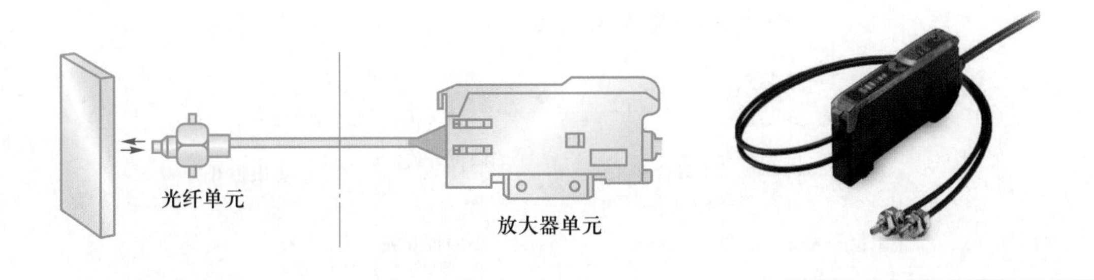

图 9-27
光纤式光电接近开关

笔 记

根据图2-12所示，将光电开关棕色线接PLC输入模块电源“+”端，蓝色线接PLC输入模块电源“-”端，黑色线接PLC的输入端。

（3）光纤式光电接近开关简介

在分拣单元传送带上方分别装有两个光纤式光电接近开关（简称光纤式光电开关），如图9-27所示，光纤式光电开关由光纤检测头、光纤放大器两部分组成，光纤放大器和光纤栓头是分离的两个部分，光纤检测头的尾端部分分成两条光纤，使用时分别插入放大器的两个光纤孔。光纤式光电开关的输出连接至PLC。为了能对白色和黑色的工件进行区分，使用中将两个光纤式光电开关灵敏度调整成不一样。

课题 8：机械手自动控制

1. 机械手自动控制系统组成

如图9-28为机械手的工作示意图，机械手是将工作从工作台A搬往传送带B。设计该机械手的PLC控制系统。控制机械手的所有动作均采用电液控制、液压驱动。它的上升/下降和左移/右移均采用液压缸完成。物件由机械手搬上传送带B后，由光电开关给出信号传送带把物件送走。传送带选用Y系列三相交流异步电动机（Y100L-4，380 V，1 400 r/min）作为动力。

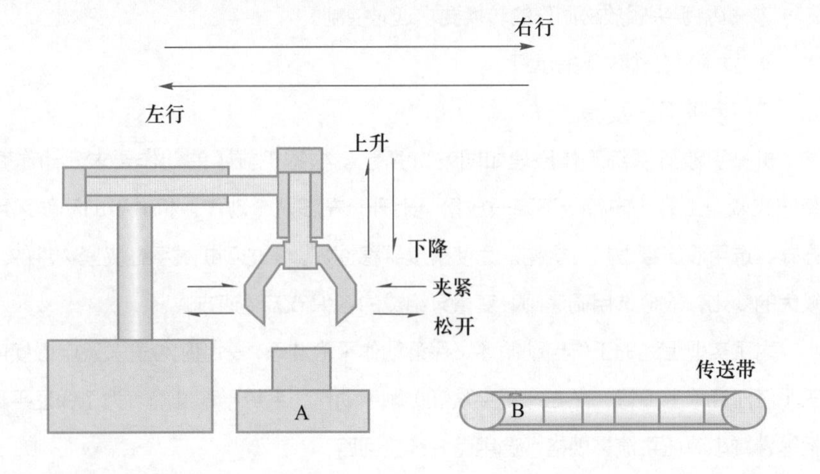

图 9-28
机械手的工作示意图

2. 控制要求

工作台A、传送带B上工件的传送采用PLC控制；机械手要求按一定的顺序动作，其工作示意图如图9-29所示。

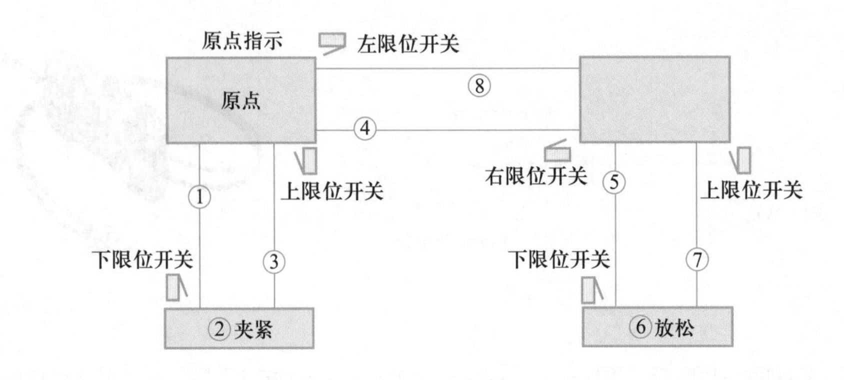

图 9-29
工作示意图

笔 记

① 起动时，机械手从原点开始按顺序动作。停止时，机械手停止在现行工步上，重新起动时，机械手按停止前的动作继续进行。

② 机械手要求有手动工作方式和自动工作方式，而自动工作方式要求设置单步、单周和连续工作三种方式。

③ 手动工作方式：利用按钮对机械手每一步动作单独进行控制，例如，按“上升”按钮，机械手上升；按“下降”按钮，机械手下降。手动工作方式可使机械手回原位。

④ 单步工作方式：从原点开始，每按一下起动按钮，机械手完成一步动作后自动停止。

单周期工作方式：按下起动按钮，从原点开始，机械手按工序自动完成一个周期的动作后，回到原位。

⑤ 连续工作方式：机构在原位时，按下起动按钮，系统连续周期性工作。当按下停止按钮时，机械手保持当前状态。重新恢复后机械手按停止前方向继续进行。

⑥ 为了保证安全，机械手到位后，必须在传送带B上无工件时才能下降。若上一次搬到传送带上的工件尚未移走，由光电开关检测自动送走工件。为此设置了一只光电开关，以检测“无工件”信号并控制传送带送走工件。

⑦ 机械手夹紧放松动作的转换要求延时控制。

⑧ 要求有各个动作指示灯。

3. 液压系统及其工作要求

机械手液压系统工作原理如图9-30所示。根据机械手的动作要求，动作循环是：下降→夹紧→上升→右行→下降→放松→上升→左移八个动作。机械手的动作采用液压传动方式，选用液压缸做执行机构。为使速度平稳性好，考虑到机械手在夹紧物件的过程负载有较大的变化，故拟选用调速阀、变量泵组成的容积节流调速方式。

为了实现上述的工作自动循环，保证动作平稳准确，采用限位开关及电磁换向系统驱动三个液压缸（上下行，左右行，夹紧缸）顺序动作，系统平稳准确。为了保证平稳进退速度相等，减小液压泵流量规格，选用差分连接回路。

在行程控制中，上下、左右进给时都采用机动滑阀，速度转换平稳，且安全可靠。下降终了，压下限位开关夹紧缸执行夹紧动作，有压力继电器检测夹紧，然后上升。上升终了，压下上限位开关，机械右行。右行终了，压下右限位开关，下降。下降终了，压下下限位开关，机械手放松，延时后上升。上升终了，压下上限位开关左行。

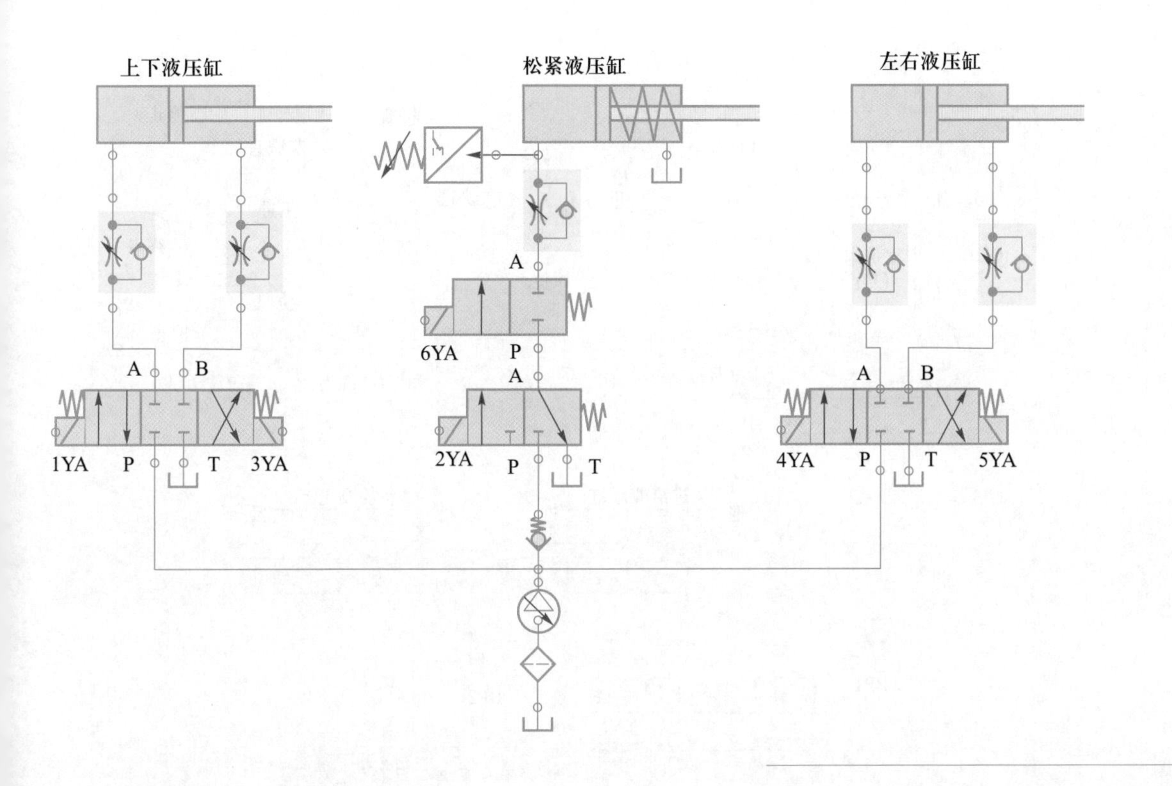

图 9-30
机械手液压系统工作原理

4. 设计任务（同课题 1）

课题 9：三面铣组合机床自动加工控制

笔 记

1. 三面铣组合机床概述

（1）基本结构

三面铣组合机床是用来对孔端面及定位面进行铣削加工的一种自动加工设备。基本结构主要由底座、床身、铣削动力头、液压动力滑台、液压站、工作台、工件松紧液压缸等组成。机床底座上安放有床身，床身上一头安装有液压动力滑台，工件及夹紧装置放于滑台上。床身的两边各安装有一台铣削头，上方有立铣头，液压站在机床附近。如图9-31所示为三面铣组合机床的加工过程。

（2）加工过程

操作者将要加工的零件放在工作台的夹具中，在其他准备工作就绪后，发出加工指令。工件夹紧后压力继电器动作，液压动力滑台（工作台）开始快进，到位转工进，同时起动左和右1铣头开始加工，加工到某一位置，立铣头开始加工，加工又过一定位置右1铣头停止，右2铣头开始加工，加工到终点三台电动机同时停止。待电动机完全停止后，滑台快退回原位，工件松开，一个自动工作循环结束。操作者取下加工好的工件，再放上未加工的零件，重新发出加工指令重复上述工作过程。

（3）液压系统

三面铣组合机床中液压动力滑台的运动和工件松紧是由液压系统实现的。图9-32所示为液压系统原理图。

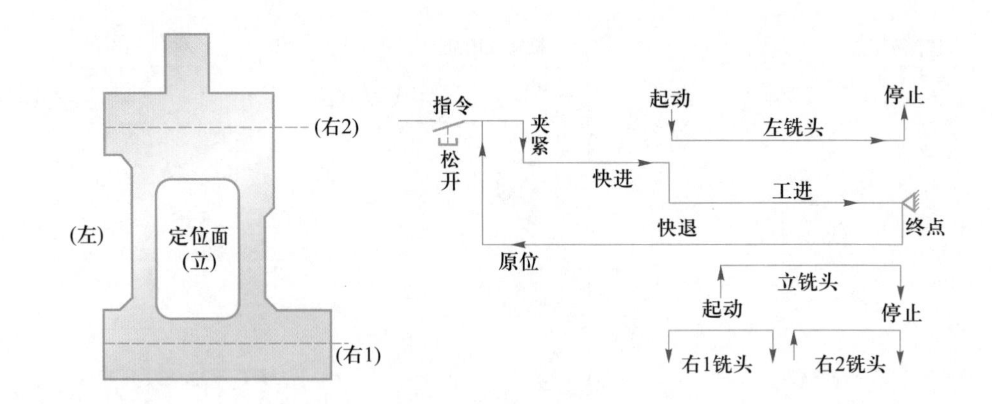

图 9-31
三面铣组合机床的加工过程

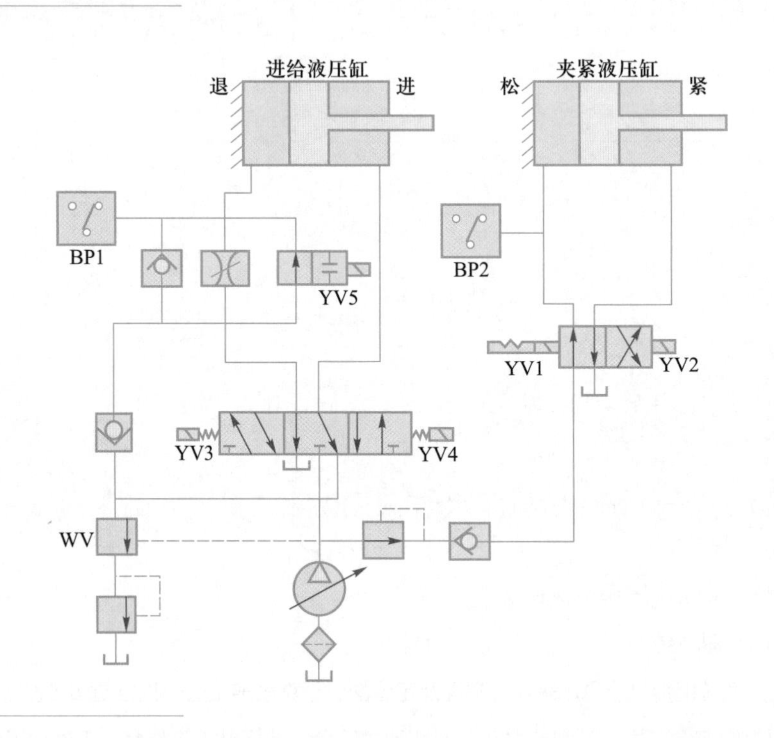

图 9-32
液压系统原理图

2. 三面铣组合机床的控制要求

① 有单循环自动工作、单铣头自动循环工作、点动三种工作方式。

② 油泵电动机在自动加工一个循环后不停机。

③ 单铣头自动循环工作包括：左铣头单循环工作、右1铣头单循环工作、右2铣头单循环工作、立铣头单循环工作。单铣头自动循环工作时，要考虑各铣头的加工区间。

④ 点动工作包括：四台主轴电动机均能点动对刀、滑台快速（快进、快退）点动调整、松紧液压缸的调整（手动松开与手动夹紧）。

⑤ 五台电动机均为单向旋转。

⑥ 要求有电源、液压泵工作、工件夹紧、加工等信号指示。

⑦ 要求有照明电路和必要的联锁环节与保护环节。

⑧ 左、右2铣削头电动机：Y112M-4，4 kW，380 V，1 440 r/m，立铣削头电动机 Y132S-4，5.5 kW，380 V，1 440 r/m。

3. 设计任务（同课题 1）

附录1

FX_{3U} 系列可编程控制器软元件一览表

软元件地址的分配如下。

（1）输入继电器（X）、输出继电器（Y）的编号如表F1-1和表F1-2所示。（编号以八进制数分配）

表F1-1

	型号	FX_{3UC}-32MT-LT	扩展时	
FX_{3UC} 可编程控制器	输入	X0～X17 16点	X0～X357 240点	合计 256点
	输出	Y0～Y17 16点	Y0～Y357 240点	

表F1-2

	型号	FX_{3U}-16M	FX_{3U}-32M	FX_{3U}-48M	FX_{3U}-64M	FX_{3U}-80M	扩展时	
FX_{3U} 可编程控制器	输入	X0～X7 8点	X0～X17 16点	X0～X27 24点	X0～X37 32点	X0～X47 40点	X0～X367 248点	合计 256点
	输出	X0～X7 8点	X0～X17 16点	X0～X27 24点	X0～X37 32点	X0～X47 40点	X0～X367 248点	

（2）计数器（C）的编号如表F1-3所示。（编号以十进制数分配）

表F1-3

	16位增计数器 0~32767计数		32位增/减计数器 −2,147,483,648～+2,147,483,647	
FX_{3U}·FX_{3UC} 可编程控制器	一般用	停电保持用 （电池保持）	一般用	停电保持用 （电池保持）
	C0～C99 100点①	C100～C199 100点②	C200～C219 20点①	C220～C234 15点②

① 非停电保持区域。根据设定的参数，可以更改为停电保持（保持）区域。
② 停电保持区域（保持）。根据设定的参数，可以更改为非停电保持区域。

（3）定时器（T）的编号如表F1-4所示。（编号以十进制数分配）

表F1-4

	100 ms型 0.1～3276.7 s	10 ms型 0.01～327.67 s	1 ms累计型① 0.001～32.767 s	100 ms累计型① 0.1～3276.7 s	1 ms型 0.001～32.767 s
FX_{3U}·FX_{3UC} 可编程控制器	T0～T199 200点 子程序用 T192～T199	T200～T245 46点	T246～T249 4点 执行中断 保持用①	T250～T255 6点 保持用①	T256～T511 256点

不作为定时器使用的定时器编号，也可以作为存储数值用的数据寄存器使用。
① 累计型的定时器是通过电池进行停电保持的。

（4）状态（S）的编号如表Ｆ1-5所示。（编号以十进制数分配）

表F1-5

FX_{3U}・FX_{3UC}可编程控制器	一般用	停电保持用（电池保持）	固定停电保持专用（电池保持）	信号报警器用
	S0～S499 500点① （S0～S9作为初始化用）	S500～899 400点②	S1000～S4095 3096点③	S900～S999 100点②

① 非停电保持区域。根据设定的参数，可以更改为停电保持（保持）区域。
② 停电保持区域（保持）。根据设定的参数，可以更改为非停电保持区域。
③ 不能通过参数进行改变停电保持的特性。

（5）辅助继电器（M）的编号如表F1-6所示。（编号以十进制数分配）

表F1-6

FX_{3U}・FX_{3UC}可编程控制器	一般用	停电保持用（电池保持）	停电保持用（电池保持）	特殊用
	M0～M499 500点①	M500～M1023 524点②	M1024～M7679 6656点③	M8000～M8511 512点

① 非停电保持区域。根据设定的参数，可以更改为停电保持（保持）区域。
② 停电保持区域（保持）。根据设定的参数，可以更改为非停电保持区域。
③ 不能通过参数进行更改停电保持的特性。
使用简易PC间连接和并联连接的情况下，一部分的辅助继电器被占用为连接使用。

附录 2

FX_{3U} 系列可编程控制器应用指令总表

FNC No	指令记号	符号	功能
程序流程			
00	CJ	CJ Pn	条件跳转
01	CALL	CALL Pn	子程序调用
02	SRET	SRET	子程序返回
03	IRET	IRET	中断返回
04	EI	EI	允许中断
05	DI	DI	禁止中断
06	FEND	FEND	主程序结束
07	WDT	WDT	监控定时器
08	FOR	FOR S	循环范围的开始
09	NEXT	NEXT	循环范围的结束
传送・比较			
10	CMP	CMP S1 S2 D	比较
11	ZCP	ZCP S1 S2 S D	区间比较
12	MOV	MOV S D	传送
13	SMOV	SMOV S m1 m2 D n	移位传送
14	CML	CML S D	反向传送
15	BMOV	BMOV S D n	成批传送
16	FMOV	FMOV S D n	多点传送
17	XCH	XCH D1 D2	交换
18	BCD	BCD S D	BCD转换
19	BIN	BIN S D	BIN转换

续表

FNC No	指令记号	符号	功能
四则・逻辑运算			
20	ADD	ADD S1 S2 D	BIN加法
21	SUB	SUB S1 S2 D	BIN减法
22	MUL	MUL S1 S2 D	BIN乘法
23	DIV	DIV S1 S2 D	BIN除法
24	INC	INC D	BIN加1
25	DEC	DEC D	BIN减1
26	WAND	WAND S1 S2 D	逻辑字与
27	WOR	WOR S1 S2 D	逻辑字或
28	WXOR	WXOR S1 S2 D	逻辑字异或
29	NEG	NEG D	求补码
循环・移位			
30	ROR	ROR D n	循环右转
31	ROL	ROL D n	循环左转
32	RCR	RCR D n	带进位循环右移
33	RCL	RCL D n	带进位循环左移
34	SFTR	SFTR S D n1 n2	位右移
35	SFTL	SFTL S D n1 n2	位左移
36	WSFR	WSFR S D n1 n2	字右移
37	WSFL	WSFL S D n1 n2	字左移
38	SFWR	SFWR S D n	移位写入［先入先出/后入先出的控制用］
39	SFRD	SFRD S D n	移位读出［先入先出控制用］
数据处理			
40	ZRST	ZRST D1 D2	批次复位

续表

FNC No	指令记号	符号	功能
数据处理			
41	DECO	DECO S D n	译码
42	ENCO	ENCO S D n	编码
43	SUM	SUM S D	ON位数
44	BON	BON S D n	ON位的判定
45	MEAN	MEAN S D n	平均值
46	ANS	ANS S m D	信号报警置位
47	ANR	ANR	信号报警复位
48	SQR	SQR S D	BIN开平方
49	FLT	FLT S D	BIN整数→2进制浮点数转换
高速处理			
50	REF	REF D n	输入输出刷新
51	REFF	REFF n	输入刷新（带滤波器设定）
52	MTR	MTR S D1 D2 n	矩阵输入
53	HSCS	HSCS S1 S2 D	比较置位（高速计数器用）
54	HSCR	HSCR S1 S2 D	比较复位（高速计数器用）
55	HSZ	HSZ S1 S2 S D	区间比较（高速计数器用）
56	SPD	SPD S1 S2 D	脉冲密度
57	PLSY	PLSY S1 S2 D	脉冲输出
58	PWM	PWM S1 S2 D	脉宽调制
59	PLSR	PLSR S1 S2 S3 D	带加减速的脉冲输出
便捷指令			
60	IST	IST S D1 D2	初始化状态
61	SER	SER S1 S2 D n	数据检索

续表

FNC No	指令记号	符号	功能
便捷指令			
62	ABSD	ABSD S1 S2 D n	凸轮控制（绝对方式）
63	INCD	INCD S1 S2 D n	凸轮控制（相对方式）
64	TTMR	TTMR D n	示教定时器
65	STMR	STMR S m D	特殊定时器
66	ALT	ALT D	交替输出
67	RAMP	RAMP S1 S2 D n	斜坡信号
68	ROTC	ROTC S m1 m2 D	旋转工作台控制
69	SORT	SORT S m1 m2 D n	数据排列
外围设备I/O			
70	TKY	TKY S D1 D2	数字键输入
71	HKY	HKY S D1 D2 D3	16键输入
72	DSW	DSW S D1 D2 n	数字式开关
73	SEGD	SEGD S D	7段译码
74	SEGL	SEGL S D n	7段码时间分割显示
75	ARWS	ARWS S D1 D2 n	箭头开关
76	ASC	ASC S D	ASCII数据输入
77	PR	PR S D	ASCII码打印
78	FROM	FROM m1 m2 D n	BFM读出
79	TO	TO m1 m2 S n	BFM写入
外部设备（选件设备）			
80	RS	RS S m D n	串行数据传送
81	PRUN	PRUN S D	8进制位传送
82	ASCI	ASCI S D n	HEX→ASCII的转换

续表

FNC No	指令记号	符号	功能
外部设备（选件设备）			
83	HEX	HEX S D n	ASCII→HEX的转换
84	CCD	CCD S D n	校验码
85	VRRD	VRRD S D	电位器读出
86	VRSC	VRSC S D	电位器刻度
87	RS2	RS2 S m D n n1	串行数据传送2
88	PID	PID S1 S2 S3 D	PID运算
89~99	—		
数据传送 2			
100 101	—		
102	ZPUSH	ZPUSH D	变址寄存器的批次躲避
103	ZPOP	ZPOP D	变址寄存器的恢复
104～ 109	—		
浮点数			
110	ECMP	ECMP S1 S2 D	2进制浮点数比较
111	EZCP	EZCP S1 S2 S D	2进制浮点数区间比较
112	EMOV	EMOV S D	2进制浮点数数据传送
113~ 115	—		
116	ESTR	ESTR S1 S2 D	2进制浮点数→字符串的转换
117	EVAL	EVAL S D	字符串→2进制浮点数的转换
118	EBCD	EBCD S D	2进制浮点数→10进制浮点数的转换
119	EBIN	EBIN S D	10进制浮点数→2进制浮点数的转换
120	EADD	EADD S1 S2 D	2进制浮点数加法运算
121	ESUB	ESUB S1 S2 D	2进制浮点数减法运算

续表

FNC No	指令记号	符号	功能
浮点数			
122	EMUL	EMUL S1 S2 D	2进制浮点数乘法运算
123	EDIV	EDIV S1 S2 D	2进制浮点数除法运算
124	EXP	EXP S D	2进制浮点数指数运算
125	LOGE	LOGE S D	2进制浮点数自然对数运算
126	LOG10	LOG10 S D	2进制浮点数常用对数运算
127	ESQR	ESQR S D	2进制浮点数开平方运算
128	ENEG	ENEG D	2进制浮点数符号翻转
129	INT	INT S D	2进制浮点数→BIN整数的转换
130	SIN	SIN S D	2进制浮点数SIN运算
131	COS	COS S D	2进制浮点数COS运算
132	TAN	TAN S D	2进制浮点数TAN运算
133	ASIN	ASIN S D	2进制浮点数SIN-1运算
134	ACOS	ACOS S D	2进制浮点数COS-1运算
135	ATAN	ATAN S D	2进制浮点数TAN-1运算
136	RAD	RAD S D	2进制浮点数角度→弧度的转换
137	DEG	DEG S D	2进制浮点数弧度→角度的转换
138, 139	—		
浮点数			
140	WSUM	WSUM S D n	算出数据合计值
141	WTOB	WTOB S D n	字节单位的数据分离
142	BTOW	BTOW S D n	字节单位的数据结合
143	UNI	UNI S D n	16位数据的4位结合

续表

FNC No	指令记号	符号	功能
浮点数			
144	DIS	DIS S D n	16位数据的4位分离
145, 146	—		
147	SWAP	SWAP S	上下字节转换
148	—		
149	SORT2	SORT2 S m1 m2 D n	数据排列 2
定位			
150	DSZR	DSZR S1 S2 D1 D2	带DOG搜索的原点回归
151	DVIT	DVIT S1 S2 D1 D2	中断定位
152	TBL	TBL D n	表格设定定位
153, 154	—		
155	ABS	ABS S D1 D2	读出ABS当前值
156	ZRN	ZRN S1 S2 S3 D	原点返回
157	PLSV	PLSV S D1 D2	可变速脉冲输出
158	DRVI	DRVI S1 S2 D1 D2	相对定位
159	DRVA	DRVA S1 S2 D1 D2	绝对定位
时钟运算			
160	TCMP	TCMP S1 S2 S3 S D	时钟数据比较
161	TZCP	TZCP S1 S2 S D	时钟数据区间比较
162	TADD	TADD S1 S2 D	时钟数据加法运算
163	TSUB	TSUB S1 S2 D	时钟数据减法运算
164	HTOS	HTOS S D	小时，分，秒数据的秒转换
165	STOH	STOH S D	秒数据的［小时，分，秒］转换
166	TRD	TRD D	时钟数据读出

续表

FNC No	指令记号	符号	功能
时钟运算			
167	TWR	TWR S	时钟数据写入
168	—		
169	HOUR	HOUR S D1 D2	计时
外部设备			
170	GRY	GRY S D	格雷码的转换
171	GBIN	GBIN S D	格雷码的逆转换
172~175	—		
176	RD3A	RD3A m1 m2 D	模拟量模块的读出
177	WR3A	WR3A m1 m2 S	模拟量模块的写入
178, 179	—		
扩展功能			
180	EXTR	EXTR S SD1 SD2 SD3	扩展ROM功能（FX_{2N}/FX_{2NC}）
其他指令			
181	—		
182	COMRD	COMRD S D	读出软元件的注释数据
183	—		
184	RND	RND D	产生随机数
185	—		
186	DUTY	DUTY n1 n2 D	出现定时脉冲
187	—		
188	CRC	CRC S D n	CRC运算
189	HCMOV	HCMOV S D n	高速计数器传送
数据块的处理			
190, 191	—		

续表

FNC No	指令记号	符号	功能
数据块的处理			
192	BK+	BK+ S1 S2 D n	数据块加法运算
193	BK−	BK− S1 S2 D n	数据块减法运算
194	BKCMP=	BKCMP= S1 S2 D n	数据块的比较 $S_1 = S_2$
195	BKCMP>	BKCMP> S1 S2 D n	数据块的比较 $S_1 > S_2$
196	BKCMP<	BKCMP< S1 S2 D n	数据块的比较 $S_1 < S_2$
197	BKCMP< >	BKCMP<> S1 S2 D n	数据块的比较 $S_1 \neq S_2$
198	BKCMP<=	BKCMP<= S1 S2 D n	数据块的比较 $S_1 \leqslant S_2$
199	BKCMP>=	BKCMP>= S1 S2 D n	数据块的比较 $S_1 \geqslant S_2$
字符串的控制			
200	STR	STR S1 S2 D	BIN→字符串的转换
201	VAL	VAL S D1 D2	字符串→BIN的转换
202	$+	$+ S1 S2 D	字符串的合并
203	LEN	LEN S D	检测出字符串的长度
204	RIGHT	RIGHT S D n	从字符串的右侧开始取出
205	LEFT	LEFT S D n	从字符串的左侧开始取出
206	MIDR	MIDR S1 D S2	从字符串中任意取出
207	MIDW	MIDW S1 D S2	字符串中的任意替换
208	INSTR	INSTR S1 S2 D n	字符串的检索
209	$MOV	$MOV S D	字符串的传送
数据处理 3			
210	FDEL	FDEL S D n	数据表的数据删除
211	FINS	FINS S D n	数据表的数据插入
212	POP	POP S D n	后入的数据读取［后入先出控制用］

续表

FNC No	指令记号	符号	功能
数据处理 3			
213	SFR	SFR D n	16位数据n位右移（带进位）
214	SFL	SFL D n	16位数据n位左移（带进位）
215~219	—		
触点比较			
220~223	—		
224	LD=	LD= S1 S2	触点比较LD $S_1 = S_2$
225	LD>	LD> S1 S2	触点比较LD $S_1 > S_2$
226	LD<	LD< S1 S2	触点比较LD $S_1 < S_2$
227	—		
228	LD< >	LD<> S1 S2	触点比较LD $S_1 \neq S_2$
229	LD<=	LD<= S1 S2	触点比较LD $S_1 \leqslant S_2$
230	LD>=	LD>= S1 S2	触点比较LD $S_1 \geqslant S_2$
231	—		
232	AND=	AND= S1 S2	触点比较AND $S_1 = S_2$
233	AND>	AND> S1 S2	触点比较AND $S_1 > S_2$
234	AND<	AND< S1 S2	触点比较AND $S_1 < S_2$
235	—		
236	AND< >	AND<> S1 S2	触点比较AND $S_1 \neq S_2$
237	AND<=	AND<= S1 S2	触点比较AND $S_1 \leqslant S_2$
238	AND>=	AND>= S1 S2	触点比较AND $S_1 \geqslant S_2$
239	—		
240	OR=	OR= S1 S2	触点比较OR $S_1 = S_2$

续表

FNC No	指令记号	符号	功能
触点比较			
241	OR>	OR> S1 S2	触点比较OR $S_1 > S_2$
242	OR<	OR< S1 S2	触点比较OR $S_1 < S_2$
243	—		
244	OR< >	OR<> S1 S2	触点比较OR $S_1 \neq S_2$
245	OR<=	OR<= S1 S2	触点比较OR $S_1 \leqslant S_2$
246	OR>=	OR>= S1 S2	触点比较OR $S_1 \geqslant S_2$
247~249	—		
数据表的处理			
250~255	—		
256	LIMIT	LIMIT S1 S2 S3 D	上下限限位控制
257	BAND	BAND S1 S2 S3 D	死区控制
258	ZONE	ZONE S1 S2 S3 D	区域控制
259	SCL	SCL S1 S2 D	定标（不同点坐标数据）
260	DABIN	DABIN S D	10进制ASCII→BIN的转换
261	BINDA	BINDA S D	BIN→10进制ASCII的转换
262~268	—		
269	SCL2	SCL2 S1 S2 D	定标2（X/Y坐标数据）
外部设备通信（变频器通信）			
270	IVCK	IVCK S1 S2 D n	变频器的运行监控

续表

FNC No	指令记号	符号	功能
外部设备通信（变频器通信）			
271	IVDR	IVDR S1 S2 S3 n	变频器的运行控制
272	IVRD	IVRD S1 S2 D n	变频器的参数读取
273	IVWR	IVWR S1 S2 S3 n	变频器的参数写入
274	IVBWR	IVBWR S1 S2 S3 n	变频器的参数成批写入
275~277	—		
数据传送3			
278	RBFM	RBFM m1 m2 D n1 n2	BFM分割读出
279	WBFM	WBFM m1 m2 S n1 n2	BFM分割写入
高速处理2			
280	HSCT	HSCT S1 m S2 D n	高速计数器表比较
281~289	—		
扩展文件寄存器的控制			
290	LOADR	LOADR S n	读出扩展文件寄存器
291	SAVER	SAVER S m D	扩展文件寄存器的一并写入
292	INITR	INITR S m	扩展寄存器的初始化
293	LOGR	LOGR S m D1 n D2	记入扩展寄存器
294	RWER	RWER S n	扩展文件寄存器的删除・写入
295	INITER	INITER S n	扩展文件寄存器的初始化
296~299	—		

附录 3

FX_{3U} 系列可编程控制器特殊元件编号及名称检索

附录 4

ASCII 码表

参考文献

[1] 胡学林.可编程控制应用技术［M］. 3版．北京：高等教育出版社，2009.

[2] 廖常初.可编程序控制器应用技术［M］. 5版．重庆：重庆大学出版社，2020.

[3] 方承远.工厂电气控制技术［M］. 3版．北京：机械工业出版社，2010.

[4] 张万忠.可编程控制器应用技术［M］. 4版．北京：化学工业出版社，2021.

[5] 陈定明.可编程控制器应用与实验［M］. 北京：高等教育出版社，2004.

[6] 瞿大中.可编程控制器实验模拟装置［M］. 武汉：华中科技大学出版社，2002.

[7] 钟肇新，范建东.可编程控制器原理及应用［M］. 4版．广州：华南理工大学出版社，2008.

[8] 崔亚军.可编程控制器原理及程序设计［M］. 北京：电子工业出版社，1993.

[9] 田瑞庭.可编程控制器应用技术［M］. 北京：机械工业出版社，1993.

[10] 王永华.现代电气控制及PLC应用技术［M］. 4版．北京：北京航空航天大学出版社，2016.

郑重声明